Abwärmepotentiale in der Industrie

Jetzt diesen Titel zusätzlich als E-Book downloaden und 70 % sparen!

Als Käufer dieses Buchtitels haben Sie Anspruch auf ein besonderes Kombi-Angebot: Sie können den Titel zusätzlich zum Ihnen vorliegenden gedruckten Exemplar für nur 30 % des Normalpreises als E-Book beziehen.

Der BESONDERE VORTEIL: Im E-Book recherchieren Sie in Sekundenschnelle die gewünschten Themen und Textpassagen. Denn die E-Book-Variante ist mit einer komfortablen Volltextsuche ausgestattet!

Deshalb: Zögern Sie nicht. Laden Sie sich am besten gleich Ihre persönliche E-Book-Ausgabe dieses Titels herunter.

In 3 einfachen Schritten zum E-Book:

❶ Rufen Sie die Website **www.beuth.de/e-book** auf.

❷ Geben Sie hier Ihren persönlichen, nur einmal verwendbaren E-Book-Code ein:

26887138F1234D5

❸ Klicken Sie das „Download-Feld" an und gehen dann weiter zum Warenkorb. Führen Sie den normalen Bestellprozess aus.

Hinweis: Der E-Book-Code wurde individuell für Sie als Erwerber dieses Buches erzeugt und darf nicht an Dritte weitergegeben werden. Mit Zurückziehung dieses Buches wird auch der damit verbundene E-Book-Code für den Download ungültig.

Abwärmepotentiale in der Industrie

Peter Radgen
Kai Hufendiek
Markus Blesl

Abwärmepotentiale in der Industrie

Konzepte zur Nutzung im Mittel- und Niedrigtemperaturbereich

1. Auflage 2022

Herausgeber:
DIN Deutsches Institut für Normung e. V.

Beuth Verlag GmbH · Berlin · Wien · Zürich

Herausgeber: DIN Deutsches Institut für Normung e. V.

© 2022 Beuth Verlag GmbH
Berlin · Wien · Zürich
Am DIN-Platz
Burggrafenstraße 6
10787 Berlin

Telefon: +49 30 2601-0
Telefax: +49 30 2601-1260
Internet: www.beuth.de
E-Mail: kundenservice@beuth.de

Titelbild: © Christian Lagerek, Nutzung unter Lizenz von shutterstock.com
Satz: Beuth Verlag GmbH, Berlin
Druck: L&C, Kraków

Gedruckt auf säurefreiem, alterungsbeständigem Papier nach DIN EN ISO 9706

ISBN 978-3-410-26887-1
ISBN (E-Book) 978-3-410-26888-8

Inhaltsverzeichnis

Vorwort

Abwärmenutzung ist ein wichtiges Schlüsselthema für das Gelingen der Energiewende, auch wenn die erneuerbaren Energien häufig im Mittelpunkt der medialen Aufmerksamkeit stehen. Dabei trägt insbesondere die Wärmebereitstellung aus fossilen Energieträgern für Industrie, Gewerbe, Handel und Dienstleistungen (GHD) sowie Haushalte zu den CO_2-Emissionen in Deutschland bei. Gleichzeitig wird Abwärme vielfach noch ungenutzt an die Umgebung abgegeben, da unter wirtschaftlichen Aspekten die Abwärmenutzung häufig auf kurze Sicht noch nicht die günstigere Lösung darstellt.

Mit dieser Publikation stellen wir die Chancen und Möglichkeiten durch die Nutzung von Abwärme dar. Was ist in der Praxis zu beachten, welche Herausforderungen treten auf und wie kann die wärmetechnische Optimierung von Prozessen und Anlagen erfolgen. Technologien zur Abwärmenutzung sind seit Langem bekannt und in vielen Branchen etabliert, trotzdem bestehen vielfach Wissenslücken. Mit diesem Buch möchten wir einen Beitrag leisten, um die Abwärmenutzung voranzubringen. Auch das Schreiben dieses Buches hat länger gedauert, als wir es geplant hatten, und so wird es wohl auch immer mit Projekten zur Abwärmenutzung sein. Sie sind komplex, greifen in unterschiedlichste Prozesse ein, schaffen neue Abhängigkeiten und erfordern eine konstruktive und vertrauensvolle Zusammenarbeit, insbesondere wenn die Wärme über die Komfortzone des eigenen Unternehmens hinaus transferiert werden muss.

Stuttgart, im Oktober 2021

Peter Radgen   Kai Hufendiek   Markus Blesl

1 Einleitung

1.1 Motivation

Der Umbau unseres Energiesystems zu einem nachhaltigen System mit der zentralen Zielsetzung sowohl die Klimagase als auch die Nutzung der endlichen fossilen Rohstoffe zu reduzieren, ist nicht nur ein deutsches Projekt („Energiewende“ (Bundesministerium für Wirtschaft und Energie (BMWi) 2018b)), sondern ein weltweiter Trend, der im Rahmen der UN-Klimakonferenz (COP23) in Paris 2015 (UNF – United Nations Framework Convention on Climate Change 2015) durch entsprechend eingebrachte Verpflichtungen einer Vielzahl von Staaten (Intended Nationally Determinded Contributions (INDCs)) und entsprechend abgeschlossener Vereinbarungen auch in einen völkerrechtlichen Rahmen gegossen wurde.

Die Strategien zur Erreichung der Ziele unterscheiden sich zwischen den Ländern teilweise erheblich. Sie beruhen aber dennoch im Prinzip hinsichtlich der Maßnahmen auf zwei Säulen – einerseits durch Umstellung der Energiebereitstellung auf CO_2-neutrale Primärenergieträger und andererseits durch eine Verbesserung der Energieeffizienz. Aufgrund des politisch beschlossenen Kernenergieausstiegs in Deutschland sind diese beiden Säulen die Erhöhung des Anteils erneuerbarer Energien bei der Energiebereitstellung und die Erhöhung der Energieeffizienz (Bild 1.1).

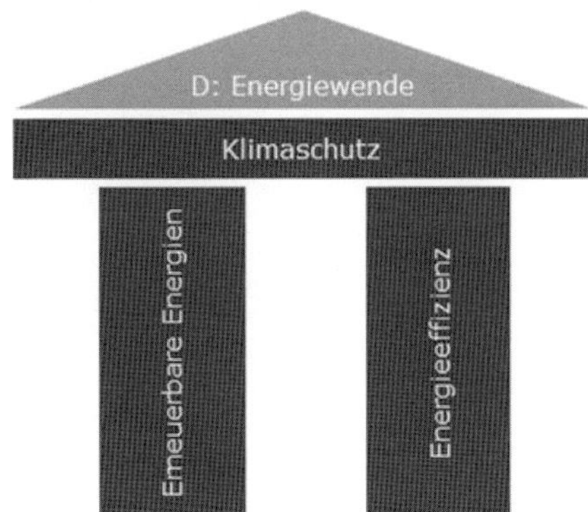

Bild 1.1: Zentrales Ziel und Säulen der „Energiewende“

Die Säule der Energieeffizienz wird in der öffentlichen Wahrnehmung oft vernachlässigt, sodass scheinbar der Ausbau der erneuerbaren Energieerzeugung stark dominiert. Der effiziente Umgang mit Energie weist aber einen hohen Hebel sowohl im Hinblick auf Ressourcenschonung als auch in Bezug auf den Klimaschutz auf, weil die eingesparte Energie nicht bereitgestellt werden muss.

Im Hinblick auf die Frage einer effizienten Energienutzung fällt dabei der Nutzung von Abwärme eine zentrale Bedeutung zu, da alle in technischen Systemen eingesetzte Energie am Ende in Wärme umgesetzt wird. Auf diese Weise liegen sehr hohe Abwärmepotentiale vor, die sich allerdings hinsichtlich der Nutzbarkeit erheblich unterscheiden.

Neben anderen Energieformen kommt auch der Nutzenergie in Form von Wärme hohe Bedeutung zu, da in Deutschland mehr als 50 % der Energie für Wärmeanwendungen benötigt wird (Bild 1.2). Insofern erscheint es lohnend, sich mit der Frage der Abwärmenutzung als spezieller Frage der Energieeffizienz intensiver zu befassen.

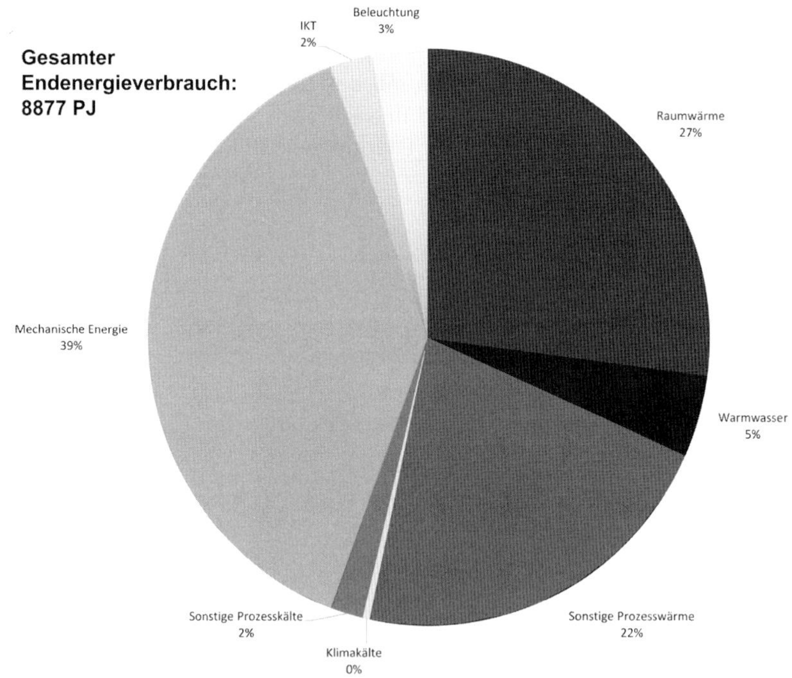

Bild 1.2: Endenergiebedarf in Deutschland nach Sektoren (2016) (Datenquelle: Bundesministerium für Wirtschaft und Energie (BMWi) 2018a, Tab. 7a)

In Kapitel 1 definieren wir die Abwärme für die folgenden Ausführungen. Es folgen in Kapitel 2 die technisch-naturwissenschaftlichen, thermodynamischen Grundlagen wie auch in die für eine techno-ökonomische Betrachtung wichtige Wirtschaftlichkeitsrechnung. Auf diesen Grundlagen aufbauend, werden dann in Kapitel 3 die Abwärmeströme charakterisiert und Kenngrößen zu ihrer Unterscheidung eingeführt. Die zur Wärmerückgewinnung und Wärmenutzung verfügbaren Technologien werden im Kapitel 4 erläutert. Wie Potentiale zur Abwärmenutzung systematisch identifiziert werden können und Schwachstellen erkannt werden können, beschreibt Kapitel 5.

In Kapitel 6 wird auf die Optionen der Integration von Anlagen zur Wärmenutzung eingegangen. Dabei wird sowohl die innerbetriebliche Integration als auch Integration in übergreifende Energiesysteme erläutert. Basierend darauf wird in Kapitel 7 das Potential der Abwärmenutzung skizziert. Hierfür wird einerseits eine detaillierte Branchenbetrachtung als auch eine Charakterisierung des Abwärmepotentials von Querschnittstechnologien durchgeführt.

Im Weiteren werden nach einer Übersicht verschiedener Methoden und Potentialermittlungen in der Literatur eine Abschätzung des extern nutzbaren Abwärmepotentials vorgenommen. Kapitel 8 zeigt die aktuellen Schwerpunkte des Innovationsgeschehens im Bereich der Wärmerückgewinnung auf. Der technische Fortschritt ermöglich heute Lösungen, an deren Umsetzung vor einigen Jahren noch nicht zu denken war. Das abschließende Kapitel 9 gibt einen Ausblick zur Abwärmenutzung in den nächsten Jahren.

1.2 Definitionen zur Abwärme

Wenn sich das Buch mit Abwärmenutzung befasst, ist es zunächst wichtig festzulegen, was konkret unter dem Begriff „Abwärme“ verstanden wird:

> Unter Abwärme wird Wärmeenergie verstanden, die als Nebenprodukt physikalischer, chemischer oder biologischer Prozesse entsteht, und die ungenutzt an die Umgebung abgegeben wird.

Darüber hinaus kann die gesamte anfallende Abwärme weiter klassifiziert werden.

> Üblicherweise wird zwischen nutzbarer, extern nutzbarer und nicht nutzbarer Abwärme unterschieden.

Grundlage dieser Klassifikation ist die technische Machbarkeit:

- **Nutzbare Abwärme** ist bislang nicht genutzte Abwärme, die durch technische Einrichtungen einem Nutzen zugeführt werden könnte.
- **Extern nutzbare Abwärme** ist bislang nicht genutzte Abwärme, die innerhalb einer Liegenschaft nicht weiter genutzt werden kann, für die allerdings außerhalb der Liegenschaft Nutzungsmöglichkeiten bestehen. Somit ist die extern nutzbare Abwärme eine Teilmenge der nutzbaren Abwärme.
- **Nicht nutzbare Abwärme** kann nicht durch technische Einrichtungen einem Nutzen zugeführt werden. Gründe hierfür können geringe Energiedichten (z.B. bei Konvektions- oder Abstrahlverlusten) oder eine hohe Korrosivität des Abwärmestroms sein.

Weiter lässt sich die Abwärme anhand des Temperaturniveaus *T*, bei dem sie anfällt, unterscheiden. Dabei kann zwischen

- Hochtemperaturabwärme mit $T \geq 450$ °C
- Mitteltemperaturabwärme mit 100 °C $< T \leq 450$ °C und
- Niedertemperaturabwärme mit $T < 100$ °C

unterschieden werden.

Hochtemperaturabwärme wird nahezu ausschließlich in der energieintensiven Industrie generiert. Die Produktionsprozesse dieser Industriezweige werden bei hohen Temperaturen von mehreren Hundert Grad Celsius betrieben. Daher wird dort teilweise auch Abwärme auf diesen hohen Temperaturniveaus abgegeben. Hierzu zählen Industriezweige wie die Herstellung von Zement, Kalk, Glas und Keramik, Metallerzeugung und die Grundstoffchemie.

Niedertemperaturabwärme fällt überall dort an, wo Energie konsumiert wird. Die Nutzbarkeit der anfallenden Abwärme in diesem Temperaturbereich erfordert das Vorliegen einer entsprechend hohen Energiedichte, sodass i. d. R. nutzbare Niedertemperaturabwärme dort anfällt, wo größere Energiemengen bzw. Leistungen in Prozessen eingesetzt werden. Klassische Abwärmequellen für Niedertemperaturabwärme sind Betriebe der Industriezweige Papier, Druck und Nahrungsmittel sowie Anlagen mit großem ganzjährigem Kühlbedarf wie Rechenzentren. Liegt die Temperatur der Abwärme unterhalb der Temperatur des Wärmebedarfs für den die Abwärme genutzt werden soll (z.B. Vorlauftemperatur des Wärmenetzes), so kann das Temperaturniveau des Wärmestroms auch mittels einer Wärmepumpe angehoben werden.

Der Temperaturbereich der Mitteltemperaturabwärme liegt zwischen den beiden o. a. Temperaturbereichen. Quellen sind in der Regel industrielle Prozesse, die in diesem mittleren Temperaturbereich ablaufen. Sie sind insbesondere in der Chemie- und Druckbranche zu finden.

2 Grundlagen der Abwärmenutzung

In diesem Kapitel, Grundlagen der Abwärmenutzung, werden die in den nachfolgenden Kapiteln benötigten Grundlagen kurz zusammengestellt. Abschnitt 2.1 befasst sich zunächst nochmals in aller Kürze mit den benötigten thermodynamischen Grundlagen, um darauf aufbauend in Abschnitt 2.1.2 die aus der Temperaturabhängigkeit von Wärme folgenden Zusammenhänge zu erläutern und in Abschnitt 2.1.3 den Begriff der Exergie einzuführen. Nach einer Einführung in die Wärmeübertragung in Abschnitt 2.1.4 werden in Abschnitt 2.1.5 schließlich die thermodynamischen Vorgänge erläutert, die eine Aufwertung von Wärme ermöglichen. Das Kapitel schließt in Abschnitt 2.2 mit einer Einführung in die Grundzüge der Wirtschaftlichkeitsrechnung ab.

2.1 Thermodynamische Grundlagen

Die Thermodynamik ist ein Teilbereich der Physik, der früher oft auch als „**Wärmelehre**“ bezeichnet wurde. Der Begriff „Thermodynamik“ lässt jedoch bereits im Namen eine etwas breitere Bedeutung erkennen. Mit „Thermo“, vom griechischen Wort für „Wärme“ stammend, und „Dynamik“, aus dem griechischen Wort für „Kraft“ abgeleitet, befasst sie sich speziell mit den Vorgängen rund um die Energieformen „Wärme“ und „Kraft“ sowie deren Umwandlung, der in der Energietechnik – aufgrund ihrer Relevanz in die Anwendung – eine besondere Bedeutung zukommt. Im Laufe ihrer Entwicklung hat die Thermodynamik jedoch den Bereich der reinen Wärmelehre längst verlassen und ist vielmehr als eine „**allgemeine Energielehre**“ zu verstehen (Baehr, 2004, S. 9) (Stephan und Mayinger, 1990, S. 1).

Dabei ist der Umgang mit dem **Begriff „Energie“** in unserem täglichen Sprachgebrauch so selbstverständlich, dass die Frage, was „Energie“ bedeutet, als einfache Frage anmutet. Dennoch dürfte es uns schwerfallen, hier eine treffende Antwort zu finden. Etymologisch stammt auch dieses Wort aus dem Griechischen. Es wird von „$\varepsilon\nu\varepsilon\rho\gamma\varepsilon\iota\alpha$“ abgeleitet, was so viel wie „Wirksamkeit“ oder „wirkende Kraft“ bedeutet (Pfeiffer, 1993). Soll „Energie“ aber erklärt werden, so stößt man auf viele Versuche. In der Schule wird der Begriff „Energie“ üblicherweise als die „**Fähigkeit, Arbeit zu verrichten**“ eingeführt. Dies greift aber offensichtlich deutlich zu kurz, wird Energie doch auch benötigt, um einen Körper zu erwärmen, wofür keine physikalisch definierte Arbeit aufgewendet werden muss. In seinen Vorlesungen veranschaulicht der Physiker Max Planck Energie folgendermaßen: „Man bezeichnet daher die Energie auch kurz als die **dem System innewohnende Fähigkeit, äußere Wirkungen hervorzubringen**“ (Planck und Päsler, 1964, S. 39, § 56).

Alle diese Vorstellungen sind hilfreich, um ein gewisses anschauliches Verständnis für Energie zu entwickeln. Sie können aber das **physikalische Phänomen „Energie" nicht vollständig erfassen**: So ist beispielsweise in der Umgebung eine große Menge Energie in Form von Wärme enthalten, die aber aufgrund fehlender Temperaturdifferenzen keinerlei Wirkung hervorrufen kann.

2.1.1 Erster Hauptsatz der Thermodynamik

Wird **Energie als physikalische Größe** akzeptiert, die gewisse naturwissenschaftliche Zusammenhänge beschreiben kann, dann ist festzustellen, dass **Energie in unterschiedlichen Formen** vorkommen kann. Wir kennen Energie beispielsweise in Form von Wärme, mechanischer Arbeit, elektrischer Arbeit oder chemischer Bindungsenergie. Mithilfe von **Umwandlungsvorgängen**, teilweise unter Zuhilfenahme geeigneter technischer Anlagen, kann dabei eine Energieform in die andere umgewandelt werden. Dabei gilt der erste Hauptsatz der Thermodynamik, der auch als Energieerhaltungssatz bekannt ist:

Erster Hauptsatz der Thermodynamik (Energieerhaltungssatz):

Energie kann immer nur in eine andere Form umgewandelt werden, der Energieinhalt eines abgeschlossenen Systems ist folglich konstant.

Die in verschiedenen Lehrbüchern gegebenen Definitionen, dieses im Sinne einer Festlegung geltenden physikalischen Gesetzes, können zwar in der Darstellung variieren, vom Inhalt entsprechen sie sich aber immer. So definiert beispielsweise (Baehr, 2004, S. 49) den ersten Hauptsatz:

> 1) Jedes System besitzt eine extensive Zustandsgröße Energie E. [...]
>
> 2) Die Energie eines Systems kann sich nur durch Energietransport über die Systemgrenzen ändern: Für Energien gilt ein Erhaltungssatz.

Eine alternative Definition gibt wiederum (Stephan und Mayinger, 1990, S. 41):

> In einem abgeschlossenen System ist die Summe aller Energieänderungen gleich Null.

Im Hinblick auf die physikalische Größe Energie ist festzuhalten, dass es eine mengenartig teilbare, also **extensive Größe** ist. Dies deckt sich auch mit unserer intuitiven Erfahrung: Heizen wir mit unserem Küchenherd einen Kochtopf einschließlich Inhalt länger oder kürzer, so wird dem Kochtopf mehr oder weniger Energie zugeführt. Energie lässt sich daher auch als Energie pro Zeit, d. h., als **Energiefluss** oder **Leistung** messen. Für das Kochergebnis ist dann nicht nur die zugeführte Energiemenge, sondern auch die Leistung relevant. Nur bei geeigneter Steuerung beider Größen gelingt die Speise.

2.1.1.1 Das thermodynamische System

In allen diesen Definitionen wird der **Begriff des „Systems“** verwendet. Hiermit wird ein durch entsprechende „Systemgrenzen“ (auch „Bilanzgrenze“ genannt) räumlich eindeutig abgegrenzter Bereich bezeichnet, der für die Analysezwecke definiert wird. Die Grenzen können durch den Beobachter beliebig gelegt werden. Werden sie unterschiedlich gezogen, liegen jedoch unterschiedliche Systeme vor. Insofern ist es für einen Beobachter immer zweckmäßig, die Systemgrenzen so zu legen, dass sie für die im jeweiligen Analysefall geeignet gewählt sind. Dies ist in der Regel dann der Fall, wenn sich die vom System mit anderen Systemen oder der Umgebung ausgetauschten Energieströme einfach erfassen lassen.

Beispiel für die Wahl von Systemgrenzen:

Bild 2.1 zeigt einen ideal wärmegedämmten Raum, in dem ein Deckenventilator installiert ist, der elektrisch angetrieben ist. Soll der Beobachter die Frage lösen, wie sich der Raumzustand nach einer gewissen Zeit des Betriebs des Ventilators ändert, so muss zunächst ein geeignetes System durch eine entsprechende Bilanzgrenze definiert werden. Erfolgt dies wie in a) gezeigt, so kann recht einfach erkannt werden, dass dem Raum über die elektrische Leitung elektrische Energie zugeführt wird. Da diese aufgrund der idealen Wärmedämmung im Raum verbleibt, muss die Temperatur im Raum mit der Zeit ansteigen. Die elektrische Energie wird in Wärme umgewandelt. Dabei gilt der erste Hauptsatz.

Stellt der Beobachter dagegen fest, dass der Ventilator zunächst die Luft in Strömung versetzt und diese Strömung durch Reibung dann wieder abgebremst wird, muss er u. a. auf ein Beobachtungssystem entsprechend Bild 2.1 b) übergehen. An solchen infinitesimal kleinen Volumenelementen kann die Strömung untersucht werden. Dies ist ein im Vergleich zu a) erheblich komplexeres Unterfangen und wird daher nur nach erheblichem Aufwand zur gleichen Erkenntnis wie unter a) führen. Die gewählte Systemgrenze für diese Fragestellung wäre daher ungünstig gewählt. Sollen jedoch tatsächlich die Strömungsverhältnisse im Raum untersucht werden, ist die Wahl der Systemgrenze in b) der geeignete Ansatz.

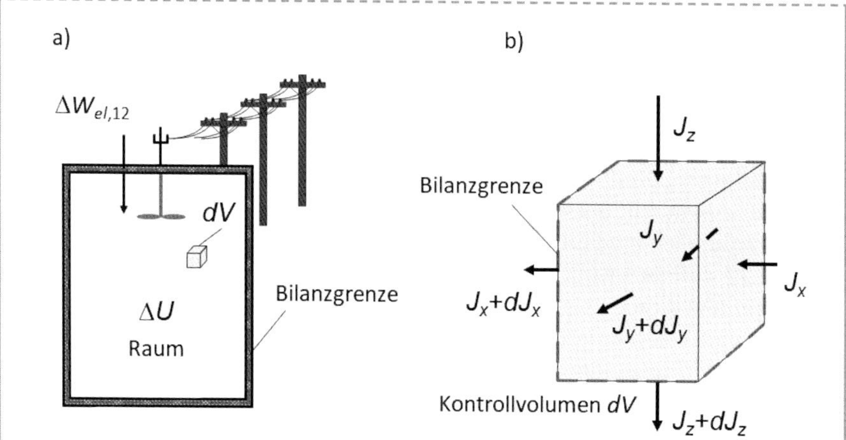

Bild 2.1: Unterschiedliche Bilanzgrenzen (Hufendiek und Voß, 2014, S. 2–54)
Die Wahl einer geeigneten Systemgrenze hängt also immer wesentlich von der zu beobachtenden Fragestellung ab.

2.1.1.2 Energieübertragung zwischen Systemen

Werden zwei Systeme, die entsprechend Abschnitt 2.1.1.1 abgegrenzt wurden, betrachtet, so ist festzustellen, dass **zwischen diesen Systemen Energie übertragen** werden kann. Nehmen beide Systeme vor der Übertragung einen bestimmten energetischen Zustand ein, wird dieser **Zustand** durch die Übertragung von Energie zwischen den **beiden Systemen verändert**. Erfolgt die Energieübertragung in Form eines Energiestroms $\dot{E}$, wie in Bild 2.1 dargestellt, von System A auf System B, so nimmt der Energieinhalt E_A des Systems A wegen des Prinzips der Energieerhaltung um den Betrag $\frac{dE_A}{dt}$ ab, um den die Energie E_B des Systems B zunimmt $\frac{dE_B}{dt}$. Während des Übertragungsprozesses wird also eine ganz bestimmte Menge Energie von System A auf System B übertragen.

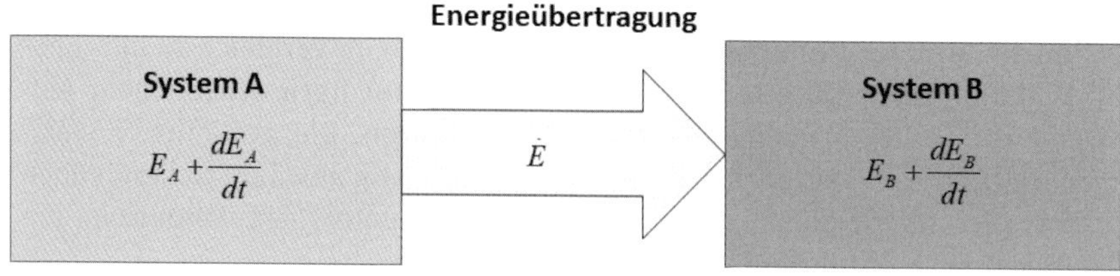

Bild 2.2: Energieübertragung zwischen zwei Systemen (in Anlehnung an (Hufendiek und Voß, 2014, S. 2–4))

Es ist zu erkennen, dass Energie in **zwei grundsätzlich unterschiedlichen Formen** auftreten kann:

1) **Prozessenergie**: Als Prozessenergie wird Energie während eines Prozesses zwischen Systemen übertragen. Prozessenergie kann ihrerseits in verschiedenen Formen auftreten. Diese Formen sind i. d. R. beobachtbar bzw. messbar.
2) **Gespeicherte Energie**: In den Systemen ist in einem gewissen Zustand eine gewisse Menge an Energie gespeichert. Diese Menge an Energie charakterisiert den Zustand des Systems und kann durch entsprechende Zustandsgrößen beschrieben werden.

Wie bei der Energieübertragung in Bild 2.2 zu erkennen ist, werden bei einem solchen Prozess die verschiedenen Energieformen miteinander verknüpft. Energie wird von der einen in die andere Form umgewandelt.

Die **Aufgabe** einer **energietechnischen Anlage** oder eines energietechnischen Systems ist die **Wandlung** von einer Prozessenergieform oder einer gespeicherten Energieform in die für den Anwendungszweck benötigte Prozessenergieform, wie beispielsweise mechanische Arbeit, elektrische Arbeit oder Wärme.

Bei der Analyse eines solchen Systems wird zunächst eine **Energiebilanz** erstellt, die aufgrund des ersten Hauptsatzes der Thermodynamik immer **ausgeglichen** sein muss. Wird im betrachteten System keine Energie gespeichert (stationäres System), muss die Summe der dem System zugeführten Prozessenergieströme der Summe der vom System abgeführten Prozessenergieströme entsprechen.

Beispiel für eine Energiebilanz: Heizkessel zur Raumwärmebereitstellung

Bild 2.3 zeigt beispielhaft die Energiebilanz für das System eines Heizkessels auf. Die zugeführten Prozessenergieströme sind die chemische Energie der dem System zuströmenden Luft und des Brennstoffs, die abgegebenen Energieströme sind die Nutzwärme für das Heizsystem, d.h. die gewünschte Energieform, für die die Anlage betrieben wird, und die Verluste, die ebenfalls in Form von Wärme abgegeben wird. Im stationären Betrieb entsprechen sich die zugeführten Energieströme und die abgegebene Energie aufgrund des ersten Hauptsatzes der Thermodynamik, da im stationären System per Definition keine Energie ein- oder ausgespeichert wird.

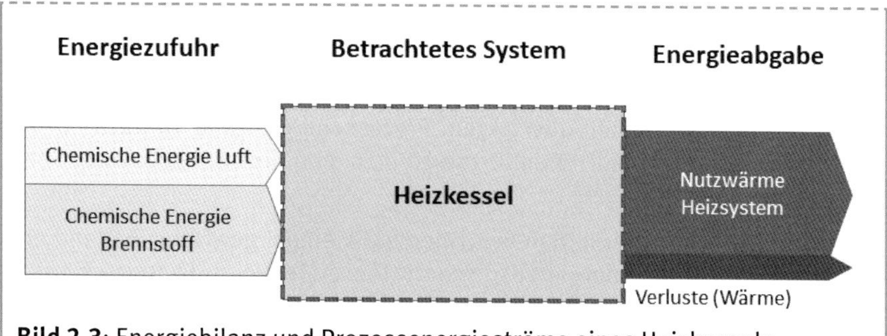

Bild 2.3: Energiebilanz und Prozessenergieströme eines Heizkessels (betrachtetes System) (Darstellung in Anlehnung an (Falk und Ruppel, 1976, S. 7))

2.1.1.3 Prozessenergieformen

Aus dem täglichen Leben ist uns vertraut, dass sich verschiedene Prozessenergieformen unterscheiden lassen. So gehen wir beispielsweise häufig mit der Prozessenergieform mechanische Arbeit um oder kennen auch den Vorgang der Wärmeübertragung hinter der die Prozessenergieform der Wärme steht.

Physikalisch betrachtet lassen sich alle Prozessenergieformen durch zwei Größen beschreiben: Die Übertragung einer infinitesimal kleinen Menge der Prozessenergie *i*, dE_i, wird immer durch eine gleichzeitig übertragene, infinitesimal kleine Menge einer weiteren physikalischen Größe dX_i ((Stephan und Mayinger, 1990, S. 59): „generalisierte Verschiebung“) beschrieben, die zusammen mit einer „treibenden Kraft“ ((Stephan und Mayinger, 1990, S. 59): „generalisierte Kraft“), der physikalischen Größe ξ_i, wirkt (Falk und Ruppel, 1976, S. 89). Dabei ist die Größe dX_i ebenfalls eine extensive Größe, die treibende Kraft ξ_i dagegen eine intensive Größe, die nicht mengenartig teilbar ist.

Die allgemeine Formulierung einer Prozessenergieform *i* ergibt sich damit zu:

$$dE_i = \xi_i \, dX_i \tag{2.1}$$

Im Folgenden sollen nun die verschiedenen Prozessenergieformen, die für die technische Thermodynamik üblicherweise von Bedeutung sind, vor diesem Hintergrund betrachtet werden.

2.1.1.3.1 Mechanische Energie

Die Prozessenergieform, die übertragen wird, wenn eine Kraft $\vec{F}$ längs eines Weges $d\vec{s}$ wirkt, ist die mechanische Energie dW. Für sie gilt:

$$dW = \vec{F}\,d\vec{s} \tag{2.2}$$

Spezielle Formen der Prozessenergieform mechanische Energie leiten sich aus diesem allgemeinen Zusammenhang ab. Wichtig ist hierbei insbesondere die **Verschiebeenergie im Gravitationsfeld der Erde,** die sich aus der Erdbeschleunigung und der Masse eines Körpers ergibt, die in diesem Gravitationsfeld verschoben wird,

$$dW_G = -\mathrm{grad}\,\phi\,d\vec{r} \tag{2.3}$$

wobei ϕ das Kraftfeld der Erde und $d\vec{r}$ die Veränderung des Orts in diesem Feld ist. Besser bekannt ist dieser Zusammenhang in der speziellen Form, mit der Erdbeschleunigung g und der Masse eines Körpers m als treibender Kraft und der Höhenverschiebung dh als generalisierte Verschiebung:

$$dW_G = mg\,dh \tag{2.4}$$

Eine andere bekannte Form der Übertragung mechanischer Energie ist die **Bewegungsenergie** dW_B, die durch einen übertragenen Impuls $d\vec{I}$, der mit der treibenden Kraft einer Geschwindigkeit $\vec{v}$ wirkt.

$$dW_B = \vec{v}\,d\vec{I} \tag{2.5}$$

2.1.1.3.2 Rotationsenergie

Analoges gilt für die Rotationsenergie dW_R, die sich auf eine kreisförmige Bewegung bezieht, die mittels rotierender Wellen in der Technik häufig übertragen wird. Sie ergibt sich aus dem wirkenden Drehimpuls $d\vec{L}$ und der Winkelgeschwindigkeit $\vec{\omega}$ über folgende Beziehung:

$$dW_R = \vec{\omega}\,d\vec{L} \tag{2.6}$$

Dabei stellt die Winkelgeschwindigkeit $\vec{\omega}$ die treibende Kraft dar, der Drehimpuls, die mit der Rotationsenergie $d\vec{L}$ übertragene generalisierte Verschiebung.

2.1.1.3.3 Volumenänderungsarbeit

Im Zusammenhang mit thermodynamischen Prozessen, bei denen Wärme in Arbeit umgewandelt wird, ist die Volumenänderungsarbeit eine besonders wichtige Form der Prozessenergie. Sie wird beispielsweise übertragen, wenn ein in einem abgeschlossenen Zylinder unter einem gegebenen Druck p im Volumen V eingeschlossenes Gas auf das Volumen dV entspannt wird (Bild 2.4). Dabei wird unterstellt, dass der Zylinder ideal wärmegedämmt ist, also ein adiabater Vorgang, d. h., ein Vorgang ohne Wärmeübertragung vorliegt.

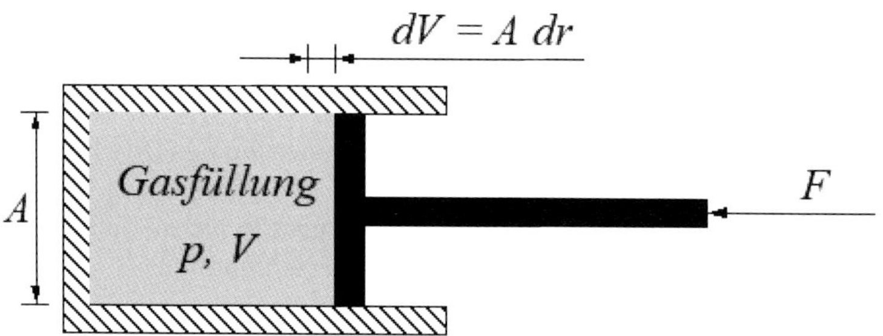

Bild 2.4: Volumenänderungsarbeit an einem adiabaten Zylinder (Hufendiek und Voß, 2014, S. 2–13)

Aus der Gleichung für die längs eines Weges verrichtete mechanische Arbeit Gl. (2.2) folgt für die Volumenänderungsarbeit:

$$dW_V = \vec{F}\, d\vec{r} \tag{2.7}$$

wobei die am beweglichen Teil des Zylinders wirkende Kraft $\vec{F}$ der Druckkraft der Gasfüllung entspricht, die auf die Fläche des Kolbens A ausgeübt wird:

$$\vec{F} = p\,\vec{A} \tag{2.8}$$

Wirkt die Kraft $\vec{F}$ gegen den Druck im Zylinder, so gilt für die Volumenänderungsarbeit dW_V unter Berücksichtigung der mit dem Weg des bewegten Kolbens $d\vec{r}$ verbundenen Volumenänderung $dV = \vec{A}\, d\vec{r}$,

$$dW_V = -p\, dV \tag{2.9}$$

Dem Arbeitsgas wird folglich bei der Kompression ($dV < 0$) Volumenänderungsarbeit zugeführt ($dW_V > 0$) und bei der Entspannung ($dV > 0$) abgeführt ($dW_V < 0$).

2.1.1.3.4 Wärme

Die Prozessenergieform Wärme ist diejenige Energieform, die übertragen wird, wenn zwei Körper mit unterschiedlicher Temperatur zusammengebracht werden. Fassen wir beide Körper als Systeme auf, so ist uns aus unserer Erfahrung heraus vertraut, dass der Körper mit der höheren Temperatur sich abkühlt, der Körper mit der niedrigeren Temperatur sich erwärmt. Diese Energieübertragung kommt dann zum Stillstand, wenn beide Körper dieselbe Temperatur angenommen haben.

Hieraus lässt sich folgern, dass die treibende Kraft für die Prozessenergieform Wärme die Temperatur oder besser die Temperaturdifferenz zwischen den beiden Systemen ist. Die Wärme fließt dann immer vom System höherer Temperatur zum System mit niedrigerer Temperatur.

Im Hinblick auf die generalisierte Form der Prozessenergie in Gl. (2.1) wird noch die Größe der generalisierten Verschiebung dX_i benötigt. Sie ist im Fall der Wärme uns intuitiv nicht zugänglich, die Physik kennt hier die Größe der Entropie, die in Form einer infinitesimal kleinen Veränderung als dS geschrieben wird. Damit kann die Prozessenergieform Wärme physikalisch konsistent mit den anderen Prozessenergieformen als

$$dQ = T\,dS \tag{2.10}$$

beschrieben werden. In diesem Buch wird in den nachfolgenden Kapiteln häufig die auf die Zeit bezogene Form der Wärme, ein Wärmestrom oder eine Wärmeleistung verwendet. Der Zusammenhang von Gl. (2.10) lautet in diesem Fall:

$$\dot{Q} = T\,\dot{S} \tag{2.11}$$

2.1.1.3.5 Energie eines Teilchenstroms

Häufig wird in technischen Systemen Prozessenergie auch gemeinsam mit ein- oder ausströmenden Medien übertragen. Mit dem in ein System eintretenden oder austretenden Teilchen- oder Massenstrom k wird gleichzeitig Energie übertragen. Die Energie eines solchen Teilchenstroms dE_T kann durch das in der chemischen Struktur und im Inneren der eingeströmten Masse gespeicherten Energie in Form des chemischen Potentials μ_k beschrieben werden:

$$dE_T = \mu_k\,dn_k \tag{2.12}$$

2.1.1.3.6 Elektrische Energie

Als letzte Prozessenergieform soll an dieser Stelle noch die elektrische Energie eingeführt werden. Es gibt noch zahlreiche weitere Prozessenergieformen, die im Rahmen dieser Publikation zur Abwärmenutzung aber keine Bedeutung aufweisen und daher an dieser Stelle nicht behandelt werden.

Die elektrische Energie ist diejenige Energie, die übertragen wird, wenn eine infinitesimal kleine Ladung dQ_{el} in einem elektrischen Feld ϕ_{el} verschoben wird. Die dabei verrichtete Arbeit dW_{el} entspricht der Verschiebung der Ladung $dQ_{el}(\vec{r})$ am Ort $\vec{r}$ im elektrischen Feld $\phi_{el}(\vec{r})$:

$$dW_{el} = \phi_{el}(\vec{r})\, dQ_{el}(\vec{r}) \tag{2.13}$$

Wird statt einzelner Ladungen ein Ladungsstrom über der Zeit $I_{el} = \frac{dQ_{el}}{dt}$ betrachtet und die Differenz der elektrischen Potentiale zweier Orte, die elektrische Spannung U_{el} verwendet, so ergibt sich die elektrische Leistung in der bekannten Form zu:

$$P_{el} = \dot{W}_{el} = U_{el}\, I_{el} \tag{2.14}$$

Dabei zeigt sich, dass die treibende Kraft der elektrischen Energie die Spannung U_{el} ist.

2.1.1.4 Gespeicherte Energie

In Abschnitt 2.1.1.3 wurden ausschließlich die Prozessenergieformen betrachtet, also Energie in der Form, wie sie zwischen zwei Systemen übertragen wird. Betrachten wir keine stationären Prozesse, dann kommt die Energie möglicherweise aus dem Energie abgebenden System und vom aufnehmenden System wird sie aufgenommen. **Energie kann** also **in den Systemen gespeichert werden.**

Wird Energie aufgenommen, so erhöht sich die gespeicherte Energie, wenn das System nicht gleichzeitig Energie abgibt. Wird Energie abgegeben, ohne gleichzeitig Energie aufzunehmen, so verringert sich die im System gespeicherte Energie.

Dabei gilt, wie in Abschnitt 2.1.1 beschrieben, der erste Hauptsatz. Es lässt sich für ein beliebiges System A entsprechend Bild 2.1 folglich schreiben

$$E_A + \frac{dE_A}{dt} = \sum_i \dot{E}_i \tag{2.15}$$

wobei $\dot{E}_i$ die über der Zeit t zu- oder abgeführte Prozessenergieform i ist, und E_A für die im System A gespeicherte Energie steht.

Die dem System A zu- oder abgeführte Energie verändert den Zustand des Systems *A*. Die in einem System gespeicherte Energie lässt sich dann in Anteilen unterscheiden, wenn das System in voneinander unabhängige Teilsysteme zerlegt werden kann (Falk und Ruppel, 1976, S. 143). Typischerweise können wir Systeme zerlegen, sodass wir den im System enthaltenen Anteil der **potentiellen Energie**, **kinetischen Energie** und **inneren Energie** unterscheiden. Der Anteil der inneren Energie wird auch als **Ruheenergie** bezeichnet (Falk und Ruppel, 1976, S. 143) und ist in der Regel der für die technische Thermodynamik interessanteste Teil.

2.1.1.4.1 Potentielle Energie

Die potentielle Energie eines Systems wird dann verändert, wenn das gesamte System mit der Masse m im Schwerefeld der Erde durch Verrichtung von mechanischer Arbeit verschoben wird (Stephan und Mayinger, 1990, S. 44). Zwischen der im System gespeicherten potentiellen Energie im Zustand 1, $E_{\text{pot},1}$, und Zustand 2, $E_{\text{pot},2}$, gilt:

$$E_{\text{pot},2} - E_{\text{pot},1} = m\,g\,\Delta h \tag{2.16}$$

mit der Erdbeschleunigung g und der Höhendifferenz zwischen Zustand 1 und 2 im Schwerefeld der Erde Δh.

2.1.1.4.2 Kinetische Energie

Die kinetische Energie eines Systems wird dann verändert, wenn das gesamte System mit der Masse m seine Geschwindigkeit v verändert (Stephan und Mayinger, 1990, S. 44). Dabei gilt für die Veränderung der kinetischen Energie des Systems E_{kin} zwischen Zustand 1 und 2:

$$E_{\text{kin},2} - E_{\text{kin},1} = \frac{1}{2}\,m\left(v_2^2 - v_1^2\right) \tag{2.17}$$

Die kinetische Energie eines Systems kann ausschließlich durch die Prozessenergieform Bewegungsenergie bzw. Rotationsenergie verändert werden.

2.1.1.4.3 Innere Energie

Die innere Energie eines Systems ist die gespeicherte Energieform, die innerhalb des Systems gespeichert ist. Sie ist für die Thermodynamik und die mit ihr verbundenen technischen Vorgänge die interessanteste Form der gespeicherten Energie. Denn sie ermöglicht es, unterschiedliche Prozessenergieformen miteinander zu verknüpfen, im Speziellen die Volumenänderungsarbeit, Wärme und die Energie von Teilchenströmen.

Es kann einem System also beispielsweise Energie in Form von Volumenänderungsarbeit zugeführt werden, das System gibt dann seinerseits Energie in Form von Wärme wieder an die Umgebung ab. Dies ist für viele technische Vorgänge wichtig, insbesondere, wenn es um Vorgänge rund um Wärme geht, die in diesem Buch im Zentrum stehen.

Für die innere Energie gilt für diesen Zusammenhang die spezielle Form der **Gibbsschen Fundamentalgleichung** (hier nach (Stephan und Mayinger, 1990, S. 154)):

$$dU = T\,dS - p\,dV \tag{2.18}$$

Die mit einer Veränderung der inneren Energie eines Systems einhergehende Zustandsänderung wird in der Thermodynamik üblicherweise durch sogenannte **Zustandsgleichungen** beschrieben. Diese charakterisieren den konkreten thermodynamischen Zustand der Materie im System. Zustandsgleichungen sind folglich stoffspezifisch, da sich unterschiedliche Stoffe unterschiedlich verhalten (vgl. Abschnitt 2.1.1.5.1).

2.1.1.5 Thermodynamische Eigenschaften von Materie

Allgemein lässt sich aufgrund der in Materie gespeicherten Energie festhalten, dass Materie einen gewissen thermodynamischen Zustand einnimmt, der vom jeweiligen gespeicherten Energieinhalt abhängt. Dieser Zusammenhang wird üblicherweise mithilfe verschiedener in der Thermodynamik gebräuchlichen Ansätze beschrieben: durch die Verwendung von kalorischen Zustandsgleichungen oder durch Zustandsdiagramme.

2.1.1.5.1 Kalorische Zustandsgleichungen

Aus der Erfahrung heraus ist uns vertraut, dass sich die Temperatur eines Körpers erhöht, wenn ihm Wärme zugeführt wird. Energetisch wird durch die Wärmezufuhr die im Körper gespeicherte Energie – die innere Energie – erhöht. Dies lässt sich anhand der Temperatur des Körpers messen. Den Zusammenhang mit der gespeicherten inneren Energie stellt uns die **kalorische Zustandsgleichung bei konstantem Volumen** her:

$$dU = m\,c_v\,dT \tag{2.19}$$

Gleichung (2.19) gibt uns an, wie sich die im Körper mit der Masse *m* gespeicherte innere Energie ändert, wenn seine Temperatur durch Energiezufuhr bei konstantem Volumen verändert wird. Dies gilt für alle Festkörper und Flüssigkeiten sowie für das in der technischen Thermodynamik häufig verwendete Modell des idealen Gases (Details vgl. (Stephan und Mayinger, 1990, S. 155 f.).

Für Prozesse mit konstantem Druck anstelle konstanten Volumens wird auf eine umgeformte Gibbssche Fundamentalgleichung zurückgegriffen. Sie ergibt sich nach Einführung der Größe Enthalpie, für die gilt (Stephan und Mayinger, 1990, S. 155 f.):

$$H = U + pV \tag{2.20}$$

Für die Enthalpie gilt analog Gl. (2.19) die kalorische **Zustandsgleichung bei konstantem Druck:**

$$dH = m\, c_p\, dT \tag{2.21}$$

In der technischen Thermodynamik werden Prozesse mit konstantem Volumen, die bei geschlossenen Systemen auftreten, mithilfe von Gl. (2.19) und der inneren Energie U, Prozesse mit konstantem Druck, die bei offenen Systemen auftreten, mithilfe von Gl. (2.21) und der Enthalpie H beschrieben.

2.1.1.5.2 Phasenübergänge

Im Falle von Phasenübergängen, d. h., wenn ein vorliegender Stoff verdampft, verflüssigt, geschmolzen, erstarrt oder sublimiert wird, so gelten die in Abschnitt 2.1.1.5.1 dargestellten kalorischen Zustandsgleichungen nicht. Die beim Phasenwechsel dem System zugeführte Prozessenergie wird zwar ebenfalls im System in Form von innerer Energie U bzw. Enthalpie H gespeichert. Sie zeigt sich beispielsweise beim Verdampfen aber nicht darin, dass der Stoff mit zunehmender Energie weiterhin die Temperatur erhöht, sondern dass der Stoff zunächst den Aggregatzustand verändert.

In der technischen Thermodynamik gelten die in Abschnitt 2.1.1.5.1 dargestellten kalorischen Zustandsgleichungen nur innerhalb einer Phase, also z. B. für flüssiges Wasser $c_{v,l}$ oder $c_{p,l}$. Für eine andere Phase, also z. B. Wasserdampf, gelten andere Stoffparameter $c_{v,g}$ oder $c_{p,g}$ und damit eine eigene Gleichung. Für den Phasenübergang wird zusätzlich die sogenannte Phasenwechselenthalpie, im Beispiel die Verdampfungsenthalpie $\Delta h_v(T_S)$ bei der Sättigungstemperatur T_S (Verdampfungstemperatur), eingeführt.

Die vollständige Zustandsänderung bei Erhitzung von flüssigem Wasser vom Zustand 1 bei Temperatur T_1, Verdampfung und Weitererhitzung des Wasserdampfes bis zum Zustand 2 bei Temperatur T_2 wird folgendermaßen beschrieben:

$$H_2 - H_1 = m\left[c_{p,l}\left(T_S - T_1\right) + \Delta h_V + c_{p,g}\left(T_2 - T_S\right)\right] \tag{2.22}$$

2.1.1.5.3 Zustandsdiagramme

Die **thermodynamischen Zustände von Stoffen** lassen sich einschließlich der häufig technisch besonders interessanten **Phasenwechselvorgänge** anschaulich auch in sogenannten **Zustandsdiagrammen** eintragen. Diese liegen für technisch wichtige Stoffe, wie z. B. Wasser oder Kältemittel, in entsprechenden Nachschlagewerken bzw. Datenbanken vor.

Die gebräuchlichsten Zustandsdiagramme sind das ***T-S*-Diagramm** und das ***p-v*-Diagramm**, die nachfolgend kurz beschrieben werden. Aber auch eine Darstellung als ***p-h*-Diagramm** oder ***h-s*-Diagramm** sind in der technischen Thermodynamik gebräuchlich. Dabei belegen die beiden jeweils genannten Zustandsgrößen die Ordinate bzw. Abszisse.

In den Zustandsdiagrammen (vgl. Bild 2.3 oder Bild 2.4) werden üblicherweise die Grenzen der einzelnen Phasengebiete eingetragen: Die **Siedelinie** stellt die Linie der Siedepunkte dar, ab denen bei weiterer Energiezufuhr die Flüssigkeit zu sieden, d. h. zu verdampfen beginnt. Sie trennt damit das Gebiet der flüssigen Phase vom **Nassdampfgebiet**, in dem gleichzeitig die Substanz in Teilen flüssig und gasförmig/dampfförmig vorliegt. Wird weiter Energie zugeführt, so erhöht sich der gasförmige Anteil immer weiter, bis an der **Taulinie** kein Anteil Flüssigkeit mehr vorliegt. Die Taulinie trennt somit das Nassdampfgebiet vom Bereich der gasförmigen Phase/des Dampfes. Siede- und Taulinie stoßen im **kritischen Punkt** zusammen. Oberhalb des kritischen Punkts kann keine flüssige und gasförmige Phase mehr unterschieden werden, der **Aggregatzustand** wird als **überkritisch** bezeichnet.

Daneben werden in den Zustandsdiagrammen üblicherweise Pfade von Prozessen mit einer konstanten Zustandsgröße eingezeichnet. Diese Pfade mit konstanten Zustandsgrößen werden wie folgt bezeichnet:

- **Isotherme**, Prozess mit konstanter Temperatur ($T = \text{const.}$)
- **Isobare**, Prozess mit konstantem Druck ($p = \text{const.}$)
- **Isochore**, Prozess mit konstantem Volumen ($v = \text{const.}$)
- **Isentrope**, Prozess mit konstanter Entropie ($s = \text{const.}$)
- **Isenthalpe**, Prozess mit konstanter Enthalpie ($h = \text{const.}$).

Ein Prozess bei dem keine Wärme übertragen wird, nennt sich in diesem Sinne **adiabater** Vorgang.

2.1.1.5.3.1 *T-S*-Diagramm

Bild 2.3 zeigt das schematische Zustandsdiagramm eines Stoffs, in dem die Temperatur T über der Entropie S aufgetragen wird, das sogenannte *T-S*-Diagramm.

Da für die Prozessenergieform **Wärme** die Gleichung (2.10) gilt, können Wärmemengen im *T-S*-Diagramm **als Flächen** unterhalb der Kurve der jeweils vorliegenden Zustandsänderungen des Prozesses dargestellt werden (vgl. Bild 2.3):

$$Q_{12} = \int_1^2 T\,dS \qquad (2.23)$$

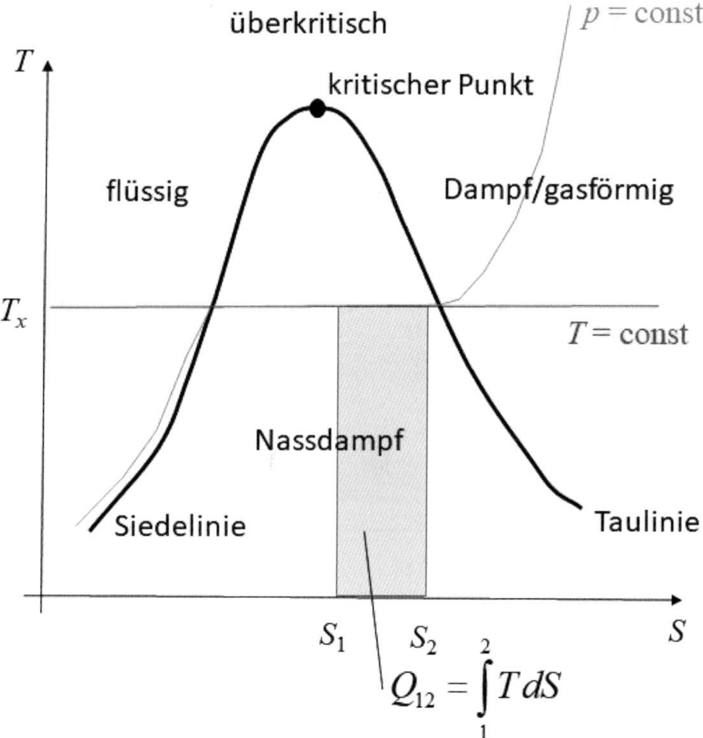

Bild 2.5: *T-S*-Diagramm schematisch

2.1.1.5.3.2 *p-v*-Diagramm

Bild 2.6 zeigt schematisch ein *p-v*-Diagramm mit eingetragener Isobare und Isotherme. Eine Isochore wäre in diesem Diagramm eine senkrechte Linie.

Die Darstellung in Bild 2.6 zeigt darüber hinaus, dass das Medium bei einer Zustandsänderung von Zustand 1 auf Zustand 2 im Rahmen eines entsprechenden technischen Prozesses durch die gezeigte Volumenänderung von v_1 auf v_2 **Volumenänderungsarbeit** W verrichtet, die sich im Diagramm als **Fläche**

$$W_{12} = \int_1^2 m\,p\,dv \tag{2.24}$$

eintragen lässt.

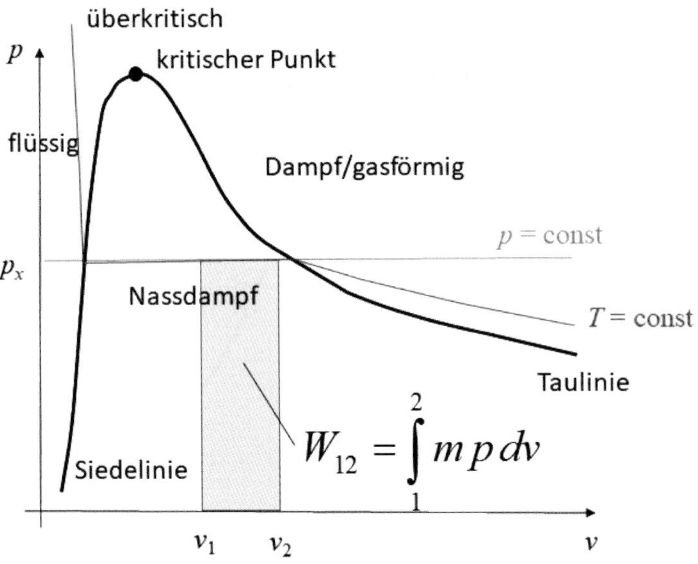

Bild 2.6: *p-v*-Diagramm schematisch

2.1.2 Der zweite Hauptsatz der Thermodynamik

2.1.2.1 Irreversibilitäten realer Prozesse

Zunächst wird ein idealer Prozess, wie in Bild 2.7 dargestellt, betrachtet. Zwischen Zustand 1 und Zustand 2 wird die **Volumenänderungsarbeit W_{12}** einem in einem Zylinder eingeschlossenen **Gas zugeführt**. Dabei wird der Kolben durch eine Kraft F verschoben. Das betrachtete System, das in Bild 2.7 durch die gestrichelte Linie gekennzeichnet ist, sei vollständig adiabat, d.h., es findet keine Wärmeübertragung statt. Die Betrachtung beginnt im Zustand 1, bei dem das Gas eine innere Energie U_1 aufweist, die durch die Zustandsgrößen Druck p_1, Volumen V_1, Temperatur T_1 und Entropie S_1 charakterisiert ist.

Die Annahme eines **idealen Prozesses** bedeutet, dass keinerlei Verluste, d. h., keine Reibung am Kolben, keine Verwirbelungen im Gas auftreten. Außerdem läuft der Prozess **quasistationär** ab. Der Prozess läuft damit so langsam ab, dass sich das System zu jedem Zeitpunkt zwischen Zustand 1 und 2 im Gleichgewicht befindet. Ein solcher Prozess ist technisch nicht realisierbar, stellt aber ein wichtiges theoretisches Modell in der Thermodynamik dar.

Nach Ablauf des beschriebenen Prozesses befindet sich das Gas im Zustand 2. Dem System wurde ausschließlich die Volumenänderungsarbeit zugeführt, eine Wärmeübertragung findet entsprechend der Annahme des idealen Prozesses nicht statt. Daher muss, nach dem ersten Hauptsatz, die zugeführte Volumenänderungsarbeit W_{12} im Zustand 2 die im Gas gespeicherte innere Energie U_2 entsprechend erhöht haben:

$$W_{12} = U_2 - U_1 = -\int_1^2 p\,dV \tag{2.25}$$

Läuft der Prozess dabei ideal ab, d. h., es werden nur die an der Volumenänderungsarbeit beteiligten Zustandsgrößen p und V verändert, dann ist dieser theoretische Prozess vollständig reversibel, denn bei der Entspannung des Gases kann die Volumenänderungsarbeit W_{12} wieder vollständig zurückgewonnen werden, der Zustand 1 des Systems kann wieder erreicht werden. Implizit bedeutet das damit auch, dass $T_2 = T_1$ und $S_2 = S_1$ gelten muss.

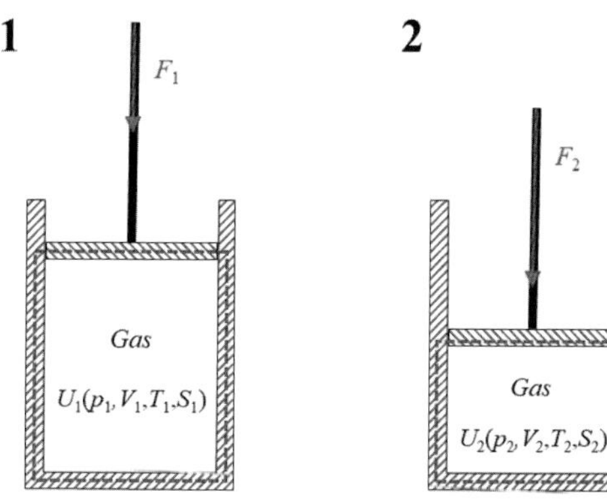

Bild 2.7: Zufuhr von Volumenänderungsarbeit in ein ideales adiabates System

Natürlich entspricht diese Modellannahme eines reversiblen Prozesses nicht der Realität. Hier treten immer Verluste, z. B. in Form von Reibung, auf. Der erste Hauptsatz gilt dennoch: Wenn wir ein adiabates System vorliegen haben, ist die zugeführte Volumenänderungsarbeit weiterhin vollständig in der inneren Energie des Gases U_2 im Zustand 2 gespeichert. Das heißt: Gleichung (2.25) hat weiterhin Gültigkeit. Allerdings wäre zu beobachten, dass beispielsweise aufgrund der Reibung des Kolbens an der Zylinderwand, die Erhöhung des Drucks p geringer ausfällt. Der im realen adiabaten Prozess erreichbare Zustand 2‘ des Gases entspricht zwar energetisch weiterhin dem Zustand 2 des reversiblen Prozesses, er unterscheidet sich aber bzgl. der Zustandsgrößen $p_{2'}$, $V_{2'}$, $T_{2'}$ und $S_{2'}$. In der Regel wird $p_{2'} < p_2$ sein und $T_{2'} > T_2$. Die im realen Prozess durch die Reibung **dissipierte Energi**e wird in Wärme umgewandelt und als solche dem System zugeführt. Damit muss aufgrund der Wärmezufuhr wegen Gl. (2.10) auch die Zustandsgröße Entropie $S_{2'} > S_2$ sein.

Aufgrund des hierdurch gegenüber Zustand 2 veränderten Zustands 2‘ ist zu erkennen, dass der Prozess nicht vollständig reversibel sein wird, da $p_{2'} < p_2$ ist, und damit die Volumenänderungsarbeit nicht mehr vollständig rückgewinnbar sein wird. Physikalisch kann dies auch durch die Vorstellung begründet werden, dass **Entropie *S* nicht vernichtet** werden kann. Da bei o. a. Betrachtung deutlich wird, dass $S_{2'} > S_2$ ist, kann das System nur durch Abgabe von Entropie wieder auf den ursprünglichen Zustand 1 mit $S_1 = S_2$ zurückgeführt werden. Dies würde die Abgabe von Energie in Form von Wärme bedeuten. Die Volumenänderungsarbeit wäre nicht mehr vollständig zurückzugewinnen, sodass auch dann der Prozess nicht vollständig reversibel ist.

Max Planck hat den **zweiten Hauptsatz der Thermodynamik** in folgender Weise formuliert (Planck und Päsler, 1964, S. 81, § 109), die auch für o. a. Überlegungen gilt:

> Es ist auf keinerlei Weise möglich, einen Vorgang, in welchem Wärme durch Reibung entsteht, vollständig rückgängig zu machen.

(Stephan und Mayinger, 1990, S. 20) formulieren den zweiten Hauptsatz etwas allgemeiner, allerdings auch weniger anschaulich:

> Alle natürlichen Prozesse sind irreversibel. Reversible Prozesse sind nur idealisierte Grenzfälle irreversibler Prozesse.

2.1.2.2 Allgemeine Formulierung des zweiten Hauptsatzes

Mithilfe der bereits im Zusammenhang mit der Prozessenergieform Wärme eingeführten physikalischen Größe Entropie S lässt sich der zweite Hauptsatz der Thermodynamik auch allgemein formulieren:

> **Zweiter Hauptsatz der Thermodynamik**
>
> Entropie kann nicht vernichtet werden. Sie bleibt erhalten oder kann erzeugt werden.

Für den zweiten Hauptsatz der Thermodynamik gibt es die unterschiedlichsten Formulierungen in der Literatur, die aber immer denselben Zusammenhang beschreiben. Insofern bleibt es ein Stück weit dem persönlichen Geschmack überlassen, welche Formulierung jeder persönlich am liebsten verwendet.

(Falk und Ruppel, 1976, S. 366 ff.) zeigen beispielsweise auf, welche unterschiedlichen historischen Formulierungen von Wissenschaftlern wie Rudolf Clausius, William Thomson (Lord Kelvin) oder Constantin Caratheodory verwendet wurden.

Eine wesentlich abstraktere, aber auch detaillierte und umfassende allgemeine Formulierung geben (Stephan und Mayinger, 1990, S. 142):

> Es existiert eine Zustandsgröße S, die Entropie eines Systems, deren zeitliche Änderung $\dot{S}$ sich aus der Entropieänderung $\dot{S}$ und Entropieerzeugung $\dot{S}_\mathrm{i}$ zusammensetzt. Für die Entropieerzeugung gilt:
>
> - $\dot{S}_\mathrm{i} = 0$ für reversible Prozesse,
> - $\dot{S}_\mathrm{i} > 0$ für irreversible Prozesse und
> - $\dot{S}_\mathrm{i} < 0$ nicht möglich.

2.1.2.3 Carnotscher Wirkungsgrad

Wird erneut ein theoretisches Modell eines Energiewandlers angenommen, bei dem ein thermodynamischer Prozess ideal und stationär abläuft, und so konstruiert ist, dass aus einem bei der Temperatur T zugeführten Wärmestrom $\dot{Q}$ Energie verlustfrei in einen konstanten Strom von mechanischer Arbeit $\dot{W}$ umgewandelt wird (Bild 2.8). Aufgrund des ersten Hauptsatzes im angenommenen verlustfreien stationären Fall, bei dem im betrachteten System keine Energie gespeichert wird, muss somit gelten:

$$\dot{Q} - \dot{W} = 0 \tag{2.26}$$

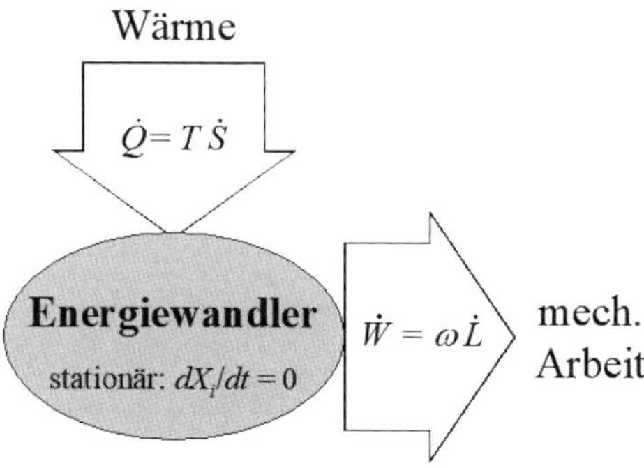

Bild 2.8: Prozess eines gedachten Energiewandlers nach dem ersten Hauptsatz (Hufendiek und Voß, 2014, S. 2–33)

Mit Gl. (2.26) ist der erste Hauptsatz erfüllt. Wird das System allerdings noch etwas genauer analysiert, treten hinsichtlich der Annahme der Stationarität Widersprüche auf: Der nach der Beziehung aus Gl. (2.10) gleichzeitig mit der Wärme $\dot{Q}$ zugeführte Entropiestrom $\dot{S}$ erhöht die Entropie im System, da kein weiterer Entropiestrom auftritt und Entropie nicht vernichtet werden kann, denn für den zugeführten Wärmestrom gilt:

$$\dot{Q} = T\,\dot{S} \tag{2.27}$$

Für den Drehimpuls $\dot{L}$ gilt ein Erhaltungssatz. Folglich muss an anderer Stelle ein Drehimpulsstrom auftreten, der dem System zugeführt wird. Ansonsten wäre auch an dieser Stelle die Annahme der Stationarität verletzt. Ein typischer Energiewandler, wie z. B. eine Turbine, gibt an der rotierenden Welle einen Drehimpulsstrom $\dot{L}$ und Energiestrom $\dot{W}$ ab, wie in Bild 2.8 schematisch gezeigt wird. Die Drehimpulsbilanz einer solchen Maschine ist durch das konstruktiv immer vorhandene Widerlager sichergestellt. Hier nimmt der Energiewandler den Drehimpulsstrom auf, der mit dem Energiestrom abgegeben wird. Der im Widerlager übertragene Drehimpulsstrom ist aber nicht mit einem Energiestrom verbunden, da das System an dieser Stelle in Ruhe (am Widerlager gilt $\omega = 0$) ist (vgl. Bild 2.7).

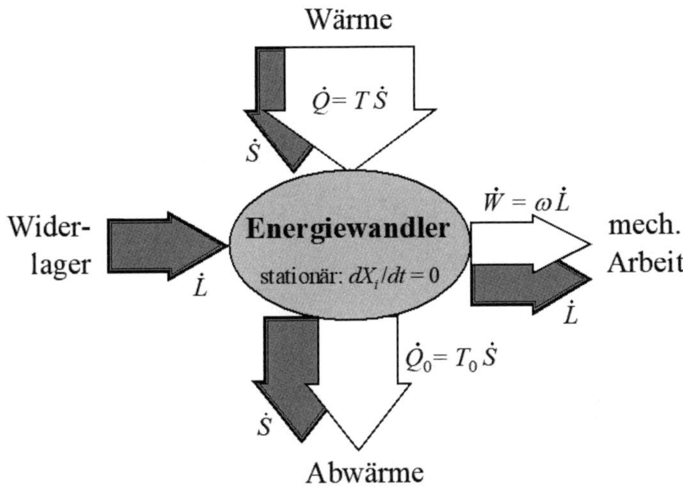

Bild 2.9: Idealer Energiewandler Wärme-Kraft-Maschine (Hufendiek und Voß, 2014, S. 2–34)

Eine analoge Möglichkeit, die Entropie als mit der Wärmeübertragung verbundene generalisierte Verschiebung wieder aus dem System zu entfernen, wäre nur bei einer Temperatur $T = 0$ zu erreichen. Das würde bedeuten, dass die Wärme am absoluten Nullpunkt $T = -273{,}15$ °C abfließen müsste, was technisch nicht sinnhaft möglich ist. Technisch ist die niedrigste Temperatur, bei der Wärme aus einem System abfließen kann, die Temperatur der Umgebung T_0.

Hieraus und aus dem zweiten Hauptsatz, der besagt, dass Entropie nicht vernichtet werden kann, ergibt sich allgemein, dass das betrachtete ideale System einen Wärmestrom $\dot{Q}_0$ an die Umgebung abführen muss. Dieser muss so groß sein, dass der mit dem zugeführten Wärmestrom $\dot{Q}$ zugeführte Entropiestrom $\dot{S}$ wieder abgeführt wird, damit sich das System im stationären Zustand befinden kann (Bild 2.9):

$$\dot{Q}_0 = T_0\,\dot{S} \tag{2.28}$$

Mit dem ersten Hauptsatz ergibt sich für die aus einem Wärmestrom $\dot{Q}$ in einem idealen, verlustfreien stationären Prozess erzeugbare mechanische Leistung $\dot{W}$, dass die zugeführten Energieströme den abgegebenen entsprechen müssen:

$$\dot{Q} = \dot{W} + \dot{Q}_0 \tag{2.29}$$

Für die mechanische Leistung $\dot{W}$ nach Umformung von Gl. (2.29) und Einsetzen von Gl. (2.27) und (2.28) gilt:

$$\dot{W} = \dot{Q} - \dot{Q}_0 = (T - T_0)\,\dot{S} \tag{2.30}$$

Der Wirkungsgrad einer solchen idealen und damit verlustfreien Wärme-Kraft-Maschine ergibt sich somit zu:

$$\eta_c = \frac{\dot{W}}{\dot{Q}} = \frac{\dot{Q} - \dot{Q}_0}{\dot{Q}} = \frac{T - T_0}{T} \tag{2.31}$$

Da Sadi Carnot bereits 1824 die Erkenntnis veröffentlichte, dass die „bewegende Kraft", die aus einer Wärmemenge gewonnen werden kann („die bewegende Kraft einer Wärme"), unabhängig vom Arbeitsmittel und ausschließlich von der Temperaturdifferenz zwischen warmem und kaltem Ende der Wärmeübertragung abhängt (Carnot, 1824, S. 38), ist dieser Zusammenhang nach ihm benannt worden.

Der Carnot'sche Wirkungsgrad $\alpha_{\text{Platte}} = -\frac{\lambda}{s}$ definiert die maximale, in einem idealen Prozess aus einer Wärmemenge gewinnbare mechanische Arbeit:

$$\eta_c = 1 - \frac{T_0}{T} \tag{2.32}$$

Der Carnot'sche Wirkungsgrad ist somit der optimale, nur im theoretischen, idealen Fall erreichbare Wirkungsgrad einer Wärme-Kraft-Maschine. **In der Realität** kann er, da es die ideale, verlustfreie Maschine nicht gibt, **nie erreicht** werden. Er wird **umso größer, je höher die Temperatur *T*** ist, bei der die Wärme dem System zur Gewinnung der Arbeit zugeführt wird. Auch eine **niedrigere Temperatur T_0** erhöht die theoretisch gewinnbare Arbeit im betrachteten System, sodass möglichst niedrige Temperaturen zur Kühlung herangezogen werden sollten.

2.1.3 Exergie und Anergie

2.1.3.1 Definitionen

Da in technischen Prozessen die Energieform der mechanischen oder technischen Arbeit eine besondere Bedeutung einnimmt, hat Fran Bošnjaković bereits 1935 vorgeschlagen, den maximal in einem reversiblen Prozess in technische Arbeit umzuwandelnden Anteil einer Energie als **„technische Arbeitsfähigkeit“** zu bezeichnen (Rant, 1956, S. 36). Zoran Rant hält fest, dass „jeder ‚Energie‘ eine solche ‚Arbeitsfähigkeit‘ zuzuordnen ist“ und schlägt vor, diese als „Exergie“ zu bezeichnen (Rant, 1956, S. 36 f.).

Definition Exergie

Exergie bezeichnet den Anteil einer Energiemenge, die maximal in einem reversiblen Prozess in mechanische Arbeit umgewandelt werden kann. Exergie ist somit ein Maß für die technische Arbeitsfähigkeit.

Aufbauend auf dem Carnot'schen Wirkungsgrad aus Gl. 2.32 ergibt sich damit beispielsweise die Exergie einer Wärme zu:

$$\dot{E}_x = \eta_c \dot{Q} = \left(1 - \frac{T_0}{T}\right)\dot{Q} \tag{2.33}$$

Für die Energieformen der mechanischen oder elektrischen Arbeit gilt dagegen, da sie sich in einem idealen Prozess vollständig in mechanische Arbeit umwandeln lassen, dass die Exergie und Energie gleich groß sind bzw. die Exergie 100 % dieser Energieform ausmacht.

Auf diese Weise kann jede Menge einer Energieform E in einen Anteil Exergie E_x und einen Rest aufgeteilt werden. Der in einem reversiblen Prozess nicht in mechanische umwandelbare Anteil einer Energie wird als **Anergie** B bezeichnet. Damit gilt für jede beliebige Energieform E:

$$E = E_x + B \tag{2.34}$$

2.1.3.2 Folgerungen

Nach (Baehr, 2004, S. 134 f.) lässt sich der **erste Hauptsatz der Thermodynamik** auch auf Exergie und Anergie anwenden. Da nach diesem Prinzip die Energie immer erhalten bleibt, muss die **Summe von Exergie und Anergie konstant** bleiben. Einer der beiden Anteile kann jedoch zu null werden.

Im Falle des **Vorliegens reiner Exergie**, wie z. B. bei mechanischer Arbeit oder elektrischer Energie, ist der Anergieanteil null. Wenn keine Arbeitsfähigkeit vorliegt, dann ist der Exergieanteil null. Es liegt **reine Anergie** vor. Dies gilt beispielsweise für die Energie, die in der Umgebung gespeichert ist.

Exergie stellt in gewisser Hinsicht ein **„Gegenstück“ zur Entropie** dar. Die Entropie begrenzt, wie in Abschnitt 2.1.2 dargestellt, die Umwandlung von beliebigen Energieformen in Arbeit. Im Falle von irreversiblen Vorgängen wird Entropie erzeugt, was die Umwandlung in Arbeit einer gewissen vorliegenden Energiemenge weiter reduziert. Da die Exergie die technische Arbeitsfähigkeit einer Energie darstellt, geht diese im Fall der Entropieerzeugung entsprechend verloren.

Exergie wird folglich **vernichtet**, wenn im Fall von Irreversibilitäten Arbeitsfähigkeit verloren geht. Exergie wird dabei **in Anergie umgewandelt**, da nach dem ersten Hauptsatz Energie nicht verloren gehen kann. **Anergie lässt sich** dagegen **nie in Exergie zurückverwandeln**, genauso wie sich Entropie nicht vernichten lässt. Diese Zusammenhänge sind damit eine **Anwendung des zweiten Hauptsatzes** der Thermodynamik auf das Exergie- und Anergiekonzept.

2.1.4 Wärmeübertragung

In den vorangegangenen Abschnitten wurden immer thermodynamische Prozesse betrachtet, bei denen Energie übertragen und Energieformen gewandelt wurden. Die betrachteten Systeme und Vorgänge waren dabei immer (wieder) durch Gleichgewichtszustände charakterisiert. Der konkrete, technisch mithilfe von entsprechenden Apparaten zu realisierende Energietransfer und die damit verbundenen Vorgänge wurden nicht betrachtet.

In diesem Abschnitt wird konkret die Übertragung der Prozessenergieform Wärme betrachtet. Dies ist die Prozessenergieform, die aufgrund einer treibenden Temperaturdifferenz zwischen zwei Systemen übertragen wird. Wärme fließt dabei immer vom System mit der höheren zu dem mit der niedrigeren Temperatur. Die Wärmeübertragung ist dann beendet, wenn beide Systeme dieselbe Temperatur angenommen haben.

Für die bei der Übertragung von Wärme ablaufenden Phänomene werden in unterschiedlichen Lehrbüchern verschiedene Untergliederungen getroffen. Eine übliche Unterscheidung (z. B. (Gröber et al., 1988, S. 1 f.) (Baehr und Stephan, 2016, S. 1)) differenziert drei verschiedene Mechanismen:

- Wärmeleitung
- konvektiver Wärmeübergang
- Wärmestrahlung.

Diese Gliederung soll aufgrund der weiten Verbreitung beibehalten werden, obwohl streng genommen nur zwei unterschiedliche physikalische Phänomene vorliegen, wie Wilhelm Nußelt bereits 1915 feststellte (Nußelt, 1915, S. 477): Wärmeleitung und Wärmestrahlung. Der konvektive Wärmeübergang ist auf dasselbe physikalische Phänomen zurückzuführen wie die Wärmeleitung. Der Unterschied besteht darin, dass beim konvektiven Wärmeübergang eines der beteiligten Medien an einer festen Oberfläche vorbeiströmt, an der die Wärmeübertragung stattfindet.

Wird die beim konvektiven Wärmeübergang auftretende Strömung weiter unterschieden, so lassen sich noch weitere Spezialformen des Wärmeübergangs unterscheiden, wie beispielsweise die freie und die erzwungene Konvektion oder der Wärmeübergang bei gleichzeitigem Phasenwechsel (z. B. (Herwig und Moschallski, 2014, S. 15) bzw. (Böckh und Wetzel, 2015)).

Allgemein gilt, dass die bei einem Wärmeübergang von einem System in ein anderes System strömende Prozessenergieform die Wärme ist. Wird die strömende Wärme als Leistung (Differenzial über der Zeit) betrachtet, handelt es sich um den Wärmestrom $\dot{Q}$. Dieser Wärmestrom $\dot{Q}$ strömt senkrecht zu einer Fläche A mit einer Wärmestromdichte oder einem Wärmefluss:

$$\dot{q} = \frac{\dot{Q}}{A} \tag{2.35}$$

Wie die Beschreibung der Wärmestromdichte als senkrecht zur Fläche fließender Strom bereits andeutet, ist sie eine gerichtete Größe und damit ein Vektor. Gl. (2.35) umgeformt und in Vektorschreibweise ergibt sich damit zu:

$$d\vec{\dot{Q}} = \vec{\dot{q}}\, d\vec{A} \tag{2.36}$$

Gln. (2.35) bzw. (2.36) besagen gleichzeitig, dass bei gleicher Wärmestromdichte umso mehr Wärme übertragen werden kann, je größer die zur Übertragung zur Verfügung stehende Fläche ist.

Allgemein lässt sich der aufgrund einer Temperaturdifferenz ΔT senkrecht zu einer Fläche A übertragbare Wärmestrom $\dot{Q}$ im Fall der Wärmeleitung und konvektiven Wärmeübertragung makroskopisch wie folgt charakterisieren:

$$\dot{Q} = \alpha\, \Delta T\, A \tag{2.37}$$

Dabei ist α der Wärmeübergangskoeffizient, der als Maß für den Wärmeübergang dient und üblicherweise in $W/K\,m^2$ gemessen wird. Er hängt sowohl von der Art des Wärmeübergangs (Leitung, konvektiv mit oder ohne Zwangsströmung, mit oder ohne Phasenübergang) als auch von der Geometrie der am Wärmeübergang beteiligten Bauteile, deren Material und ggf. auch der Temperatur und weiteren Größen ab. Daher führt Gl. (2.37) zu keinerlei Erkenntnisgewinn und könnte ggf. sogar irreführend sein, wenn nicht beachtet wird, dass α nicht notwendigerweise konstant ist (Herwig und Moschallski, 2014, S. 5).

Um den Wärmeübergangskoeffizienten α zu bestimmen, müssen die Mechanismen der jeweils vorliegenden Wärmeübertragung im Detail untersucht werden. Ist er für konkrete technische Probleme bekannt, lässt sich der Wärmeübergang jedoch vergleichsweise einfach beschreiben.

2.1.4.1 Wärmeleitung

Bei der Wärmeleitung wird die Wärmeübertragung in festen Stoffen oder Bauteilen betrachtet. Aus empirischer Erfahrung ist uns bekannt, dass ein Metallstab, der auf der einen Seite erhitzt, indem er beispielsweise in eine Flamme gehalten wird, mit der Zeit auch am anderen Ende heiß wird. Dies geschieht durch Wärmeleitung innerhalb des Stabs.

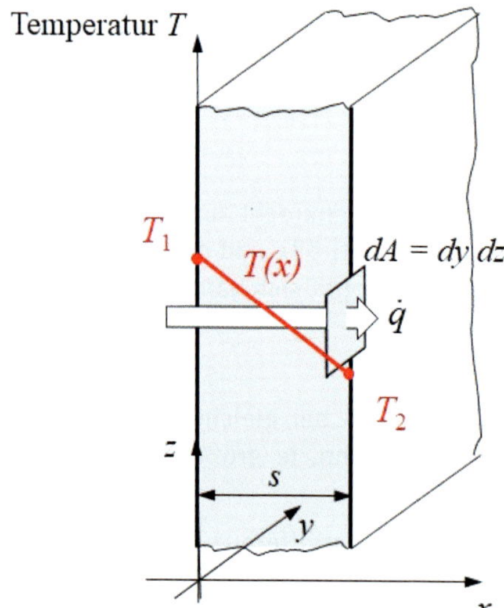

Bild 2.10: Stationäre Wärmeleitung durch eine homogene, unendliche ebene Platte

Um den Vorgang der stationären Wärmeleitung physikalisch zu beschreiben, wird zunächst eine ebene Platte aus einem homogenen Material der Stärke s in Richtung der x-Koordinate angenommen. An der einen Seite (Oberfläche 1) herrscht gleichmäßig und konstant eine Temperatur T_1, auf der anderen Seite (Oberfläche 2) eine Temperatur T_2 (vgl. Bild 2.8). Um Randeffekte zu vernachlässigen, wird davon ausgegangen, dass es sich um eine Platte mit unendlicher Ausdehnung handelt. Durch die Temperaturdifferenz wird senkrecht zur Platte ein Wärmestrom von der Oberfläche 1 zur Oberfläche 2 übertragen. Bezogen auf ein infinitesimal kleines Flächenelement dA der Platte ergibt sich damit für die Wärmestromdichte folgende Beziehung, die eine spezielle Formulierung des Gesetzes von *Fourie*r darstellt (Fourier und Weinstein, 1884, S. 32):

$$\dot{\vec{q}} = -\lambda \frac{dT}{d\vec{x}} \tag{2.38}$$

Dabei ist λ die Wärmeleitfähigkeit der Platte, die materialabhängig ist, und üblicherweise in W/mK angegeben wird. Sie beschreibt, welcher Wärmestrom pro Längeneinheit des Materials in Richtung des Wärmestroms und pro Temperaturdifferenz übertragen werden kann (Böckh und Wetzel, 2015, S. 11). Für den senkrecht zu einer Fläche A übertragenen Wärmestrom gilt dann:

$$\dot{\vec{Q}} = -\lambda\, \vec{A} \frac{dT}{d\vec{x}} \tag{2.39}$$

Aufgrund des Energieerhaltungssatzes und der in jeder Schnittebene der Platte konstanten Fläche $d\vec{A}$ ergibt sich, dass sowohl der Wärmestrom $\dot{\vec{Q}}$ als auch die Wärmestromdichte $\dot{\vec{q}}$ senkrecht zur Platte (in $\vec{x}$-Richtung) konstant sein müssen. Wird gleichzeitig angenommen, dass die Wärmeleitfähigkeit aufgrund der Homogenität der Platte ebenfalls an jeder Stelle der Platte konstant ist, so ergibt sich makroskopisch für den Betrag des Wärmestroms $\dot{\vec{q}}$ durch eine Fläche der Platte $\vec{A}$ senkrecht zur Wärmestromrichtung aufgrund der Wärmeleitung durch die Platte in Skalarschreibweise:

$$\int_{x=x_1=0}^{x=x_2=s} \dot{q}\, dx = \int_{x=x_1=0}^{x=x_2=s} \frac{\dot{Q}}{A} dx = \int_{T_1}^{T_2} -\lambda\, dT \tag{2.40}$$

und damit

$$\dot{q}\, s = \frac{\dot{Q}}{A} s = \lambda\,(T_1 - T_2) \tag{2.41}$$

oder umgeformt

$$\dot{Q} = \frac{\lambda}{s} A\,(T_1 - T_2) \tag{2.42}$$

Der Wärmeübergangskoeffizient α_{Platte} für eine ebene, unendliche homogene Platte ergibt sich damit zu:

$$\alpha_{\text{Platte}} = -\frac{\lambda}{s} \tag{2.43}$$

Die Temperaturverteilung innerhalb der Platte in Flussrichtung der Wärme muss für die getroffenen Annahmen aufgrund o. a. Beziehungen dann linear sein (vgl. Bild 2.8).

Anders verhält sich die Situation, wenn die Wärmeleitung in einer zylindrischen Rohrwand mit der Stärke s betrachtet wird. Dabei wird angenommen, dass das

Rohr am Anfang und Ende adiabat wärmegedämmt ist, eine Wärmeübertragung also nur radial erfolgen kann. Wird dasselbe Material verwendet, so ist davon auszugehen, dass dieselbe Wärmeleitfähigkeit λ vorliegt. Aufgrund der veränderten Geometrie ist jedoch der Wärmeübergangskoeffizient α_{Rohr} ein anderer.

Dies ist erst zu erkennen, wenn die in der Rohrwand ablaufenden Wärmeleitungsvorgänge ausgehend von der aus dem Gesetz von *Fourier* abgeleiteten Gl. (2.39) betrachtet werden. Für den Fall der Rohrwand wird dabei die Koordinate $\vec{x}$ durch die radiale Koordinate $\vec{r}$ ersetzt. Die Temperatur an der inneren Oberfläche sei gleichmäßig T_1, an der äußeren T_2, der Wärmefluss in radialer Richtung $\dot{\vec{Q}}_r$ muss aufgrund der Energieerhaltung konstant sein (Bild 2.9).

$$\dot{\vec{Q}}_r = -\lambda \, \vec{A}(\vec{r}) \frac{dT}{d\vec{r}} \tag{2.44}$$

Bei Betrachtung der Geometrie der Rohrwand wird deutlich, dass das Flächenelement $\vec{A}(\vec{r})$, durch das der Wärmestrom $\dot{\vec{Q}}_r$ radial strömt, mit zunehmendem Abstand $\vec{r}$ vom Rohrmittelpunkt immer größer werden muss. Ist der Wärmestrom $\dot{\vec{Q}}_r$ aufgrund der Energieerhaltung konstant über $\vec{r}$, kann dies für die radiale Wärmestromdichte $\dot{\vec{q}}_r$ nicht mehr gelten. Sie muss mit zunehmendem $\vec{r}$ abnehmen. Das zugehörige Integral aus Gl. (2.40) lautet damit in Skalarschreibweise:

$$\int_{x=r_1}^{r=r_2} \frac{\dot{Q}_r}{A(r)} dr = \int_{T_1}^{T_2} -\lambda \, dT \tag{2.45}$$

Für die Fläche *A*(*r*) gilt in Abhängigkeit vom Radius *r*:

$$dA(r) = 2\pi \, r \, L \tag{2.46}$$

Damit lässt sich das Integral aus Gl. (2.45) bestimmen

$$\frac{\dot{Q}_r}{2\pi \, L} \ln\left(\frac{r_2}{r_1}\right) = \lambda \, (T_1 - T_2) \tag{2.47}$$

und umgeformt der Wärmestrom $\dot{Q}_r$, der radial durch die Rohrwand übertragen wird

$$\dot{Q}_r = \frac{2\pi \, L \, \lambda}{\ln\left(\frac{r_2}{r_1}\right)} (T_1 - T_2) \tag{2.48}$$

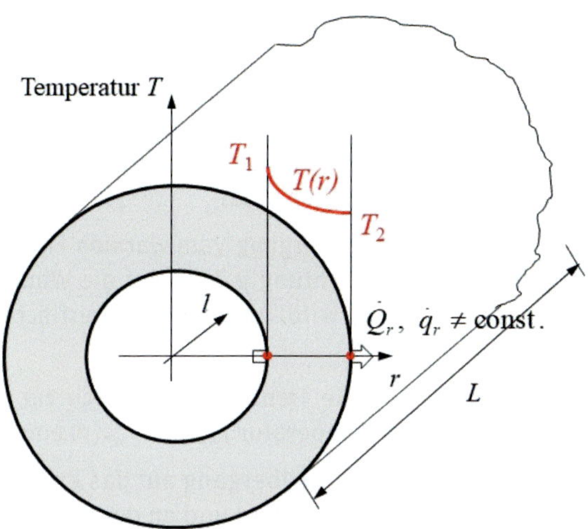

Bild 2.11: Stationäre Wärmeleitung in einer zylindrischen Rohrwand

Wird als Bezugsfläche wie in (Böckh und Wetzel, 2015, S. 28) die Außenfläche des Rohres $A_{\text{Rohr},2} = 2\pi\, r_2\, L$ angenommen, so lässt sich Gl. (2.48) umformulieren:

$$\dot{Q}_r = \frac{\lambda}{r_2 \ln\left(\frac{r_2}{r_1}\right)} A_{\text{Rohr},2} \left(T_1 - T_2\right) \tag{2.49}$$

Hieraus folgt für den Wärmeübergangskoeffizienten für ein Rohr, bezogen auf die Rohraußenfläche $A_{\text{Rohr},2}$:

$$\alpha_{\text{Rohr},2} = \frac{\lambda}{r_2 \ln\left(\frac{r_2}{r_1}\right)} \tag{2.50}$$

Beim Vergleich der Ausdrücke in Gl. (2.43) und (2.50) wird deutlich, dass der Wärmeübergangskoeffizient α anders als die Wärmeleitfähigkeit λ auch von der Geometrie des bei der Wärmeübertragung durch Wärmeleitung eingesetzten Bauteils abhängig ist.

2.1.4.2 Konvektiver Wärmeübergang

Der konvektive Wärmeübergang ist speziell im Hinblick auf Wärmeübertrager eine technisch wichtige Form des Wärmeübergangs. Klassisch wird in einem Wärmeübertrager Wärme von einem an einer festen Trennwand vorbeiströmenden wärmeren Fluid *h* auf ein auf der anderen Seite der Wand vorbeiströmendes kälteres Fluid *c* übertragen.

Der Wärmeübergang erfolgt dabei in drei Abschnitten (Bild 2.10), wobei hier vereinfachend ein stationärer Prozess angenommen wird (das bedeutet, dass alle Größen über der Zeit unveränderlich sind):

1) Zunächst der konvektive Wärmeübergang vom warmen Fluid *h* mit der Temperatur entlang der Strömungsrichtung y $T_h(y)$ auf die Wandoberfläche der Trennwand, das dabei abgekühlt wird. An der Wandoberfläche liegt die Temperatur $T_{wh}(y) < T_h(y)$ vor.
2) Dann die Wärmeleitung durch die Trennwand hindurch zur Oberfläche der anderen Seite, an der sich die Temperatur $T_{wc}(y) < T_{wh}(y)$ einstellt.
3) Anschließend der konvektive Wärmeübergang auf das kalte Fluid *c*, das entlang der Strömungsrichtung erwärmt wird und an der Stelle *x* die Temperatur $T_c(y)$ aufweist.

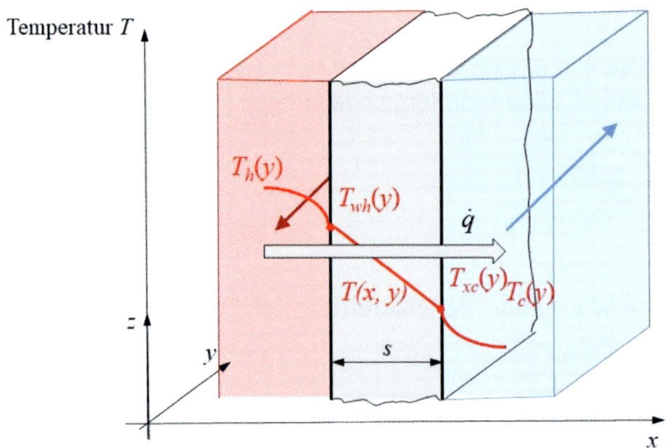

Bild 2.12: Zweifacher konvektiver Wärmeübergang von einem warmen auf ein kaltes Fluid an einer festen Wand

Dabei kann die Strömungsrichtung der beiden Fluide entlang der Ordinatenrichtung *x* sowohl in dieselbe als auch entgegengesetzte oder auch in gekreuzter Richtung erfolgen. Da wir hier die Wärmetransportvorgänge analysieren wollen, die im infinitesimal kleinen Abschnitt *dy* an der Stelle *y* ablaufen, ist dies zunächst nicht relevant. Daher werden die Strömungsverhältnisse in einem Wärmeübertrager zunächst zurückgestellt und erst in Abschnitt 2.1.4.4 betrachtet.

Der konvektive Wärmeübergang basiert dabei auf der Wärmeleitung. An der Oberfläche der Wand haften die Moleküle des Fluids in der Strömungsgrenzschicht und die Wärme geht durch Wärmeleitung von der Wand auf diese Grenzschicht über bzw. umgekehrt. Innerhalb des Fluids findet ebenfalls Wärmeleitung statt, die jedoch durch die gleichzeitig vorhandene Strömungsgeschwindigkeit überlagert ist. Im Kern der Strömung liegt die Temperatur des Fluids $T_h(x)$ bzw. $T_c(x)$ vor.

Mithilfe von Wärmeübergangskoeffizienten lassen sich die Wärmeübergänge für alle Abschnitte beschreiben:

1) Für die Wärmestromdichte $\dot{q}(y,z)$ senkrecht zu einem infinitesimal kleinen Flächenelement $dA(y, z)$ an der Stelle (y, z), die vom warmen Fluid auf die Oberfläche der Wand übertragen wird, gilt:

$$\dot{q}(y,z)=\alpha_h(y,z)\left[T_h(y,z)-T_{wh}(y,z)\right] \tag{2.51}$$

Da es sich um einen stationären Prozess handelt, muss die Wärmestromdichte $\dot{q}(y,z)$ entlang der Richtung des Wärmeübergangs x konstant sein. $\alpha_h(y,z)$ bezeichnet den Wärmeübergangskoeffizienten des Wärmeübergangs vom heißen Fluid h auf die Wandoberfläche, $T_h(y, z)$ die Temperatur des Fluids h an der Stelle (y, z) und $T_{wh}(y, z)$ die Temperatur an der Wandoberfläche der Stelle (y, z).

Da, wie Bild 2.12 zeigt, die Temperatur des Fluids h nicht nur von (y, z) abhängt, sondern sich auch in Richtung der Wärmeübertragung x ändert, ist die Bestimmung von $T_h(y, z)$ nicht trivial, falls die Temperaturgrenzschicht (Schicht an der Wand mit veränderlicher Temperatur in Richtung des Wärmeübergangs) nicht vernachlässigbar klein ist. Da $T_h(y, z)$ im Prinzip auch die Energiebilanzgleichung des Wärmeübergangs erfüllen muss, ist es die Temperatur, die das Fluid in Richtung der Wärmeübertragung x im Mittel aufweist, wenn alle Teilchen des Fluids in dieser Richtung adiabat durchmischt würden. Dies ist die adiabate Mischtemperatur $T_h(y, z)$. Für weitere Details sei auf die einschlägige Literatur verwiesen, z. B. (Baehr und Stephan, 2016, S. 14 ff.). Für die Wärmeleitung innerhalb der Wand gilt entsprechend Gl. (2.41) bzw. (2.43):

$$\dot{q}(y,z)=\alpha_w\left[T_{wh}(y,z)-T_{wc}(y,z)\right]=\frac{\lambda}{s}\left[T_{wh}(y,z)-T_{wc}(y,z)\right] \tag{2.52}$$

Wie in Bild 2.12 zu erkennen ist, ist dabei s die Stärke der Wand mit der Wärmeleitfähigkeit λ und T_{wh} bzw. T_{wc} die Wandtemperaturen auf der Seite des heißen bzw. kalten Fluids an den Stellen (y, z). Sind λ und s konstant, dann ist auch der Wärmeübergangskoeffizient zwischen den Wandflächen α_w unabhängig von x, y oder z.

2) Für den Wärmeübergang von der Oberfläche der Wand in das kalte Fluid gilt analog zur Seite des heißen Fluids, die unter 1) beschrieben ist:

$$\dot{q}(y,z)=\alpha_c(y,z)\left[T_c(y,z)-T_{wc}(y,z)\right] \tag{2.53}$$

wobei der Index *c* anstelle *h* den Bezug zum kalten Fluid anzeigt.

Zur konkreten Bestimmung der Wärmeübergangszahlen α_h bzw. α_c der konvektiven Wärmeübergänge sind die komplexen Strömungsverhältnisse der Fluide und der darin überlagernd ablaufenden Wärmeübergangsvorgänge zu analysieren. Hierfür sei auf die einschlägige Literatur zur Wärmeübertragung verwiesen.

Für die im Rahmen dieses Buches wichtigen technischen Vorgänge ist vielmehr der gesamte Wärmeübergang vom heißen auf das kalte Fluid bedeutend, das der klassischen Wärmeübertragung zwischen zwei Fluiden in einem Wärmeübertrager entspricht. Für den gesamten Wärmeübergang kann ein Wärmedurchgangskoeffizient als Kennzahl für einen solchen Wärmeübertrager gebildet werden, sodass sich der Wärmeübergang zwischen heißem und kaltem Fluid an der Stelle (*y*, *z*) sich wie folgt charakterisieren lässt:

$$\dot{q}(y,z)=k(y,z)\left[T_h(y,z)-T_c(y,z)\right] \tag{2.54}$$

Hierbei ist *k*(*y*, *z*) der Wärmedurchgangskoeffizient. Unter Vernachlässigung der Abhängigkeit vom Ort (*y*, *z*) ergibt sich durch Umformung und Erweiterung die Beziehung für den Wärmedurchgangskoeffizienten:

$$\frac{1}{k}=\frac{T_h-T_c}{\dot{q}}=\frac{T_h+\left(-T_{wh}+T_{wh}-T_{wc}+T_{wc}\right)-T_c}{\dot{q}}=\frac{T_w-T_{wh}}{\dot{q}}+\frac{T_{wh}-T_{wc}}{\dot{q}}+\frac{T_{wc}-T_c}{\dot{q}} \tag{2.55}$$

Die Summanden in Gl. (2.55) lassen sich aus den umgeformten Gln. (2.51), (2.52) und (2.53) auch schreiben als:

$$\frac{1}{k}=\frac{1}{\alpha_h}+\frac{1}{\alpha_w}+\frac{1}{\alpha_c} \tag{2.56}$$

Gl. (2.56) gilt dabei für den Wärmeübergang an einer flachen Wand, bei dem das Flächenelement *dA* senkrecht zur Wärmeübertragung konstant bleibt. Ansonsten muss in der Gleichung noch zusätzlich die Fläche berücksichtigt werden (vgl. (Baehr und Stephan, 2016, S. 35).

2.1.4.3 Wärmestrahlung

Anders als der Wärmeübergang bei Wärmeleitung oder durch Konvektion basiert die Wärmeübertragung auf einem anderen physikalischen Mechanismus. Es handelt sich um elektromagnetische Strahlung, deren Eigenschaften physikalisch sowohl mit der Modellvorstellung von Wellen als auch von Teilchen erfasst werden können. Dementsprechend ist die Wärmeübertragung auf Basis der Wärmestrahlung auch nicht an übermittelnde Materie, wie z. B. Festkörper oder Fluide, gebunden.

Aus unserer empirischen Erfahrungswelt sind die Sonnenstrahlen ein alltägliches Beispiel für Wärmestrahlung, das uns intuitiv schnell klar ist. Dabei strahlt die Sonne Wärme ab, die durch das materielose Weltall bis zur Erde gelangt und uns hier beim Auftreffen erwärmt. Nicht ganz so eingängig ist uns der Wärmeübergang bei einem Heizkörper. Auch hier spielt die Wärmestrahlung eine wichtige Rolle: Er gibt sowohl konvektiv als auch per Wärmestrahlung Wärme an den Raum ab.

Strahlung, die auf die Oberfläche eines Körpers auftrifft, wird dort entweder absorbiert, transferiert (durch die Körperschichten durchgelassen) oder reflektiert. Es gilt somit immer das Verhältnis:

$$a + d + r = 1 \tag{2.57}$$

Dabei ist a der Absorptionsfaktor, d der Transmissionsfaktor und r der Reflexionsfaktor, die den jeweiligen Anteil der Strahlung beschreiben und alle zwischen 0 und 1 definiert sind. Gl. (2.57) wird in der Literatur auch als „Energiesatz" (Gröber et al., 1988, S. 362) oder als „Globalbilanz" (Herwig und Moschallski, 2014, S. 170) bezeichnet.

Welcher Anteil absorbiert, transmittiert bzw. reflektiert wird, hängt von den Eigenschaften des Körpers und seiner Oberfläche und den Eigenschaften der auftreffenden Strahlen ab, insbesondere deren Wellenlänge. Üblicherweise wird eine Oberfläche, die eintreffende Strahlung vollständig absorbiert (d. h. $a = 1$) als „schwarzer Körper", ein Körper der einfallende Strahlung vollständig reflektiert (d. h. $r = 1$, folglich $a = 0$) als „weißer Körper" und dazwischen liegende Körper als „grau" bezeichnet.

Andererseits kann festgestellt werden, dass alle Körper Wärmestrahlung emittieren, wenn sie eine Temperatur oberhalb des absoluten Nullpunkts aufweisen. Die maximale Wärmestrahlungsdichte $\dot{q}_{Str,max}$, die ein Körper abgeben kann, wird durch das Gesetz von Stefan-Boltzmann beschrieben. Josef Stefan beschrieb diesen Zusammenhang zunächst experimentell, Ludwig Boltzmann später auch empirisch (Baehr und Stephan, 2016, S. 28 f.):

$$\dot{q}_{\text{Str,max}} = \sigma T^4 \tag{2.58}$$

wobei T die (absolute) thermodynamische Temperatur in Kelvin des emittierenden Körpers und σ die Stefan-Boltzmann-Konstante bezeichnet, die eine Naturkonstante ist, für deren Wert bei (Warlimont und Martienssen, 2018, S. 5) gegeben ist:

$$\sigma = 5{,}670367 \cdot 10^{-8} \frac{\text{W}}{\text{m}^2\,\text{K}^4} \tag{2.59}$$

Reale Strahler emittieren jedoch weniger als die maximal mögliche Wärmestrahlung. Dies wird durch Einführung eines Emissionsfaktors $0 < \varepsilon \leq 1$ in Gl. (2.58) erreicht:

$$\dot{q}_{\text{Str}} = \varepsilon \sigma T^4 \tag{2.60}$$

Anders als bei der Wärmeübertragung durch Leitung oder Konvektion wird zwischen zwei Körpern Strahlung in beiden Richtungen ausgetauscht, da alle Körper sowohl Wärmestrahlung emittieren als auch absorbieren. Das Verhältnis zwischen dem Absorptionsfaktor a und dem Emissionsfaktor ε ist für jeden Körper bei stationären Verhältnissen gleich (Kirchhoff'sches Gesetz) (Böckh und Wetzel, 2015, S. 204):

$$a = \varepsilon \tag{2.61}$$

Das bedeutet gleichzeitig, dass ein im Hinblick auf die Absorption „schwarzer" Körper auch einen „schwarzen" Strahler darstellt, der über alle Wellenlängen die maximal mögliche Strahlung in Abhängigkeit seiner Temperatur emittiert. Die Sonne ist sicherlich der in unserer Erfahrungswelt am besten bekannte „schwarze" Strahler.

Soll der Wärmestrom $\dot{Q}_{\text{Str}}$ ermittelt werden, der im stationären Fall „netto" von einer ebenen Platte 1 mit der Temperatur T_1 auf eine andere parallele ebene Platte 2 mit der Temperatur $T_2 < T_1$ übergeht, zwischen denen sich ein Vakuum befindet, so kann für die Berechnung dieses Wärmeübergangs wieder auf die bewährte Schreibweise mit dem Wärmeübergangskoeffizienten α'_{Str}, in diesem Fall bei Wärmestrahlung, zurückgegriffen werden. Wenn beide Platten groß sind, d. h., die Effekte an den Rändern sind vernachlässigbar, und dieselbe Fläche A aufweisen, ergibt sich:

$$\dot{Q}_{\text{Str}} = \alpha'_{\text{Str}} A \sigma \left[T_2^4 - T_1^4 \right] \tag{2.62}$$

Um diesen Zusammenhang erneut auf die allgemeine Form von Gl. (2.37) zu bringen, muss Gl. (2.62) mit $\frac{\Delta T}{\Delta T}=\frac{T_2-T_1}{T_2-T_1}$ durchmultipliziert werden, sodass dann gilt:

$$\dot{Q}_{\mathrm{Str}} = \alpha_{\mathrm{Str}}\, A \Delta T \tag{2.63}$$

mit

$$\alpha_{\mathrm{Str}} = \alpha'_{\mathrm{Str}}\, \sigma \frac{\left[T_2^4 - T_1^4\right]}{T_2 - T_1} \tag{2.64}$$

Dabei ist jedoch das Grundproblem, die Bestimmung der Wärmeübergangszahl α_{Str}, erneut nicht gelöst. Dies ist nur durch Analyse der komplexen Strahlungsvorgänge unter Berücksichtigung der Geometrie möglich, was der einschlägigen Literatur zur Wärmeübertragung entnommen werden kann.

Für den angenommenen einfachen Fall der beiden großen, parallelen ebenen Platten, die nicht transparent sind (keine Transmission von Wärmestrahlung $d = 0$), lässt sich die Wärmeübergangszahl aus der Energiebilanz der Platte 2 für den stationären Fall bestimmen: Die Betrachtung geht dabei zunächst davon aus, dass der auf die Fläche übertragene Wärmestrom $\dot{Q}$ entsprechend der Energiebilanz, wenn außer dem Wärmeübergang mittels Wärmestrahlung mit Platte 1 keine weiteren Wärmeströme auftreten, der Differenz zwischen dem absorbierten Anteil $\varepsilon_2 \dot{E}_2$ der auf der Fläche A der Platte 2 auftreffenden Strahlung $\dot{E}_2$ und der nach Gl. (2.60) von der Platte emittierten Strahlung $\varepsilon_2 A \sigma T_2^4$ entspricht:

$$\frac{\dot{Q}}{A} = \varepsilon_2\left(\sigma T_2^4 - \dot{E}_2\right) \tag{2.65}$$

Die auf der Oberfläche auftreffende Strahlung $\dot{E}_2$ stammt im beschriebenen Fall ausschließlich von Platte 1 und entspricht der von dieser emittierten Strahlung $\varepsilon_1 \sigma T_1^4$ sowie dem an der Oberfläche der Platte 1 reflektierten Anteil $(1-\varepsilon_1)\dot{E}_1$ der dort ankommenden Strahlung $\dot{E}_1$. Damit ergibt sich durch Einsetzen aus Gl. (2.65):

$$\frac{\dot{Q}}{A} = \varepsilon_2\left(\sigma T_2^4 - (1-\varepsilon_1)\dot{E}_1 - \varepsilon_1 \sigma T_1^4\right) \tag{2.66}$$

Aufgrund des stationären Vorgangs und der Annahme, dass keine Energieübertragung an anderer Stelle erfolgt, gilt für die Platte 1 Gl. (2.65) analog. Nach $\dot{E}_1$ aufgelöst ergibt sich daraus:

$$\dot{E}_1 = \frac{\dot{Q}}{\varepsilon_1 A} + \sigma T_1^4 \tag{2.67}$$

Gl. (2.67) in (2.66) eingesetzt und nach $\frac{\dot{Q}}{A}$ aufgelöst ergibt:

$$\frac{\dot{Q}}{A} = \frac{\sigma}{\frac{1}{\varepsilon_1} + \frac{1}{\varepsilon_2} - 1} \left(T_2^4 - T_1^4 \right) \tag{2.68}$$

Damit ergibt sich durch Vergleich mit Gl. (2.62) für diesen Fall der Wärmeübergangskoeffizient zu:

$$\alpha'_{\text{Str}} = \frac{1}{\frac{1}{\varepsilon_1} + \frac{1}{\varepsilon_2} - 1} \tag{2.69}$$

2.1.4.4 Wärmeübergang in einem Wärmeübertrager

Das in den vorangegangenen Abschnitten entwickelte Grundverständnis für die physikalischen Vorgänge ist im Hinblick auf die Auslegung und Konstruktion konkreter Apparate für Wärmeübertragungsvorgänge wichtig. Im Hinblick auf die Abwärmenutzung werden aber häufig die Apparate insgesamt betrachtet, sodass das Verhalten von Wärmeübertragern in entsprechenden Anlagen mehr Bedeutung hat, als die darin ablaufenden Wärmeübertragungsvorgänge.

(DIN EN 247:1997) gibt eine Übersicht über Bauformen und Untergliederungen von Wärmeübertragern. Eine erste in der Praxis häufig zu findende grobe Gliederung ist (Wagner, 2015, S. 11) zu entnehmen:

- *Regeneratoren*: Apparate mit zeitlich versetzter Durchströmung, die Wärmeübertragung erfolgt durch ein zwischengeschaltetes Speichermedium
- *Rekuperatoren*: Apparate, bei denen die Fluide, zwischen denen die Wärmeübertragung stattfindet, baulich getrennt sind
- *Direkter Wärmeaustausch*: Hier werden die beteiligten Fluide im direkten Kontakt gemischt.

Die Anwendung der direkten Bauform ist auf die Fälle begrenzt, bei denen es auch zu einer stofflichen Vermischung kommen kann, die dann im Vordergrund steht.

Im Anlagenbau sind Rekuperatoren weitverbreitet und vielseitig anwendbar. Die häufigste Bauform in der Anwendung ist nach (Baehr und Stephan, 2016, S. 46) der Rohrbündelwärmeübertrager, bei dem das eine Fluid durch ein

Bündel paralleler Rohre strömt, das sich in einem Mantelrohr befindet, sodass das zweite Fluid die Rohre dieses Rohrbündels außen umströmen kann. Dabei kann die Stromführung sowohl in gleicher Flussrichtung erfolgen oder gegenläufig. Der erste Fall wird als Gleichstrom-, der zweite als Gegenstromwärmeübertrager bezeichnet (vgl. Prinzipskizzen in Bild 2.13)

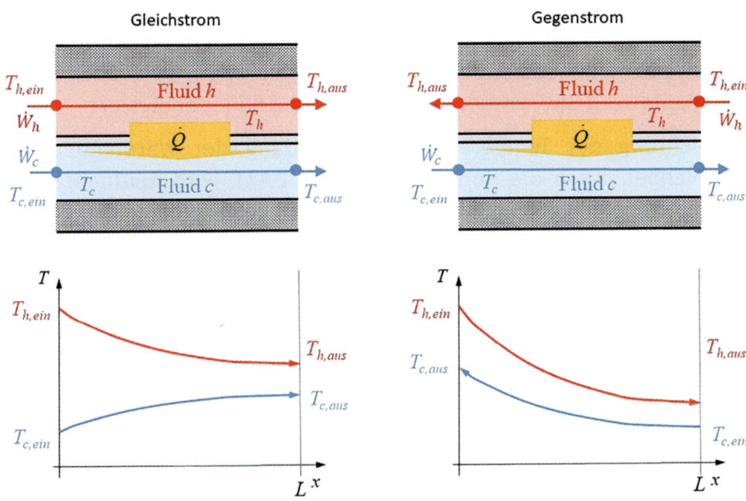

Bild 2.13: Prinzip des Gleich- und Gegenstromwärmeübertragers

Ziel eines solchen Wärmeübertragers ist die Übertragung eines Wärmestroms vom heißen Fluid *h* auf das kalte Fluid *c*. Wird davon ausgegangen, dass bei einem stationären Betrieb die auftretenden Wärmeverluste durch die Außenwand vernachlässigbar sind, muss nach dem Energieerhaltungssatz für den übertragenen Wärmestrom gelten:

$$\dot{Q} = -\dot{m}_{\mathrm{h}} c_{\mathrm{p,h}} \left(T_{\mathrm{h,aus}} - T_{\mathrm{h,ein}} \right) = \dot{m}_{\mathrm{c}} c_{\mathrm{p,c}} \left(T_{\mathrm{c,aus}} - T_{\mathrm{c,ein}} \right) \tag{2.70}$$

Dabei werden mit $\dot{m}_{\mathrm{i}}$ die Massenströme der Fluide *h* bzw. *c* und mit $c_{\mathrm{p,i}}$ deren spezifischen Wärmekapazitäten bezeichnet, die über dem gesamten relevanten Bereich als konstant angenommen werden sollen. Diese nur von den Fluideigenschaften abhängigen Größen lassen sich auch in der Größe Wärmekapazitätsstrom des Fluids *i* zusammenfassen (vgl. (Baehr und Stephan, 2016, S. 50)):

$$\dot{W}_{\mathrm{i}} = \dot{m}_{\mathrm{i}} c_{\mathrm{p,i}} \tag{2.71}$$

Der Wärmeübergang folgt dem durch Gl. (2.54) beschriebenen Prinzip, sodass er im Grundsatz durch

$$\dot{Q} = k\,A\,\Delta T \qquad (2.72)$$

beschrieben werden kann. Hierbei hängt k als Wärmedurchgangskoeffizient und A als Wärmeübertragerfläche vom betrachteten Wärmeübertrager ab und k zusätzlich noch von den Strömungseigenschaften der eingesetzten Fluide. Die Bestimmung der einzusetzenden Temperaturdifferenz ΔT wirft jedoch zunächst Schwierigkeiten auf und wird daher im Folgenden näher analysiert.

Bei Betrachtung der Temperaturverläufe entlang der Wärmeübertragerfläche, bezeichnet durch die Koordinate x (Bild 2.11), wird deutlich, dass sich die Temperaturdifferenz in Abhängigkeit von x verändert. Da die grundlegende Gl. (2.54) in diesem Zusammenhang den Wärmeübergang an einem infinitesimal kleinen Flächenabschnitt $\frac{A(x)}{L}$ an der Stelle x beschreibt, gilt an dieser Stelle:

$$d\dot{Q}(x) = k(x)\frac{A(x)}{L}\left(T_h(x) - T_c(x)\right)dx \qquad (2.73)$$

Wird vereinfachend angenommen, dass $k(x)$ und $A(x)$ über x konstant sind, und wird die Temperaturdifferenz zwischen heißem und kaltem Strom als $\Delta T(x) = T_h(x) - T_c(x)$ zusammengefasst, so vereinfacht sich Gl. (2.73) zu:

$$d\dot{Q}(x) = \frac{k\,A}{L}\Delta T(x)\,dx \qquad (2.74)$$

Am gleichen Flächenelement gilt resultierend aus der Energiebilanzgleichung Gl. (2.70) bei Gleichstrom:

$$d\dot{Q}(x) = -\dot{W}_h\,dT_h(x) = \dot{W}_c\,dT_c(x) \qquad (2.75)$$

Daraus folgt für die Änderung der Temperaturdifferenz $d\Delta T(x)$ an der Stelle x:

$$d\Delta T(x) = dT_h(x) - dT_c(x) = -d\dot{Q}(x)\left(\frac{1}{\dot{W}_h} + \frac{1}{\dot{W}_c}\right) \qquad (2.76)$$

Mit Gl. (2.74) eingesetzt in Gl. (2.76) ergibt sich die Differenzialgleichung

$$\frac{d\Delta T(x)}{\Delta T(x)} = -\frac{k\,A}{L}\left(\frac{1}{\dot{W}_h} + \frac{1}{\dot{W}_c}\right)dx \qquad (2.77)$$

die über die Länge L des Wärmeübertragers integriert wird

$$\int_{\Delta T_{\mathrm{ein}}=T_{\mathrm{h,ein}}-T_{\mathrm{c,ein}}}^{\Delta T_{\mathrm{aus}}=T_{\mathrm{h,aus}}-T_{\mathrm{c,aus}}} \frac{\mathrm{d}\Delta T(x)}{\Delta T(x)} = -\int_{x=0}^{x=L} \frac{k\,A}{L}\left(\frac{1}{\dot{W}_{\mathrm{h}}}+\frac{1}{\dot{W}_{\mathrm{c}}}\right)dx \tag{2.78}$$

sodass sich

$$\ln\left(\frac{\Delta T_{\mathrm{aus}}}{\Delta T_{\mathrm{ein}}}\right) = -k\,A\left(\frac{1}{\dot{W}_{\mathrm{h}}}+\frac{1}{\dot{W}_{\mathrm{c}}}\right) \tag{2.79}$$

ergibt. Durch Auflösen der Gln. (2.70) mit Gl. (2.71) nach $\frac{1}{\dot{W}_{\mathrm{h}}}$ bzw. $\frac{1}{\dot{W}_{\mathrm{c}}}$ und Einsetzen in Gl. (2.79) folgt:

$$\ln\left(\frac{\Delta T_{\mathrm{aus}}}{\Delta T_{\mathrm{ein}}}\right) = -k\,A\left(\frac{-\left(T_{\mathrm{h,aus}}-T_{\mathrm{h,ein}}\right)}{\dot{Q}}+\frac{\left(T_{\mathrm{c,aus}}-T_{\mathrm{c,ein}}\right)}{\dot{Q}}\right) \tag{2.80}$$

und umgeformt

$$\dot{Q} = k\,A\frac{T_{\mathrm{h,aus}}-T_{\mathrm{c,aus}}-T_{\mathrm{h,ein}}+T_{\mathrm{c,ein}}}{\ln\left(\frac{\Delta T_{\mathrm{aus}}}{\Delta T_{\mathrm{ein}}}\right)} = k\,A\frac{T_{\mathrm{h,aus}}-T_{\mathrm{c,aus}}-\left(T_{\mathrm{h,ein}}-T_{\mathrm{c,ein}}\right)}{\ln\left(\frac{\Delta T_{\mathrm{aus}}}{\Delta T_{\mathrm{ein}}}\right)} \tag{2.81}$$

und weiter

$$\dot{Q} = k\,A\frac{\Delta T_{\mathrm{aus}}-\Delta T_{\mathrm{ein}}}{\ln\left(\frac{\Delta T_{\mathrm{aus}}}{\Delta T_{\mathrm{ein}}}\right)} \tag{2.82}$$

Eine analoge Beziehung ergibt sich für einen Gegenstromwärmetauscher, bei dem als einzige Änderung das Vorzeichen nach dem zweiten Gleichheitszeichen in Gl. (2.75) ebenfalls negativ ist. Daher kann die für die Berechnung eines Wärmetauschers in Gleich- oder Gegenstrom Gl. (2.72) als allgemeingültig verwendet werden (Böckh und Wetzel, 2015, S. 8 ff.), wenn für ΔT die sogenannte mittlere logarithmische Temperaturdifferenz ΔT_{LM} eingesetzt wird:

$$\Delta T_{\mathrm{LM}} = \frac{\Delta T_{\mathrm{aus}}-\Delta T_{\mathrm{ein}}}{\ln\left(\frac{\Delta T_{\mathrm{aus}}}{\Delta T_{\mathrm{ein}}}\right)} \tag{2.83}$$

2.1.5 Aufwertung von Wärme

2.1.5.1 Grundlagen der Aufwertung von Wärme

Nach dem zweiten Hauptsatz der Thermodynamik (vgl. Abschnitt 2.1.2) kann die Prozessenergieform „Wärme" immer nur von einem System mit höherer Temperatur auf eines mit niedrigerer Temperatur übertragen werden. Dies ist auch der Grundsatz, der für alle Wärmeübertragungen gilt (vgl. Abschnitt 2.1.4). Dennoch wäre es beispielsweise im Hinblick auf die Nutzung von Abwärme in bestimmten Fällen interessant, Abwärme, die auf einem niedrigeren Temperaturniveau anfällt, als Nutzwärme auf einem höheren Niveau wieder zu nutzen. Ein anderes Beispiel wäre Wärme aus der Umgebung, die uns praktisch unbegrenzt und kostenfrei zur Verfügung steht, auf einem höheren Temperaturniveau als Nutzwärme einzusetzen.

Diese einfache Energieübertragung verhindert aber bekanntermaßen der zweite Hauptsatz der Thermodynamik, da mit dem Wärmestrom immer auch ein Entropiestrom verbunden ist, der ebenfalls übertragen werden muss (Gl. (2.27)):

$$\dot{Q} = T\,\dot{S} \tag{2.27}$$

Soll nun in einem idealen stationären Prozess ein bestimmter Wärmestrom $\dot{Q}_0$ bei einer Temperatur T_0 einem System zugeführt werden, um von diesem auf einem höheren Temperaturniveau $T > T_0$ wieder abgegeben zu werden, sind die beiden Vorgänge an den Systemgrenzen auch mit einer entsprechenden Entropiezufuhr bzw. -abgabe verbunden. Es gilt für den zugeführten Entropiestrom

$$\dot{S}_0 = \frac{\dot{Q}_0}{T_0} \tag{2.84}$$

für den abgeführten analog

$$\dot{S} = \frac{\dot{Q}}{T} \tag{2.85}$$

Da $\dot{Q} = \dot{Q}_0$ konstant ist, gleichzeitig aber $T > T_0$ gilt, muss $\dot{S} < \dot{S}_0$ sein. Im System müsste Entropie vernichtet werden, was nach dem zweiten Hauptsatz nicht möglich ist.

Diese physikalische Unzulässigkeit lässt sich für einen theoretischen Prozess dadurch lösen, dass dem System zusätzlich Energie zugeführt wird, die nicht oder mit einem geringeren Entropiestrom verbunden ist. Das heißt, diese zugeführte Energie müsste reine Exergie sein (z. B. mechanische Leistung) oder zumindest einen hohen exergetischen Anteil aufweisen (z. B. Wärmestrom auf einem Temperaturniveau deutlich oberhalb von T). Hierdurch kann der abzugebende Wärmestrom $\dot{Q}'$ dann ohne gleichzeitige Erhöhung des zugeführten Entropiestroms $\dot{S}_0$ so weit erhöht werden, dass der mit diesem Wärmestrom $\dot{Q}'$ auf dem Temperaturniveau T abgeführte Entropiestrom $\dot{S}_0$ entspricht, sodass keine Entropie im System vernichtet werden müsste. Folglich muss gelten

$$\dot{Q}' = T\,\dot{S}_0 \tag{2.86}$$

und mit Gl. (2.84) eingesetzt

$$\frac{\dot{Q}'}{\dot{Q}_0} = \frac{T}{T_0} \tag{2.87}$$

Die zuzuführende Exergie ergibt sich damit zu:

$$P = \dot{Q}' - \dot{Q}_0 = \left(1 - \frac{T_0}{T}\right)\dot{Q}' \tag{2.88}$$

Ein Vergleich mit Gl. 2.32 lässt erkennen, dass diese Beziehung den Carnot'schen Wirkungsgrad enthält, wobei hier für das Verhältnis von Nutzen ($\dot{Q}'$) zu Aufwand P folgende Beziehung gelten muss:

$$\frac{\dot{Q}'}{P} = \frac{1}{\eta_c} = \varepsilon_c \tag{2.89}$$

In diesem Prozess ist der Nutzen höher als der Aufwand. Die Beziehung in Gl. (2.89) stellt somit keinen Wirkungsgrad dar, sondern wird Leistungszahl ε_c genannt, da für sie gilt: $\varepsilon_c > 1$. Auch wenn auf den ersten Blick eine solche Erhöhung des Nutzens über den Aufwand als sehr erstrebenswert erscheint, muss festgehalten werden, dass die Leistungszahl nicht die Wertigkeit der eingesetzten Energien im Sinne der Exergie berücksichtigt.

Als Aufwand wird zwar weniger Energie benötigt, als auf der Nutzenseite bereitgestellt wird. Die aufzuwendende Energie ist als reine Exergie jedoch qualitativ wesentlich werthaltiger als die Nutzenergie in Form von Wärme. Dies bedingt der zweite Hauptsatz der Thermodynamik, der sicherstellt, dass auch für diesen Fall kein Perpetuum mobile entstehen kann.

Nachdem auf diese Weise geklärt werden konnte, dass ein Prozess physikalisch funktionieren kann, der eine Aufwertung von Wärme zum Ziel hat, sollen in den nachfolgenden Abschnitten technische Anlagen beschrieben werden, die einen solchen Prozess ermöglichen. Dies sind zum einen Wärmepumpen, zum anderen Wärmetransformatoren.

2.1.5.2 Wärmepumpe

Wie aus den theoretischen Zusammenhängen erkennbar (Abschnitt 2.1.5.1), folgt der thermodynamische Wärmepumpenprozess einem umgekehrten Kraft-Wärme-Prozess. Technisch wird er durch einen geschlossenen Kreisprozess eines Arbeitsmediums realisiert. Die Wahl des Arbeitsmediums hängt neben Wirtschaftlichkeitserwägungen und Sicherheitskriterien vor allem vom Einsatzbereich der Wärmepumpe ab, insbesondere von den notwendigen Temperaturbereichen. Eine Wärmepumpe zur Beheizung eines Gebäudes (Temperaturhub von z. B. –10 °C auf 50 °C) hat daher i. d. R. ein anderes Arbeitsmedium als eine Industriewärmepumpe, die im Bereich der Abwärmenutzung eingesetzt wird, bei der die Abwärme bei 90 °C anfällt und die Nutzwärme bei 120 °C benötigt wird. Der thermodynamische Grundprozess ist jedoch derselbe.

Eine typische Gliederung von Wärmepumpen erfolgt nach der Art des Einsatzes, z. B.:

- Heizwärmepumpe
- Warmwasserwärmepumpe
- Industriewärmepumpe
- Wärmepumpe zur Wärmerückgewinnung in Lüftungsanlagen
- Brüdenverdichter (Erläuterung s. u.).

Werden neben der Wärmepumpe im engeren Sinn auch noch die technischen Komponenten unter den Begriff „Wärmepumpe“ zusammengefasst, die zum Betrieb notwendig sind, so wird technisch häufig auch eine Gliederung der Wärmepumpen anhand Wärmequelle x und Wärmeabgabe y als x/y-Wärmepumpe vorgenommen, z. B.:

- *Luft-Wasser-Wärmepumpe*: Häufig eingesetzte Form in der Heiztechnik, bei der die Umgebungswärme der Außenluft aufgenommen wird, die Abgabe der Heizwärme erfolgt an das Wasser eines Heizsystems.
- *Wasser-Wasser-Wärmepumpe*: Auch dieser Wärmepumpentyp wird in der Heiztechnik häufig eingesetzt. Die Wärmeaufnahme erfolgt aus einem Wasserkreis, der oberflächennahe Erdwärme beispielsweise über Erdwärmesonden nutzt. Dies weist den Vorteil gegenüber der Umgebungsluft auf, dass sie an kalten Tagen eine höhere Temperatur als die Umgebungsluft aufweist. Die Wärmeabgabe erfolgt dann wieder an das Wasser eines Heizsystems. Auch im Bereich der Abwärmenutzung kommt im Grunde dieser Typ zum Einsatz, wenn beide Medien flüssig sind.
- *Brüdenverdichter*: Spezialfall einer Wärmepumpe im Bereich der industriellen Wärmerückgewinnung, bei der ausnahmsweise kein geschlossener

Kreisprozess mit einem Arbeitsmedium vorliegt. Hier wird der im Produktionsprozess entstehende Dampf (verfahrenstechnisch „Brüden“) verdichtet, um die enthaltene Wärme dann auf einem angehobenen Temperaturniveau zu nutzen, und damit die Wärmezufuhr für die im Produktionsprozess notwendige Verdampfung bereitzustellen.

Eine weitere Unterscheidung bezieht sich erneut auf das gesamte Wärmepumpensystem, da häufig zusätzlich zur Wärmepumpe – vor allem im Bereich der Heizanwendungen – zusätzliche Wärmeerzeuger zur Bereitstellung von Leistungsspitzen oder aus Redundanzgründen eingesetzt werden. Typische Bauarten sind z. B.:

- *monovalente Wärmepumpe*: Die Wärmepumpe ist das einzige System zur Wärmebereitstellung.
- *monoenergetische Wärmepumpe*: Das Wärmepumpensystem besitzt noch einen zusätzlichen Wärmeerzeuger, der mit derselben Energieform betrieben wird wie die Wärmepumpe selbst, z. B. eine elektrische Wärmepumpe mit einem elektrischen Heizstab.
- *bivalente Wärmepumpe*: Im Wärmepumpensystem ist zusätzlich zur Wärmepumpe ein additiver oder alternativer Wärmeerzeuger vorhanden, der eine andere Energieform als Energiequelle nutzt, wie z. B. eine elektrische Wärmepumpe und ein Erdgasbrennwertkessel oder ein Brüdenverdichter und eine Beheizung aus dem zentralen Heizdampfnetz der Produktionsstätte.

Eine wichtige Unterscheidung von Wärmepumpen erfolgt nach der Art des Antriebs. Dabei werden primär zwei unterschiedliche Bauarten unterschieden, die nachfolgend vertieft behandelt werden:

- *Kompressionswärmepumpen*: Sie enthalten einen Verdichter mit einem mechanischen Antrieb, der sowohl durch einen Elektromotor als auch durch einen Verbrennungsmotor sowie durch eine Gasturbine angetrieben werden kann. Sehr gebräuchlich im Heizungsbereich sind hier die elektrischen Kompressionswärmepumpen. Da im industriellen Einsatz im Anlagenbau individuelle Anlagen eingesetzt werden, sind hier viele unterschiedliche Formen anzutreffen. Auch Brüdenverdichter sind im Grundsatz den Kompressionswärmepumpen zuzurechnen.
- *Thermischer Antrieb*: Hier erfolgt die im Wärmepumpenprozess notwendige Verdichtung des Arbeitsmediums nicht mittels eines Kompressors, sondern durch einen thermischen Verdichter, der durch eine Wärmequelle angetrieben wird. Gebräuchlichster Vertreter ist hier die Absorptionswärmepumpe, bei der der thermische Verdichter auf Basis eines Absorptionsprozesses abläuft.

- *Sonderformen*: Sonderformen stellen die *Vuilleumier*-Wärmepumpe (BINE Informationsdienst, 2000) oder die *Stirling*-Wärmepumpe dar, die auf einem rückwärtslaufenden Stirling-Kreisprozess aufbaut.

2.1.5.2.1 Kompressionswärmepumpe

Der schematische Aufbau und Prozess einer Kompressionswärmepumpe ist in Bild 2.14 dargestellt. Er gliedert sich in vier Schritte:

a) *Verdampfung (1 → 2)*: Das Arbeitsmittel wird bei der Temperatur T_0 (und dem zugehörigen Druckniveau p_0) unter Aufnahme des Wärmestroms $\dot{Q}_0$ aus der Wärmequelle verdampft.

b) *Verdichtung (2 → 3)*: Das verdampfte Arbeitsmittel wird unter Zufuhr der mechanischen Antriebsleistung P des Kompressors im idealen, reversiblen Prozess isentrop vom Druckniveau p_0 auf das Druckniveau $p > p_0$ verdichtet, im realen Prozess läuft dieser Schritt polytrop ab.

c) *Kondensation (3 → 4)*: Das verdichtete Arbeitsmittel wird auf dem Druckniveau p und dem Temperaturniveau $T > T_0$ unter Abgabe des nutzbaren Wärmestroms $\dot{Q}$ kondensiert.

d) *Entspannung (4 → 1)*: Über eine Drossel wird das flüssige Arbeitsmedium vom Druckniveau p wieder in den Ausgangszustand 1 mit dem Druckniveau p_0, im idealen Prozess isentrop, im realen Prozess polytrop, entspannt.

Wird der Kreisprozess im $T - \dot{s}$-Diagramm betrachtet, so zeigt sich, dass die vier Schritte – je nachdem, ob der ideale, reversible Vergleichsprozess oder der reale Prozess betrachtet wird –, den in Bild 2.13 links bzw. rechts dargestellten Kreisprozess bilden. Die Flächen unter den Strecken 1–2 und 3–4 entsprechen dabei definitionsgemäß dem aufgenommenen bzw. abgegebenen Wärmestrom $\dot{Q}_0$ bzw. $\dot{Q}$. Im idealen reversiblen Vergleichsprozess erfolgen diese Wärmeübergänge isotherm auf den Temperaturniveaus T_0 bzw. T. Im realen Prozess wird zum einen die polytrope Verdichtung und Entspannung deutlich; außerdem erfolgt die Verdichtung bis zum Druckniveau p anstelle p', sodass anschließend die Wärme bei etwas höherer Temperatur zur Verfügung steht. Damit erfolgt im Kondensator zunächst eine isobare Abkühlung über eine Temperaturdifferenz bis Punkt 3‘ und danach die isotherm-isobare Kondensation.

Die Energiebilanz ergibt die zuzuführende mechanische Antriebsleistung

$$P = \dot{Q} - \dot{Q}_0 \tag{2.90}$$

die sich als Differenz der o. a. Flächen ebenfalls im Diagramm abbildet.

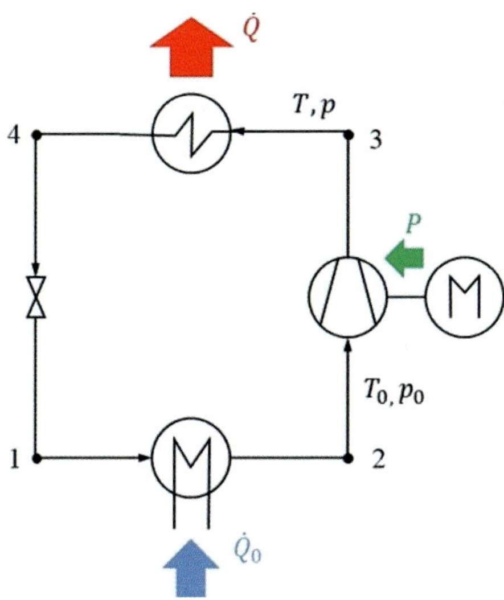

Bild 2.14: Schema einer Kompressionswärmepumpe

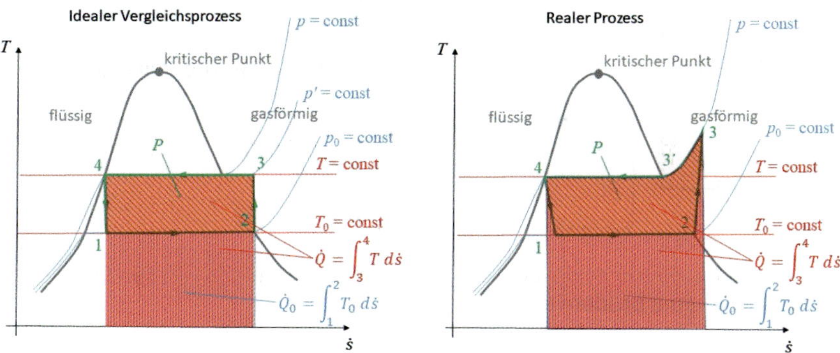

Bild 2.15: Idealer (links) und realer (rechts) Kreisprozess einer Wärmepumpe im T-s-Diagramm

Aus der Energiebilanz lässt sich die für Wärmepumpen wichtige Effizienzkenngröße ermitteln, die analog dem Vorgehen in Gl. (2.89) als Verhältnis Nutzen zu Aufwand definiert ist. Da die Wärmezufuhr einer Wärmepumpe entweder aus der Umgebung erfolgt oder aus einer ansonsten nicht genutzten Abwärmequelle und somit ohne Kosten erfolgt, wird der Wärmestrom nicht als Aufwand betrachtet. Für die Effizienzkennzahl, die Leistungszahl (englisch: Coefficient of Performance (COP)) genannt wird, gilt damit:

$$\varepsilon_{WP} = \frac{\dot{Q}}{P} > 1 \qquad (2.91)$$

Der Brüdenverdichter ist eine Sonderform der Kompressionswärmepumpe, die speziell im Bereich der Wärmerückgewinnung in Prozessen, bei denen Dampf entsteht, eingesetzt wird. Durch Vergleich des Schemas eines Brüdenverdichters in Bild 2.16 mit dem einer Kompressionswärmepumpe in Bild 2.14 ist zu erkennen, dass der Brüdenverdichter im Grunde einen „offenen" Kompressionswärmepumpenprozess darstellt, bei dem als Arbeitsmedium der Abdampf („Brüden") dient. Mithilfe des Brüdenverdichters kann der Verdampfungsprozess unter Nutzung der Abwärme dieser Verdampfung betrieben werden. Brüdenverdichter sind häufiger bei der Wärmerückgewinnung in der Lebensmittelindustrie zu finden.

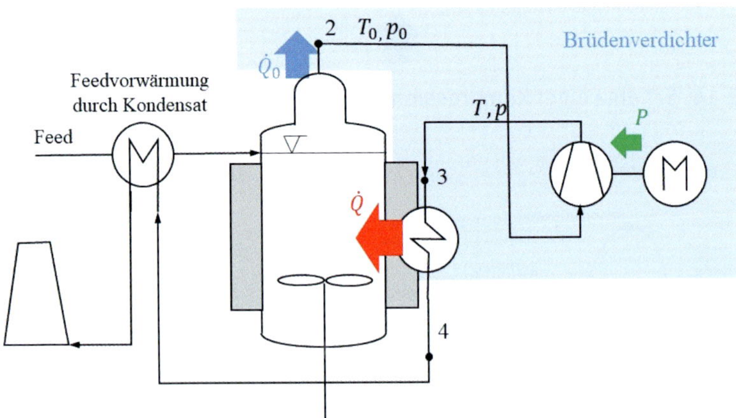

Bild 2.16: Schema Brüdenverdichter

2.1.5.2.2 Absorptionswärmepumpe

Der thermodynamische Kreisprozess einer Absorptionswärmepumpe unterscheidet sich im Grundsatz nicht von dem im Zusammenhang mit der Kompressionswärmepumpe eingeführten Prozess in Abschnitt 2.1.5.2.1 (Bild 2.17). Lediglich der ablaufende Verdichtungsschritt erfolgt nicht mittels eines mechanischen Verdichters oder Kompressors auf Basis mechanischer Leistung. Die Absorptionswärmepumpe setzt an dieser Stelle einen thermischen Verdichter ein, der auf Basis eines Absorptionsprozesses abläuft.

Dieser thermische Verdichter funktioniert, indem ein geeignetes Arbeitsmittelpaar im Prozess eingesetzt wird, bei dem das Arbeitsmedium 1 im eigentlichen

Wärmepumpenprozess im Medium 2 absorbiert werden kann. Ein häufig eingesetztes Stoffpaar bei industriellen Anwendungen ist aufgrund der Vielseitigkeit Ammoniak (1) und Wasser (2), das allerdings bei Leckagen Gefahren aufweist. Bild 2.17 zeigt die Funktionsweise: Nachdem das Arbeitsmittel 1 im Verdampfer den Wärmestrom $\dot{Q}_0$ aufgenommen hat (Punkt 2), wird es in einem Absorber im Lösungsmittel, Medium 2, gelöst. Das flüssige Gemisch wird dann unter Einsatz einer im Gesamtenergieumsatz häufig vernachlässigbaren Hilfsenergie durch eine Pumpe in den Austreiber gefördert, wobei der Druck von p_0 auf p erhöht wird. Unter Zufuhr des „Antriebswärmestroms" $\dot{Q}_A$ wird das Arbeitsmedium 1 im Austreiber wieder aus dem Gemisch verdampft. Der Dampf wird (Punkt 3) dem Kondensator zugeleitet, der den Zielwärmestrom $\dot{Q}$ abgibt. Analog der Kompressionswärmepumpe wird das kondensierte Arbeitsmittel 1 dann über eine Drossel entspannt (Punkt 1) und erneut dem Verdampfer zugeführt.

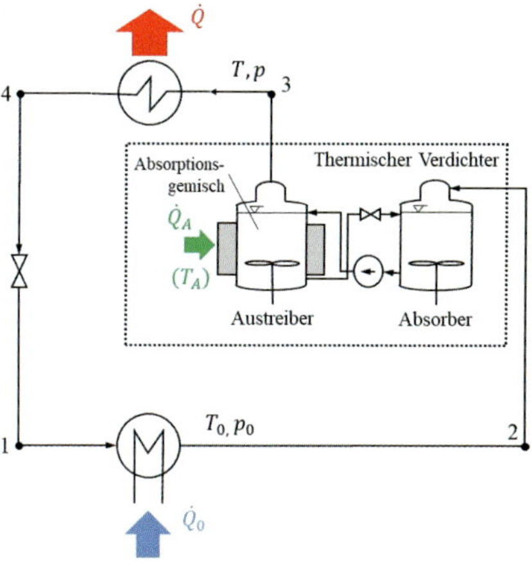

Bild 2.17: Schema einer Absorptionswärmepumpe

Auf diese Weise kann als Antriebsenergie anstelle der mechanischen Leistung P ein Wärmestrom $\dot{Q}_A$ auf einem höheren Temperaturniveau T_A eingesetzt werden. Das Prozessschema zeigt Bild 2.17.

Dabei wird die benötigte Exergie für den Prozess der Anhebung der Temperatur der Wärme über den „Antriebswärmestrom" in das System transportiert. Um ausreichend Exergie in das System zu transportieren, muss dieser auf einem höheren Temperaturniveau $T_A > T$ zugeführt werden als die Wärmeabgabe $\dot{Q}$ erfolgt. Diesen Zusammenhang zeigt Bild 2.18 schematisch.

Die Betrachtung der idealen, reversiblen Absorptionswärmepumpe, bei der im stationären Fall die mit den Wärmeströmen $\dot{Q}_A$ und $\dot{Q}_0$ in Abhängigkeit der Temperaturen T_A bzw. T_0 zugeführten Entropieströme

$$\dot{S}_A = \frac{\dot{Q}_A}{T_A} \quad \text{bzw.} \quad \dot{S}_0 = \frac{\dot{Q}_0}{T_0} \tag{2.92}$$

wieder mit dem Zielwärmestrom $\dot{Q}$ bei der Temperatur

$$T = \frac{\dot{Q}}{\dot{S}} = \frac{\dot{Q}}{\dot{S}_A + \dot{S}_0} \tag{2.93}$$

abgeführt werden muss.

Damit der Betrieb einer Absorptionswärmepumpe sinnhaft ist, muss der abgegebene Zielwärmestrom $\dot{Q} > \dot{Q}_A$ sein, da sonst der Zielwärmestrom direkt durch $\dot{Q}_A$ ohne Wärmepumpe bereitgestellt werden könnte. Daraus ergibt sich gemeinsam mit Gln. (2.92) und (2.93) und aus der Beziehung der Energiebilanz $\dot{Q}_0 = \dot{Q} - \dot{Q}_A$ nach Einsetzen und Umformen:

$$\frac{\dot{Q}}{\dot{Q}_A} = \frac{\frac{T_0}{T} - 1}{\frac{T_0}{T_A} - 1} > 1 \tag{2.94}$$

Hieraus lässt sich durch weitere Umformung zeigen, dass o. a. Bedingung $T_A > T$ gelten muss.

Für die entsprechend Gl. (2.91) zu ermittelnde Leistungszahl gilt für alle Absorptionswärmepumpen:

$$\varepsilon_{AWP} = \frac{\dot{Q}}{\dot{Q}_A} \tag{2.95}$$

2.1.5.3 Wärmetransformator

Der Wärmetransformator entspricht aus der Perspektive des Aufbaus der hierfür benötigten Apparate eigentlich einer Absorptionswärmepumpe. Im Unterschied zu dieser ist die Verschaltung im Prozess jedoch verändert: Die zur Verfügung stehende Abwärme stellt in diesem Fall die Antriebsenergie $\dot{Q}_A$ für den thermischen Verdichter dar. Diese wird im Kreisprozess des Wärmetransformators sozusagen aufgespalten: Ein Teil wird auf dem höheren Zieltemperaturniveau $T > T_A$ als Zielwärmestrom $\dot{Q}$ abgegeben. Da dieser aufgrund der Temperaturverhältnisse einen höheren Exergieanteil aufweist als der zugeführte Wärmestrom $\dot{Q}_A$, muss der damit überschüssige Entropiestromanteil $\dot{S}_0$ auf niedrigerem Temperaturniveau T_0 mit einem entsprechend niedrigeren Exergieanteil als Wärmestrom $\dot{Q}_0$ an die Umgebung abgegeben werden.

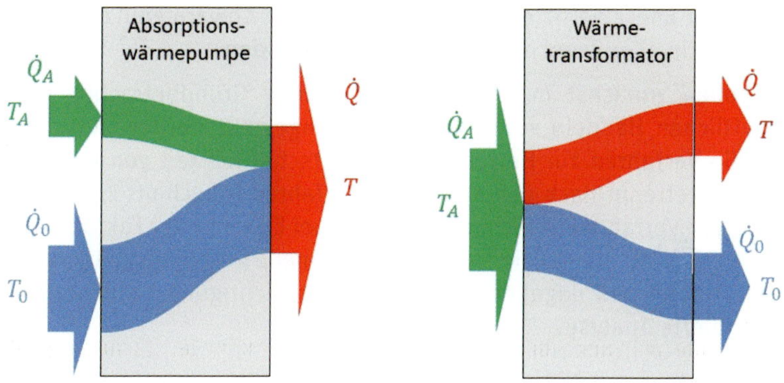

Bild 2.18: Energieflüsse bei der Absorptionswärmepumpe und dem Wärmetransformator

Daraus ergibt sich zum einen die Beziehung für die Energiebilanzgleichung des Wärmetransformators

$$\dot{Q} = \dot{Q}_A - \dot{Q}_0 \tag{2.96}$$

zum anderen ergibt sich aus diesen Überlegungen auch, dass beim Wärmetransformator gelten muss:

$$T > T_A \tag{2.97}$$

Dies lässt sich im Grundsatz auch durch die in Abschnitt 2.1.5.2.2 für die ideale, reversible Absorptionswärmepumpe durchgeführten Berechnungen ermitteln. Aus der Energiebilanz und diesen Überlegungen ergibt sich dann auch, dass der Zielwärmestrom $\dot{Q}$ größer als der „Antriebswärmestrom" $\dot{Q}_A$ sein muss und der Wärmetransformator einen Wirkungsgrad η_{WT} als Effizienzkennzahl hat

$$\eta_{WT} = \frac{\dot{Q}}{\dot{Q}_A} < 1 \tag{2.98}$$

2.2 Grundlagen der Wirtschaftlichkeitsrechnung

In diesem Abschnitt soll zunächst – ausgehend von einer Betrachtung der Ziele eines Unternehmens – in die wesentlichen Verfahren zur Bestimmung der Wirtschaftlichkeit von Investitionen eingeführt werden. Maßnahmen zur Erhöhung der Energieeffizienz und damit auch der Abwärmenutzung in Unternehmen sind in aller Regel mit Investitionen verbunden.

Hierzu sollen zunächst in Abschnitt 2.2.1 einige Grundbetrachtungen zum wirtschaftlichen Handeln von Unternehmen angestellt werden. Anschließend werden die Verfahren zur Bewertung der Wirtschaftlichkeit von Investitionen vorgestellt, getrennt nach den statischen Verfahren (Abschnitt 2.2.2) und den dynamischen Verfahren (Abschnitt 2.2.3). Da bei Ersteren der Faktor Zeit unberücksichtigt bleibt, eignen sie sich eher für schnelle grobe Abschätzungen. Die anderen ermöglichen dagegen durch die Berücksichtigung zeitlicher Aspekte eine detaillierte Analyse.

2.2.1 Grundlagen des wirtschaftlichen Handelns von Unternehmen

Grundsätzlich stehen in einer arbeitsteiligen Volkswirtschaft Bedürfnisse der Nachfrager dem Angebot von Unternehmen oder auch Einzelpersonen an Gütern (Waren und/oder Dienstleistungen) gegenüber, die diese Bedürfnisse befriedigen. Grundsätzliches Wesen dieser Güter ist ihre begrenzte Verfügbarkeit (Bild 2.19). Die zentrale Frage der Ökonomie ist daher, das Allokationsproblem zu lösen (Woeckener, 2013, S. 1), wer am sinnvollsten mit welchen Produktionsfaktoren welche Güter zur Befriedigung der Nachfrage produziert bzw. wie diese knappen Güter auf die – dem Grundsatz nach unbegrenzte – Nachfrage sinnvoll verteilt werden können.

Bild 2.19: Knappheit als Kernproblem wirtschaftlichen Handelns

Die Knappheit ist das charakteristische Merkmal der wirtschaftlichen Güter (Engelkamp und Sell, 2011, S. 16). Liegt keine solche Knappheit vor, handelt es sich um freie Güter. Der Wegfall der Knappheit führt zu anderen Eigenschaften.

Freie Güter können von allen Nachfragern ohne individuelle Begrenzung und ohne individuelle Kosten genutzt werden. Beispiele hierfür sind die Luft zum Atmen oder die Atmosphäre als Deponie für Abgase bzw. Lieferant von Wärme bei Wärmepumpen.

Manche freien Güter sind dennoch faktisch begrenzt und damit eigentlich nicht mehr freie Güter (z.B. die Aufnahmekapazität der Atmosphäre für Klimagase), Nachfrager können aber von der Nutzung nicht wie bei privaten wirtschaftlichen Gütern ausgeschlossen werden. Zu dieser Gruppe gehören die Allmendegüter (Edling, 2010, S. 45). Solche Allmendegüter führen dann häufig zu Verzerrungen in der Wirtschaftlichkeitsbetrachtung, weil sie aufgrund ihrer betriebswirtschaftlichen Kostenfreiheit nicht in die Kalkulation der Wirtschaftlichkeitsrechnungen Eingang finden, aber außerhalb des Unternehmens an anderer Stelle in der Volkswirtschaft, also „extern", durchaus Kosten verursachen. Hier gibt es verschiedene Ansätze, wie z.B. die Internalisierung solcher externen Effekte (Edling, 2010, S. 49), die jedoch in diesem Rahmen nicht weiter betrachtet werden sollen.

Im Folgenden werden ausschließlich knappe Güter und die Frage ihrer Allokation auf die Nachfrage betrachtet.

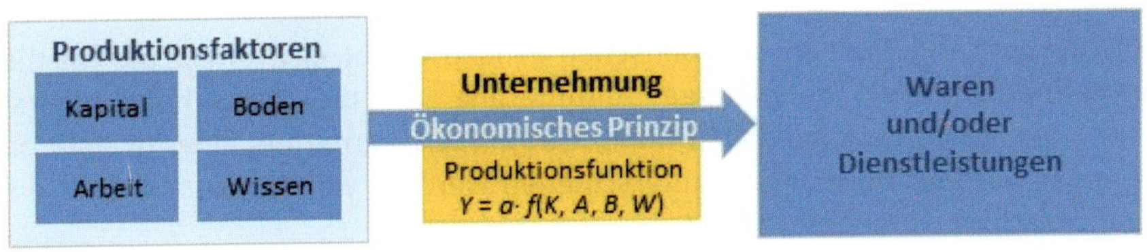

Bild 2.20: Produktionsfunktion eines Unternehmens

Ein Unternehmen stellt, ökonomisch betrachtet, unter Einsatz verschiedener Produktionsfaktoren Güter, d.h. Waren und/oder Dienstleistungen bereit, die dann nachgefragt werden (Bild 2.20). Üblicherweise werden als **Produktionsfaktoren** (Lachmann, 2006, S. 16) „Arbeit" und „Boden" (enthält alle natürlichen Ressourcen, also Boden in Form von Grundstücken ebenso wie Rohstoffe und Umwelt) bezeichnet. Darüber hinaus werden üblicherweise noch derivative Produktionsfaktoren (Lachmann, 2006, S. 16) unterschieden: „Kapital" als aus Boden und Arbeit generierte finanzielle Ressourcen. Im Hinblick auf die Energieeffizienz ist insbesondere auch der technische Fortschritt von Bedeutung. Daher soll „Wissen" hier ebenfalls als eigener Produktionsfaktor verstanden werden. Er wird aus den Faktoren Arbeit (intellektuelle Arbeit) bzw.

Kapital (Eigentum an Patenten etc.) generiert und in anderen Quellen in ähnlicher Abgrenzung als „Technik“ bezeichnet (Lachmann, 2006, S. 16). Da die Produktionsfaktoren nur begrenzt verfügbar sind, muss das Unternehmen in diesem Sinne effizient wirtschaften. Es folgt dabei dem **allgemeinen ökonomischen Prinzip**, das in verschiedenen Formen formuliert werden kann (Piekenbrock und Hennig, 2013, S. 4):

- *Maximalprinzip*: Mit gegebenen Produktionsfaktoren soll ein Maximum an Leistungen als Output erreicht werden.
- *Minimalprinzip*: Eine bestimmte Menge an Leistungen (Güter und/oder Dienstleistungen) soll unter geringstmöglichem Einsatz von Produktionsfaktoren erreicht werden. Hieraus ergibt sich beispielsweise eine Kostenminimierung für Unternehmen bzw. eine Ausgabenminimierung für private Haushalte.
- *Optimalprinzip*: Im Sinne der Produktionsfunktion $Y = a\, f(K, A, B, W)$ soll ein möglichst günstiges Verhältnis zwischen Produktionsmenge (Produkte, Dienstleistungen als Output oder Erlös) und hierfür notwendigem Faktoreinsatz (Produktionsfaktoren als Input oder Kosten/Aufwand) erreicht werden. Für Unternehmen ergibt sich hieraus beispielsweise das Ziel der Gewinnmaximierung bzw. für private Haushalte eine Nutzenmaximierung.

Aus diesem allgemeinen ökonomischen Prinzip ergibt sich direkt die für die Investitionsplanung notwendige Anforderung an die Wirtschaftlichkeitsrechnung: Es soll ein möglichst hoher Gewinn/Ertrag mittels einer Investition erreicht werden. Dabei muss unterschieden werden, welche Situation für die Frage der Investition relevant ist:

- *Ersatzinvestition*: Soll eine Ersatzinvestition für eine vorhandene Anlage geprüft werden, so soll mithilfe der Wirtschaftlichkeitsrechnung gezeigt werden, dass durch die Investition insgesamt entweder eine Kosteneinsparung und/oder eine Erlöserhöhung gegenüber der bisherigen Situation erreicht werden kann.
- *Neuinvestition*: Durch die Wirtschaftlichkeitsrechnung soll gezeigt werden, dass sich eine angestrebte Investition insgesamt für das Unternehmen rentiert, d. h., die wirtschaftliche Situation sich insgesamt verbessert, indem absolut betrachtet ein finanzieller Vorteil entsteht.
- *Investitionsalternativen*: Häufig stehen mehrere Optionen für Investitionen zur Verfügung. Dann soll durch eine Analyse aufgezeigt werden, durch welche Investition der höchste wirtschaftliche Vorteil entsteht. Dies kann entweder durch Vergleich der über dem Betrachtungszeitraum kumulierten

Erträge der unterschiedlichen Optionen erfolgen (Maximalprinzip) oder bei gleichem Output im Betrachtungszeitraum durch den Vergleich der kumulierten Gesamtkosten der Alternativen (Minimalprinzip). Wichtig ist bei letzterem Ansatz, dass auch wirklich derselbe Output durch die verschiedenen Alternativen bereitgestellt wird, ansonsten ergibt sich eine Verzerrung.

2.2.2 Verfahren der statischen Wirtschaftlichkeitsrechnung

Bei den Verfahren der statischen Wirtschaftlichkeitsrechnung unterbleibt vereinfachend die Berücksichtigung des Zeitfaktors des Gelds. Es spielt demnach keine Rolle, ob eine Zahlung heute, morgen oder erst in einigen Jahren zur Zahlung fällig wird. Sie wird mit demselben Wert in die Berechnung eingestellt. Dementsprechend sind diese Verfahren einfacher als die der dynamischen Wirtschaftlichkeitsrechnung. Sie werden daher in der Praxis vor allem für folgende Fragestellungen eingesetzt:

- Erste grobe Abschätzung der Wirtschaftlichkeit
- Analyse von Maßnahmen, die sich innerhalb kürzester Betrachtungszeiträume als wirtschaftlich erweisen, z. B. innerhalb eines Jahres.

Wie auch bei der nachfolgenden dynamischen Wirtschaftlichkeitsrechnung stehen hierfür verschiedene Verfahren zur Verfügung. Die Auswahl des für die Analyse geeigneten Verfahrens ergibt sich i. d. R. aus der konkreten Aufgabenstellung bzw. auch aus Präferenzen des Anwenders. Sie sind bis auf wenige Aspekte, die bei den Verfahren angesprochen werden, weitgehend als gleichwertig zu betrachten.

2.2.2.1 Kostenvergleichsrechnung

Die Kostenvergleichsrechnung kann dann eingesetzt werden, wenn zwei oder mehrere Alternativen mit demselben Nutzen verglichen werden sollen. Dann ist es ausreichend im Sinne des o. a. Minimalprinzips, die Kosten zu vergleichen. Die Variante mit den geringsten Kosten ist dann die wirtschaftlichste Variante.

In die Kostenermittlung gehen alle Kosten, Aufwände und Abschreibungen ein, die im Betrachtungszeitraum anfallen. Ist dies ein Jahr n, so gilt:

$$K_{\mathrm{m,n}} = K_{\mathrm{mB,n}} + K_{\mathrm{kA}} + K_{\mathrm{kV}} \tag{2.99}$$

Die jährlichen Betriebskosten $K_{\mathrm{B,n}}$, die alle laufenden Kosten/Aufwendungen während des Betriebs erfassen, können von Jahr zu Jahr unterschiedlich ausfallen. Sie können in die betriebsgebundenen Kosten, die abhängig vom Betrieb bzw. der Betriebsbereitschaft einer Anlage anfallen, und in die verbrauchsgebundenen Kosten unterschieden werden, die abhängig von der Produktionsmenge sind. Für Gl. (2.99) sollten die über den gesamten Nutzungszeitraum anfallenden jährlichen Betriebskosten $K_{\mathrm{B,n}}$ gemittelt werden. Es ergeben sich für die mittleren jährlichen Betriebskosten:

$$K_{\mathrm{mB,n}} = \frac{1}{N}\sum_{n=1}^{N} K_{\mathrm{B,n}} \tag{2.100}$$

Unterschiedliche Betriebskosten zwischen den Jahren des Betriebs können sich beispielsweise durch Energiekosten ergeben, die schwanken, oder im Hinblick auf Wartungskosten, weil in einzelnen Jahren größere Revisionsarbeiten anstehen.

Die kalkulatorische Abschreibung K_{kA} ergibt sich aus den Anschaffungskosten K_{A} und der Nutzungsdauer N aus folgender Beziehung:

$$K_{\mathrm{kA}} = \frac{K_{\mathrm{A}}}{N} \tag{2.101}$$

Die kalkulatorische Verzinsung K_{kV} ergibt sich aus dem kalkulatorischen Zinssatz i und dem über der Laufzeit im Mittel gebundenen Kapital, das sich über der Nutzungsdauer durch die gleichmäßig erfolgenden Abschreibungen reduziert:

$$K_{\mathrm{kV}} = \frac{K_{\mathrm{A}}}{2} i \tag{2.102}$$

Alternativ kann die Kostenvergleichsrechnung auch auf die Kosten des gesamten Nutzungszeitraums der Jahre $n = 1$ bis N bezogen werden. Dann lautet die Beziehung für die über die Nutzungsdauer anfallenden Gesamtkosten analog zu Gl. (2.99):

$$K = \sum_{n=1}^{N} K_{\mathrm{B,n}} + K_{\mathrm{A}} + N \cdot K_{\mathrm{kV}} \tag{2.103}$$

Im Hinblick auf die Bewertung des Verfahrens ist zu beachten:

- Alle zu vergleichenden Varianten müssen denselben Nutzen aufweisen. Sollte dies nicht der Fall sein, so ist eine entsprechende Korrektur vorzunehmen (s. u.).
- Die Kostenvergleichsrechnung liefert keinen absoluten Maßstab zur Wirtschaftlichkeit einer Investition, d. h., es kann nicht beurteilt werden, ob der Erlös größer als die Kosten einschließlich Abschreibungen ist.

– Eine Aussage zur Rentabilität, d. h. zum Verhältnis des Erlöses zum eingesetzten Kapital, ist nicht möglich.

Ist der Nutzen aller Varianten nicht gleich, so kann die Kostenvergleichsrechnung nicht angewendet werden, es sei denn, dieser Unterschied wird auf der Kostenseite korrigiert. Hat eine der Alternativen einen erhöhten Nutzen, dann kann diese Korrektur beispielsweise dadurch erfolgen, dass der Wert dieses Nutzens als Gutschrift zusätzlich berücksichtigt wird.

Ein klassisches Beispiel hierfür ist der Fall eines Wärmeerzeugers, der eine bestimmte Nachfrage decken muss. Die Frage, ob ein Gas-, Öl- oder Biomassekessel eingesetzt werden soll, der Heißwasser oder Dampf auf dem benötigten Niveau bereitstellt, kann einfach mit einer Kostenvergleichsrechnung untersucht werden. Soll als weitere Alternative jedoch zusätzlich noch eine Kraft-Wärme-Kopplungsanlage untersucht werden, dann entsteht durch den gleichzeitig erzeugten Strom eine Veränderung auf der Nutzenseite. Wenn dem ins Netz eingespeisten oder selbst genutzten Strom ein Wert zugeordnet werden kann, so kann der Vergleich auf Basis einer Kostenvergleichsrechnung dennoch erfolgen, wenn hierfür bei der Kostenaufstellung eine Gutschrift in Höhe des Werts der Stromerzeugung berücksichtigt wird.

2.2.2.2 Gewinnvergleichsrechnung

Die Gewinnvergleichsrechnung berücksichtigt gegenüber der Kostenvergleichsrechnung (Abschnitt 2.2.2.1) zusätzlich die Erlöse E, d. h. die Einnahmen, die mit einer Investition erwirtschaftet werden können. Damit muss die Voraussetzung des gleichen Nutzens für zu vergleichende Alternativen nicht mehr erfüllt sein, da der Nutzen über die Erlöse E explizit erfasst wird.

Kriterium für die Wirtschaftlichkeit ist der zu erzielende Ertrag G für die jeweilige Betrachtungsperiode. Wird hier analog zur Kostenvergleichsrechnung in Gl. (2.99) eine jährliche Periode angewendet, so gilt für den mittleren jährlichen Ertrag des Jahres n:

$$G_{\mathrm{m,n}} = E_{\mathrm{m,n}} - K_{\mathrm{m,n}} \qquad (2.104)$$

Bei der Ermittlung des mittleren jährlichen Ertrags $G_{\mathrm{m,n}}$ muss neben den mittleren jährlichen Kosten $K_{\mathrm{m,n}}$ aus Gl. (2.99) der mittlere jährliche Erlös eingesetzt werden, der sich aus den jährlichen Erlösen E_{n} über der gesamten Nutzungsdauer $n = 1$ bis N ergibt:

$$E_{\mathrm{m,n}} = \frac{1}{N}\sum_{n=1}^{N} E_{\mathrm{n}} \qquad (2.105)$$

Analog zur Kostenvergleichsrechnung lässt sich auch der kumulierte Ertrag für die gesamte Nutzungsdauer berechnen:

$$G = \sum_{n=1}^{N} E_n - K_n \tag{2.106}$$

Dabei sind E_n die Erlöse des Jahres n und K_n die jährlichen Kosten des Jahres n, die sich analog der Gl. (2.99) ergeben:

$$K_n = K_{Bn} + K_{kA} + K_{kV} \tag{2.107}$$

Im Hinblick auf die Bewertung der Gewinnvergleichsrechnung ist festzuhalten:

- Durch die Berücksichtigung der Erlöse, können auch Alternativen mit unterschiedlichem Nutzen verglichen werden.
- Die Gewinnvergleichsrechnung liefert einen absoluten Maßstab zur Ertragssituation der Investition.
- Eine Aussage zur Rentabilität kann allerdings nicht getroffen werden. Hierzu sind weitere Berechnungen notwendig.

2.2.2.3 Rentabilitätsrechnung

Die Kosten- bzw. Gewinnvergleichsrechnung in den Abschnitten 2.2.2.1 und 2.2.2.2 berücksichtigen nur, ob insgesamt oder im Vergleich mit Alternativen geringere Kosten oder ein positiver Ertrag vorliegt. Sie unterscheiden dabei aber nicht, wie hoch der hierfür notwendige Kapitaleinsatz ist. Dies erfolgt durch die Rentabilitätsrechnung, die den Kapitaleinsatz berücksichtigt.

Hierzu wird der in einem Jahr des Betrachtungszeitraums im Mittel erwirtschaftete Gewinn $G_{m,n}$, der mittels der Gewinnvergleichsrechnung (vgl. Abschnitt 2.2.2.2) nach Gl. (2.104) berechnet wird, auf das einzusetzende Kapital bezogen. Kann derselbe mittlere jährliche Gewinn $G_{m,n}$ bei zwei Alternativen erwirtschaftet werden, ist diejenige zu bevorzugen, die den geringeren Kapitaleinsatz benötigt. Diese weist die höhere Rentabilität auf. Sie lässt sich entweder als Rentabilität im ersten Jahr

$$R_0 = \frac{G_{m,n}}{C_0} \tag{2.108}$$

berechnen. Hier bezieht sich der mittlere Gewinn eines Jahres $G_{m,n}$ auf den Kapitaleinsatz zu Beginn der Betrachtungsperiode C_0, weil dieser bei einer Investition zu Beginn des Betrachtungszeitraums am höchsten ist.

Alternativ kann die Rentabilität auch als mittlere Rentabilität ausgewiesen werden, wenn sie den mittleren Gewinn eines Jahres $G_{m,n}$ auf das über die Laufzeit im Mittel gebundene Kapital $C_{m,n}$ bezieht.

$$R_m = \frac{G_{m,n}}{C_{m,n}} \tag{2.109}$$

Der hierfür verwendete mittlere Kapitaleinsatz $C_{m,n}$ kann näherungsweise mithilfe der nachfolgenden Beziehung berechnet werden:

$$C_{m,n} = \frac{1}{2}(C_0 + C_N) \tag{2.110}$$

Am Ende der Betrachtungsperiode zum Zeitpunkt N ist noch ein Kapital von C_N vorhanden, das den ggf. vorhandenen Restwert von Investitionsgütern (z.B. Maschinen und Anlagen), die sich abnutzen, und den Wert von nicht abnutzbaren Investitionsgütern (z.B. Grundstücke) enthält. Waren zu Beginn des Betrachtungszeitraums hierfür eine Investition von C_0 getätigt worden, so wurde ein Teil des eingesetzten Kapitals verzehrt. Da dieser Kapitalverzehr durch die Abschreibungen im mittleren jährlichen Gewinn $G_{m,n}$ als Kosten bereits berücksichtigt wurde und daher über der Laufzeit zurückfließt, ist das im Mittel gebundene Kapital nur der Mittelwert des Kapitalwerts zu Beginn C_0 und am Ende C_N. Dies veranschaulicht Bild 2.21.

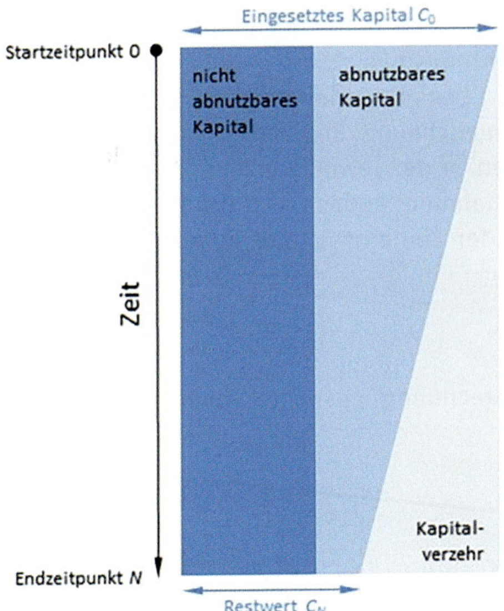

Bild 2.21: Zeitlicher Verlauf des Kapitaleinsatzes

Folgende Eigenschaften der Rentabilitätsrechnung müssen bei ihrem Einsatz und der Interpretation der Ergebnisse berücksichtigt werden:

- Insbesondere bei Kapitalknappheit kann die Rentabilitätsrechnung Hinweise auf die Alternative geben, die den geringsten Kapitaleinsatz benötigt.
- Es wird keine Aussage zur Ertragssituation getroffen, insofern ist der Einsatz der Rentabilitätsrechnung hauptsächlich als Ergänzung für die Gewinnvergleichsrechnung sinnvoll.
- Es wird ein gleichbleibender Ertrag über der Zeit unterstellt, der nicht notwendigerweise gegeben ist.
- Der ausgewiesene mittlere Kapitaleinsatz lässt nicht erkennen, auf welche Nutzungsdauer er sich bezieht. Haben verschiedene zu vergleichende Alternativen unterschiedliche Nutzungsdauern, so kann dies nicht anhand dieser Kennzahl erkannt werden.

2.2.2.4 Statische Amortisationsrechnung

Die Amortisationsrechnung ermittelt, wie lange es dauert, bis das eingesetzte Kapital der Anschaffungsausgabe K_A durch den jährlichen Überschuss von Einnahmen und Ausgaben, den Deckungsbeitrag DB_n zurückgeflossen ist.

Dabei ist zu berücksichtigen, dass nicht alle in den Abschnitten 2.2.2.1 und 2.2.2.2 beschriebenen Positionen auch Einnahmen oder Ausgaben in der jeweiligen Periode sind. Die dort verwendeten Abschreibungen K_{kA} sind beispielsweise keine Ausgaben und werden daher nicht berücksichtigt, da die Ausgabe im Rahmen der Anschaffungsinvestition bereits zu Beginn der Betrachtungsperiode getätigt wurde. Ebenso werden Finanzierungskosten im Rahmen der statischen Amortisationsrechnung üblicherweise nicht berücksichtigt. Betriebskosten sind dagegen in der jeweiligen Periode auftretende Ausgaben, die Erlöse sind i. d. R. Einnahmen, sodass sich der gemittelte jährliche Deckungsbeitrag als Differenz der Einnahmen und Ausgaben wie folgt ergibt:

$$DB_{m,n} = E_{m,n} - K_{m,Bn} \tag{2.111}$$

Die für die statische Amortisationsrechnung gesuchte Amortisationsdauer berechnet sich damit zu:

$$T_A = \frac{K_A}{DB_{m,n}} \tag{2.112}$$

Eine wirtschaftlich sinnvolle Investition ergibt sich, solange die Amortisationsdauer kleiner als die Nutzungsdauer der Investition $T_A < N$ ist. Beim Vergleich verschiedener Varianten ist die Variante mit der kürzesten Amortisationsdauer T_A die attraktivste.

Für den Einsatz der Amortisationsrechnung in der Praxis ist wichtig zu beachten:

- Die Amortisationsdauer T_A ermittelt den Rückgewinnungszeitraum für das eingesetzte Kapital einschließlich einer kalkulatorischen Verzinsung und stellt damit ein Risikomaß für die Investition dar.
- Beim Vergleich verschiedener Alternativen werden unterschiedliche Nutzungsdauern nicht berücksichtigt.
- Bei knapper Liquidität ist die Amortisationsdauer ein wichtiges Kriterium, das ggf. zusätzlich zur Gewinnvergleichsrechnung eingesetzt werden kann.

2.2.2.5 Überblick über die statischen Verfahren

Einen Überblick über die bei den einzelnen vorgestellten Verfahren zur statischen Wirtschaftlichkeitsrechnung einzusetzenden Größen gibt Tabelle 2.1. Die Verfahren werden in den vorangegangenen Abschnitten 2.2.2.1 bis 2.2.2.4 detaillierter dargestellt. Die mit einem Kreuz markierten Felder weisen dabei auf Größen hin, die in die Berechnung einfließen.

Tabelle 2.1: Übersicht Verfahren zur statischen Wirtschaftlichkeitsrechnung

Verfahren	Anfangsausgabe K_A (Investition)	Kalkulatorische Abschreibung K_{kA} (Investition)	Finanzierungskosten K_{kV}	Betriebskosten K_B (betriebsgebunden)	Betriebskosten K_B (verbrauchsgebunden)	Erlöse E
Kostenvergleichsrechnung		X	X	X	X	
Gewinnvergleichsrechnung		X	X	X	X	X
Rentabilitätsrechnung	X	X	X	X	X	X
Statische Amortisationsrechnung	X			X	X	X

2.2.3 Verfahren der dynamischen Wirtschaftlichkeitsrechnung

Bei realen Entscheidungen von Haushalten und Unternehmen spielt auch der Faktor Zeit eine wichtige Rolle. Dabei liegt bei den Akteuren eine mehr oder weniger ausgeprägte Zeitpräferenz vor, d. h., Haushalte bevorzugen es, jetzt statt später zu konsumieren bzw. Unternehmen ziehen einen erhöhten Nutzen daraus, wenn bereits jetzt und nicht später investiert wird, weil sie dann frühere oder früher höhere Kapitalrückflüsse aus einer höheren Produktion erwarten können. Für vertiefte Betrachtungen sei hier beispielsweise auf (Lachmann, 2006, S. 106 ff.) verwiesen.

Für die hier vorliegenden Zwecke sei vereinfachend davon auszugehen, dass sich sowohl die Zeitpräferenz und die Grenzkosten des Kapitals (nach (Piekenbrock, 2009, S. 516) zwei Begründungen für Zins aus der realen Zinstheorie) als auch die mit einer Investition verbundenen Risiken im kalkulatorischen Zinssatz ausdrücken (Lachmann, 2006, S. 121).

Dieser kalkulatorische Zinssatz i berücksichtigt im Rahmen der dynamischen Wirtschaftlichkeitsrechnung diese drei Aspekte in einer Größe. In Unternehmen wird der für Wirtschaftlichkeitsrechnungen anzusetzende kalkulatorische Zinssatz anhand von Kenngrößen aus dem Eigenkapitalmarkt, Einschätzungen zum Risiko eines gewissen Geschäftsfelds und den aktuellen Marktpreisen für Fremdkapital in Form des WACC (Weighted Average Capital Cost) gebildet. Der WACC wird dann im Rahmen der dynamischen Wirtschaftlichkeitsrechnung als kalkulatorischer Zinssatz i verwendet.

2.2.3.1 Kapitalwertmethode

Der Kapitalwert KW (auch Nettobarwert, englisch: NPV (Net Present Value)) berücksichtigt sämtliche Zahlungsflüsse im Zusammenhang mit einer Investition über einen festgelegten Betrachtungszeitraum. Dieser entspricht häufig der Nutzungsdauer der Investition. Dabei werden die Zahlungsströme entsprechend ihrem zeitlichen Anfall zinskorrigiert zusammengefasst, womit der Faktor Zeit vollständig berücksichtigt wird. Diese auf einen Zeitpunkt t bezogenen zinskorrigierten Werte werden als Barwerte BW bezeichnet.

Üblicherweise werden alle Zahlungsströme auf den Anfangszeitpunkt t_0 abgezinst, der zugehörige Kapitalwert wird im Folgenden mit KW_0 bezeichnet. Grundsätzlich können aber beliebige Bezugszeitpunkte gewählt werden. Sie müssen bei Vergleichen nur einheitlich gewählt sein.

Der Kapitalwert einer Investition ergibt sich damit zu

$$KW_0 = \sum_{n=t_0}^{t_0+T} BW_n = -K_A + \sum_{n=t_0}^{t_0+T} \frac{DB_n}{\left(1+i\right)^n} \tag{2.113}$$

wobei n den Zähler über die Jahre des Betrachtungszeitraums von t_0 bis T darstellt, wenn der kalkulatorische Zinssatz i auf ein Jahr bezogen wird. Der Deckungsbeitrag DB_n ergibt sich aus Gl. (2.111), für die Anschaffungsausgaben K_A muss gelten, dass sie zu Beginn des Zeitraums geleistet werden, ansonsten muss für sie ebenfalls der Barwert berechnet werden.

Eine Investition ist vorteilhaft, solange ein Kapitalwert $KW_0 \geq 0$ vorliegt. Wird $KW_0 < 0$, so sollte von einer Investition abgesehen werden, weil das Unternehmen in Summe Kapital verlieren wird. Bei verschiedenen möglichen Investitionsalternativen wird diejenige mit dem höchsten positiven Kapitalwert KW_0 präferiert.

Als Beispiel soll eine Investition betrachtet werden, die Anschaffungsausgaben einschließlich Anlage und Installation von $C_0 = 7.500$ EUR benötigt und in Folge über eine Nutzungsdauer von $T = 20$ a einen konstanten jährlichen Deckungsbeitrag $DB_n = 579$ EUR erwarten lässt.

Ohne Berücksichtigung des Zeiteffekts ergibt sich aus der statischen Gewinnvergleichsrechnung nach Gl. (2.106) (vgl. auch Bild 2.22):

$$G = -C_0 + \sum_{n=1}^{N} DB_n = -7.500\,\text{EUR} + 20\,\text{a} \cdot 579\frac{\text{EUR}}{\text{a}} = 4.071\,\text{EUR} > 0 \qquad (2.113\text{a})$$

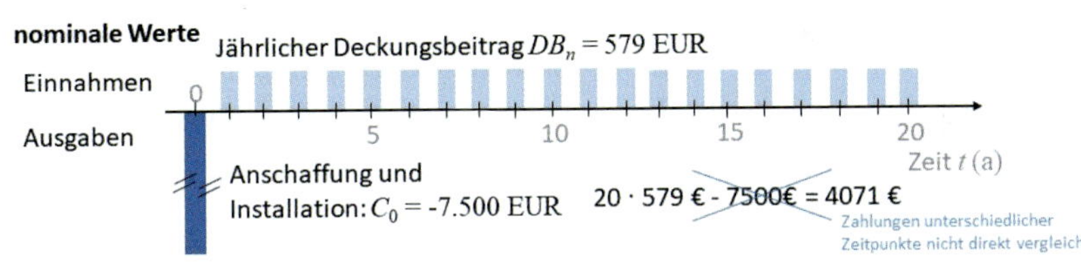

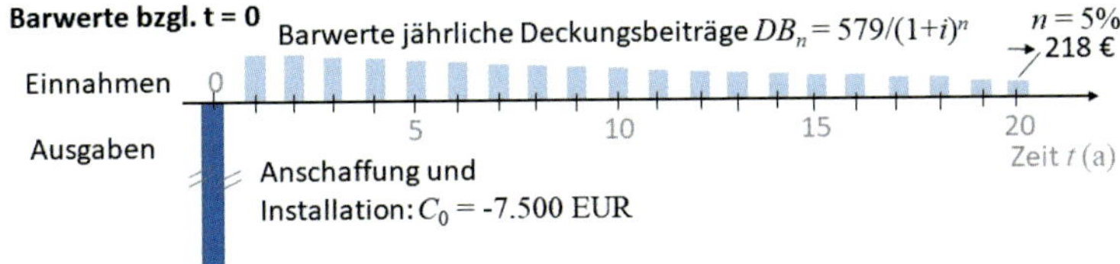

Bild 2.22: Zeitliche Zahlungsströme und Barwerte für Beispielinvestition

Demnach wäre die Investition wirtschaftlich. Wird jedoch der zeitliche Verlauf der Zahlungsströme und ein kalkulatorischer Zinssatz von $i = 5\,\%$ berücksichtigt, so werden die Zahlungsströme zu den Zeitpunkten $t > t_0$ anders bewertet, wie Bild 2.22 unten verdeutlicht. Nach Gl. (2.113) ergibt sich ein Kapitalwert von

$$KW_0 = \sum_{n=t_0}^{t_0+T} \frac{DB_\mathrm{n}}{(1+i)^n} = -7.500\ \mathrm{EUR} + \sum_{n=1}^{20} \frac{579\,\frac{\mathrm{EUR}}{\mathrm{a}}}{(1+0{,}05)^{20}\,\frac{1}{\mathrm{a}}} = -290\ \mathrm{EUR} < 0 \qquad (2.113\mathrm{b})$$

wobei zu Beginn des Betrachtungszeitraums $t = 0$ die Anfangsausgabe getätigt wird, die keine Abzinsung erfordert. Danach laufen Jahr für Jahr die gleichen jährlichen Deckungsbeiträge auf, die jeweils entsprechend ab Jahr 1 bis Jahr 20 abzuzinsen sind.

Es wird deutlich, dass bei Berücksichtigung des Zeitwerts des Gelds, die Investition offensichtlich nicht vorteilhaft ist. Dies unterstreicht die Bedeutung einer dynamischen Betrachtung in der Wirtschaftlichkeitsrechnung insbesondere, wenn längere Zeiträume betroffen sind.

Eine einfache Berechnung ergibt sich für die Barwerte, wenn die jährlichen Deckungsbeiträge DB_n über alle Jahre konstant sind. Dann lässt sich über eine Reihenentwicklung der Rentenbarwertfaktor *RBF* berechnen, mit dem der gesamte Barwert der jährlich gleichen Deckungsbeiträge über den gesamten Betrachtungszeitraum berechnet werden kann:

$$BW_\mathrm{gesamt} = RBF \cdot DB_\mathrm{n} = \left(\frac{1}{i} - \frac{1}{i(1+i)^N} \right) DB_\mathrm{n} \qquad (2.114)$$

Für schnelle Überschlagsrechnungen eignet sich der Ansatz der „ewigen Rente“, die eine gute Näherung für den gesamten Barwert konstanter jährlicher Zahlungen ergibt, wenn diese jährlichen Zahlungen über ausreichend viele Jahre vorliegen. Der Rentenbarwertfaktor einer konstanten Zahlung, die nicht mehr aufhört, d. h. „ewig“ weiterbezahlt wird, ist

$$RBF_\mathrm{ewig} = \frac{1}{i} \qquad (2.115)$$

Bei der Anwendung der Kapitalwertmethode sind folgende Punkte zu beachten:

- Der Ansatz ist im Hinblick auf eine Endwertmaximierung bzw. Entnahmemaximierung hinreichend.
- Die Methode nimmt einen vollkommenen Kapitalmarkt an, d. h., der Investor kann zu fixen Zinsen beliebige Beträge Kapital beschaffen. Ist der Zugang zu Kapital für den betreffenden Investor im Bereich des Volumens der zu tätigenden Investition limitiert, sollte ein vollständiger Finanzierungsplan aufgestellt und berücksichtigt werden.
- Trotz dieser Einschränkungen ist diese Methode in der Praxis sehr verbreitet und kann durch die Anwendung anderer Verfahren noch ergänzt werden.

2.2.3.2 Annuitätenmethode

Analog der Kapitalwertmethode kann als Bezugszeitraum auch ein Jahr gewählt werden. Dies erfolgt bei der Annuitätenmethode. Es werden alle Kennzahlen auf ein virtuelles Jahr umgerechnet, das einem mittleren Jahr des gesamten Betrachtungszeitraums entspricht. Insofern entspricht die Annuitätenmethode im Grundsatz der Kapitalwertmethode (Abschnitt 2.2.3.1) und verwendet nur einen anderen Bezugszeitraum.

Im Grunde werden für alle Einnahmen und Ausgaben wie bei der Kapitalwertmethode die Barwerte berechnet und dann diese mithilfe des Annuitätenfaktors als gleichmäßige Annuitäten auf den Betrachtungszeitraum verteilt. Die auf diese Weise gesamthaft entstehende Annuität entspricht somit der Annuität des Kapitalwerts.

Der Annuitätenfaktor *ANF* ist aufgrund dieser Vorgehensweise der Kehrwert des Rentenbarwertfaktors *RBF*.

$$ANF = \frac{1}{RBF} = \frac{i(1+i)^N}{(1+i)^N - 1} \tag{2.116}$$

Damit ergibt sich die Annuität a zu

$$a = ANF\, KW_0 \tag{2.117}$$

wobei alternativ auch für alle Summanden aus Gl. (2.113) einzeln Annuitäten gebildet werden können und diese dann als Annuitäten aufsummiert werden.

Die Annuitätenmethode entspricht damit der Kapitalwertmethode aus Abschnitt 2.2.3.1. Die Investition ist wirtschaftlich, solange $a \geq 0$ ist, für $a < 0$ wird die mit dem verwendeten kalkulatorischen Zinssatz geforderte Wirtschaftlichkeit nicht erreicht. Die Hinweise zur Anwendung in der Praxis zur Kapitalwertmethode in Abschnitt 2.2.3.1 gelten ebenfalls analog.

2.2.3.3 Zinsfußmethode

Soll oder kann keine interne Verzinsung vorgegeben werden, so kann die Kapitalwertmethode aus Abschnitt 2.2.3.1 umgestellt werden und anhand der Vorgabe des Grenzwerts der Wirtschaftlichkeit, d. h. eines Kapitalwerts $KW_0 = 0$ angewendet werden, um die aus dem Vorhaben sich implizit ergebende Verzinsung zu ermitteln. Bewertungskriterium ist der sich ergebende interne Zinsfuß *IZF*, der mindestens eine geforderte Mindestverzinsung, z. B. den *WACC*, erreichen muss, d. h. $IZF \geq WACC$. Im Falle des Vergleichs verschiedener Alternativen ist diejenige Alternative die beste, die den höchsten internen Zinsfuß *IZF* erreicht.

Das Problem der Zinsfußmethode ist, dass sich die aus Gl. (2.113) abgeleitete Beziehung nur numerisch nach dem internen Zinsfuß *IZF* auflösen lässt und i. d. R. auch keine eindeutige Lösung ergibt:

$$KW_0 = -K_A + \sum_{n=t_0}^{t_0+T} \frac{DB_n}{\left(1+IZF\right)^n} = 0 \qquad (2.118)$$

Nur für den Spezialfall zeitlich unbegrenzt fließender konstanter jährlicher Deckungsbeiträge DB_n („ewige Rente“) ergibt sich eine einfachere Gleichung

$$KW_0 = -K_A + \frac{DB_n}{IZF} = 0 \qquad (2.119)$$

die sich nach *IZF* auflösen lässt:

$$IZF = \frac{DB_n}{K_A} \qquad (2.120)$$

Dieser spezielle interne Zinsfuß für den Fall einer „ewigen Rente“ wird im englischen Sprachraum auch als „Return on Investment (RoI)“ bezeichnet. Für die Anwendung der internen Zinsfußmethode in der Praxis sind folgende Aspekte wichtig:

- Das Verfahren gilt aufgrund diverser Schwierigkeiten (s. o.) in der Anwendung als veraltet.
- Die grundlegenden Annahmen, die für die Kapitalwertmethode gelten, gelten auch hier (z. B. vollständiger Kapitalmarkt).
- Der Vorteil, keinen kalkulatorischen Zinssatz vorgeben zu müssen, ist nur scheinbar, weil er für die Entscheidung der Wirtschaftlichkeit benötigt wird.

2.2.3.4 Dynamische Amortisationsdauer

Die dynamische Amortisationsdauer berechnet den Zeitpunkt T_A, in dem das im Rahmen der Anschaffungsausgaben (Investition) eingesetzte Kapital K_A einschließlich der geforderten kalkulatorischen Verzinsung i mindestens wiedergewonnen werden kann. Dies kann ermittelt werden, indem die Kapitalwerte nach der Investition $KW_{0,T}$ (Gl. (2.113)) für jeden Betrachtungszeitraum T, angefangen bei $t = 0$, mit ansteigender Dauer berechnet werden. Der Zeitraum T, bei dem der Kapitalwert $KW_{0,T}$ erstmalig ≥ 0 wird, ist die dynamische Amortisationsdauer.

$$KW_0 = -K_A + \sum_{n=t_0}^{t_0+T_A} \frac{DB_n}{(1+i)^n} \overset{!}{\rightarrow} 0 \tag{2.121}$$

Bei der Anwendung der dynamischen Amortisationsdauer sind folgende Punkte zu beachten:

- Keine Investition zu tätigen führt immer zur kürzesten Amortisationsdauer. Diese triviale Lösung ist aber im Hinblick auf die Fragestellung nicht hilfreich. Das bedeutet, dass für die Entscheidungsfindung bei einer Investition eine dynamische Amortisationsrechnung nur als zusätzliches Kriterium, z. B. zusätzlich zur Kapitalwertmethode, angewendet werden sollte.
- Die Minimierung der Kapitalbindungsdauer muss nicht der Maximierung des Kapitalwerts entsprechen.
- Die Methode gilt daher als veraltet und sollte nur als zusätzliches Kriterium speziell im Hinblick auf Risikoaspekte eingesetzt werden.

2.2.3.5 Übersicht Verfahren zur dynamischen Wirtschaftlichkeitsrechnung

Tabelle 2.2 zeigt einen Überblick über die Verfahren zur dynamischen Wirtschaftlichkeitsrechnung. Dabei soll an dieser Stelle nochmals festgehalten werden, dass aufgrund der mit ihnen verbundenen Schwierigkeiten die Zinsfußmethode sowie die dynamische Amortisationsdauer als veraltet gelten und die Kapitalwertmethode bzw. Annuitätenmethode vorzuziehen sind.

Bei den dargestellten Verfahren gilt die Annahme des „vollkommenen Kapitalmarkts und sicherer Erwartungen".

Tabelle 2.2: Übersicht zu den Verfahren der dynamischen Wirtschaftlichkeitsrechnung

Verfahren	Investitionsziel	Objektive Bewertung bzgl. Vermögensmaximierung möglich?
Kapitalwertmethode/NPV	Vermögensmaximierung	Ja
Annuitätenmethode	Vermögensmaximierung	Ja
Interner Zinsfuß/RoI	Renditemaximierung	Nein, da keine eindeutige Lösung garantiert
Dynamische Amortisationsdauer	Minimierung Kapitalbindungsdauer	Nein, zumal minimale Kapitalbindungsdauer bei Nicht-Investition

3 Charakteristika von Wärmeströmen

Als Wärmeübertragung bezeichnet man den Übergang einer Energiemenge von einem Körper auf einen anderen Körper oder allgemeiner gesprochen den Energietransport über die Grenze eines Systems. Die Wärmeübertragung erfolgt dabei durch Wärmestrahlung, Konvektion oder Wärmeleitung oder eine Kombination der Wärmeübertragungsmechanismen. Für die Wärmeübertragung gelten die beiden Hauptsätze der Thermodynamik (siehe dazu Abschnitt 2.1.1 und 2.1.2).

Um die Werthaftigkeit eines Wärmestroms zu beurteilen, wird die Exergie eines Wärmestroms betrachtet. Die Exergie stellt jedoch keine absolute Größe dar, sondern wird stets in Bezug zu einem zu definierenden Bezugssystem festgelegt. Für dieses Bezugssystem müssen neben der Temperatur auch der Druck und die stoffliche Zusammensetzung des Bezugssystems definiert werden. Für die Bewertung von Wärmeströmen ist dabei die Definition der Temperatur des Referenzsystems ausreichend. In der Praxis wird für die Referenztemperatur typischerweise die Umgebungstemperatur von 20 °C oder 25 °C verwendet (Szargut, 2005). Die Größe Exergie einer Wärme beschreibt dabei den Anteil der Wärme, der unter Annahme idealer und verlustfreier Prozesse durch Wechselwirkung mit dem Umgebungssystem in Arbeit umwandelbar ist. In der Praxis hat es sich dabei etabliert, bei Energieströmen mit einer Temperatur oberhalb der Umgebungstemperatur von Wärmeströmen und bei einer Temperatur unterhalb der Umgebungstemperatur von Kälteströmen zu sprechen, vgl. Bild 3.1.

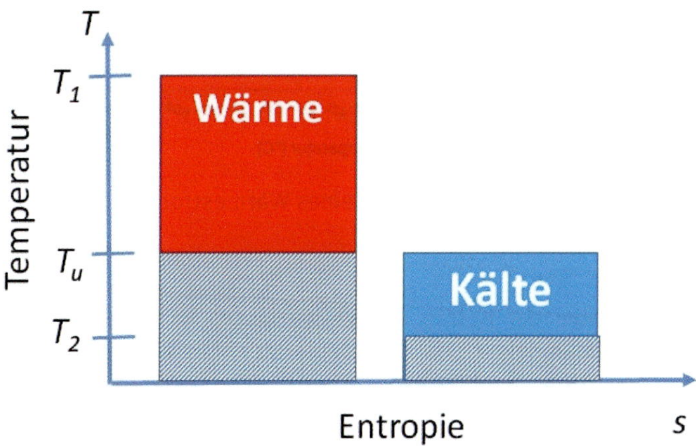

Bild 3.1: Darstellung von Wärme- und Kälteströmen im *T*-*s*-Diagramm

Je größer die Temperaturdifferenz zwischen dem jeweils betrachteten System und der Umgebung ist, umso wertvoller ist die Energie (steigender Exergie-Anteil) und umso einfacher lässt sich die Energie übertragen und gegebenenfalls an anderer Stelle erneut nutzen. Formel (3.1) stellt diesen Zusammenhang der Thermodynamik als mathematischen Zusammenhang dar.

$$dE_{\mathrm{Q}} = \eta_{\mathrm{C}} \cdot dQ = \left(1 - \frac{T_{\mathrm{u}}}{T}\right) \cdot dQ \tag{3.1}$$

Sofern die Wärmeübertragung bei konstanter Temperatur erfolgt, kann auf die integrale Schreibweise der Formel verzichtet werden. Diesen Zusammenhang zeigt Bild 3.2 in grafischer Form.

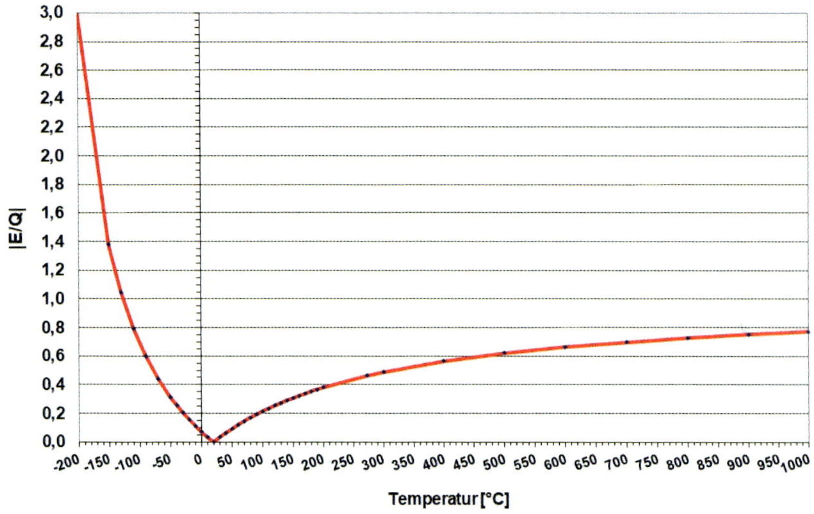

Bild 3.2: Verhältnis Exergie und Energie eines Wärmestroms in Abhängigkeit von der Temperatur für $T_{\mathrm{u}} = 20$ °C

Dargestellt ist dabei der Betrag des Verhältnisses von Exergie zur Energie der Wärme in Abhängigkeit von der Temperatur. Ein Wärmestrom mit einer Temperatur von 25 °C besteht bei einer Umgebungstemperatur von 25 °C zu 100 % aus Anergie und enthält keine Exergie, d. h., dass dieser Wärmestrom typischerweise nicht genutzt werden kann und somit aus energetischer Sicht wertlos ist.

Für die industrielle Praxis bedeutet dies, dass Wärme- bzw. Kälteströme umso wertvoller werden, je größer die Temperaturdifferenz zur Umgebung ist. Zudem steigt der Exergie-Anteil eines Wärmestroms mit zunehmender Temperatur viel langsamer als der Exergie-Anteil eines Kältestroms bei abnehmender Temperatur. Aus Bild 3.2 kann man ablesen, dass der Exergie-Anteil eines Wärmestroms mit +120 °C (ΔT= 100 °C) 14,6 % beträgt, der Exergie-Anteil eines Kältestroms mit einer Temperatur von −80 °C (ΔT= 100 °C) jedoch 20,6 % beträgt. Da der Exergie-Inhalt gleichzeitig auch ein Maß für den Aufwand für die Bereitstellung einer bestimmten Energiemenge darstellt, ergibt sich, dass die Bereitstellung von Kälte wesentlich mehr Aufwand und damit auch Kosten verursacht als die Bereitstellung von Wärme. Unternehmen sind deshalb gut beraten, insbesondere im Bereich der Kältebereitstellung, die Anforderungen an die Temperatur der Bereitstellung der Kälte möglichst niedrig anzusetzen und Kälte- und Wärmeströme im Sinne einer Wärmekaskade möglichst mehrfach im Unternehmen zu nutzen.

> Je größer die Temperaturdifferenz zwischen einem Abwärmepotential und der Umgebungstemperatur ist, umso wertvoller und umso leichter nutzbar ist diese Abwärme. Dies gilt sowohl für Temperaturen oberhalb als auch für Temperaturen unterhalb der Umgebungstemperatur.

3.1 Begrenzungen und Randbedingungen bei der Nutzung von Wärmeströmen

Rein physikalisch lassen sich alle Temperaturdifferenzen zwischen zwei Stoffströmen oder Objekten für eine Wärmeübertragung nutzen. Diese können dabei in allen drei Aggregatzuständen fest, flüssig oder gasförmig vorkommen. Auch die unterschiedliche chemische Zusammensetzung der Objekte beeinflusst die Anforderungen und Möglichkeiten für die Nutzung von Wärmeströmen, ebenso wie die räumliche Lage der Objekte mit unterschiedlicher Temperatur zueinander. Aufgrund der vielen zu berücksichtigenden Parameter ist die Frage, ob Wärmeströme auf eine wirtschaftliche Art genutzt werden können, nicht trivial und einfach zu beantworten. Vielmehr sind für jeden Fall die Randbedingungen individuell zu bestimmen und daraus die Optionen für eine Wärmeübertragung abzuleiten und zu bewerten.

In der Praxis kann das Feld möglicher Lösungen in Verbindung mit Erfahrungswissen typischerweise deutlich verkleinert werden. Dazu werden die Randbedingungen in begünstigende und nachteilige aufgeteilt, um auf dieser Basis eine erste schnelle Beurteilung durchzuführen.

3.1.1 Räumliche Randbedingungen

Die Übertragung einer Wärmemenge von einem Objekt oder Stoffstrom setzt eine Verbindung zwischen beiden Elementen voraus. Dies gilt dabei unabhängig vom Mechanismus der Wärmeübertragung. Je kleiner die Entfernung zwischen dem warmen und dem kalten Objekt ist, zwischen denen eine Wärmeübertragung erfolgen soll, umso einfacher und verlustfreier kann diese Wärmeübertragung erfolgen. Je nach Wärmeübertragungsmechanismus ergeben sich daraus unterschiedliche Auswirkungen. Bild 3.3 zeigt diese Anforderung für die verschiedenen Wärmeübertragungsmechanismen schematisch.

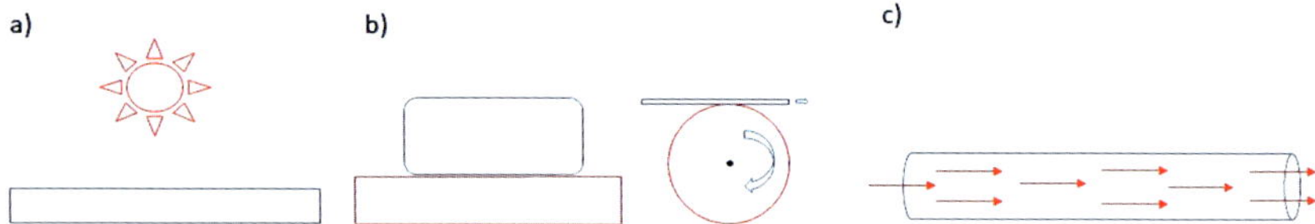

Bild 3.3: Wärmeübertragung erfordert räumliche Nähe.

Soll die Wärme durch Strahlung übertragen werden (a), so erfordert dies, dass die vom Objekt mit der höheren Temperatur ausgehende Strahlung das andere Objekt erreichen kann, es muss also ein Sichtkontakt zwischen den beiden Objekten bestehen, um eine Wärmeübertragung zu ermöglichen. In der Wärmeübertragung wird diese für die Berechnung des Strahlungsaustausches benötigte Größe als Sichtfaktor bezeichnet, der die Lage und Orientierung der beiden Objekte zueinander abbildet. Wird diese Verbindung ganz oder teilweise unterbrochen, so wird auch die Wärmeübertragung ganz oder teilweise verhindert. Aus dem Alltag kennt man diesen Effekt, wenn sich an einem sonnigen Tag mit blauem Himmel Wolken vor die Sonne schieben und die Wärmestrahlung von der Sonne auf die Erde abschirmen.

Je größer der Abstand zwischen den beiden Objekten ist, desto geringer wird der Anteil der Strahlung, die auf das andere Objekt fällt und damit genutzt werden kann. Ein Vorteil der Wärmeübertragung durch Strahlung ist es, dass die Wärmeübertragung nicht an Materie gebunden ist, sondern durch elektromagnetische Wellen berührungslos übertragen wird. Als Wärmestrahlung bezeichnet man dabei den Wellenlängenbereich von $\lambda = 0{,}1\,\mu m$ und $\lambda = 1000\,\mu m$, was in etwa Objekttemperaturen zwischen 2 und 20.000 K entspricht. Entsprechend eignet sich die Strahlungswärmeübertragung insbesondere bei der Übertragung von Wärme zwischen bewegten und feststehenden Objekten. Allerdings ist der Wärmestrom bei der Übertragung durch Strahlung sehr stark von der Temperatur abhängig. Er steigt mit der Temperatur in vierter Potenz an, sodass in der Praxis meist die konvektive oder konduktive Wärmeübertragung dominieren.

Ähnlich wie bei der Wärmeübertragung durch Strahlung ist auch bei der Wärmeübertragung durch Wärmeleitung die räumliche Nähe erforderlich. Sie setzt sogar den direkten Kontakt zwischen dem wärmeabgebenden und dem wärmeaufnehmenden Objekt voraus. In Bild 3.3(b) ist dies schematisch für zwei bewegte und zwei unbewegte Objekte dargestellt. Die insgesamt zwischen den Objekten übertragbare Wärmemenge ist dabei von den Temperaturen, der Wärmeleitfähigkeit und der Größe der Kontaktfläche abhängig. Eine räumliche Trennung von Wärmeangebot und Wärmebedarf führt somit praktisch zum Ausschluss dieser Nutzungsoption. In der Praxis kommt die Wärmeleitung jedoch bei der Wärmebereitstellung aus Elektrizität zum Einsatz. Dazu wird die Energiemenge in Form von Strom mit Leitungen zur Stelle des Wärmebedarfs geführt und dort zur Erwärmung eines Objektes genutzt, welches dann Wärme durch Wärmeleitung übertragen kann.

In der industriellen Praxis dominierte der stoffgebundene Wärmetransport durch Konvektion Bild 3.3(c). Wärmetransport durch Konvektion ist stets mit dem Transport von Materie verknüpft. Entsprechend tritt Konvektion nicht in Festkörpern oder im Vakuum auf. Deshalb eignet sich Vakuum auch gut zur Wärmedämmung (Thermoskannenprinzip). In Flüssigkeiten und Gasen ist Konvektion dagegen möglich. Sie ist beim Vorhandensein treibender Gefälle jedoch auch nicht vermeidbar. Für die auftretende Konvektion kann es unterschiedliche Ursachen geben. Konvektion kann durch Temperatur-, Druck-, Dichte- und Konzentrationsunterschiede hervorgerufen werden. Unterschieden wird zwischen der freien Konvektion, bei der der Transport alleine durch Temperaturunterschiede hervorgerufen wird, und der erzwungenen Konvektion durch äußere Einwirkungen, beispielsweise durch eine Pumpe oder einen Ventilator.

Ein heißer flüssiger oder gasförmiger Stoffstrom kann somit leicht durch erzwungene Konvektion an einen anderen Ort transportiert werden. Dazu muss der Stoffstrom entsprechend geführt werden. Dies erfolgt in Rohrleitungen oder Kanälen. Ein nutzbarer Wärmestrom kann durch diese Stoffströme nur dann bereitgestellt werden, wenn die Temperatur des Stoffstromes oberhalb oder unterhalb der Umgebungstemperatur liegt. Auch während des Transports unterliegt der Stoffstrom dem Wärmeaustausch mit der Umgebung. Je größer die Transportentfernung und je länger der Transport dauert, umso größer werden die Wärmeverluste an die Umgebung. Durch Maßnahmen zur Wärmedämmung an Rohrleitungen und Kanälen lassen sich diese Verluste reduzieren, aber nie vollständig vermeiden. Die Kosten für den Wärmetransport steigen mit der Transportentfernung und der erforderlichen Dämmstärke zur Reduzierung der Wärmeverluste an.

Eine Wärmerückgewinnung aus Flüssigkeits- oder Gasströmen ist wesentlich einfacher und kostengünstiger zu realisieren als die Wärmerückgewinnung aus Feststoffen. Aufgrund höherer Dichten ist die Wärmerückgewinnung aus Flüssigkeitsströmen zudem meist günstiger als aus Gasströmen. Zudem gilt, dass je weiter Wärmequelle und Wärmesenke voneinander entfernt sind, umso größer wird der technische Aufwand für die Wärmerückgewinnung und umso höher werden die Investitionen für die Wärmerückgewinnung.

3.1.2 Zeitliche Randbedingungen

Neben der räumlichen Nähe kommt auch der zeitlichen Verfügbarkeit von Wärmeströmen eine wesentliche Bedeutung zu. Zu unterscheiden ist dabei zwischen zwei unterschiedlichen Dimensionen, die unterschiedliche Auswirkung auf eine mögliche Wärmerückgewinnung haben. In einem ersten Schritt ist zu prüfen, für wie viele Stunden innerhalb eines Jahres bestimmte Wärmeströme verfügbar sind. Typischerweise werden die Kosten für die Wärmerückgewinnung von den erforderlichen Investitionen dominiert, während nur ein relativ kleiner Anteil von Betriebskosten anfällt. Ein großer Teil der Gesamtkosten ist also nicht abhängig von der Menge der transportierten Wärme, sondern lediglich von der maximalen Wärmeleistung, die transportiert werden soll. Dadurch sind die Kosten vielfach weitgehend unabhängig von der Anzahl der Betriebsstunden innerhalb eines Jahres, die Erlöse bzw. Kostensenkungen durch den reduzierten Energiebezug steigen aber kontinuierlich mit der Anzahl der Benutzungsstunden an. In einem einschichtig arbeitenden Betrieb mit ca. 1600 Betriebsstunden ist die Wirtschaftlichkeit eines Wärmetransports und einer Wärmerückgewinnung also etwa um den Faktor fünf schlechter als in einem ganzjährig kontinuierlich arbeitenden Betrieb. In Bezug auf eine Abwärmenutzung wurde dabei zudem noch unterstellt, dass die anfallenden Abwärmeströme genutzt werden können, um andere Stoffströme aufzuheizen oder vorzuwärmen. Allerdings muss dies nicht zwangsläufig der Fall sein. Im Extremfall könnte es nämlich sein, dass Abwärme mit geeigneten Parametern nur zu einer Zeit zur Verfügung steht, während der kein Wärmebedarf im Unternehmen vorhanden ist. Eine einfache Wärmerückgewinnung ist dann ohne weitere kostensteigernde Elemente, wie z. B. einen zusätzlichen Wärmespeicher, nicht möglich. In der produzierenden Industrie treten Situationen mit zeitlich begrenztem Abwärme-Anfall oder Wärmebedarf regelmäßig auf. Solche nichtkontinuierlichen Verfahren, die als Batchprozesse bezeichnet werden, sind weitverbreitet. Beispiele hierfür sind der Brauprozess in der Nahrungsmittelindustrie, Färbeprozesse in der Textilindustrie oder die Herstellung von Arzneimitteln.

Neben der Gesamtzahl der jährlichen Betriebsstunden spielt die Gleichzeitigkeit von Abwärme-Angebot und Wärmenachfrage somit eine entscheidende Rolle. Batchprozesse bestehen typischerweise aus einer Aufheizphase, einer Haltephase und einer Abkühlphase, vgl. Bild 3.4. Wenn die Starttemperatur der Endtemperatur des Prozesses entspricht und keine chemischen Reaktionen stattfinden, so könnte mit dem Abwärme-Angebot aus der Abkühlungsphase die in der Aufheizphase benötigte Wärme weitgehend aus der Abwärme des gleichen Prozesses bereitgestellt werden. Aufgrund der Verfügbarkeit der Abwärme zeitlich nach dem Wärmebedarf kann dieser Wärmestrom jedoch nicht im gleichen Prozess genutzt werden bzw. es bedarf eines zusätzlichen Wärmespeichers für eine Nutzung zu einem späteren Zeitpunkt.

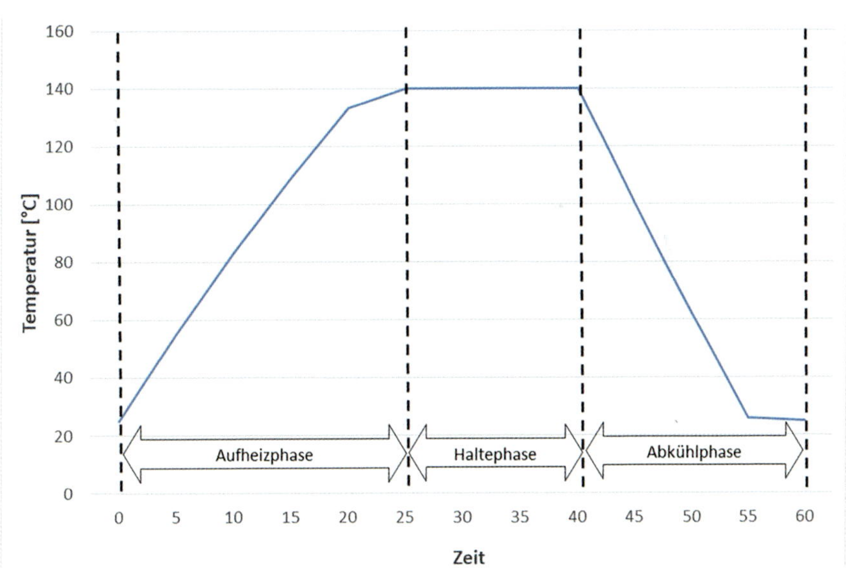

Bild 3.4: Typischer Temperaturverlauf eines Batchprozesses

Gibt es mehrere gleiche Prozesse, so kann durch eine geschickte zeitliche Steuerung der Prozesse eine Wärmenutzung ohne Wärmespeicher realisiert werden. Dazu muss der zweite Prozess mit dem Beginn der Abkühlphase des ersten Prozesses beginnen, vgl. Bild 3.5. Durch die geschickte zeitliche Planung der beiden Prozesse lässt sich so ein Teil der Abwärme aus dem Abkühlen des ersten Prozesses für das Aufheizen des zweiten Prozesses nutzen. Der Bereich der Abwärmenutzung ist im Bild 3.5 schraffiert dargestellt. Wie man deutlich erkennen kann, kann jedoch nur ein kleiner Teil der verfügbaren Abwärme genutzt werden, da aufgrund der Temperaturänderungen der beiden Stoffströme eine Angleichung der Temperaturen erfolgt, sodass der Wärmestrom, der zwischen den Strömen ausgetauscht werden kann, gegen null geht. Zudem hat sich das Nutzbarkeitsproblem nur zeitlich verschoben, denn auch die Abwärme aus dem Abkühlen des zweiten Prozesses sollte ja möglichst genutzt werden. Es wird also ein weiterer Prozess mit Wärmebedarf in dem Zeitintervall benötigt, in dem Abwärme aus dem Prozess 2 zur Verfügung steht. Dies führt in der Praxis zu einer komplexen Planung einzelner Batchprozesse, wobei meist zusätzliche Restriktionen in Bezug auf wechselnde Temperaturen oder der sonstigen Eigenschaften der Stoffströme zu berücksichtigen sind.

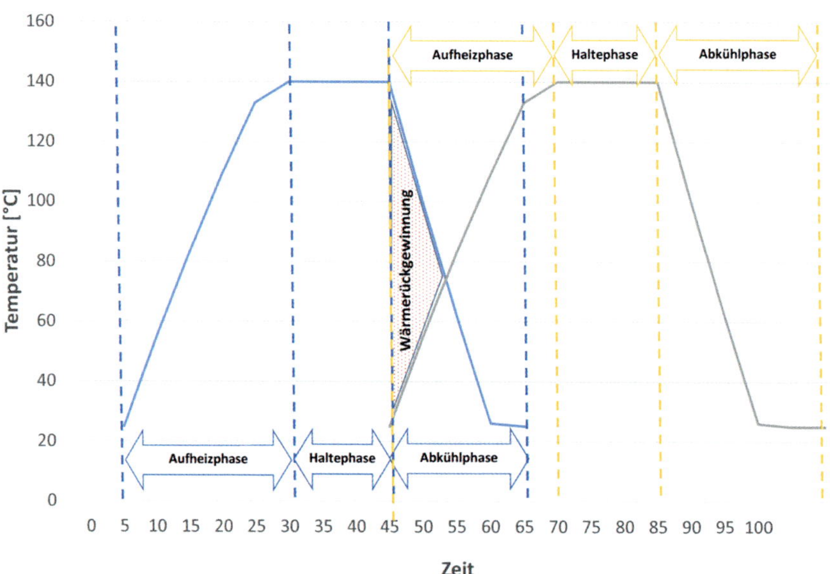

Bild 3.5: Wärmerückgewinnung bei Batchprozessen

Als Alternative zur zeitlichen Steuerung einzelner Prozesse für die Realisierung einer Wärmerückgewinnung kann auch der Einsatz von Wärmespeichern erfolgen. In diesem Fall wird die Wärme nicht direkt zwischen einer Wärmequelle und einer Wärmesenke übertragen, sondern es kommt als zusätzliches Element ein Wärmespeicher zum Einsatz. Dieser Wärmespeicher sorgt für die zeitliche Entkopplung von Wärmeangebot und Wärmenachfrage, verursacht aber zusätzliche Verluste und Kosten. Zusätzliche Verluste entstehen bei einem Wärmespeicher zum einen durch die Wärmeverluste während der Speicherung an die Umgebung und zum anderen durch die zusätzlichen Temperaturverluste bei der Wärmeübertragung von der Wärmequelle an den Speicher und erneut vom Wärmespeicher an die Wärmesenke, da sowohl bei der Einspeicherung als auch bei der Ausspeicherung Verluste auftreten. Im Kapitel 4.3 wird detaillierter auf die Wärmespeicher eingegangen. Wesentlich effizienter und kostengünstiger lässt sich eine Wärmerückgewinnung umsetzen, wenn man es mit kontinuierlichen Prozessen mit hoher Betriebsstundenzahl zu tun hat. In diesen Fällen ist eine interne Wärmenutzung, sofern die weiteren beeinflussenden Faktoren günstig sind, in vielen Fällen eine wirtschaftliche Maßnahme zur Reduzierung des Wärmebedarfs.

> Der Anteil der nutzbaren Abwärme steigt mit dem Gleichzeitigkeitsfaktor von Abwärme-Angebot und Wärmenachfrage. Die Wirtschaftlichkeit der Wärmerückgewinnung steigt mit der Betriebsstundenzahl pro Jahr und der absoluten Menge der zurückgewonnenen Wärme.

Im Rahmen der zeitlichen Abhängigkeit ist zudem zu berücksichtigen, dass die Wärmeübertragung möglichst mit konstanter treibender Temperaturdifferenz erfolgen sollte, um eine maximale Ausnutzung des Abwärmepotentials zu ermöglichen. Wie wir im Bereich der Batchprozesse (vgl. Bild 3.5: Wärmerückgewinnung bei Batchprozessen) bereits erkennen konnten, konnte nur ein kleiner Teil des Abwärmepotentials genutzt werden, da nach Erreichen des Temperaturausgleichs kein weiterer Nutzen erzielt werden kann. Ein ähnliches Phänomen tritt auf, wenn bei einem kontinuierlichen Prozess sehr unterschiedliche Wärmekapazitätsströme des als Wärmequelle dienenden Stoffstromes und des als Wärmesenke dienenden Stoffstromes auftreten. Bild 3.6 verdeutlicht dies an einem heißen und einem kalten Strom. In beiden Fällen entspricht die Wärmemenge, die der heiße Strom abgeben kann, der Wärmemenge, die der kalte Strom aufnehmen soll, um seine Zieltemperatur zu erreichen. Betrachtet man nur die Energiebilanzen nach dem ersten Hauptsatz, so würde man nicht erkennen, dass der Prozess im rechten Teilbild nicht realisierbar ist.

Dies liegt an einem deutlich kleineren Wärmekapazitätsstrom des kalten Stromes im Vergleich zum wärmeabgebenden heißen Strom. Als Wärmekapazitätsstrom $C_p\left[\frac{W}{K}\right]=\dot{m}\cdot c_p$ bezeichnet man dabei das Produkt aus dem Massenstrom $\dot{m}\left[\frac{kg}{s}\right]$ und der spezifischen Wärmekapazität $c_p\left[\frac{J}{kg\cdot K}\right]$. Weist der wärmeaufnehmende

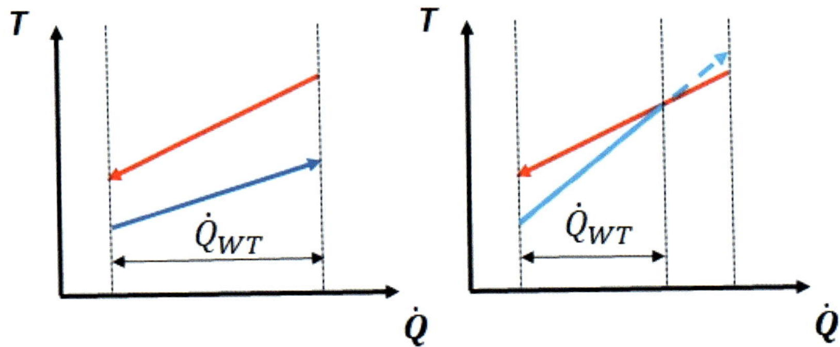

Bild 3.6: Einfluss des Wärmekapazitätsstroms auf die Abwärmenutzung

Stoffstrom einen kleineren Wärmekapazitätsstrom auf, so erwärmt er sich schneller als sich der wärmeabgebende Stoffstrom abkühlt. Durch den zweiten Hauptsatz der Thermodynamik wird dann die mögliche Wärmeübertragung vom heißen auf den kalten Stoffstrom begrenzt, siehe auch Kapitel 5.1.

> Neben der Gleichzeitigkeit von Abwärme-Angebot und Wärmebedarf kommt der Temperaturänderungsgeschwindigkeit beim Aufheizen und Abkühlen der wärmeaustauschenden Ströme eine wichtige Bedeutung zu. Je ähnlicher die Wärmekapazitätsströme der beiden wärmeaustauschenden Ströme sind, umso energieeffizienter wird der Prozess und umso größer wird die Wahrscheinlichkeit, dass die zur Verfügung stehende Abwärme vollständig genutzt werden kann.

3.1.3 Physikalische Randbedingungen

Wenn die Möglichkeit zur Effizienzsteigerung von Prozessen und Anlagen durch Wärmerückgewinnung aufgrund der räumlichen und zeitlichen Verfügbarkeitsprofile sinnvoll und möglich erscheint, so sind für die Auslegung der Wärmeübertrager weitere Rahmenbedingungen zu berücksichtigen. Die Anforderungen an die Konstruktion der Wärmeübertrager ergeben sich dabei aus den physikalischen Daten der Stoffströme, also Temperatur und Druck.

Je nach Anforderungen durch die Stoffströme müssen die Wärmeübertrager so ausgelegt werden, dass Drücke im Bereich vom Vakuum bis über 100 bar und extreme Temperaturen im Bereich von –200 bis über 1.200 °C beherrscht werden können. Zudem müssen gegebenenfalls zusätzlich thermische Schocks,

d. h., sehr schnelle Veränderungen von Temperaturen durch die Materialien beherrscht werden können. Entsprechend ist bei der Materialauswahl für die Konstruktion des Wärmeübertragers zu berücksichtigen, dass die eingesetzten Materialien die Anforderungen an Temperatur- und Druckbeständigkeit erfüllen. Die typischen Einsatzbereiche von Materialien sind schematisch in Bild 3.7 dargestellt. Deutlich zu erkennen ist, dass der Werkstoff Stahl ein sehr breites Anwendungsspektrum in Bezug auf Drücke und Temperaturen abdecken kann. Dies hat dazu geführt, dass der Großteil der genutzten Wärmeübertrager, unabhängig von der Bauform, aus diesem Material gefertigt werden. Insbesondere bei Anwendungen unter hohen Drücken ist der Werkstoff Stahl weitgehend alternativlos, kommt jedoch an seine Grenzen, wenn der Einsatz bei sehr hohen Temperaturen erfolgen soll.

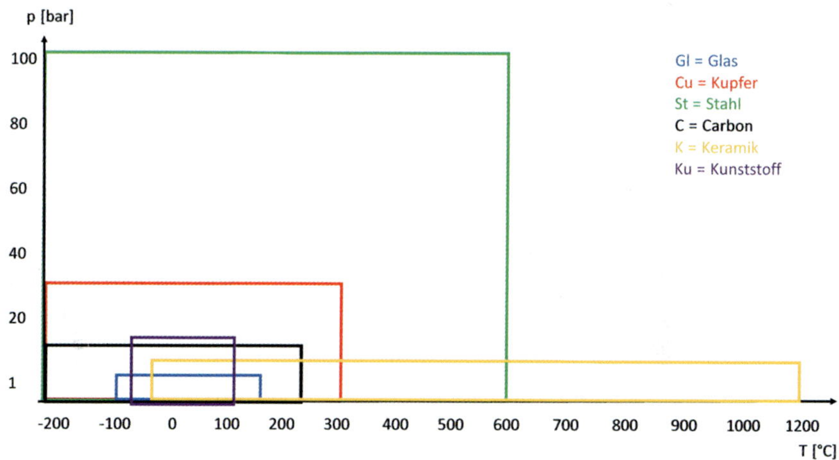

Bild 3.7: Einsatzbereiche von Material für Wärmeübertrager

Die derzeit höchsten Temperaturen und Drücke mit größerer Verbreitung treten an Wärmeübertragern im Bereich der Dampfkessel in Kohle- und Gaskraftwerken auf. So sind in modernen Kohlekraftwerken Frischdampftemperaturen von 600 °C und Drücken von 285 bar gebräuchlich und Forschungsarbeiten für Frischdampftemperaturen von 700 °C wurden durchgeführt. Bei noch höheren Temperaturen können ggf. keramische Wärmeübertrager oder Wärmeübertrager aus Siliziumcarbid (SiC) zum Einsatz kommen, die aber nur eine begrenzte Druckfestigkeit aufweisen. Sonderlösungen aus der Kombination von Feuerfestmaterial zur Beständigkeit gegen hohe Temperaturen und Stahl zum Erreichen der erforderlichen Druckfestigkeit kommen in Spezialanwendungen zum Einsatz.

Zusätzlich zu berücksichtigen ist jedoch, dass für den Bau von Wärmeübertragern nicht nur die Materialien für die Wärmeübertragerfläche, sondern die gegebenenfalls erforderlichen Eigenschaften von Dichtungsmaterialien zu berücksichtigen sind. Dies führt u. a. dazu, dass Wärmeträger aus Carbon oder Grafit, trotz der hohen Temperaturbeständigkeit des Werkstoffs, nur im Bereich relativ niedriger Temperaturen eingesetzt werden können, da das typischerweise eingesetzte Dichtungsmaterial nicht für höhere Temperaturen geeignet ist. Demgegenüber kann bei metallischen Werkstoffen oder Glas gegebenenfalls eine stoffschlüssige Verbindung zum Einsatz kommen, bei der auf zusätzliche Dichtungen und Dichtungsmaterialien verzichtet werden kann. In diesen Fällen gibt es dann keine zusätzlichen Restriktionen aufgrund der Dichtungsmaterialien.

Gut zu erkennen ist in Bild 3.7, dass mithilfe des Materials Stahl ein sehr breites Einsatzspektrum abgedeckt wird. Praktisch alle anderen Materialien können nur ein viel kleineres Einsatzspektrum abdecken. Trotzdem haben Wärmeübertrager aus anderen Materialien ihren Platz am Markt gefunden, da es einige weitere zu berücksichtigende Faktoren gibt, die die Materialauswahl beeinflussen. So unterscheiden sich beispielsweise die Wärmeleitfähigkeiten der einzelnen Werkstoffe oder auch die thermische Ausdehnung der Materialien. In Tabelle 3.1 sind beispielhaft die Wärmeleitfähigkeiten unterschiedlicher Materialien für die Herstellung von Wärmeübertragern zusammengestellt. Zu berücksichtigen ist, dass diese Werte jeweils Näherungswerte darstellen, da die exakten Werte der Wärmeleitfähigkeit von der genauen Zusammensetzung der Materialien oder ihrer Reinheit abhängen.

Tabelle 3.1: Wärmeleitfähigkeit von Wärmeübertrager-Materialien

	Kupfer	**SiC**	**Aluminium**	**Grafit**	**Stahl**	**Glas**	**Kunststoff**
Wärmeleitfähigkeit [W/(m·K)]	393	350	220	100	46	0,25	0,25

Insbesondere die Werkstoffe Kupfer und Aluminium zeichnen sich durch eine sehr hohe Wärmeleitfähigkeit aus, die zu einem kleineren Flächenbedarf für die Wärmeübertragung bei sonst gleichen Randbedingungen führt. Ein weiterer wichtiger Aspekt sind die Materialkosten. Mit Stand September 2018 liegen die Preise für Stahl bei ca. 570 €/Tonne, für Aluminium bei ca. 1.800 €/Tonne und für Kupfer bei 6.000 €/Tonne. Gerade bei großen Wärmeübertragungsflächen spielen die Materialkosten eine wichtige Rolle für die Gesamtkosten des Systems.

Welche Materialien letztendlich zum Einsatz kommen, hängt jedoch stark von den für den Wärmeaustausch vorgesehenen Medienströmen ab. Insbesondere aggressive Medien führen dazu, dass die möglichen Standzeiten von Wärmeübertragern aus Stahl nicht den Anforderungen für den industriellen Einsatz genügen.

3.1.4 Stoffliche Randbedingungen

Neben den physikalischen Anforderungen in Bezug auf Druck und Temperatur der Stoffströme, die am Wärmeaustausch teilnehmen sollen, kommt der stofflichen Zusammensetzung der Stoffströme eine große Bedeutung für die Materialauswahl und die Bauform zu (vgl. Kapitel 4).

Zu unterscheiden ist dabei zwischen den Aspekten des chemisch/korrosiven Angriffs, der Giftigkeit der Stoffe sowie der Bildung von Ablagerungen und Versperrungen durch Partikel oder durch Organismen.

Aus dem Lebensalltag ist das Problem der Kalkablagerungen in Wärmeerzeugern (Warmwasserbereiter) bekannt, die nach und nach zu Belägen an der Wärmeübertragerfläche führen, siehe Bild 3.8, was in der Konsequenz zuerst zu einer Verschlechterung des Wärmeübergangs und in schlimmster Konsequenz zur vollständigen Zerstörung des Wärmeerzeugers führen kann, sofern die Ablagerungen nicht rechtzeitig entfernt werden.

Mit dem Einfluss von Ablagerungen in Wärmeübertragern beschäftigt sich eine Vielzahl von wissenschaftlichen Publikationen u. a. (Teng et al. 2017; Li et al. 2017).

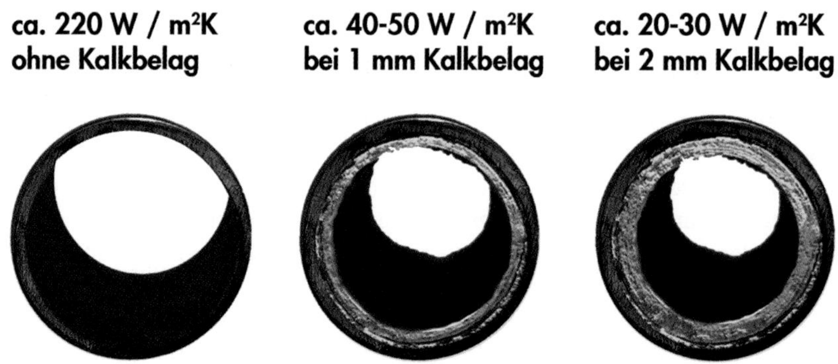

Bild 3.8: Verschlechterung des Wärmedurchgangs eines Aluminiumrohrs durch Kalkablagerungen an der Rohrinnenwand (Schodorf 2011)

Ablagerungen entstehen meist durch Mineralien und Feststoffe im flüssigen oder gasförmigen Stoffstrom. Je nach Einsatzbereich ist ggf. auch mit einem Biofouling zu rechnen. Unter Biofouling versteht man die Ansammlung und das Wachstum von Algen und Bakterien, die einen Biofilm an der Wärmeübertragerfläche bilden. Im Zusammenhang mit Kühlwassersystemen können auch Muscheln oder sonstige Kleinlebewesen zu Problemen führen. In Tabelle 3.2 sind exemplarisch die Wärmeleitfähigkeiten von einigen typischen Ablagerungsprodukten angegeben. Die Wärmeleitfähigkeit der Ablagerungsprodukte ist im Vergleich zu den Wärmeleitfähigkeiten der Wärmeübertrager-Materialien (vgl. Tabelle 3.1) um den Faktor 50 bis 1000 geringer.

Tabelle 3.2: Wärmeleitfähigkeiten von typischen Ablagerungsprodukten nach (VDI-GVC 2013)

Stoff	Wärmeleitfähigkeit [W/(m K)]	Stoff	Wärmeleitfähigkeit [W/(m K)]
Asche (Kohle)	0,02 – 1,9	Eisensulfit	1,2
Biofilm	0,5 – 0,7	Hämatit	0,6
Kalziumkarbonat	1,5 – 2,9	Magnesiumphosphat	2,3

Diese Ablagerungen können im Laufe der Zeit stabile und sehr feste Schichten mit ansteigender Dicke bilden, die nicht nur den Wärmeübergang verschlechtern, sondern zusätzlich die freie Querschnittsfläche für die Durchströmung des Stoffstromes verringern. Durch die Reduzierung des freien Querschnitts steigt der Druckverlust im Wärmeübertrager kontinuierlich an. Auch Ablagerungen durch die Kristallisation oder Eisbildung können zu vergleichbar negativen Auswirkungen führen. Ablagerungen führen somit nicht nur zu einer Verschlechterung der thermischen Leistung, sondern gleichzeitig steigt der Bedarf von elektrischer Energie in den Druckerhöhungsanlagen, die den Druckverlust im Wärmeübertrager ausgleichen müssen. In der Praxis werden Wärmeübertrager deshalb meist überdimensioniert, um die zu erwartenden Verschlechterungen während des Einsatzes zu kompensieren. Grundlegende Arbeiten zum Fouling wurden u. a. von Epstein (Epstein 1983) durchgeführt. Die Bildung von Ablagerungen in Wärmeübertragern betrifft dabei fast alle Anwendungen, beispielsweise in Raffinerien (Ishiyama et al. 2011) und Chemieanlagen (Lebele-Alawa und Ohia 2011).

Ablagerungen (Fouling) an einem Wärmeübertrager führen zu einer Verschlechterung der thermischen Leistung bei gleichzeitigem Anstieg der erforderlichen elektrischen Leistung des Medientransportes, um die zusätzlichen Druckverluste innerhalb des Wärmeübertragers zu kompensieren.

Diese stofflich bedingten Ablagerungen und die daraus resultierenden Schwierigkeiten beeinflussen im Wesentlichen den Betrieb der Wärmeübertrager, haben aber meist keine großen Auswirkungen in Bezug auf die Auswahl von Materialien für die Wärmeübertrager. Wesentlich bedeutender als die Materialauswahl für Fragen des Foulings sind Aspekte der geometrischen Gestaltung der Wärmeübertrager, beispielsweise die Vermeidung von Tot-Zonen, die optimale Planung von Geschwindigkeitsprofilen oder die Rauigkeit der Oberflächen.

Bei der Materialauswahl für Wärmeübertrager sind deshalb neben Temperaturen und Drücken der Stoffströme im Wesentlichen Fragen der Korrosion für die Materialauswahl entscheidend. Korrosion kann durch unterschiedliche Mechanismen ausgelöst werden, am häufigsten ist der chemische Angriff des Materials. Eine weitere große Rolle, insbesondere bei der Korrosion von Metallen, spielt der Sauerstoffgehalt im Stoffstrom. In sauerstofffreien Atmosphären sind auch Wärmeübertrager aus Carbonwerkstoffen einsetzbar.

Maßgeblich für den chemischen Angriff ist meist die Säurekonzentration und die Säurekapazität (Pufferkapazität). Eine detaillierte Auseinandersetzung mit Fragen der Korrosion findet sich in (Talbot und Talbot 2018). Die gängigsten in der Industrie verwendeten Säuren sind Schwefelsäure, Salzsäure, Salpetersäure, Phosphorsäure und Essigsäure. Diese werden zum Beispiel für Reaktionen zur Herstellung von Kunststoffen, Metallen, Elektronik und Pharmazeutika benötigt oder fallen als Nebenprodukte an. Sie müssen entsprechend der Prozessführung bei den Reaktionen häufig in Wärmeübertragern erwärmt oder abgekühlt werden. Dabei steigt die Korrosivität der Säuren meist exponentiell mit der Temperatur. Bild 3.9 zeigt exemplarisch den Zusammenhang zwischen der Säurekonzentration, der Temperatur und der Korrosion unterschiedlicher Stähle in einem Isokorrosionsdiagramm (Jessen 2011). Jede Kurve im Diagramm zeigt die Bedingungen an, die erfüllt sein müssen, um 0,1 mm der fraglichen Stahlsorte pro Jahr zu entfernen. Oberhalb der Kurven ist der Korrosionsverlust größer als 0,1 mm/Jahr, unterhalb der Kurven geringer. Die schwarze gestrichelte Linie zeigt den Siedepunkt der Säure an, die blaue gestrichelte Linie das Verhalten von Stahl 4307 in Schwefelsäure, der 0,2–0,5 % CrO_3 als Korrosionshemmer zugegeben wurde. Die Korrosionsgeschwindigkeit wird durch sowohl einen höheren als auch einen niedrigeren CrO_3-Gehalt erhöht.

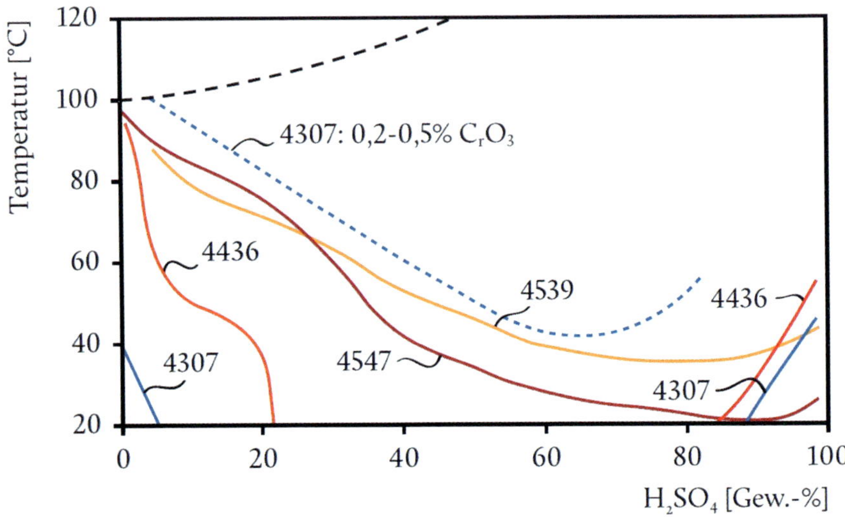

Bild 3.9: Isokorrosionsdiagramm verschiedener nichtrostender Stähle in belüfteter Schwefelsäure (Jessen 2011)

Entsprechend sorgfältig muss bei der Auswahl der Werkstoffe vorgegangen werden, um eine lange und zuverlässige Funktion des Wärmeübertragers sicherzustellen. Die Legierungselemente mit der größten positiven Wirkung auf die Beständigkeit von Stählen gegenüber Korrosion sind Chrom (Cr), Molybdän (Mo) und Nickel (Ni). Eine gute Übersicht über Konstruktionswerkstoffe und ihre Einsatzbereiche findet sich in (Moeller 2014).

Bei der Materialauswahl für die Herstellung der Wärmeübertrager spielen neben der Korrosionsfestigkeit auch eine Vielzahl weiterer Aspekte eine Rolle, vgl. Bild 3.10. Typischerweise weist kein Material in allen Aspekten die besten Eigenschaften auf, entsprechend ist jeweils ein Abwägen verschiedener Aspekte erforderlich. Während Aspekte der Fertigbarkeit und der Verarbeitbarkeit der Werkstoffe während der Herstellphase relevant sind, kommt Aspekten der Wartungs- und Reparaturfreundlichkeit der Materialien während der Betriebsphase eine besondere Bedeutung zu.

Insbesondere auch aufgrund der bereits adressierten Bedeutung der Ablagerung von Belägen an den Wärmeübertragungsflächen kommt der Wartungsfreundlichkeit in der Praxis eine wesentliche Bedeutung zu. Wärmeübertragerflächen müssen in vielen Anwendungsfällen regelmäßig gereinigt

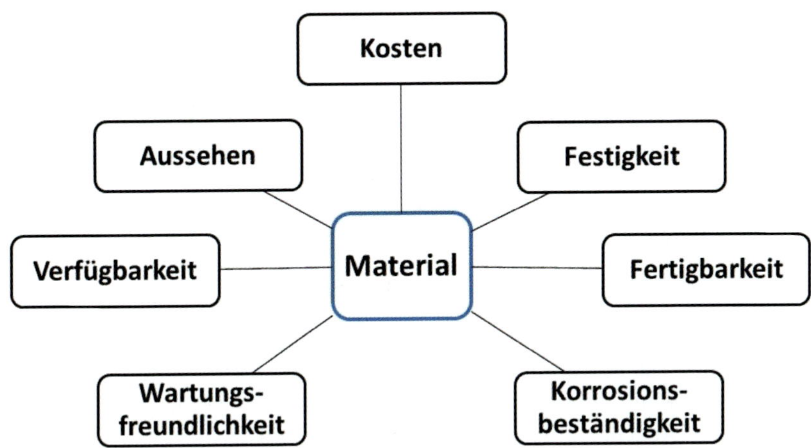

Bild 3.10: Kriterien für die Auswahl von Werkstoffen für Wärmeübertrager

werden. Das kann zum einen durch mechanische oder chemische Reinigung erfolgen. Ein Wärmeübertrager, der geöffnet werden kann, möglichst ohne Anschlussleitungen zu entfernen, und damit einen direkten Zugang zu den Wärmeübertragungsflächen ermöglicht, ist Lösungen vorzuziehen, bei denen dies nicht möglich ist.

Zu berücksichtigen ist des Weiteren, dass z.B. Rippen an Wärmeübertragern stabil genug ausgeführt werden, sodass sie bei mechanischen Reinigungsarbeiten oder bei einer Reinigung mithilfe von Hochdruckstrahlern nicht beschädigt werden. Sollen chemische Reinigungsmittel zum Einsatz kommen, müssen die eingesetzten Wärmeübertrager-Materialien nicht nur beständig gegenüber den beiden Medienströmen, die Wärme austauschen, sein, sondern sie müssen zusätzlich beständig gegenüber den einzusetzenden Reinigungsmitteln sein.

Neben Fragen der Beständigkeit oder der Wartungsfreundlichkeit sind Fragen der Gefährdung zu berücksichtigen, wenn Giftstoffe den Wärmeübertrager durchströmen. Im Falle von Stoffen, die eine Gefahr für Mensch und Umwelt darstellen, kommt der Dichtigkeit im Betrieb oder der Gefährdung durch eine Schädigung von außen eine hohe Bedeutung zu, da der Austritt der Schad- und Giftstoffe zuverlässig und sicher verhindert werden muss.

Die Materialauswahl und Konstruktion eines Wärmeübertragers muss die Anforderungen der Herstellbarkeit, der Wartungsfreundlichkeit und der Betriebssicherheit erfüllen und gleichzeitig eine möglichst kostengünstige Herstellung ermöglichen. Metallische Werkstoffe und insbesondere Stahl in unterschiedlichen Qualitäten dominieren derzeit als Werkstoff für Wärmeübertrager.

3.2 Auswirkungen auf die Abwärmenutzung

Industrielle Prozesse, die meist auf Reaktionen zur stofflichen Umwandlung beruhen, die erst bei erhöhten Temperaturen ablaufen, sorgen dafür, dass diese Prozesse mit erheblichen Verlusten behaftet sind, wenn die Wärmemengen nach Abschluss der Stoffumwandlung nicht weiter genutzt, sondern an die Umgebung abgeführt werden. Selbst Stoffumwandlungen, bei deren Reaktionen Energie freigesetzt wird (exotherme Reaktionen), bedürfen meist einer Aktivierungsenergie, bevor die Reaktion abläuft. Der ideale Prozess, bei der die Reaktionen bei Umgebungstemperatur ablaufen, tritt in der Praxis praktisch nicht auf.

Bild 3.11 zeigt im oberen Teil die typische Variante eines nicht integrierten Prozesses. Bereits in diesem Fall ist eine Wärmeübertragung in allen wesentlichen Prozessschritten erforderlich. Die Richtung des Wärmestroms geht zu Beginn des Prozesses meist in Richtung des Prozesses und am Ende des Prozesses aus diesem heraus. Trotz allem ergibt sich meist eine übersichtliche Struktur des Prozesses, da die Interaktion nur mit klar definierten Stoff- bzw. Energieströmen ohne gegenseitige Beeinflussung stattfindet, da eine weitgehende Entkopplung der Energieströme vorliegt. Da die Umgebung oder der Brennstoffvorrat sehr groß im Verhältnis zu den auszutauschenden Energiemengen sind, führt eine Energieentnahme aus dem Brennstoffvorrat bzw. eine Energieabgabe an die Umgebung nicht zu einer Veränderung der Eigenschaften dieser Energiequellen bzw. -senken.

Ganz anders verhält es sich jedoch, wenn eine Rückführung von Energieströmen zwischen den einzelnen Elementen des Prozesses stattfindet, vgl. Bild 3.11. Dann gibt es nicht nur eine Vielzahl von möglichen Energieflüssen, sondern diese Energieflüsse haben zusätzlich eine direkte Rückwirkung auf den Prozess. Ob Energieflüsse zwischen den einzelnen Teilprozessen grundsätzlich möglich sind, ist von den Temperaturen der verfügbaren Abwärmeströme abhängig.

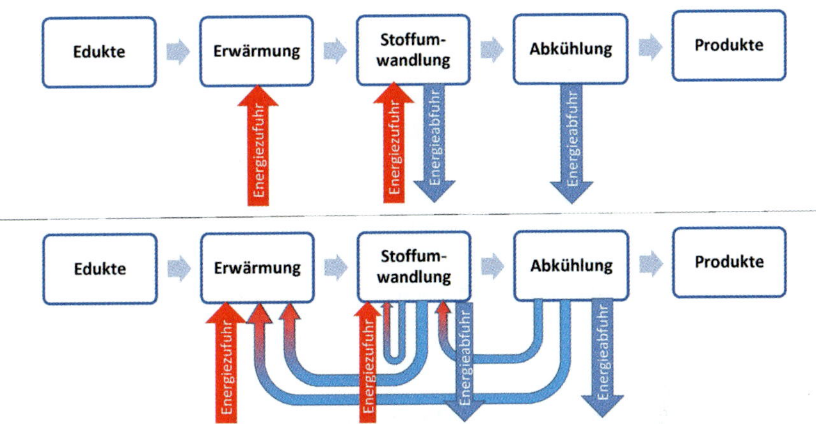

Bild 3.11: Energieströme zum Start oder der Aufrechterhaltung von Umwandlungsprozessen

> Wärmerückgewinnung steigert die Komplexität von Prozessen und Anlagen – während Bau und Betrieb – und erfordert die Berücksichtigung der besonderen Anforderungen für das An- und Abfahren von Prozessen und Anlagen.

Neben der technologischen Machbarkeit kommt bei der Prüfung möglicher Rückführungen ergänzend die Frage der ökonomischen Machbarkeit hinzu. Zusätzliche Verknüpfungen von Prozessschritten bedeuten zusätzliche Investitionen für Rohrleitungen, Fundamente, Pumpen und Steuerungen sowie erhöhte Aufwendungen für Wartung und Instandhaltung. Deshalb kommt den im Kapitel 3.1 diskutierten Randbedingungen für die Wärmeübertragung bei der praktischen Umsetzung eine hohe Bedeutung zu. Die mehrfache Nutzung und Kaskadierung von Energieströmen durch den Prozess ist zwar thermodynamisch von Vorteil, kann aber schnell zu ökonomischen Nachteilen führen. Dies gilt insbesondere, wenn die Rahmenbedingungen komplex sind oder sehr hohe Hürden für die Rückführung vorliegen, sei es, dass die Entfernungen zwischen den Teilprozessen groß sind, die Energieströme an aggressive Medien gebunden sind, oder Temperaturen und Drücke besondere Anforderungen an die Materialbeständigkeit und Stabilität stellen. In den meisten Fällen stehen die erforderlichen Technologien grundsätzlich zur Verfügung, um eine Rückführung und Nutzung der verfügbaren Abwärmeströme zu realisieren.

Den zusätzlichen Kosten für die Wärmerückgewinnung stehen die Kosteneinsparungen bei der Bereitstellung der erforderlichen Energie gegenüber. In (Bergmeier 2003) wird die Entwicklung der Wärmerückgewinnung seit 1920 analysiert. Neben den technologischen Fortschritten bei der Entwicklung beständigerer und kostengünstigerer Materialien, kam in der Vergangenheit den Energiepreisen eine besondere Bedeutung zu. Steigende Energiepreise lassen Energieeffizienzmaßnahmen zunehmend attraktiver erscheinen. In Zeiten hoher Energie- bzw. CO_2-Zertifikatspreise nimmt demnach das Interesse an einer effizienten Energienutzung zu. Insbesondere gilt dies, wenn Unternehmen davon ausgehen, dass hohe Preise nicht nur ein kurzes Zwischenspiel sind, sondern von einer längeren Periode oder dauerhaft hoher Energiepreise auszugehen ist.

3.3 Wirtschaftlichkeit der Abwärmenutzung

Die Wirtschaftlichkeit der Abwärmenutzung hängt aufgrund der großen möglichen Vielfalt von Temperaturen, Stoffzusammensetzungen, zeitlichen Rahmenbedingungen und der räumlichen und baulichen Gegebenheiten vor Ort von einer Vielzahl von Einflussfaktoren ab. Häufig werden diese bei einer ersten Abschätzung der Wirtschaftlichkeit von Maßnahmen zur Wärmerückgewinnung durch Zuschläge auf die reinen Kosten des Wärmeübertragers abgebildet. Die mithilfe der Abwärmenutzung zu realisierenden Kosteneinsparungen sind in der Praxis stark abhängig von den individuellen Brennstoffpreisen, die das betroffene Unternehmen zu zahlen hat, bzw. von den Strompreisen, sofern die Wärme im Unternehmen mithilfe von Strom erzeugt wird. Bild 3.12 zeigt die Entwicklung der Energiepreis-Indizes der für die Industrie am bedeutendsten Energieträger Strom, Erdgas und leichtem Heizöl. Für den Energieträger Strom zur Abgabe an Sondervertragskunden ist ein nahezu kontinuierlicher Anstieg der Preise zu erkennen. Deutlich schwankender waren die Preise für die Energieträger Öl und Gas, die typischerweise zur Wärmeerzeugung eingesetzt werden. Die Preise für Heizöl und Gas weisen sehr deutliche Schwankungen auf, die eine Wirtschaftlichkeitsanalyse von Maßnahmen zur Wärmerückgewinnung sehr unsicher machen, da die zukünftigen Energiepreise nur schwer abzusehen sind, auch wenn alle Prognosen von steigenden Brennstoffpreisen ausgehen. Dies gilt umso mehr, da die Preise zusätzlich durch politische Maßnahmen, wie z. B. die Einführung eines CO_2-Mindestpreises, signifikant beeinflusst werden können.

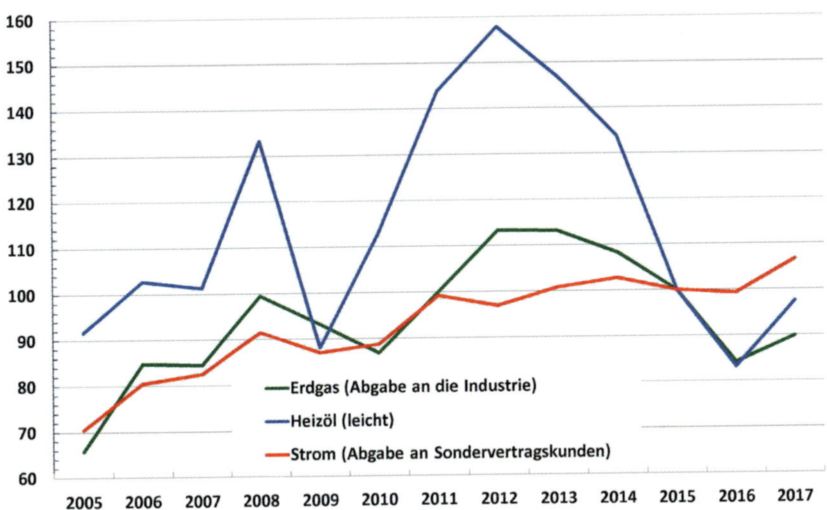

Bild 3.12: Entwicklung der Energiepreis-Indizes (2015 = 100). (Eigene Darstellung, Daten Destatis, Daten zur Energiepreisentwicklung, 19. Oktober 2018)

Während die aktuellen Kosten für den Brennstoff- und Strombezug den Unternehmen bekannt sind, ist die Vorhersage der zukünftigen Preise von großen Unsicherheiten geprägt.

Zusätzlich erschwert wird die Ermittlung der Energiekosten, wenn im Unternehmen eine Kraft-Wärme-Kopplungsanlage (KWK-Anlage) zum Einsatz kommt. In diesen Fällen liegt eine direkte Verknüpfung der Brennstoffpreise und der Strompreise vor und die Zuordnung von Kosten zu den beiden in der KWK-Anlage erzeugten Koppelprodukten Strom und Wärme kann mit unterschiedlichen Allokationsmethoden erfolgen, die letztendlich eine maßgebliche Auswirkung auf die Kostenzuordnung haben. Zudem kann durch den Entfall der Wärmenachfrage die gesamte Wirtschaftlichkeit der KWK-Anlage des Betriebes infrage gestellt werden, wenn aufgrund des Rückgangs der Wärmenachfrage die Eigenstromerzeugung zurückgeht.

In der Praxis und in der Zukunft ist dabei davon auszugehen, dass der Wärmebedarf in Unternehmen stärker zurückgeht als die Stromnachfrage, was zu einer deutlichen Veränderung des Verhältnisses von Wärme und Stromverbrauch führt. Dies liegt u. a. auch daran, dass durch die Wärmerückgewinnung der Bedarf an Hilfsaggregaten wie Pumpen, Ventilatoren, Steuerungen etc. zunimmt, die jeweils mit elektrischer Energie betrieben werden. Im Extremfall kann dies dazu führen, dass durch Wärmerückgewinnungsmaßnahmen der Wärmebedarf so weit sinkt, dass ein Unternehmen verstärkt Strom zukaufen muss, da durch die sinkende Eigenerzeugung der Bedarf nicht mehr gedeckt werden kann. Einsparungen auf der Wärmeseite führen dann meist zu einem deutlichen Anstieg der Strombezugskosten.

Für einen großen Teil der Unternehmen lassen sich jedoch Wärmerückgewinnungsmaßnahmen zur Steigerung der Energieeffizienz wirtschaftlich umsetzen. Dies ist typischerweise der Fall, wenn die Abwärme von Prozessen und Anlagen zur Erzeugung von Warmwasser und Raumwärme eingesetzt werden kann, oder wenn die Abwärme aus einem Prozess zur Vorwärmung der Einsatzstoffe für diesen Prozess genutzt werden kann.

4 Technologien zur Abwärmenutzung

Wärmerückgewinnung ist eine der wesentlichen Optionen für die deutliche Steigerung der Energieeffizienz in Industrie, Gewerbe, Handel und Dienstleistungen. Das Thema wurde u. a. im Rahmen des Nationalen Aktionsplans für Energieeffizienz unter dem Stichwort „Offensive Abwärmenutzung" adressiert und in das Bewusstsein der Akteure gerufen. Zur Förderung der Unternehmen bei der Umsetzung von Maßnahmen wurde u. a. das KfW-Energieeffizienzprogramm „Abwärme" durch die Bundesregierung auf den Weg gebracht und das Projekt „Leuchttürme energieeffiziente Abwärmenutzung" gestartet.

Bei der Energierückgewinnung ist zwischen drei Arten der Abwärmenutzung zu unterscheiden. Dies ist zum einen die direkte Nutzung der Abwärme, zum anderen die indirekte Nutzung der Abwärme mithilfe von Wärmeübertragern und als drittes die Abwärmenutzung mithilfe von Wärmepumpen und Brüdenverdichtern. Während in den ersten beiden Fällen die Wärme in der vorliegenden Form direkt genutzt werden kann, kommen Wärmepumpen und Brüdenverdichter immer dann zum Einsatz, wenn das Temperaturniveau der zur Verfügung stehenden Abwärme zu niedrig ist, um diese direkt zu nutzen. In diesen Fällen muss die Abwärme erst auf ein höheres Temperaturniveau angehoben werden, um ihre Nutzung zu ermöglichen.

Für diese Temperaturanhebung der Abwärme wird zum Antrieb der Wärmepumpentechnologie hochwertige Energie (zumeist Strom) eingesetzt. Nach der Temperaturanhebung der Abwärme kann diese im folgenden Schritt genutzt werden. In der Industrie dominiert die indirekte Nutzung der Abwärme mithilfe von Wärmeübertragern, wobei in einigen Anwendungen, z. B. in der Textilindustrie, auch die direkte Nutzung der Abwärme erfolgt. Bisher nur in geringem Umfang kommen Wärmepumpen für die Wärmerückgewinnung zum Einsatz (Wolf et al. 2017). In jedem Fall bedarf es für die Wärmerückgewinnung zusätzliche technische Komponenten und Apparate. Einen guten Überblick zu verfügbaren Technologien für die Abwärmenutzung in der Industrie findet sich in (Sächsische Energieagentur, 2016). Vielfach werden Abwärmepotentiale und Technologien zur Abwärmenutzung auch nach untersuchten Branchen gegliedert. Thekdi und Nimbalkar (2015) haben einen umfangreichen Überblick für die energieintensiven Sektoren der Industrie, z. B. die Stahl-, Zement-, Glas- und Aluminiumindustrie erstellt, wobei in diesen Sektoren insbesondere die Abwärme mit sehr hohen Temperaturen im Fokus steht.

Neben der reinen Wärmerückgewinnung mithilfe passiver Systeme gibt es auch eine breite Palette von aktiven Systemen zur Wärmerückgewinnung, die neben der Wärmenutzung auch die Optionen zur Kälte- oder Stromerzeugung enthalten. Bild 4.1 zeigt die Übersicht der aktiven und passiven Systeme für die Wärmerückgewinnung.

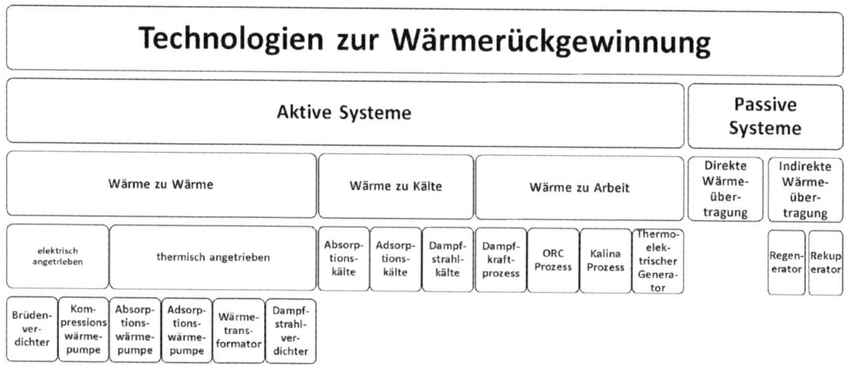

Bild 4.1: Technologien zur Wärmenutzung

In der Industrie am weitesten verbreitet sind die passiven Systeme zur Wärmerückgewinnung und hier wiederum die indirekte Wärmeübertragung zwischen einem abzukühlenden Medium und einem aufzuheizenden Medium. Diese indirekte Wärmeübertragung kann dabei sowohl kontinuierlich mithilfe von Rekuperatoren oder diskontinuierlich mithilfe von Regeneratoren erfolgen. Bild 4.2 stellt die verschiedenen Varianten von Wärmeübertragern in übersichtlicher Form dar, die in den folgenden Abschnitten dieses Kapitels erläutert werden.

4.1 Rekuperative Wärmeübertragung

Bei der rekuperativen Wärmeübertragung sind der wärmeabgebende Stoffstrom und der wärmeaufnehmende Stoffstrom in einem Apparat, dem Wärmeübertrager, durch eine feste Wand voneinander getrennt. Die Wärme muss vom abzukühlenden Stoffstrom auf die Trennwand übertragen werden, in dieser durch Wärmeleitung weitertransportiert werden und auf der Rückseite der Wand wieder an den aufzuheizenden Stoffstrom abgegeben werden. Damit stellt sich bei fast allen Bauformen von Wärmeübertragern grundsätzlich die Frage, welcher der beiden Stoffströme auf der Innenseite und welcher auf der Außenseite entlanggeführt werden soll. Auch wenn zur Verringerung der Wärmeverluste der wärmeabgebende Stoffstrom bevorzugt auf der Innenseite geführt werden sollte, so ist die Wahl auch von anderen Faktoren, wie

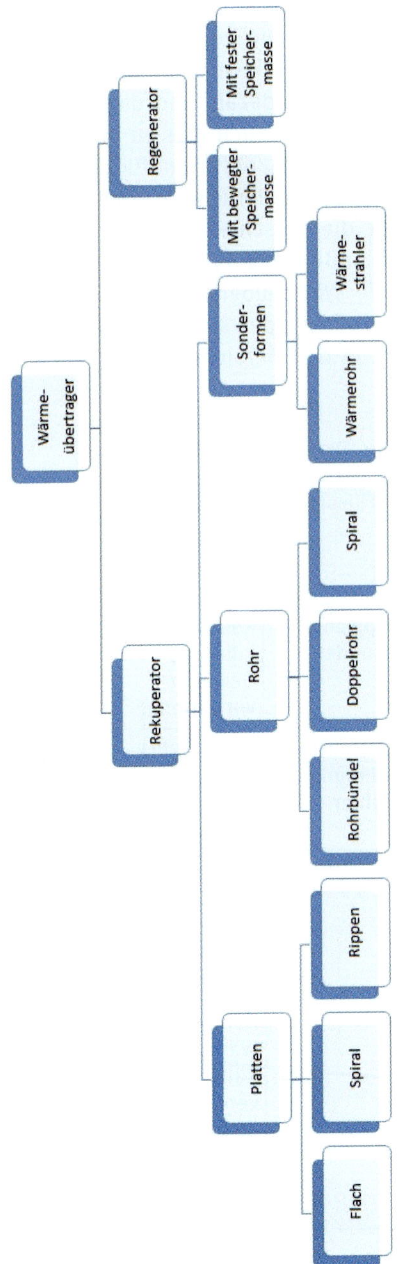

Bild 4.2: Klassifikation von Wärmeübertragern

zum Beispiel dem Aggregatzustand, dem Druck oder den Mengenströmen abhängig. Bei hohen Drücken ist die Innenseite zu bevorzugen, bei hohen Volumenströmen die Außenseite. Da der konvektive Wärmeübergang an der Innen- und Außenseite jeweils von der Reynoldszahl und damit indirekt von der Strömungsgeschwindigkeit abhängt, so ist auch dies zu berücksichtigen, damit sich ein möglich hoher Wärmedurchgangskoeffizient für die Wärmeübertragungsaufgabe und damit eine kleine erforderliche Wärmeübertragungsfläche ergibt. In Tabelle 4.1 sind für die verschiedenen Aggregatzustände der Stoffströme auf der Innen- und Außenseite typische Anwendungsfälle zusammengestellt. Während es für die Wärmeübertragung von Feststoff zu Feststoff praktisch keine Anwendungen gibt, finden sich in der Praxis eine Vielzahl von Anwendungen, insbesondere in den Bereichen Flüssig/Flüssig oder Flüssig/Gas Wärmeübertrager.

Tabelle 4.1: Typische Anwendungsfelder für die Wärmeübertragung

	Außenseite	**Fest**	**Flüssig**	**Gasförmig**	**Phasenübergang Flüssig/ Gasförmig**
Innenseite	**Fest**		Eisspeicher, Erdsonden	Kokstrockenkühlung, Gemengevorwärmung	
	Flüssig		Wärmerückgewinnung, Ölkühler	Kessel, Rückkühler, Speisewasservorwärmung	Sudpfanne
	Gasförmig	Steinspeicher		Luftvorwärmer, Brennstoffvorwärmung, Ladeluftkühler	Dampfbeheizter Lufterhitzer
	Phasenübergang Flüssig/ Gasförmig			Dampfkessel, Wärmerohr, Kältemittelverdampfer, Kondensator, Verflüssiger Wärmepumpen	Umlaufverdampfer an einer Destillationskolonne

Findet auf einer Seite ein Phasenwechsel statt, so ergeben sich sehr hohe Wärmeübergangskoeffizienten. In diesen Fällen ist der Wärmeleitfähigkeitswiderstand in der Wand des Wärmeübertragers meist zu vernachlässigen. Auch sonst ist die Wärmeübertragung meist dominiert durch die Wärmeübergangskoeffizienten auf der Innen- oder Außenseite. Ein schlechter, d.h. niedriger Wärmeübergangskoeffizient auf einer Seite kann dabei nicht durch einen sehr guten Wärmeübergangskoeffizienten auf der anderen Seite kompensiert werden, da der gesamte Wärmedurchgangskoeffizient für die Wärmeübertragung immer kleiner ist als der niedrigere der beiden Wärmeübergangskoeffizienten auf der Innen- bzw. Außenseite. Auf den Innenseiten ist dabei für die Erzielung eines hohen Wärmeübergangskoeffizienten eine turbulente Strömung ($Re > 2300$) erwünscht. Allerdings steigt mit zunehmender Turbulenz der Druckverlust an, sodass dies zu erhöhtem Aufwand für den Transport der Fluide durch den Wärmeübertrager führt. In den folgenden Abschnitten werden die unterschiedlichen Ausführungen von Wärmeübertragern mit ihren Vor- und Nachteilen erläutert.

4.1.1 Rohrbündel-Wärmeübertrager

Rohrbündel-Wärmeübertrager bestehen aus einer Vielzahl von parallel verlaufenden Rohren, die in einem Apparat zusammengefasst werden. Sie sind die älteste Bauart für Wärmeübertrager. Die Rohrbündel werden auf der Innenseite der Rohre von einem der beiden Stoffströme durchströmt, während der zweite Stoffstrom auf der Außenseite um die Rohre herum strömt. Die Rohre sind dabei in einem Behälter angeordnet, sodass auch der auf der Außenseite der Rohre strömende Stoffstrom gefasst ist. Die Strömung auf der Außenseite der Rohre wird aus Gründen des Wärmeübergangs meist senkrecht zu den Rohren geführt. Damit ein guter Wärmeübergang und ein möglichst langer Strömungsweg auf der Außenseite der Rohre erreicht wird, werden im Außenraum häufig Umlenkbleche angeordnet. Bild 4.3 zeigt den Aufbau eines Rohrbündel-Wärmeübertragers. Meist strömt der aufzuheizende Stoffstrom im Inneren der Rohre, während der abzukühlende Stoffstrom im Mantelraum des Wärmeübertragers geführt wird. Die einzelnen Rohre des Wärmeübertragers werden im Rohrboden befestigt. Da Rohrbündel-Wärmeübertrager meist in Metall ausgeführt werden, sind die Rohre meist mit den Rohrböden verschweißt. Durch die Umlenkbleche im Mantelraum wechselt die Strömung im Mantelraum mehrfach die Strömungsrichtung. Die führt zwar durch die Umlenkung zu erhöhten Druckverlusten, verbessert jedoch die Ausnutzung der vorhandenen Wärmeübertragerfläche deutlich. Über die Anzahl und Länge der Rohre lässt sich die Wärmeübertragungsfläche des Apparats sehr einfach skalieren. Große Volumenströme in den Rohren führen dabei zu kürzeren Wärmeübertragern mit vielen Rohren, kleine Volumenströme zu langen Wärmeübertragern mit einer kleinen Anzahl von Rohren. Rohrbündel-Wärmeübertrager können mit einer großen Anzahl von Rohren realisiert werden. Auch hinsichtlich der Länge der Rohre gibt es meist nur geringe Einschränkungen, ggf. sind die Rohre mit Stützelementen oder Zwischenböden zu versehen, um eine zu starke Durchbiegung der Rohre zwischen den Einspannstellen in den Rohrböden zu vermeiden.

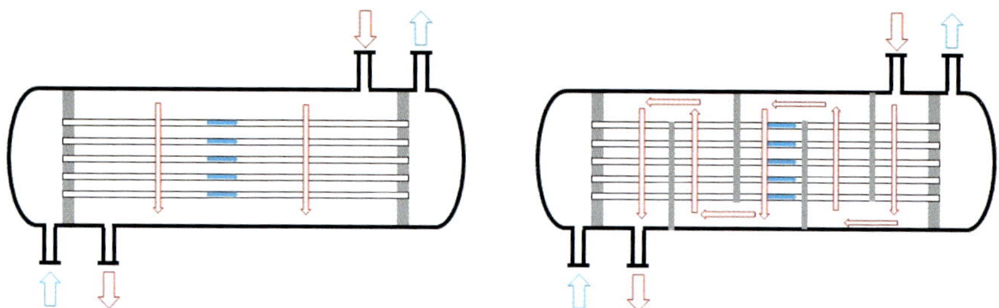

Bild 4.3: Aufbau eines Rohrbündel-Wärmeübertragers (links ohne, rechts mit Umlenkblechen)

Das Gesamtgewicht steigt dabei nicht proportional mit der Wärmeübertragerfläche an, da mit steigender Wärmeübertragerfläche das Gewicht des Mantels langsamer zunimmt. Bild 4.4 stellt den Zusammenhang für einen Rohrbündel-Wärmeübertrager aus Stahl inklusive Wärmedämmung dar.

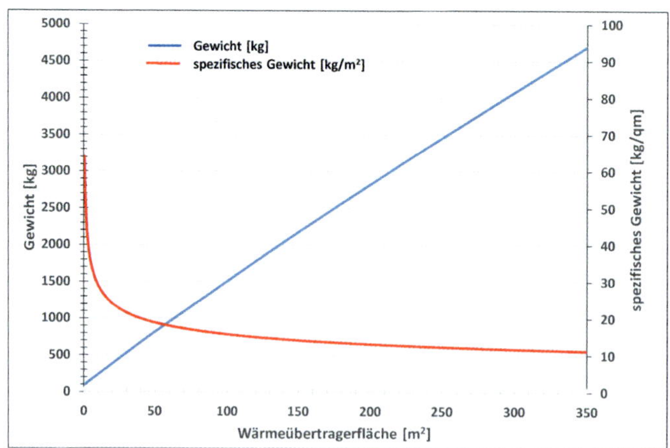

Bild 4.4: Gewicht und spezifisches Gewicht eines Rohrbündel-Wärmeübertragers als Funktion der Wärmeübertragungsfläche

Häufig erfolgt eine mehrfache Strömungsumlenkung im Wärmeübertrager nicht nur im Mantelraum, sondern auch die Strömungsrichtung in den einzelnen Rohren ist unterschiedlich. Die Umlenkung kann dabei entweder im sogenannten Verteiler-Sammler erfolgen oder auch jedes Einzelrohr kann mit einer Umlenkung versehen werden. Im letzteren Fall spricht man dann häufig von einem U-Rohrbündel-Wärmeübertrager. Bild 4.5 zeigt die Ausführung eines U-Rohrs und eines einfachen Rohrbündel-Wärmeübertragers. Die Bauart kann dabei auch mit mehreren Durchgängen ausgeführt werden. Gebräuchlich sind Wärmeübertrager mit 2 bis 8 Durchgängen.

Bild 4.5: U-Rohrbündel Wärmeübertrager (Links, Bildquelle: Empl-Anlagen GmbH & Co. KG, Schwindegg) und Geradrohr Rohrbündel-Wärmeübertrager (Rechts, Bildquelle: Michael Glatt Maschinenbau GmbH, Abensberg)

Schematisch ist ein U-Rohrbündel-Wärmeübertrager in Bild 4.6 dargestellt. Anstelle eines U-Rohrbündel-Wärmeübertragers kann die Umlenkung der Strömung in den Rohren auch im Sammler erfolgen. Dies reduziert den Fertigungsaufwand, da die Rohre nicht gebogen werden müssen und alle Rohre die gleichen Abmessungen haben.

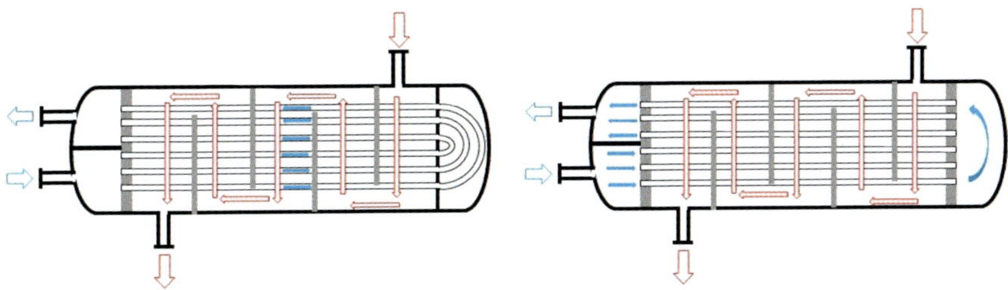

Bild 4.6: Schematische Darstellung eines U-Rohrbündel-Wärmeübertragers (links) und eines Rohrbündel-Wärmeübertragers mit Umlenkung im Sammler (rechts)

Ein wesentlicher Vorteil des U-Rohrbündel-Wärmeübertragers ist die lediglich einseitige Einspannung der Rohre. Somit können sich die Rohre bei Erwärmung ausdehnen, entsprechende Kompensationselemente sind nicht erforderlich. Eingeschränkt wird der Einsatz jedoch durch die kleinsten zulässigen Biegeradien. Die zulässigen Biegeradien für die Rohre sind dabei abhängig vom Rohraußendurchmesser und von der Rohrwanddicke. Die entsprechenden Werte für C-Stahl und CrNi-Stähle sind in Tabelle 4.2 angegeben. Die erforderlichen Rohrwandstärken sind dabei jeweils abhängig von den Anforderungen der Druckgeräterichtlinie (Richtlinie 2014/68/EU).

Tabelle 4.2: Minimale Biegeradien von U-Rohr-Wärmeübertragerrohren (VDI-GVC 2013)

Rohrwandstärke *s* [mm]		**1,2**	**1,6**	**2,0**	**2,6**	**3,2**
Außendurchmesser d_a [mm]	16	30	24	20	–	–
	20	47	34	26	23	–
	25	–	51	37	35	27
	30	–	62	42	38	35
	38	–	–	52	47	42

Rohrbündel-Wärmeübertrager werden häufig für die Wärmeübertragung zwischen zwei Flüssigkeiten eingesetzt. Sie eignen sich auch für verdampfende oder kondensierende Medien, wenn diese im Mantelraum geführt werden, oder für Medien, die unter hohem Druck stehen. Dabei wird das Medium unter hohem Druck stets in den Rohren geführt. Das Einsetzen und Verschweißen einer Vielzahl von Rohren führt jedoch zu hohen Fertigungskosten. Zudem können Ablagerungen an den Innenseiten der Rohre zur Verringerung der Durchsätze und zu einer Verschlechterung des Wärmeübergangs führen. Bei der konstruktiven Gestaltung von Rohrbündel-Wärmeübertragern ist deshalb darauf zu achten, dass die Rohrinnenseiten einfach gereinigt werden können. Dazu sollte sich der Kopf beziehungsweise der Boden des Wärmeübertragers vollständig öffnen lassen. Zudem sollte das Rohrbündel möglichst am Stück herausgezogen werden können, damit auch die Außenseiten der Rohre einfach gereinigt werden können. Der U-Rohrbündel-Wärmeübertrager hat hier deutliche Nachteile gegenüber der klassischen Variante, da durch den Bogen eine mechanische Reinigung der Rohrinnenseiten nur sehr aufwendig oder gar nicht möglich ist.

4.1.2 Platten-Wärmeübertrager

Platten-Wärmeübertrager sind Wärmeübertrager, die aus einem Verbund von profilierten Platten mit gleichem Format zusammengesetzt werden. In den Zwischenräumen zwischen den profilierten Platten strömt abwechselnd der abzukühlende und der aufzuheizende Stoffstrom. Das geringe Spaltmaß zwischen den einzelnen Platten in Verbindung mit der Profilierung der Platten führt meist zur Ausbildung einer turbulenten Strömung und damit hohen Wärmeübergangszahlen, was sich günstig auf die Wärmeübertragung auswirkt (Gulenoglu et al. 2014). Der Plattenabstand liegt typischerweise im Bereich um 5 mm bei Plattendicken von 0,3 bis 1 mm. Die Herstellung der Platten mit dem geprägten Wellenmuster erfolgt mithilfe von Pressen. Bei Plattenabmessungen von bis zu 2,5 Quadratmetern sind entsprechende Presswerkzeuge und hohe Pressdrücke für die Fertigung erforderlich. Jeder Hersteller setzt dabei auf eine unterschiedliche Profilierung der Platten. Zudem wird mit der Wahl der Profilierung auch der Turbulenzgrad und damit der Wärmeübergangskoeffizient beeinflusst (Jin und Hrnjak 2017), (Abou Elmaaty et al. 2017). Zwischen den einzelnen Platten sind Dichtungen eingesetzt, das Gesamtpaket der Platten wird dann typischerweise zwischen einer Grundplatte und einer Spannplatte mithilfe von mehreren Spannschrauben zusammengehalten. Durch Hinzufügen oder Entnehmen von einzelnen Platten kann die bereitgestellte Wärmeübertragerfläche sehr flexibel angepasst werden.

Neben der Verspannung der Platten durch Verschraubung können diese auch verlötet oder verschweißt werden. Während verschraubte Platten-Wärmeübertrager einfach geöffnet und gereinigt werden können, und sich deshalb auch für die Anwendung mit verunreinigten Stoffen eignen, sind die durch Schweißen und Löten stofflich gefügten Platten-Wärmeübertrager nur für saubere Stoffströme geeignet. Stofflich gefügte Wärmeübertrager sind jedoch recht teuer, da am Umfang relativ lange Dichtungsbereiche verschlossen werden müssen, entsprechend zeit- und arbeitsintensiv ist dieser Vorgang. Eine Zwischenform stellen die Kassetten-Plattenwärmeübertrager dar. Bei diesen werden jeweils zwei Platten mit einem Laser zu einer gasdichten Kassette verschweißt. Die einzelnen Kassetten werden dann, wie bei einzelnen Platten, wieder zu einem Wärmeübertrager zusammengefasst. Diese Bauform ist besonders geeignet, wenn auf einer Seite ein aggressives Medium fließt, das die Dichtungen angreifen würde. Im gefügten Spalt ohne Dichtung fließt dann das aggressive Medium und auf der Seite des gedichteten Spalts zwischen zwei Kassetten der nicht aggressive Stoffstrom.

Da die Platten gleichmäßig geformt sind, sind die Strömungskanäle für beide Stoffströme gleich groß. Aus diesem Grunde sollten die Wärmekapazitätsströme, d.h. das Produkt aus Massenstrom und spezifischer Wärmekapazität auf der warmen und der kalten Seite des Wärmeübertragers in ähnlicher Größenordnung liegen. Besonders geeignet sind sie deshalb für den Gas-Gas-Wärmeaustausch bzw. den flüssig/flüssig-Wärmeaustausch. Während im ersten Fall typischerweise Wärmedurchgangskoeffizienten von 5–40 W/(m^2 K) erreicht werden, erreichen sie im Falle der Wärmeübertragung zwischen zwei Flüssigkeiten Werte von 150 bis 1800 W/(m^2 K). Um einen möglichst stark dem Gegenstrom angenäherten Medienstrom im Wärmeübertrager zu realisieren, tritt der kalte Stoffstrom am oberen und der warme Stoffstrom am unteren Ende der Platten ein (Bild 4.7). Die Plattenzwischenräume werden dann abwechselnd von warmen und von kalten Stoffströmen durchströmt. Dabei kann für die einzelnen Platten sowohl eine Parallelschaltung als auch eine Reihenschaltung oder auch eine Kombination von beiden realisiert werden. Durch die Wahl unterschiedlicher Platten kann somit die Durchströmung selbst im Inneren sehr flexibel gestaltet werden. Sie kann auch zu einem späteren Zeitpunkt durch einfachen Tausch einzelner Platten modifiziert werden. Die Ränder der einzelnen Platten werden bei verschraubten Platten-Wärmeübertragern mit einer umlaufenden Elastomer-Dichtung abgedichtet. Zusätzlich sind entweder die Durchführungen für das kalte Medium oder die des warmen Mediums gegenüber dem Spaltraum abgedichtet.

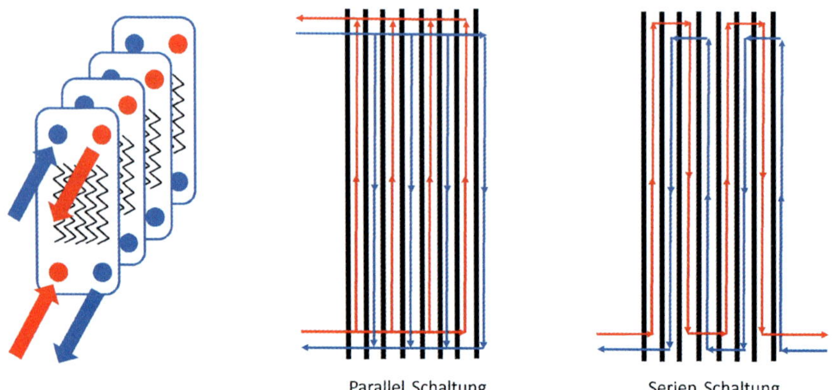

Bild 4.7: Schematischer Aufbau und Strömungsverlauf in einem Platten-Wärmeübertrager

Die Anordnung der Dichtungen zwischen den Platten ist in Bild 4.9 veranschaulicht. Die Dichtungen werden dabei in eine eingeprägte Rille gelegt, sodass die

Dichtungen nicht durch den Betriebsdruck nach außen gedrückt werden. Durch die getauschten Zuführungen von warmem und kaltem Stoffstrom (oben/unten sowie rechts/links) wird sichergestellt, dass die Stoffströme dem Gegenstromprinzip sehr stark angenähert werden können. Bild 4.8 zeigt jeweils die Vorderseite und Rückseite einer Wärmeübertragerplatte. Dabei ist es mithilfe der Gestaltung der Abdichtungen der einzelnen Platten auch möglich, die Strömungsrichtung des warmen und kalten Stoffstromes umzudrehen.

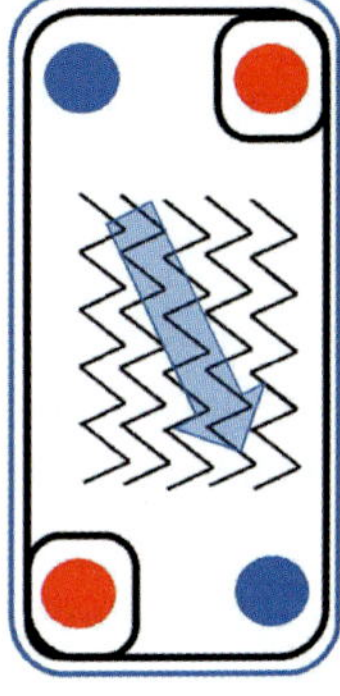

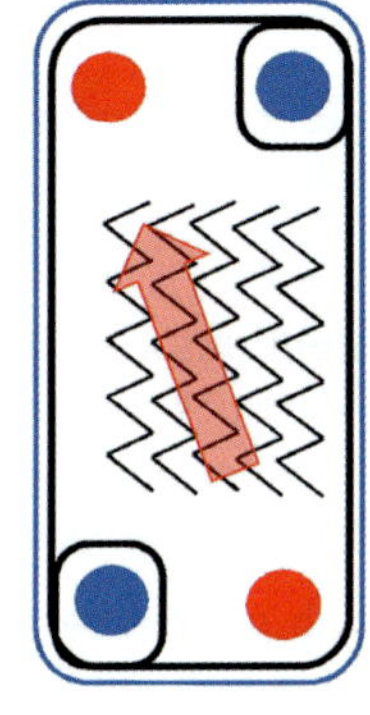

Bild 4.8: Dichtungsanordnung und Zuführung bei einem Platten-Wärmeübertrager

In Bild 4.9 sind exemplarisch drei verschiedene Bauformen von Platten-Wärmeübertragern abgebildet. Bei kleineren Varianten werden diese meist ohne Traggerüst gefertigt, bei großen Varianten werden die Wärmeübertragerplatten in ein Traggerüst montiert. Platten-Wärmeübertrager weisen bauartbedingt somit einen großen Anteil an nicht aktiven Komponenten wie z. B. das Gestell oder die Spannschrauben auf.

Dadurch verteuert sich diese Art gegenüber einem Rohrbündel-Wärmeübertrager. Wenn jedoch aufgrund der Aggressivität der Medien hochwertige Materialien zum Einsatz kommen, müssen die nicht aktiven Bauteile nicht mit diesem hochwertigem Material ausgeführt werden. In diesen Fällen sind deshalb Platten-Wärmeübertrager meist günstiger.

Neben der klassischen Ausführung können die Platten auch zu einem Block zusammengebaut werden (Bild 4.10). Beim Wärmeübertrager mit Blockplatten werden die beiden Ströme typischerweise im Kreuzstrom zueinander geführt. Die Platten sind miteinander verschweißt, um die Kanäle zu formen, sodass diese Bauart bei Drücken bis zu ca. 40 bar zum Einsatz kommen. Ein weitverbreitetes Anwendungsfeld ist die Öl- und Gasindustrie.

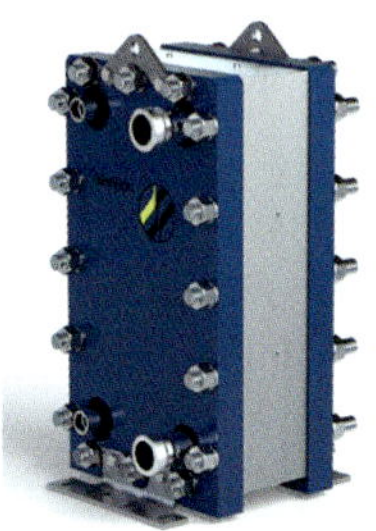

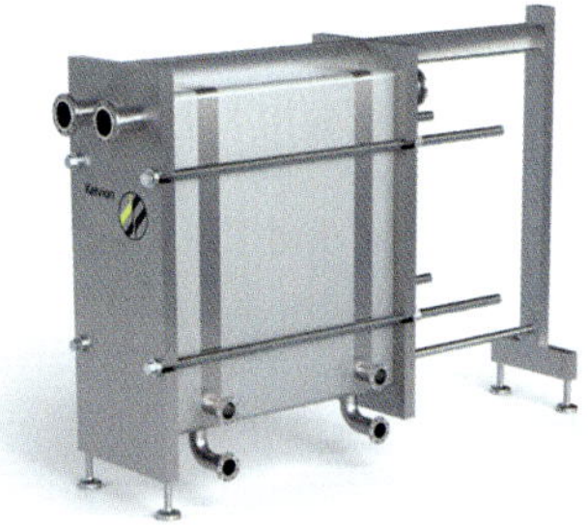

Bild 4.9: Bauarten von Platten-Wärmeübertragern (verschraubt (links), verlötet (Mitte), verschraubt mit Traggerüst (rechts))

Das massiv verschraubte Gestell besteht aus vier Tragsäulen, einer Endplatte am oberen und unterem Ende sowie vier Druckplatten. Die Druckplatten können leicht demontiert werden und erlauben einen rundum freien Zugang zur gründlichen und einfachen Reinigung des vollverschweißten Plattenpakets.

Platten-Wärmeübertrager zeichnen sich gegenüber anderen Typen durch ihre große Kompaktheit aus. Damit lassen sie sich auch in Bereichen einsetzen, bei den der verfügbare Bauraum begrenzt ist und kommen deshalb insbesondere in der Heiz- und Kältetechnik zum Einsatz.

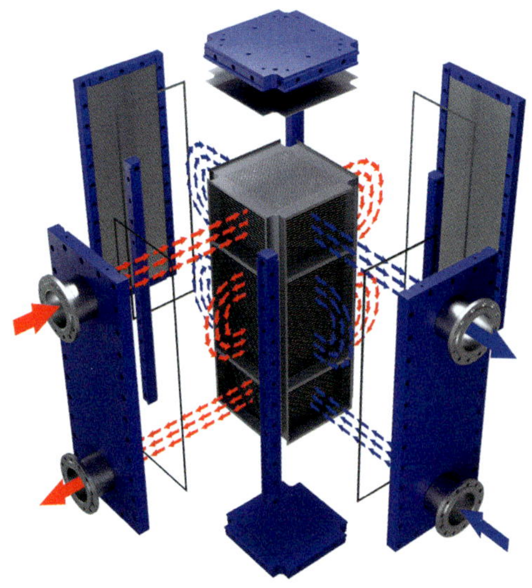

Bild 4.10: Aufbau eines Blockwärmeübertragers (Bildquelle: Alfa Laval Mid Europe GmbH, Glinde)

Die im Plattenspalt vorherrschende turbulente Strömung führt zudem zu einer geringen Verschmutzungsneigung, da Schmutzteilchen und mitgeführte Partikel länger in der Schwebe gehalten werden. Die hohen Scherkräfte an den wärmeübertragenden Platten minimieren zudem die Bildung von Foulingschichten.

4.1.3 Doppelrohr-Wärmeübertrager

Der Doppelrohr-Wärmeübertrager stellt die vereinfachte Form eines Rohrbündel-Wärmeübertragers dar. Sie bestehen meist aus zwei geraden koaxial angeordneten Rohren. Während ein Stoffstrom, typischerweise der wärmere der beiden Stoffströme, durch das Innenrohr strömt, fließt der zweite Stoffstrom im Ringspalt zwischen Innen- und Außenrohr. Dabei können die beiden Stoffströme im Gegenstrom oder im Gleichstrom durch den Wärmeübertrager geführt werden. Die Rohrdurchmesser reichen dabei von wenigen Millimetern bis zu tausend Millimetern. Zur Vergrößerung der Wärmeübertragungsfläche kann das Innenrohr auf der Außenseite oder das Außenrohr auf der Innenseite berippt werden. Bild 4.11 zeigt im linken Teilbild die beiden Strömungsvarianten Gleichstrom und Gegenstrom, wobei für die Anschlüsse Flansche vorgesehen sind. Im rechten Teilbild ist die Reihenschaltung von mehreren gleichartigen Doppelrohr-Wärmeübertragern dargestellt. Im Vergleich zu Platten-Wärmeübertragern benötigen die Doppelrohr-Wärmeübertrager wesentlich mehr Platz. Anstelle von geraden Rohren kommen deshalb auch Doppelrohre als Rohrwendel anstelle von Geradrohren zum Einsatz.

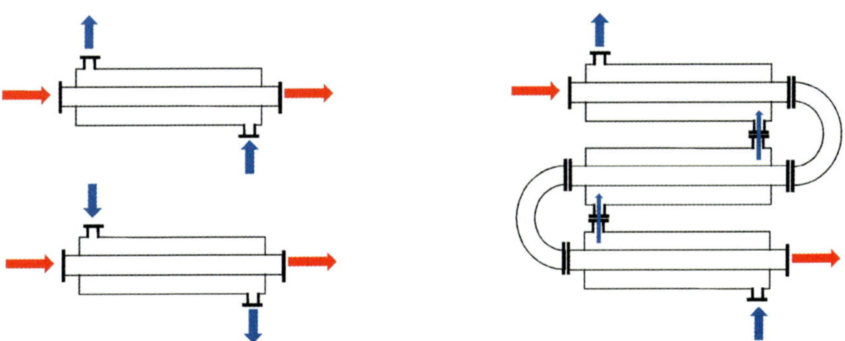

Bild 4.11: Doppelrohr-Wärmeübertrager als Gegenstrom- oder Gleichstromwärmeübertrager (links) sowie Verschaltung von mehreren Doppelrohr-Wärmeübertragern in Reihenschaltung (rechts)

Durch die großen geraden Rohre ist die Anfälligkeit für Verschmutzung nur gering und sie lassen sich sehr einfach reinigen. Sie können aus einer breiten Palette von Materialien, wie z. B. Stahl, Kupfer oder Messing, mit geringem Fertigungsaufwand hergestellt werden.

4.1.4 Spiral-Wärmeübertrager

Spiral-Wärmeübertrager werden durch das Rollen von zwei Metallplatten um ein gemeinsames Zentrum hergestellt. Durch stirnseitige Platten auf der Vorder- und Rückseite wird der Wärmetauscher abgeschlossen. Die entstehenden konzentrischen Kanäle werden durch den heißen und kalten Stoffstrom durchströmt. Diese Bauart verfügt, vergleichbar mit den Doppelrohr-Wärmeübertragern, jeweils nur über einen Strömungsdurchgang für die beiden Stoffströme. Der Abstand zwischen den beiden Blechen wird meist durch verschweißte Abstandshalter sichergestellt. In Anwendungen mit hohem Feststoffanteil auf einer Seite kann gegebenenfalls auf die Abstandshalter auf dieser Seite verzichtet werden, um das Risiko einer Verstopfung zu minimieren.

Spiral-Wärmeübertrager sind in Bezug auf die Kompaktheit (Verhältnis von Wärmeübertragerfläche zu Volumen des Wärmeübertragers) vergleichbar mit Platten-Wärmeübertragern. Die erreichbaren Wärmedurchgangskoeffizienten sind etwa doppelt so groß wie in vergleichbaren Rohrbündel-Wärmeübertragern. Meist werden Spiral-Wärmeübertrager im Gegenstrom betrieben. Der heiße Stoffstrom tritt im Zentrum der Spirale ein und am Rand der Spirale wieder aus, während der abzukühlende Strom am Rande eintritt und im Zentrum austritt. Bei Gleichstromwärmeübertragung treten meist beide Stoffströme im Zentrum ein und am Rand aus (Bild 4.12). Praktische Ausführungen sind in Bild 4.13 dargestellt.

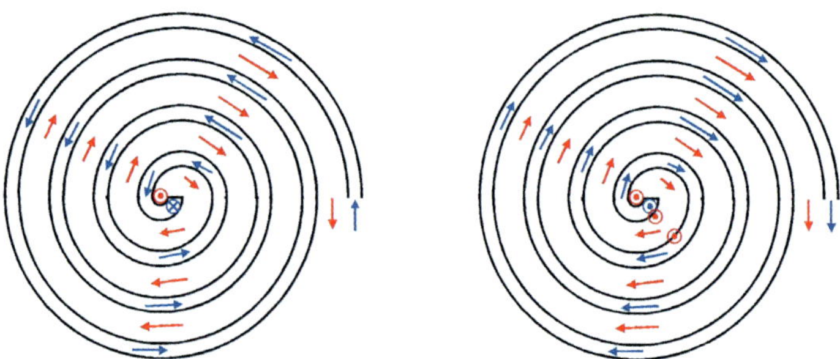

Bild 4.12: Schematische Darstellung eines Spiral-Wärmeübertragers in Gegenstrom- und Gleichstromschaltung

Vergleichbar mit dem Doppelrohr-Wärmeübertragern werden auch in einem Spiral-Wärmeübertrager durch die hohen Scherkräfte Ablagerungen vermieden (Khorshidi und Heidari 2016).

Da zudem praktisch keine Umlenkung der Stoffströme und auch keine Reduzierung der Querschnitte auftreten, kommt es selbst bei hohen Feststoffanteilen in den Stoffströmen kaum zu Ablagerungen. Deshalb eignet sich diese Bauform insbesondere für Stoffströme mit hohen Feststoff- oder Faseranteilen.

Durch die Möglichkeit die beiden Abdeckungen zu entfernen, kann die Wärmeübertragungsfläche zudem leicht gereinigt werden.

Bild 4.13: Spiral-Wärmeübertrager (Bildquelle: Alfa Laval Mid Europe GmbH, Glinde)

Ein wesentlicher Nachteil der Spiral-Wärmeübertrager ist ihre Begrenzung hinsichtlich Druck und Temperatur der Stoffströme. Hohe Temperaturen würden durch die thermische Ausdehnung der metallischen Werkstoffe zu erheblichen Kräften führen, da die Ausdehnung nicht kompensiert werden kann. Ähnliches gilt für die Drücke. Da der Abstand der beiden Bleche zwischen den Fluiden durch die Abstandshalter gewährleistet wird, würden hohe Drücke eine große Anzahl von Abstandshaltern erforderlich machen, was zu erheblichen Kosten bei der Fertigung führt und zusätzlich den freien Kanalquerschnitt reduziert. Zudem stellt die Abdichtung an den Stirnseiten eine große Herausforderung dar, die zu einer Begrenzung der zulässigen Drücke führt.

4.1.5 Rippenrohr-Wärmeübertrager

Rippenrohr-Wärmeübertrager haben eine einseitig vergrößerte Wärmeübertragungsfläche. Sie kommen typischerweise dann zum Einsatz, wenn der Wärmeübergangskoeffizient auf einer der beiden Seiten sich deutlich vom anderen unterscheidet. Dies gilt zum Beispiel stets bei Gas-Flüssigkeits-Wärmeübertragern, für die die Wärmeübertragungsfläche auf der Gas-Seite durch das Anbringen von Rippen vergrößert wird.

Allerdings muss dazu auf eine gute thermische Verbindung zwischen den Rippen und dem Rohr geachtet werden, damit eine gute Wärmeleitfähigkeit am Übergang zwischen der Rohrwand und der Rippe gewährleistet ist. Da die Wärmeleitfähigkeit der Rippe den Wärmetransport in die Rippe begrenzt, führt die Vergrößerung der Fläche einer Rippe zu einem immer weiter abnehmenden Maß der Wärmeübertragung pro Rippenfläche.

Eine weitere Steigerung der Wärmeübertragungsfläche ist dann nicht mehr über die Vergrößerung der Fläche, sondern nur noch durch die Erhöhung der Anzahl der Rippen möglich. Typische Rippenabstände betragen 4–5 mm lichte Weite zwischen den Rippen, wobei diese meist fluchtend angeordnet werden, um die Oberfläche einfacher reinigen zu können. Bei stark verunreinigten Gasströmen können auch größere Abstände von 15 mm und mehr erforderlich sein, um eine zu schnelle Verschmutzung zu vermeiden. In der Klimatechnik werden dagegen häufig auch kleinere Rippenabstände gewählt. Werden Rippenrohre im Bündel angeordnet, so spricht man häufig auch von Lamellen-Wärmeübertragern (Bild 4.14).

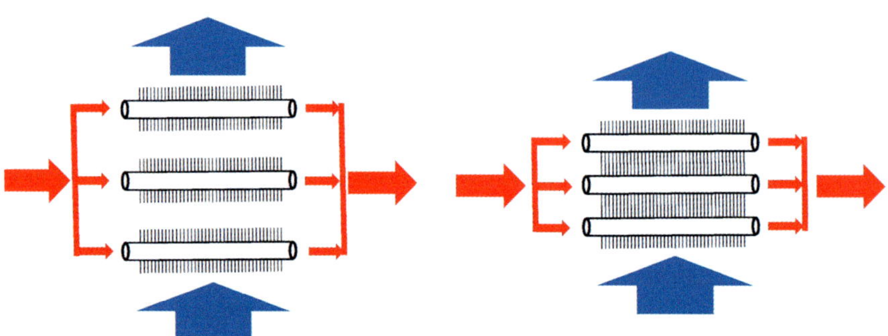

Bild 4.14: Schematische Darstellung von Rippenrohr (links) und Lamellen-Wärmeübertrager (rechts)

Dafür wird nicht jedes Rohr einzeln mit Rippen versehen, sondern mehrere Rohre werden in ein Lochraster von Blechen gesteckt, d. h., dass die einzelnen Rohre gemeinsame Rippen erhalten. Dabei können die einzelnen Rohre fluchtend oder versetzt in die Bleche eingesetzt werden. Durch die gemeinsamen Rippen sind Lamellen-Wärmeübertrager kostengünstiger als reine Rippenrohr-Wärmeübertrager.

Bei Bedarf können die Bleche beim Stanzen auch strukturiert werden, um den gasseitigen Wärmeübergang weiter zu verbessern. Da die Wärmeleitung in den Rippen von Bedeutung ist, werden die Rippen häufig aus Aluminium gefertigt. Teilweise kommt aber auch Kupfer oder Edelstahl zum Einsatz, abhängig von den Anforderungen aufgrund der Zusammensetzung des Gasstromes.

Dabei ist die optimale Kombination zwischen Rippengröße, Rippenabstand und Rohrgeometrie nicht einfach festzulegen. Eine Vielzahl von wissenschaftlichen Arbeiten beschäftigt sich deshalb mit der mathematischen Modellierung und Optimierung dieser Zusammenhänge u. a. (Singh et al. 2017; Zeeshan et al. 2017).

4.1.6 Wärmerohr-Wärmeübertrager

Eine Erweiterung des berippten Wärmeübertragers stellen die Wärmerohr-Wärmeübertrager dar. Mit Wärmerohr-Wärmeübertragern wird Wärme zwischen zwei gasförmigen Stoffströmen in einem engen Temperaturfenster übertragen. Innerhalb von Wärmerohren (englisch: heat pipes) wird Wärme nicht durch Wärmeleitung von der warmen auf die kalte Seite transportiert, sondern mithilfe des Stofftransportes innerhalb des Wärmerohrs. Das in den Wärmerohren enthaltene Arbeitsmittel wird auf der warmen Seite des Wärmeübertragers verdampft und auf der kalten Seite des Wärmeübertragers wieder kondensiert.

Der Stofftransport kann dabei entweder durch eine Scherkraft getriebene Konvektion oder Kapillarkräfte in porösen Strukturen erfolgen, vgl. Bild 4.15. Während bei der schwerkraftgetriebenen Konvektion die Ausrichtung des Wärmerohres und damit des Wärmeübertragers von Bedeutung ist, spielt die Lage bei dem Kapillarkraft getriebenen Transport keine Rolle. Der Wärmetransport ist dann lageunabhängig.

Die Auswahl des Arbeitsmediums hängt von den gewünschten Temperaturen ab. Dabei wird das Arbeitsmedium in den Rohren meist unter Unterdruck oder Überdruck stehen, entsprechend ist die langfristige Leckagefreiheit der Wärmerohre für die Funktion erforderlich. Durch die abwechselnde Verdampfung und Kondensation des Arbeitsmediums ist die Temperaturdifferenz zwischen warmer und kalter Seite nur sehr klein.

Vorteil bei dieser Bauart ist, dass unabhängig von Temperaturschwankungen die eintretenden warmen und kalten Stoffströme eine stabile Austrittstemperatur des aufzuheizenden Stoffstromes gewährleisten, sofern eine ausreichende Wärmeleistung zur Aufheizung zur Verfügung steht.

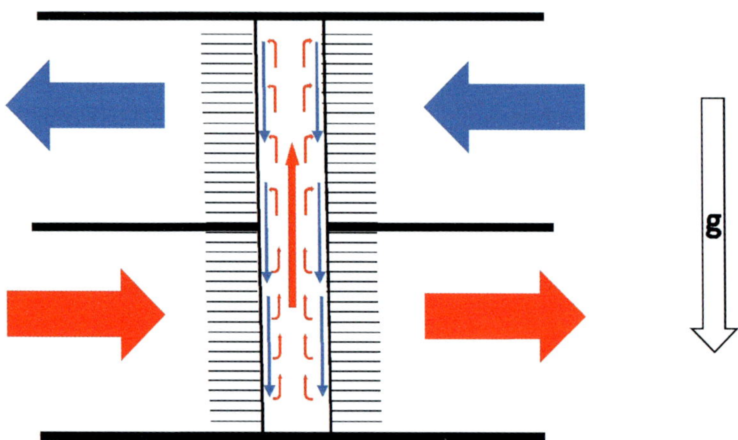

Bild 4.15: Funktionsschema eines Wärmerohr-Wärmeübertragers mit konvektivem Wärmetransport im Wärmerohr

Die erreichbare Temperatur ist zudem weitgehend davon unabhängig, ob die beiden Gasströme in gleicher oder entgegengesetzter Richtung strömen. Aufgrund dieser Eigenschaften kommen Wärmerohr-Wärmeübertrager typischerweise im Bereich von Wärmerückgewinnungsaufgaben im Bereich der Lüftungstechnik zum Einsatz, da insbesondere in diesem Bereich eine konstante Temperatur der aufzuheizenden Luft unabhängig von den sonstigen Bedingungen von Interesse ist. Da die Wärmerohre meist berippt sind, gelten die gleichen Aussagen hinsichtlich Verschmutzung und Wartungsfreundlichkeit wie für Rippenrohr-Wärmeübertrager (vgl. Kapitel 4.1.5).

4.1.7 Verflüssiger und Verdampfer

Verflüssiger und Verdampfer sind besondere Bauformen von Wärmeübertragern. Gemeinsam haben sie, dass fast immer Kreisprozesse zum Einsatz kommen. Dabei stellen der Verflüssiger und Verdampfer jeweils das obere bzw. untere Temperaturniveau des Kreisprozesses dar.

Während auf der Prozessseite der Phasenübergang von flüssig zu dampfförmig oder von dampfförmig zu flüssig stattfindet, kommt auf der Umgebungsseite meistens Luft oder Kühlwasser zum Einsatz. Sie zeichnen sich entsprechend durch eine Nutzen- und eine Aufwandsseite aus.

Während im Bereich der Wärmesysteme der Verdampfer das obere Temperaturniveau und der Verflüssiger das untere Temperaturniveau des Prozesses definiert, ist es beim Kälteprozess genau umgekehrt. Hier definiert der Verdampfer das untere und der Verflüssiger das obere Temperaturniveau des Prozesses. Im Bereich der Wärmesysteme wird der Verflüssiger typischerweise als Kondensator bezeichnet, der Begriff Verflüssiger wird dagegen in der Kältetechnik verwendet.

Während Verdampfer für Wärmesysteme meist brennstoffbeheizt sind, dominiert im Bereich der Verflüssiger meist die Kühlung mit Luft und im Bereich der Kondensatoren meist die Kühlung mit Wasser. Eine Besonderheit sind die Verdampfer in Kälteprozessen, in denen der Verdampfer die gewünschte Kälteleistung durch die Verdampfung des Kreislaufmediums bereitstellt.

Luftgekühlte Verflüssiger werden, bedingt durch die schlechte Wärmeübertragung durch freie Konvektion der Luft, meist als berippte Wärmeübertrager ausgeführt. Zudem kommen zur Verbesserung der Wärmeübertragung Ventilatoren zum Einsatz, um die Luftmenge und Strömungsgeschwindigkeit zu erhöhen und durch die erzwungene Konvektion den Wärmeübergang zu verbessern.

Beachtet werden sollte bei Verflüssigern mit Ventilatoren, dass diese einen hohen Wirkungsgrad aufweisen und mit einer Drehzahlregelung zur Leistungsanpassung versehen sind (Bild 4.16). Mindestanforderungen an Ventilatoren in der EU sind in der Verordnung 327 zur Ökodesignrichtlinie festgelegt worden, die sich derzeit in der Überarbeitung befindet (Verordnung (EU) Nr. 327/2011).

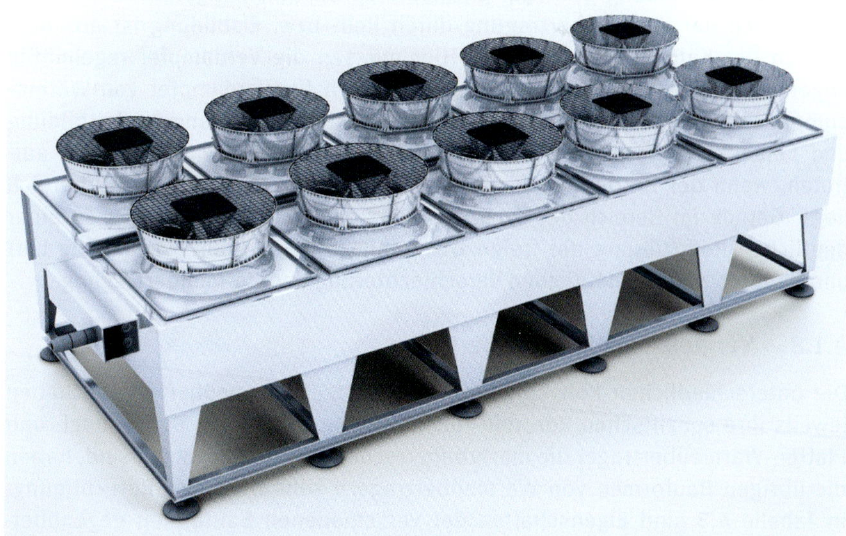

Bild 4.16: Beispiel eines Verflüssigers mit drehzahlgeregelten Axialventilatoren (Bildquelle: EBM Pabst Mulfingen GmbH und Co. KG, Mulfingen)

Trotz der Verbesserung des Wärmeübergangs durch erzwungene Konvektion mithilfe von Ventilatoren ist die erreichbare Rückkühltemperatur von den schwankenden Umgebungstemperaturen abhängig. Dies kann an den wenigen sehr warmen Tagen eines Jahres zu Problemen bei der Wärmeabfuhr führen. In diesen Fällen wird der Verflüssiger dann häufig zusätzlich mit Wasser besprüht, um die Leistung des Verflüssigers zu erhöhen und niedrigere Rückkühltemperaturen durch die Verdunstung des versprühten Wassers zu erzielen.

Dazu wird Umlaufwasser zu Tröpfchen von 0,2 bis 0,4 mm zerstäubt. Der Teil des Wassers, der durch Verdunstung verloren geht, muss durch Nachspeisewasser ersetzt werden. Durch den ergänzenden Einsatz von Wasser sind zusätzliche Probleme durch Verschmutzung und Korrosion zu berücksichtigen. Zudem sind beim ergänzenden Einsatz von Wasser die Anforderungen des 42. Bundesimmissionsschutzgesetzes zu Anforderungen an Verdunstungskühlanlagen, Kühltürme und Nassabscheider zu berücksichtigen (42. BImSchV, 2017). Verschiedene Systeme erreichen dabei unterschiedliche Befeuchtungswirkungsgrade. Mit Rieselmatten können Befeuchtungswirkungsgrade bis ca. 70 %, mit Drehzerstäubern bis ca. 85 % erreicht werden. Höhere Wirkungsgrade sind mit düsenbasierten Sprühbefeuchtern erreichbar. Je nach Gestaltung lassen sich Wirkungsgrade bis nahe 100 % erreichen.

Arbeiten Verdampfer im Bereich um oder unterhalb des Gefrierpunktes, so ist zudem die Reifbildung bzw. der Eisansatz zu berücksichtigen. Die Nachteile hinsichtlich der Wärmeübertragung durch Reif- bzw. Eisbildung ist aus dem Bereich der Kälteanlagen bekannt. Hier müssen die Verdampfer regelmäßig abgetaut werden. Dies gilt gleichermaßen auch für Verdampfer von Wärmepumpenanlagen, die gerade bei feuchter und kalter Witterung zu Reifbildung und Eisansatz neigen. Auch bei Verflüssigern kann diese Problematik auftreten, wenn der Betriebspunkt in einem entsprechenden Temperaturbereich liegt. Gerade im Bereich der Lamellen führt der Reif- und Eisansatz zu einer deutlichen Reduzierung der freien Querschnitte für die durchströmende Luft und dadurch zu einer deutlichen Verschlechterung der Wärmeübertragung.

4.1.8 Vergleich der Wärmeübertrager

Die unterschiedlichen Konzepte der Apparate zur Wärmeübertragung haben jeweils ihre spezifischen Vor- und Nachteile. Auch wenn die Rohrbündel- und Platten-Wärmeübertrager die marktbeherrschenden Ausführungen sind, haben die übrigen Bauformen von Wärmeübertragern sehr wohl ihre Berechtigung. In Tabelle 4.3 sind Eigenschaften der verschiedenen Bauformen gegenübergestellt.

Wenn niedrige Kosten im Vordergrund stehen, ist der Rohrbündel-Wärmeübertrager zu wählen, ein Grund, warum diese Bauform in der Praxis weitverbreitet ist. Im Hinblick auf Flexibilität und Kompaktheit scheidet der Platten-Wärmeübertrager am besten ab. Rippenrohr-Wärmeübertrager eignen sich insbesondere bei geringen Temperaturdifferenzen zwischen beiden Medien und Spiral-Wärmeübertrager spielen ihre Vorteile bei Medien aus, die zu Ablagerungen neigen oder hohe Feststoffgehalte aufweisen.

Tabelle 4.3: Vergleich der Eigenschaften von Wärmeübertragern unterschiedlicher Bauart (Bewertung von ++ günstig bis – – ungünstig)

	Rohrbündel	Platten	Doppelrohr	Spiral	Rippenrohr
Druckbereich	++	+	++	0	0 (Innen)
Temperaturbereich	++	+	++	++	+
Anfälligkeit für Ablagerungen	0	++	++	++	–
Wartungsfreundlichkeit	+	++	+	+	0
Kompaktheit	+	++	0	++	0
Kosten	++	0	+	–	0

Letztendlich stellt die Wahl des geeigneten Wärmeübertragers immer eine individuelle Optimierung dar, die von den verschiedenen Einflussfaktoren, wie z. B. den Prozesstemperaturen, der Aggressivität der Medien oder dem verfügbaren Platz zur Aufstellung abhängen. Hersteller von Wärmeübertragern bieten meist kostenfreie Auslegungssoftware für Wärmeübertrager an. Die Auslegungssoftware der Hersteller beschränkt sich dabei jedoch stets auf eine Wärmeübertrager-Bauart und die Angebote eines Herstellers. Welche Wärmeübertrager-Bauart zum Einsatz kommen soll, muss der Anwender deshalb selbst entscheiden.

4.2 Regenerative Wärmeübertragung

Neben der rekuperativen und kontinuierlichen Wärmeübertragung kommt in der Praxis auch die regenerative und diskontinuierliche Wärmeübertragung zum Einsatz. Grundsätzlich werden in der Praxis kontinuierliche Prozesse für die Wärmerückgewinnung bevorzugt, da sie meist einfacher und kostengünstiger zu gestalten sind. Regenerative Wärmeübertragung kommt deshalb immer nur dann zum Einsatz, wenn aufgrund der Rahmenbedingungen der Einsatz von Rekuperatoren nicht möglich ist. Bei der regenerativen Wärmeübertragung spielt zudem die Wärmeleitfähigkeit der eingesetzten Materialien eine untergeordnete Rolle, da die Wärme nicht durch das Material transportiert werden muss, sondern jeweils an der Oberfläche des Materials ausgetauscht wird.

Ein häufiger Einsatzbereich für Regeneratoren sind deshalb Prozesstemperaturen mit Einsatztemperaturen oberhalb von 700 °C. In diesem Temperaturbereich ist die Festigkeit von metallischen Werkstoffen nicht mehr ausreichend und/oder die Kosten für den Wärmeübertrager steigen durch den Einsatz von Spezialstählen massiv an. Das zweite große Einsatzfeld für Regeneratoren ist die Lüftungs- und Klimatechnik. Hier spielen insbesondere die Kompaktheit der Regeneratoren und die Möglichkeit, neben der Wärme auch Feuchte zu übertragen, eine wesentliche Rolle.

4.2.1 Regeneratoren für den Hochtemperatureinsatz

Der vermutlich bekannteste Einsatzbereich für Regeneratoren ist der Einsatz als Luftvorwärmer am Hochofen in der Stahlindustrie. Vergleichbare Anwendungen gibt es auch in anderen Hochtemperaturprozessen, wie beispielsweise bei der Glasherstellung. Diese in der Stahlherstellung als Winderhitzer (engl.: Cowper) bezeichneten Vorwärmer für die Reaktions- und Verbrennungsluft stellen Heißwind mit Temperaturen von ca. 1000 bis 1300 °C zur Verfügung. Durch die Vorwärmung des Heißwindes im Winderhitzer reduziert sich der Energiebedarf im Hochofen und damit der Koksbedarf signifikant. Eine Winderhitzer-Anlage besteht dabei aus mindestens zwei Regeneratoren, in der Praxis meist aber aus 3–5 Regeneratoren, die abwechselnd abgekühlt und wieder aufgeheizt werden. Bild 4.17 zeigt den schematischen Aufbau einer Winderhitzer-Anlage aus drei Regeneratoren an einem Hochofen.

Die Erhitzung erfolgt dabei durch die Verbrennung der bei der Stahlherstellung anfallenden Kuppelgase (Gichtgas) innerhalb der turmförmig gestalteten und ausgemauerten Regeneratoren. Die Abkühlung des Regenerators erfolgt durch das Durchströmen des Winderhitzers mit der kalten Umgebungsluft (Kaltwind), die sich beim Durchströmen am erhitzten Speichermaterial erwärmt. Um eine konstante Temperatur des Heißwindes zu erreichen, wird ein abnehmender Teil der Kaltluft im Bypass am Winderhitzer vorbeigeführt (nicht im Schema enthalten).

Als beispielhafte Ausführung zeigt Bild 4.18 die Winderhitzer-Anlage am Hochofen 5 im inzwischen stillgelegten Hochofen im Landschaftspark Duisburg-Nord. Deutlich zu erkennen, ist die turmförmige Bauart und die Kuppel am Kopf der Regeneratoren, in denen die Strömungsrichtung wechselt.

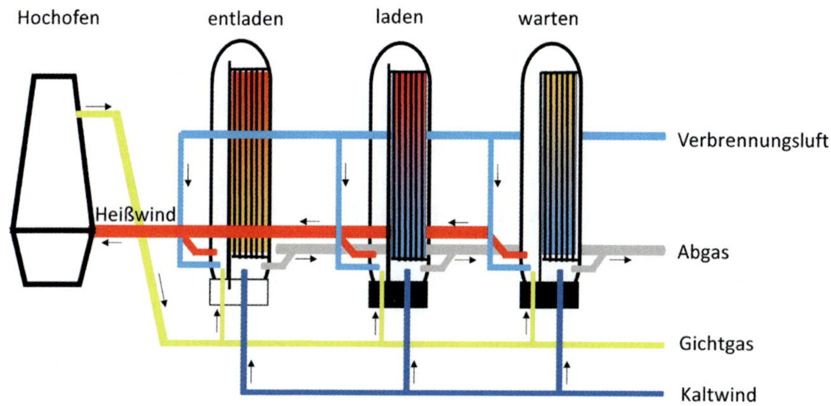

Bild 4.17: Schema einer Winderhitzer-Anlage mit 3 Regeneratoren

Bild 4.18: Winderhitzer am Hochofen 5 im stillgelegten Stahlwerk, Landschaftspark Duisburg-Nord. (Bildquelle: https://upload.wikimedia.org/wikipedia/commons/thumb/c/c3/Cowper-Winderhitzer_Landschaftspark_Duisburg-Nord_%28DerHexer%29.tif/800px-Cowper-Winderhitzer_Landschaftspark_Duisburg-Nord_%28DerHexer%29.tif; CC BY-SA 3.0)

Diese Form der regenerativen Wärmeübertragung wurde erstmalig durch Edward Alfred Cowper eingesetzt, der sich diese Technologie bereits im Jahr 1857 patentieren ließ. Die Technologie der Winderhitzer wird auch heute noch in weitgehend identischer Form zur Roheisenerzeugung eingesetzt.

Ein weiterer Einsatzbereich für Regeneratoren ist der Einsatz zur Luftvorwärmung bei Brennern, die im Hochtemperaturbereich, insbesondere in Industrieöfen eingesetzt werden. Diese Regenerator-Brenner wurden zu Beginn der 1980er-Jahre in Großbritannien entwickelt. Bei der regenerativen Wärmerückgewinnung im Regenerator-Brenner erfolgt die Wärmeübertragung vom Abgas über die Zwischenspeicherung in einer Speichermasse auf die Verbrennungsluft, wobei auch hier mehrere Speichermassen alternierend be- und entladen werden. Diese zyklische Umschaltung bewirkt Temperaturschwankungen von Brennluft und Verbrennungstemperatur, die sich gegebenenfalls auch auf den Ofenraum und das Gut im Ofen übertragen. Zudem führen die höheren Verbrennungstemperaturen, aufgrund der erhöhten Brennluftvorwärmung, zu einem Anstieg der NO_x-Emissionen (Stickstoffoxide). Gleichzeitig wird die Optimierung der Brennergestaltung durch die doppelte Funktion als Brennerkopf und Abgasweg erschwert. Bild 4.19 zeigt den schematischen Aufbau eines Regenerator-Brenners.

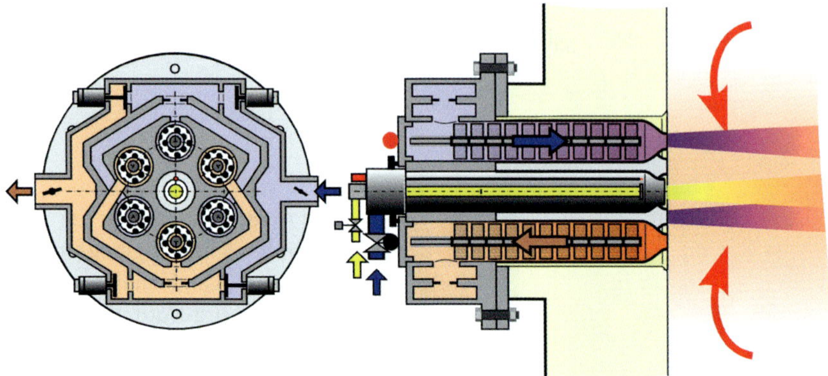

Bild 4.19: Aufbau eines Regenerator-Brenners (Bildquelle: WS Prozesstechnik, Renningen)

Am Umfang des Brenners sind dort sechs Regeneratoren mit keramischer Speichermasse angeordnet, die zyklisch wechselnd angesteuert werden. Als Maßnahme gegen die Entstehung hoher NO_X-Konzentrationen wurde das Brennerkonzept zum Rekuperator-Brenner mit flammenloser Oxidation weiterentwickelt.

Neben Regeneratoren mit fester Speichermasse können Regeneratoren mit rotierender Speichermasse ausgeführt werden. Die rotierenden Regeneratoren werden meist als Rotations-Wärmeübertrager oder Wärmeräder bezeichnet. Dabei rotiert eine meist durch einen Asynchronmotor angetriebene Speichermasse mit niedriger Geschwindigkeit (typisch 3–25 Umdrehungen pro Minute) und die beiden Hälften des Wärmerades werden abwechselnd von warmer und kalter Luft durchströmt. Beide Luftvolumenströme passieren den Rotor gleichzeitig und kontinuierlich in getrennten Segmenten des Rotors, wobei die Speichermasse bei einer Umdrehung abwechselnd erwärmt und abgekühlt wird. Wärmeräder werden in Durchmessern von 30 cm bis zu etwa 7 Meter Durchmesser gefertigt. Eingesetzt werden Wärmeräder im Bereich der Lufterwärmung, also insbesondere im Bereich der Lüftungs- und Klimatechnik sowie bei der Verbrennungsluftvorwärmung, u.a. in Kraftwerken. Besonders hervorzuheben ist die kompakte Bauform der Rotations-Wärmeübertrager. Dieser ist deutlich kleiner als für einen Rekuperator vergleichbarer Leistung.

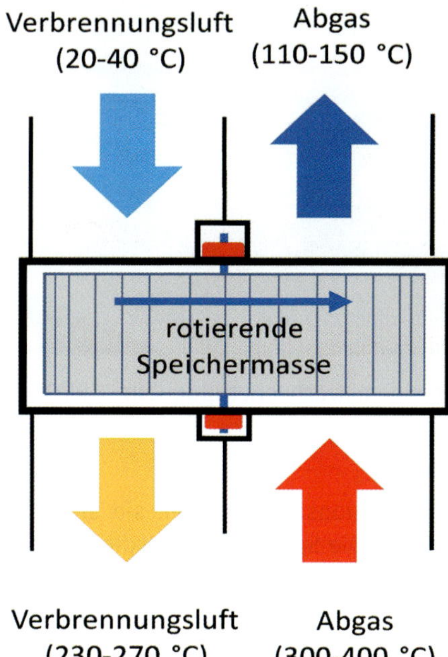

Bild 4.20: Schematische Darstellung eines Regenerativ-Wärmeübertragers mit bewegter Speichermasse zur Verbrennungsluftvorwärmung

Bild 4.20 zeigt die schematische Darstellung eines Rotations-Wärmeübertragers zur Verbrennungsluftvorwärmung. Da der Abgasstrom in dieser Anwendung typischerweise 5–10 Prozent größer ist als der Massenstrom der aufzuheizenden Verbrennungsluft, ist die Temperaturänderung auf der kalten Seite des Wärmerades größer als auf der heißen Seite.

Im Bereich der Kraftwerkstechnik, also insbesondere bei großen Wärmeleistungen, wird häufig auch der Markenname Ljungström-Regenerator verwendet.

Bild 4.21 zeigt zwei im Bau befindliche Ljungström-Regeneratoren in einem Kraftwerk. Mit der Optimierung von Wärmerädern in Kraftwerken beschäftigt sich u. a. (Eljsan et al. 2013).

Bild 4.21: Ljungström-Regeneratoren in einem Kraftwerk (Bildquelle: ARVOS Ljungström GmbH, Heidelberg)

Luftvorwärmer sind dabei besonders korrosionsanfällig, weil sie am kalten Ende der Rauchgasstrecke angeordnet sind. Die Speichermasse, die meist aus Blechpaketen besteht, muss deshalb in korrosionsbeständigen Werkstoffen ausgeführt werden.

4.2.2 Regeneratoren in der Lüftungstechnik

In der Lüftungstechnik werden Rotations-Wärmeübertrager zur Wärme- und Feuchterückgewinnung aus der Abluft eingesetzt. Um die vorgeschriebenen Luftwechselraten von Gebäuden zu erreichen, erfolgt mithilfe einer mechanischen Lüftung ein Austausch der Luftmengen. Dabei wird warme verbrauchte und feuchtebeladene Luft aus dem Raum und kühle trockene und frische Luft in den Raum transportiert. Neben Rotations-Wärmeübertragern kommen auch Platten-Wärmeübertrager oder Wärmeverbundsysteme für die Wärmerückgewinnung zum Einsatz. Die Anforderungen an Geräte in der Lüftungstechnik finden sich in VDI 3803 Blatt 5 (April 2013).

Die Speichermasse für Rotoren für Raumlufttechnische Anwendungen werden meist aus Aluminiumfolie hergestellt. Er besteht aus zahlreichen kleinen wellenförmigen Kanälen. Die Höhe der Kanäle kann dabei variiert werden. Die Tiefe der Wärmeräder liegt meist zwischen 100 und 300 mm. Rotations-Wärmeübertrager haben einen hohen Wirkungsgrad bei einer kompakten Abmessung. Neben der Wärme kann zudem Feuchtigkeit übertragen werden. Klassische Kondensationsrotoren können Feuchtigkeit nur im Winter übertragen, wenn die Abluftfeuchte in der Speichermasse kondensiert. Die ganzjährige Feuchteübertragung ist möglich, wenn der Rotor zusätzlich mit einer hygroskopischen oder sorptiven Schicht versehen wird. Bild 4.22 zeigt beispielhaft einen Rotations-Wärmeübertrager für den Einbau in eine Lüftungsanlage.

Bild 4.22: Einbau eines Groß-Rotors in eine Be- und Entlüftungsanlage. (Bildquelle: Klingenburg GmbH. Gladbeck) http://www.klingenburg.de/wissen/rotationswaermetauscher/

Für den Betrieb eines Rotations-Wärmeübertragers ist neben der Antriebsenergie für die Rotation der Speichermasse der Energieaufwand für die Kompensation der Druckverluste mithilfe eines Ventilators, sowohl auf der warmen als auch auf der kalten Seite, erforderlich.

Zusätzlich sind die Verluste durch die Mitrotation der Stoffströme auf beiden Seiten des Wärmerades sowie des Druckverlustes durch Leckagen zu berücksichtigen. Die Größe des Druckverlustes wird dabei von der Anströmgeschwindigkeit und der Geometrie der Kanäle in der Speichermasse (Wellenhöhe, Tiefe der Speichermasse) beeinflusst. Die Ventilatoren zur Kompensation der Druckverluste können dabei sowohl saugseitig als auch druckseitig angeordnet werden.

Bild 4.23 zeigt die an einem Rotations-Wärmeübertrager auftretenden Leckageströme. Grundsätzlich wird zwischen der Innen- und Außenleckage unterschieden. Die Außenleckage tritt am Spalt zwischen Wärmerad und Gehäuse auf, während die Innenleckage, die sogenannte Mitrotation, jeweils auf der Warmseite und der Kaltseite auftritt. Die Leckage durch Mitrotation tritt dabei unabhängig von der Druckdifferenz zwischen beiden Luftströmen auf und führt so ungewollt zu einem Umluftanteil.

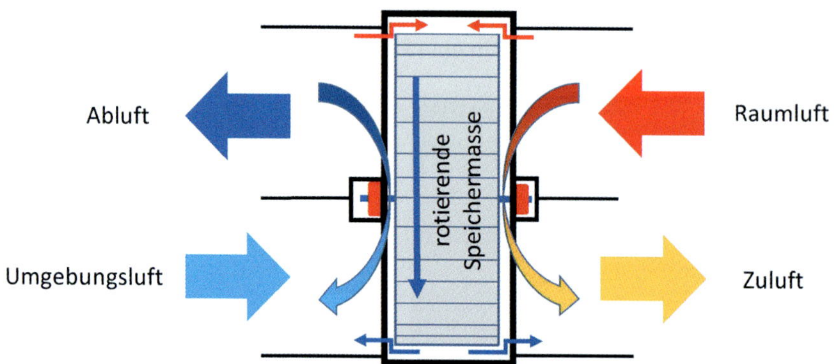

Bild 4.23: Leckageströme an einem Rotations-Wärmeübertrager

Die äußeren Leckagen, also die Leckagen an der Abdichtung des Rotors zum Gehäuse, sind dagegen abhängig von der Druckdifferenz, wobei die Leckagen mit steigender Druckdifferenz erwartungsgemäß zunehmen. Zur Reduzierung der Leckageströme wird zwischen Speichermasse und dem Gehäuse eine Dichtung installiert. Je kleiner die Rotoren, umso größer wird der Anteil der Leckageströme an der gesamten Luftmenge. Zudem sollte sichergestellt werden, dass der Druck auf der Zuluftseite höher als der Druck auf der Abluftseite ist. Damit wird sichergestellt, dass die Zuluft nicht durch Leckageströme aus der Abluft verunreinigt werden kann. Die Stärken und Schwächen beim Einsatz von Rotations-Wärmeübertragern sind in Tabelle 4.4 zusammengefasst.

Tabelle 4.4: Stärken und Schwächen von Regenerativ-Wärmeübertragern mit rotierender Speichermasse

Vorteil	Nachteil
Geeignet für sehr große Volumenströme (bis ca. 200.000 m^3/h)	Im Vergleich zu Rekuperatoren störanfälliger durch mechanisch bewegte Teile
Selbstreinigungseffekt durch ständigen Wechsel der Luftrichtung zwischen Zuluft und Abluft je Umdrehung.	Keine vollständige Trennung der beiden Luftströme. (Umluft-Anteile durch Mitrotation und Leckage durch Schleifdichtungen). Kritisch insbesondere bei gesundheitsschädlichen Stoffen oder Gerüchen. Durch Einsatz einer Spülkammer Problemreduzierung möglich.
Geringe Bautiefe (100–300 mm)	Dichtungsabrieb gelangt in die Zuluft.
Einfache Anpassung der Zulufttemperatur durch Anpassung der Drehzahl des Regenerators	Stromverbrauch für Bewegung der Speichermasse sowie zum Ausgleich der Leckageströme und der Druckverluste
Kombination von Wärme- und Feuchterückgewinnung in einem Apparat	Meist begrenzte Lebensdauer (ca. 10–20 Jahre)

Wärmeräder in der Lüftungstechnik konkurrieren dabei mit Platten-Wärmeübertragern, Kreislaufverbundsystemen mit Wärmeübertragern und Wärmerohr-Wärmeübertragern. Dabei ist lediglich der Rotations-Wärmeübertrager in der Lage, neben der Wärme auch Feuchtigkeit zu übertragen. Sehr deutlich kann man die Unterschiede erkennen, wenn man den Wärmeübertrager in einem Diagramm für feuchte Luft, auch als Mollier-Diagramm bezeichnet, darstellt. Bild 4.24 zeigt die beiden Prozesse im Mollier-Diagramm.

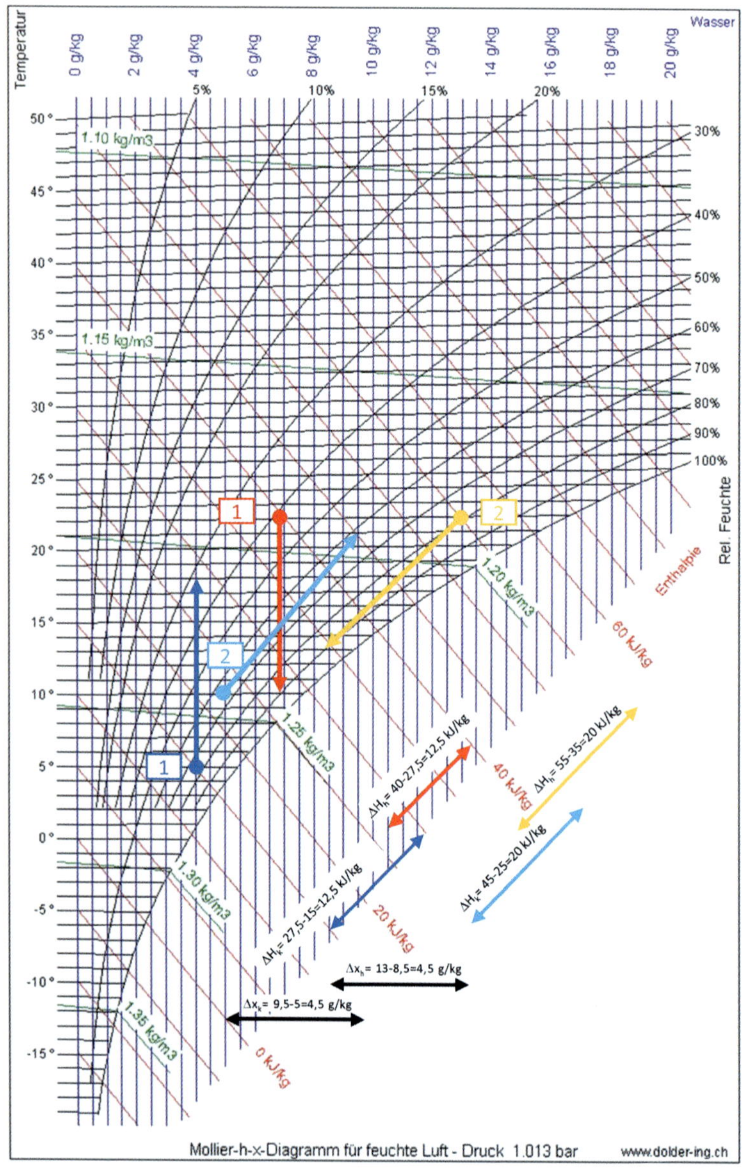

Bild 4.24: Darstellung der Wärmeübertragung in einem Platten-Wärmeübertrager (1) und einem Wärmerad (2). (Eigene Darstellung auf Basis Mollier-Diagramm von Ingenieurbüro Dolder, Luzern)

Beim Platten-Wärmeübertrager (1) findet lediglich eine Wärmeübertragung statt, entsprechend ändert sich der Wassergehalt der abgeführten und zugeführten Luft nicht. Der Rotations-Wärmeübertrager überträgt zusätzlich auch die im Wärmerad kondensierende Wassermenge. Im gezeigten Beispiel wird die Abluft entfeuchtet und die Zuluft befeuchtet. Insgesamt wird im dargestellten Beispiel neben einer Wärme von 20 kJ/kg auch eine Wassermenge von 4,5 g/kg von der Abluft auf die Zuluft übertragen.

4.2.3 Sonderanwendung „Kyoto-Kühlung"

Das Wärmerad als Regenerator mit bewegter Speichermasse hat sich inzwischen auch im Bereich der Kühlung von Rechenzentren etabliert. Die Idee, entsprechende Wärmeräder für die freie Kühlung von Rechenzentren einzusetzen, wurde von der Firma Uptime Technology BV (Niederlande) im Jahr 2006 zum Patent angemeldet, (Matser et al. 2008). Für die freie Kühlung von Rechenzentren ist der Austausch zwischen der Außenluft und der Innenluft jedoch nicht erwünscht. Vielmehr soll der Wassergehalt der Luft im Rechenzentrum gleichmäßig in einem engen Bereich eingestellt werden. Gleichzeitig ist in einem Rechnerraum eine deutlich geringere Luftwechselrate erforderlich, als dies für sonstige Räume gilt.

Im Rechenzentrum entfällt neben dem Strombedarf für das IT-Equipment der größte Teil des Stromverbrauchs auf die Kältebereitstellung. Energetisch vorteilhaft ist es, wenn die Außenluft zur Kühlung anstelle einer Kälteanlage genutzt werden kann. Man spricht dann von freier Kühlung, die entweder über ein Wärmeverschiebungssystem mit einem Wärmeträger oder eben durch den Einsatz eines Wärmerades erfolgen kann. Dabei führt der Einsatz eines Wärmerades zu einem deutlich einfacheren und kostengünstigeren Systemaufbau.

Die Idee hinter der Kyoto Kühlung war es, die Strömungsführung im Wärmerad anzupassen, sodass die Außenseite und die Innenseite luftseitig getrennt bleiben. Bild 4.25 stellt die Strömungsführung für die Wärmerückgewinnung mit dem Rotations-Regenerator und der freien Kühlung mit dem Kyoto-Cooler gegenüber.

Durch die Trennung von Innen- und Außenluft ist zudem keine Filtration der Luft erforderlich. Durch die Veränderung der Verschaltung wurde aus einer seit Langem bekannten und etablierten Technologie eine neue Anwendung, die zu einer erheblichen Energieeinsparung im Bereich der Kühlung von Rechenzentren genutzt werden kann.

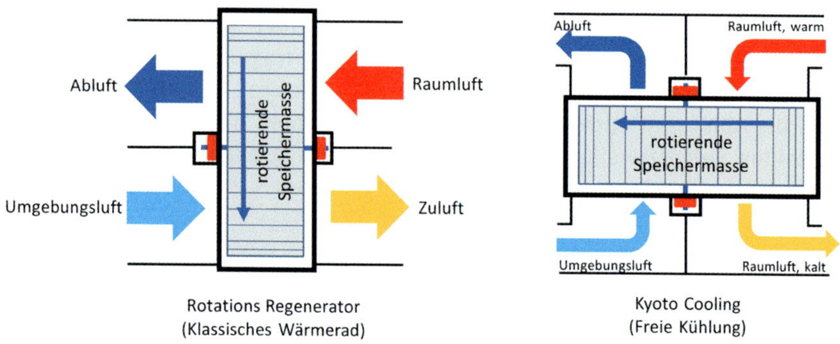

Bild 4.25: Vergleich Wärmerad zur Wärmerückgewinnung und Kyoto-Cooling

4.3 Wärmespeicher

Wie in Kapitel 3.1.2 dargestellt, stellt die zeitversetzte Verfügbarkeit von Abwärmeangebot und Wärmebedarf eine Herausforderung für die effiziente und kostengünstige Wärmerückgewinnung dar. Eine zeitversetzte Verfügbarkeit erfordert neben den Investitionen in Wärmeübertrager zusätzlich die Investition in einen Wärmespeicher. Zudem ist die Wärmespeicherung stets mit zusätzlichen Verlusten behaftet, d.h., ein Teil der eingespeicherten Wärme steht nicht für die spätere Nutzung zur Verfügung.

Zur Wärmespeicherung stehen unterschiedlichste Systeme zur Verfügung, die sich nach bestimmten Kriterien ordnen lassen. Varianten der Klassifizierung sind die Ordnung:

1) nach der Temperatur

- Niedertemperaturspeicher bis ca. 150 °C
- Mitteltemperaturspeicher 150 – 550 °C
- Hochtemperaturspeicher größer 550 °C

2) nach der Dauer

- Kurzzeit-Wärmespeicher: Be- und Entladung innerhalb kurzer Zyklen (max. 2 Tage)
- Langzeit-Wärmespeicher: Be- und Entladung während längerfristiger Intervalle (mehrere Tage, saisonal)

3) nach dem physikalischen Prinzip
   - Speicherung sensibler Wärme
   - Speicherung latenter Wärme
   - Speicherung chemischer Wärme
4) nach dem Speichermedium z. B.
   - Gesteinsspeicher
   - Wasserspeicher
   - Kombinationsspeicher
5) nach der Verwendung z. B.
   - dezentrale Kleinanlagen zur Warmwasserbereitung (WW)
   - dezentrale Kleinanlagen Kombisysteme (Heizung und WW)
   - zentrale Nahwärmespeicher
   - Wärmespeicher bzw. Kältespeicher.

Eine Übersicht über die Anwendungsbereiche für thermische Energiespeicher in der Industrie findet sich in (Miró et al. 2016). Für die thermische Energiespeicherung steht eine Reihe unterschiedlicher Technologien zur Verfügung (siehe auch (Alva et al. 2018)). Einen aktuellen Überblick hinsichtlich der Bedeutung der thermischen Energiespeicherung findet sich in (Seitz et al. 2017). Thermische Energie kann bei Temperaturen von –40 °C bis über 400 °C als sensible Wärme, latente Wärme oder thermochemisch gespeichert werden. Das beliebteste und kommerziell gebräuchlichste Wärmespeichermedium ist Wasser. Bild 4.26 zeigt die technischen Optionen für die thermische Energiespeicherung sowie die typischen Speichermaterialien. Auch die im Kapitel 4.4 beschriebenen Regeneratoren basieren auf einer Zwischenspeicherung von Wärme in einem ruhenden oder bewegten Feststoff. Allerdings sind die gespeicherten Energiemengen dabei jeweils gering und diese werden jeweils nur für kurze Zeiten zwischengespeichert.

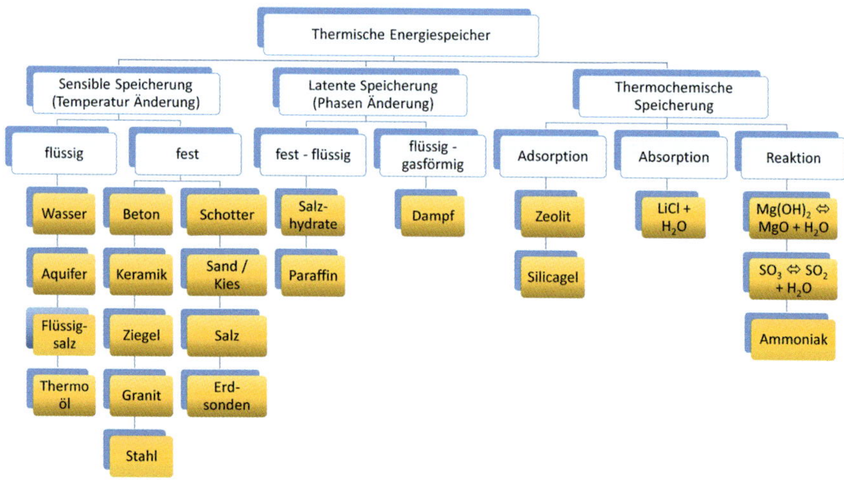

Bild 4.26: Übersicht thermische Wärmespeicher

Wesentliche Kennzahlen zur Beschreibung von thermischen Energiespeichern sind:

- Speicherkapazität: Menge der speicherbaren thermischen Energie
- Leistung: Definiert die Geschwindigkeit, mit der der Energiespeicher beladen oder entladen werden kann
- Speicherwirkungsgrad: Verhältnis von nutzbarer zu eingespeicherter Energie
- Speicherdauer: Bezeichnet das Zeitintervall zwischen der Ein- und Ausspeicherung der Energie (reicht von Minuten über mehrere Tage bis zur saisonalen Speicherung)
- Speicherlebensdauer: Benutzungsdauer eines Speichers bezogen auf die Anzahl von Speicherzyklen oder die kalendarische Lebensdauer
- Speicherkosten: Kosten der Energiespeicherung bezogen auf die Speicherkapazität (€/kWh) oder die Speicherleistung (€/kW).

Die wesentliche Herausforderung bei der Entwicklung von thermischen Energiespeichern bestehen im Erreichen hoher Speicherwirkungsgrade und der Lebensdauer der Systeme. Zudem besteht ein hohes Interesse an Wärmespeichern für hohe Temperaturen. In Bezug auf die Energiedichte steigt diese von der sensiblen Speicherung über die latente Speicherung bis zur thermochemischen Speicherung an. Genau umgekehrt verhält es sich dagegen mit dem aktuellen Entwicklungsstand der Technologien. Nicht alle Typen und Wärmespeichermaterialien eignen sich für hohe Einsatztemperaturen. Bild 4.27 zeigt die massen- und volumenbezogene Wärmekapazität. Deutlich zu erkennen ist, dass Wasser als Speichermedium auch hinsichtlich dieser Eigenschaften eine hervorragende Eignung aufweist. Eisen schneidet in Bezug auf die volumenbezogene Wärmekapazität ähnlich gut ab wie Wasser, fällt aber bei der massenbezogenen Wärmespeicherkapazität massiv ab.

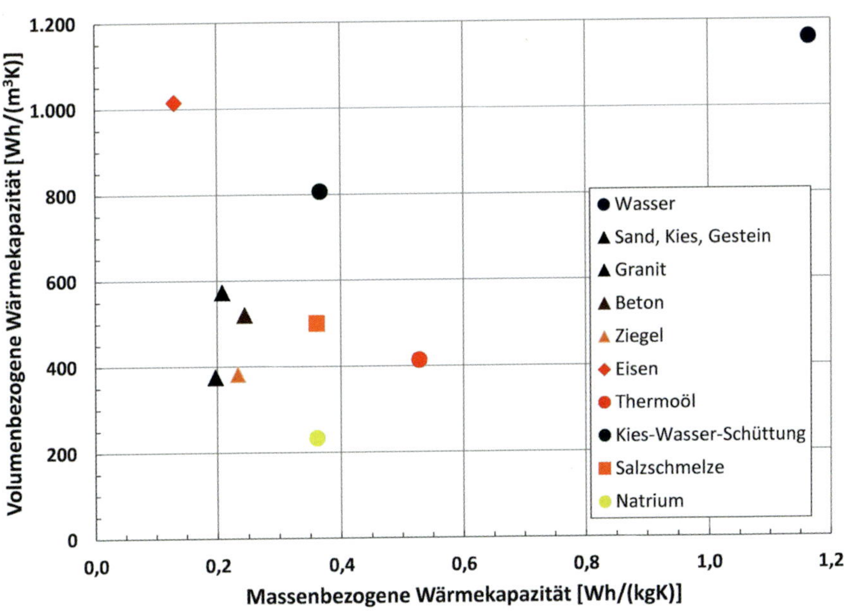

Bild 4.27: Massen- und volumenbezogene Wärmekapazität verschiedener Materialien

In den folgenden Abschnitten werden die wichtigsten Wärmespeichertechnologien mit ihren technischen Parametern und Anwendungsfeldern beschrieben. Eine breitere Darstellung zum Thema Energiespeicher, die auch die derzeit stärker im Fokus befindliche Stromspeicherung berücksichtigt, findet sich in (Sterner und Stadler 2017; Oertel Februar 2008). Durch den verstärkten Einsatz von fluktuierenden erneuerbaren Energien zur Wärme und Strombereitstellung ist das Interesse an der Technologie Energiespeicher in den letzten Jahren deutlich gestiegen. Dies drückt sich auch in den verstärkten Forschungsanstrengungen und Marktanalysen aus, die in (Seitz et al. 2017; Puchta und Dabrowski 2017) dokumentiert sind.

4.3.1 Warmwasserspeicher

Unter den sensiblen Wärmespeichern stellen die Warmwasserspeicher den größten Teil der installierten Anlagen. Das Speichermaterial Wasser ist fast überall in großen Mengen einfach und kostengünstig verfügbar. Zudem ist es weder toxisch, aggressiv oder brennbar, und somit ein sehr umweltfreundliches Speichermaterial. Auch die thermischen Eigenschaften von Wasser überzeugen. Mit einer hohen spezifischen Wärmekapazität von ca. 4,2 kJ/(kgK) und einer begrenzten Wärmeleitfähigkeit von 0,6 W/(mK) kann eine Temperaturschichtung zwischen dem heißen und dem kalten Ende des Speichers erreicht werden.

Zur Minimierung der Wärmeverluste eines Speichers wären kugelförmige Behälter ideal (günstigstes Verhältnis von Volumen zu Oberfläche), in der Praxis haben sich aber zylinderförmige Wärmespeicher aufgrund der Vorteile beim Transport und der Ausbildung stabiler thermischer Schichten durchgesetzt. Bild 4.28 zeigt einen Warmwasserspeicher als offenes bzw. geschlossenes System. Im offenen System stellen Speicherbeladung und Speicherentladung ein gemeinsames System dar. Vorteil eines offenen Systems ist der Verzicht auf zusätzliche Wärmeübertrager und damit geringere Temperaturdifferenzen zwischen Ein- und Ausspeicherung. Auf der anderen Seite kommt es zu einer stärkeren Vermischung im Speicher, was sich nachteilig auf die Ausprägung einer Temperaturschichtung auswirkt. Zudem können unerwünschte Fremdstoffe zwischen den Teilprozessen Beladung und Entladung verschoben werden. Das geschlossene System ist deshalb das in der Praxis am häufigsten anzutreffende System. Auch die Wärmespeicher in den Heizungsanlagen von Gebäuden arbeiten nach diesem Prinzip.

Bild 4.28: Warmwasserspeicher als offenes oder geschlossenes System

Sowohl beim offenen System wie auch beim geschlossenen System können jeweils mehrere Anschlüsse zur Beladung und Entladung vorgesehen werden.

Dabei ist jedoch die Temperaturschichtung zu berücksichtigen. Zudem muss im geschlossenen System ausreichend Platz vorhanden sein, um mehrere Wärmeübertrager im Speichervolumen zu positionieren. Ob die Beladung des Speichers mit Brennstoffen, Solarenergie oder mithilfe von Abwärme erfolgt, ist für die Wärmespeicherung nicht relevant, lediglich die Temperatur der Wärme ist von Bedeutung. Bei Bedarf kann zusätzlich ein elektrisches Heizelement in den Speicher eingebracht werden.

Vielfach ist das Wärmespeichermedium zudem gleichzeitig das gewünschte Produkt, beispielsweise bei der Trinkwassererwärmung. Breiten Einsatz finden Warmwasserspeicher im Bereich der Pufferspeicher an Heizungs- und Solaranlagen. Typische Speichergrößen ermöglichen die Speicherung über einige Tage. In größeren Systemen im Bereich der Fernwärmeversorgung kann die Speicherung auch über längere Zeiträume erfolgen. Warmwasserwärmespeicher werden dabei meist in Verbindung mit Wärmeerzeugungsanlagen installiert. In diesem Fall dienen die Speicher stärker zum Ausgleich von Nachfrageschwankungen, insbesondere zur Abdeckung von Spitzenbedarf. In Verbindung mit KWK-Anlagen dienen sie zudem zur teilweisen Entkopplung von Strom- und Wärmeerzeugung, um die Stromerzeugung zu flexibilisieren, da die Wärmespeicherung stets wesentlich kostengünstiger als die Stromspeicherung zu realisieren ist.

Warmwasserspeicher werden typischerweise bei Temperaturen bis unter 100 °C Endtemperatur eingesetzt, da der Dampfdruck von Wasser oberhalb dieser Temperaturen deutlich ansteigt. Der Speicherbehälter muss dann für deutliche höhere Drücke ausgelegt werden, was zu einem deutlichen Kostenanstieg für den Speicher führt. Zudem steigt bei erhöhten Drücken das Gefährdungspotential durch den Speicher.

Warmwasserspeicher werden in Ausführungen von mehreren hundert Litern bis hin zu Speichern mit 50.000 Liter n ausgeführt. Tabelle 4.5 fasst die Daten einiger aktueller Projekte von Großwarmwasserspeichern zusammen. Deutlich zu erkennen ist die Kostendegression. Die spezifischen Speicherkosten nehmen mit zunehmender Speichergröße ab.

Tabelle 4.5: Beispiele von Großwärmespeichern als Option zur Flexibilisierung der Stromerzeugung

Standort	Jahr der Inbetrieb-nahme	Höhe des Speichers [m]	Speicher-durch-messer [m]	Speicher-volumen [m³]	Investition [Mio. €]	Spezifische Investition [€/m³]
Nürnberg	2014	70	26	33.000	12	364
Berlin	2015	22	26	10.000	12,5	1250
Kiel	2016	60	30	42.000	18,5	441
Halle	2017	45	40	50.000	10	200
Kaisers-lautern	2018	3 Stk. à 30	3 Stk. à 4,6	3 Stk. je 340	2,2	2157
Hürth	2018	25	5	425	6,5	15294
Duisburg	2018	44	36	43.000	20	465

Die Bedeutung von Warmwasserspeichern dürfte zukünftig weiter zunehmen, da durch den steigenden Einsatz erneuerbarer Energien die zeitliche Flexibilisierung auf der Angebotsseite meist nicht auf der Nachfrageseite kompensiert werden kann. Für einen gesicherten Betrieb sind dann Speicher zum zeitlichen Ausgleich von Angebot und Nachfrage erforderlich. Zudem sind Warmwasserspeicher stark standardisiert und werden in großen Stückzahlen gefertigt. Sofern eine Speicherung bei Temperaturen unter 100 °C erfolgen kann, sind Warmwasserspeicher meist die beste Alternative.

4.3.2 Thermoölspeicher

Bei Temperaturen über 100 °C wird anstelle von Wasser häufig Thermoöl als Wärmespeichermaterial eingesetzt. Gegenüber Wasser hat Thermoöl jedoch eine wesentlich geringere Wärmekapazität, die je nach Öl ca. 2 kJ/(kg K) liegt und somit nur etwa halb so groß wie die spezifische Wärmekapazität von Wasser ist. Um die gleiche Wärmemenge zu speichern, ist entsprechend eine etwa doppelt so große Menge Wärmespeichermaterial erforderlich. Zudem ist Thermoöl um ein Vielfaches teurer als einfaches Wasser, sodass die Kosten für den Speicher und das Speichermaterial um ein Vielfaches höher sind als bei einem einfachen Warmwasserspeicher.

Neben den thermischen Eigenschaften der Thermoöle sind zudem Fragen der Werkstoffverträglichkeit, der Thermostabilität, Flammpunkt und der Lebensdauer zu berücksichtigen. Wichtige gesetzliche Regelungen für den Einsatz von Anlagen mit Wärmeträgern für andere Flüssigkeiten als Wasser sind VDI 3033 (Juli 1995); DIN 4754 (März 2015); DIN ISO 6743-12 (Juni 1995).

Als Thermoöl kommen sowohl Mineralöle als auch Silikonöle zum Einsatz. Thermoöle können bis zu Temperaturen von ca. 350 °C eingesetzt werden. Dabei können Thermoöle bei Temperaturen bis 350 °C praktisch drucklos eingesetzt werden. Dies hängt mit dem niedrigen Dampfdruck der Öle zusammen, wobei die synthetischen Öle noch deutlich niedrigere Dampfdrücke aufweisen. Bild 4.29 zeigt die Dampfdruckkurven im Vergleich, wobei zu beachten ist, dass die Dampfdrücke von Wasser um etwa den Faktor 100 höher sind. Während der Dampfdruck bei einer Temperatur von 300 °C für Thermoöl bei ca. 1 bar liegt, beträgt der Dampfdruck für Wasser bereits 100 bar.

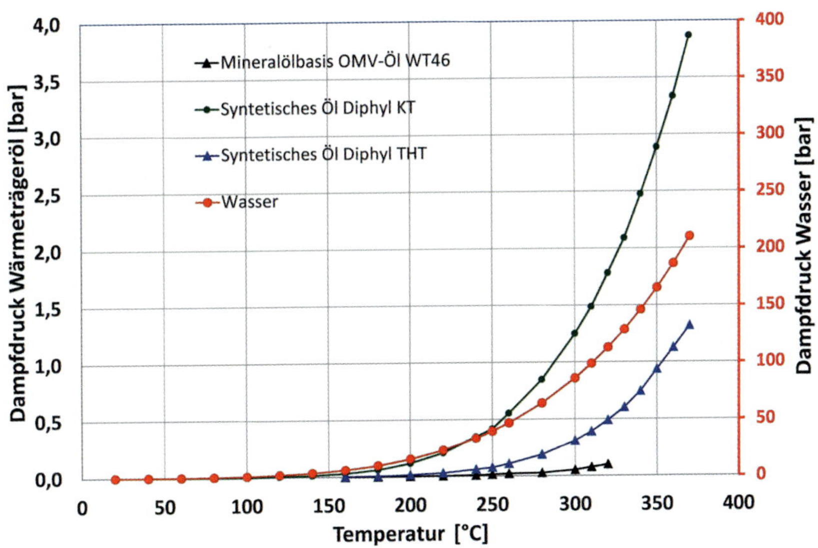

Bild 4.29: Dampfdruckkurven von Wasser und synthetischen und mineralischen Ölen

Der Einsatz von Thermoöl erspart teure Auslegung des Wärmespeichers als Druckbehälter und wird deshalb in diesem Temperaturbereich gerne als Alternative zu Dampf verwendet. Vergleichbar den Warmwasserspeichern mit dem Wärmeträger Wasser kommt Thermoöl im Wesentlichen als Wärmeträger für die indirekte Beheizung von Prozessen zum Einsatz, z.B. für das Backen von Brot, das Trocknen von Holz, die Beheizung von Kunststoffspritzmaschinen, Pressen oder Tanklagern, sowie als Energiezufuhr für chemischen Reaktoren. Die Wärmespeicherung steht bei derzeit in der Industrie eingesetzten Thermoölanlagen meist nicht im Vordergrund. Thermoölanlagen kommen häufig im

Bereich der Wärmerückgewinnung zum Einsatz, wenn Abwärmeangebot und Wärmebedarf räumlich voneinander entfernt sind. In diesen Fällen verbindet dann ein Thermoölkreislauf als Zwischenkreis Wärmequelle und Wärmesenke.

4.3.3 Dampfspeicher

Dampfspeicher sind Latentwärmespeicher mit dem Arbeitsmedium Wasser. Im Dampfspeicher findet bei der Beladung und Entladung jeweils ein Phasenwechsel von flüssig zu dampfförmig bzw. dampfförmig zu flüssig statt. Dampfspeicher werden auch als Gefälle oder nach ihrem Erfinder, dem schwedischen Ingenieur K. Ruths (* 1879, † 1935) als Ruths-Speicher bezeichnet und sind in der Industrie in Prozessen mit stark schwankenden Dampfverbräuchen seit Langem im Einsatz. Auch im Mobilitätsbereich wurden Dampfspeicherlokomotiven eingesetzt. Im Speicher befindet sich dabei jeweils eine Mischung aus siedendem Wasser und Sattdampf. Über die Vorwahl des Druckbereichs für die Speicherung kann die Temperatur des Dampfes variiert werden. Beeinflusst wird das Speichervermögen zudem vom Anfangsfüllgrad mit Siedewasser.

Um den Dampfspeicher zu laden, wird dem Speicher Dampf zugeführt, sodass der Druck im System steigt. Gemäß der Dampfdruckkurve kondensiert bei steigendem Druck Dampf im Speicher. Das Verhältnis von Dampf und siedendem Wasser verschiebt sich in Richtung der Wasserseite. Beim Entladen wird Dampf aus dem Speicher entnommen, wodurch der Druck im Speicher abnimmt und weiterer Dampf im Speicher durch das Verdampfen von Wasser bei absinkendem Druck entsteht. Dabei sinkt auch die Temperatur im Speicher. Die maximale Beladung eines Dampfspeichers wird erreicht, wenn er zu ca. 95 % mit Siedewasser gefüllt ist. Bild 4.30 zeigt den schematischen Aufbau eines Dampfspeichers.

Aufgrund der hohen Temperaturen muss ein Dampfspeicher gut wärmegedämmt werden, damit die Speicherverluste kleingehalten werden können. Der zur Beladung des Speichers zugeführte Dampf wird in das Siedewasser des Speichers injiziert. Dabei muss der Druck des Speisedampfes immer über dem Druck im Dampfspeicher liegen. Entsprechend dem gleitenden Druck bei der Speicherung nimmt der Druck des Dampfes zur Nutzung mit der Entnahme ab. Damit sich möglichst stabile Bedingungen im Speicher einstellen, sollte der Speicher möglichst nicht gleichzeitig be- und entladen werden. Auf die Flexibilität nachteilig wirkt sich aus, dass der Dampfspeicher nicht während der Entnahme nachgeladen werden sollte, da es dann zu Temperaturspitzen und Druckschwankungen kommen kann. Inzwischen gibt es jedoch neuere Entwicklungen, um den Betrieb von Dampfspeichern weiter zu flexibilisieren (Hofmann, 2017).

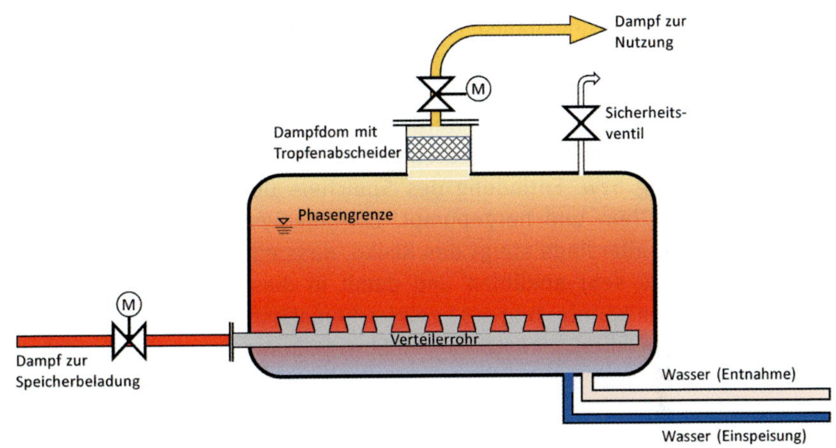

Bild 4.30: Schematischer Aufbau eines Dampfspeichers

Dampfspeicher sind insbesondere durch die zunehmende Verbreitung solarthermischer Kraftwerke wieder stärker in den Fokus gerückt – insbesondere durch die direkte Dampferzeugung in Parabolrinnen- oder Turmkraftwerken. Im Jahr 2007 wurden in Spanien das Solarwärmekraftwerk PS10 (Planta Solar 10) in der Nähe von Sevilla in Andalusien mit einem Dampfspeicher mit einer Kapazität von 20 MWh in Betrieb genommen (González-Roubaud et al. 2017).

Da Dampfspeicher als Druckbehälter ausgeführt werden müssen, sind besondere gesetzliche und normative Anforderungen zu berücksichtigen. Zudem führen die erforderlichen hohen Drücke zu großen Investitionen für diesen Speichertyp.

4.3.4 Flüssigsalzspeicher

Neben den Dampfspeichern stehen im Temperaturbereich bis ca. 450 °C Flüssigsalzspeicher zur Verfügung. Flüssigsalze haben bei diesen Temperaturen nur einen niedrigen Dampfdruck, der Wärmespeicher kann deshalb praktisch drucklos ausgeführt werden. Die spezifische Wärmekapazität von Flüssigsalz ist mit ca. 1,3 kJ/(KgK) jedoch nochmals niedriger als die von Thermoöl. Nachteilig ist auch die Tatsache, dass die Salze unterhalb von Temperaturen von 150 °C einen Phasenwechsel von flüssig zu fest aufweisen. Einbauten für die Wärmeübertragung in die Schmelze werden durch die bei der Verfestigung auftretenden Kräfte jedoch zerstört. Zudem setzen sich Rohrleitungen zu und lassen sich nur durch mechanischen Aufbruch wieder öffnen. Deshalb müssen Flüssigsalzspeicher zusätzlich mit einer Notheizung versehen werden, um eine Abkühlung unter den Festpunkt zu verhindern. Da Flüssigsalz eine schlechte Wärmeleitfähigkeit hat, werden Flüssigsalzspeicher meist als Zweitanksysteme mit einem heißen und einem kalten Tank ausgeführt. Das Salz wird bei Beladung bzw. Entladung des Speichers über zwischengeschaltete Wärmeübertrager hin- und hergepumpt. Ein-Tank-Systeme sind zwar grundsätzlich möglich, allerdings steigt das Risiko, dass einzelne Speicherbereiche gegebenenfalls zu sehr abkühlen und damit in diesen Bereichen eine Verfestigung auslösen könnte. Bild 4.31 zeigt schematisch die Konzeption der beiden Flüssigsalzspeicherkonzepte für den Einsatz in einem Parabolrinnenkraftwerk.

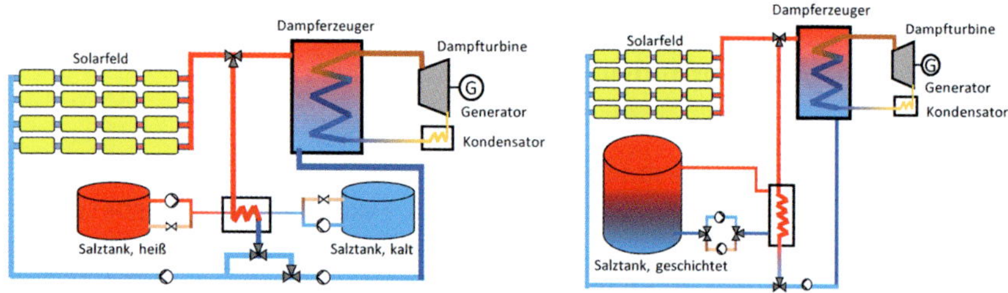

Bild 4.31: Schematische Darstellung für die Einbindung eines Zwei-Tank- (links) und eines Ein-Tank-Flüssigsalzspeichers (rechts) in einem Solarkraftwerk

Häufig wird für die Durchströmung der Parabolrinnen zur Sicherheit ein weiterer Zwischenkreis z.B. mit Thermalöl genutzt. Eine gute Übersicht über Speicheranwendungen für Solarkraftwerke findet sich in (Gil, 2010; Medrano, 2010).

4.3.5 Feststoffspeicher

Für die Wärmespeicherung in Feststoffspeichern kommt eine Vielzahl von unterschiedlichen Materialien infrage. Die volumetrische Speicherkapazität ist für Feststoff etwa halb so hoch wie die Speicherdichte von Wasser. Feststoffspeicher arbeiten bei Umgebungsdruck und sind unempfindlich gegen kleinere Undichtigkeiten. Die Hauptschwierigkeit beim Einsatz von festen Speichermaterialien ist der Wärmetransport innerhalb der Speichermasse. Die konstruktive Gestaltung von Feststoffwärmespeichern muss deshalb in einer Art erfolgen, die es ermöglicht, dass möglichst die gesamte Masse des Speichers für die Nutzung zur Verfügung steht. Für die Beladung und Entladung des Feststoffspeichers ist die Speichermasse mit Kanälen durchzogen (meist durch Einbau von Rohren), durch die flüssige oder gasförmige Medien strömen. Im Falle von Gesteinsschüttungen bilden sich die Kanäle durch die Hohlräume zwischen den einzelnen Feststoffelementen automatisch aus. Bild 4.32 zeigt den schematischen Aufbau eines Feststoffwärmespeichers. Feststoffwärmespeicher sind in der Industrie seit Langem im Einsatz, man findet sie auch in Kachelöfen und Nachtspeicherheizungen in den privaten Haushalten.

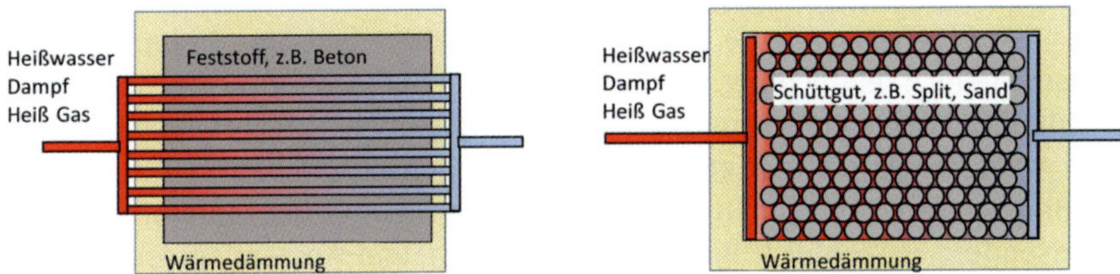

Bild 4.32: Schematischer Aufbau eines Feststoffwärmespeichers

Feststoffspeicher decken ein sehr breites Temperaturband von bis zu 1000 °C ab. Neben Feuerfestmaterialien, Granit oder Ziegeln kann auch Eisen zum Einsatz kommen. Grundsätzlich sind sie sehr langzeitstabil. Probleme können jedoch auftreten, wenn wie meist gewünscht eine sehr große Temperaturspreizung im Feststoffspeicher genutzt werden soll. Durch das zyklische Aufheizen und Abkühlen entstehen dann Wärmedehnungen in einer Größenordnung, die zu erheblichen Materialbelastungen führen. Dies führt meist zu erheblichen Materialabrieb in einem Schüttgutspeicher. Dieser Abrieb kann in den vor- und nachgelagerten Prozessen zu Problemen führen, da der Abrieb häufig aus dem Speicher ausgetragen wird.

Als kritisch erweisen sich auch die unterschiedlichen Wärmeausdehnungskoeffizienten von Materialien im Speicher. Sind in einem Betonspeicher Stahlrohre für die Kanalführung installiert, so kommt es durch die unterschiedlichen Wärmedehnungen von Stahl und Beton gegebenenfalls zur Zerstörung des Wärmespeichers. Seit 2017 baut die Firma Siemens in Hamburg einen Schüttgutspeicher aus Natursteinen der 2019 fertiggestellt wurde. Dafür wurden rund 1.000 Tonnen Gestein eingesetzt, die zu einer Speicherkapazität von 30 Megawattstunden (MWh) führen soll. Thermische Speicher finden ihre potentielle Anwendung im Bereich der adiabaten Druckluftspeicherkraftwerke (Jakiel et al. 2007), der Solarkraftwerke oder als Verbindungselement im Rahmen der Sektor-Kopplung. Im letzten Fall wird der überschüssige erneuerbare Strom als Hochtemperaturwärme gespeichert, da die Wärmespeicherung günstiger als die Stromspeicherung ist. Bei der folgenden Entladung des Wärmespeichers wird die Hochtemperaturwärme dann mithilfe eines Kreisprozesses wieder verstromt. Ein solcher thermischer Speicher wird auch als Carnot-Batterie bezeichnet. Eine sehr umfangreiche Zusammenstellung zu thermischen Energiespeichern findet sich auch in (Khammas, o. J.).

Für die Auswahl geeigneter Schüttgüter ist insbesondere auf die thermischen und mechanischen Eigenschaften zu achten. Tabelle 4.6 zeigt die Eigenschaften einiger Schüttgüter.

Keramikkugeln weisen gute Speichereigenschaften und eine hohe Stabilität auf, sind jedoch relativ teuer. Eifellava ist relativ porös und brüchig, sodass die Stabilität bei wechselnder thermischer Belastung nur eingeschränkt ist. Basaltsplit weist demgegenüber gute thermische Eigenschaften auf, ist stabil und zudem noch sehr preisgünstig. Die Entwicklung thermischer Feststoffspeicher, insbesondere im Hinblick auf Langzeitstabilität und Kostendegression, sind noch nicht abgeschlossen (Daschner et al. 2013). Vielmehr zeigt sich in den letzten Jahren eine Renaissance des Themas im Zusammenhang mit der Energiewende. Bis auf ihren Einsatz in ausgewählten Anwendungen wie z. B. in der Stahlindustrie, im Bereich der Brenner oder der Lüftungs- und Klimatechnik sind thermische Energiespeicher derzeit jedoch noch nicht verbreitet.

4.3.6 Latente und sorptive Speicherung

Latent-Wärmespeicher speichern Wärme durch Nutzung einer Aggregatszustandsänderung. Zu den Latent-Wärmespeichern zählt auch der Dampfspeicher (Abschnitt 4.3.3). Bei einem Phasenwechsel wird stets ein Vielfaches der Energie gegenüber der sensiblen Wärmespeicherung aufgenommen. Latent-Wärmespeicher arbeiten meist bei einer festen Temperatur und der wesentliche Anteil der Energiespeicherung erfolgt durch den Phasenwechsel. In Latent-Wärmespeichern eingesetzte Materialien werden auch als Phasenwechselmaterial (engl. Phase Change Material; PCM) bezeichnet. Dabei erfolgt die Wärmeabgabe aus dem Speicher bei konstanter Temperatur. Phasenwechselmaterialien werden meist nach ihrer chemischen Zusammensetzung klassifiziert. Zu den organischen Phasenwechselmaterialien zählen Kohlenwasserstoffe, insbesondere Paraffine, Fettalkohole, Fettsäuren und Wachse. Zu den anorganischen PCM zählen insbesondere Salze, Salzhydrate und Metallhydride. Einen guten Überblick über Stoffe und Stoffeigenschaften liefert (Gil et al. 2010). Einen Überblick über den Einsatz von PCM in Gebäuden liefert (BINE 2009), (BINE 2008) beschäftigen sich mit dem Einsatz von PCM in der Bereitstellung von Dampf bei einer Temperatur von ca. 200 °C.

Tabelle 4.6: Eigenschaften von Schüttgütern (Rundel et al. 2013)

Bezeichnung	Name	Partikeldurchmesser [mm]	Schüttdichte [kg/m³]	Leerraumanteil	Feststoffdichte [kg/m³]	Mittlere spezifische Wärmekapazität [J/(Kg K)]	Mittlere Wärmeleitfähigkeit [W/(m K)]	Wärmeausdehnungskoeffizient [10^{-6}/K]
Alcoa Kugeln	Alcoa 3/16''	4,8	2350	0,375 – 0,4	3950	1090	2,1	7,3
Duranit Kugeln	Duranit-Inert ¼''	6,4	1400	0,4 – 0,45	2450	840	1,7	4,7
Eifellava Split	Eifenlava 4/8	6,1	1120	0,46 – 0,47	2100	1100	1,4	5,5
Basaltsplit	Basalt 5/8	6,6	1600	0,46	2950	1004	1,7	9,1
Diabas Split	Diabas 5/8	6,2	1580	0,44	2820	980	1,8	9,1

Tabelle 4.7: Phasenwechselmaterialien und Einsatztemperaturen

Material	Temperaturbereich [°C]	Eigenschaften	Schmelzwärme [kWh/m³]
Paraffine	6–80	– niedrige Speicherdichten – relativ teuer – brennbar – ungiftig – nicht korrosiv, zyklenstabil	40–60
Salzhydrate	20–80	– höhere Speicherdichten – geringe Kosten – extrem korrosiv gegenüber Metallen – bedingt zyklenstabil – beim Entladen Gefahr des Unterkühlens	60–170
Nitratsalze	130–400	– hohe Speicherdichten – preiswert – zyklenstabil – korrosiv gegenüber Metallen	50–190

Da Phasenwechselmaterialien flüssig werden, müssen sie entweder insgesamt in einem dichten Behälter eingeschlossen werden oder kleinere Stoffmengen müssen jeweils einzeln eingeschlossen werden (Mikroverkapselung). Durchgesetzt haben sich Phasenwechselmaterialien für die Wärmespeicherung in der industriellen Praxis jedoch noch nicht. Gleiches gilt auch für die sorptive Wärmespeicherung. Bei der sorptiven Wärmespeicherung erfolgt die Speicherung nicht durch eine Temperaturänderung oder einen Phasenwechsel, sondern durch die Reaktion zweier Stoffe. Voraussetzung für den Einsatz der sorptiven Speicherung ist die leichte Umkehrbarkeit der Reaktion.

Unterschieden wird dabei zwischen der Physisorption, also der Speicherung der Wärme in der Form von Bindungsenergie zwischen der Oberfläche eines Feststoffes und einem Gas, und der Chemisorption, bei der eine chemische Reaktion zwischen einem Gas und einem Feststoff stattfindet. Bei Letzterem spricht man dann auch von einer thermochemischen Speicherung.

Da die Energiespeicherung nur begrenzt im Zusammenhang mit der Temperatur der Speicherung steht, treten bei der sorptiven Wärmespeicherung lediglich geringe Verluste durch Selbstentladung auf. Da bei der sorptiven Wärmespeicherung zur Wärmeübertragung zusätzlich die Stoffübertragung hinzukommen muss, ist die Gestaltung der Speichersysteme wesentlich aufwendiger. Der Feststoff mit einer möglichst großen Oberfläche wird dabei als Speichermedium, das Gas als Arbeitsmedium bezeichnet. Am weitesten fortgeschritten sind die Entwicklungen für das Gas Wasserdampf mit den Speichermedien Zeolith oder Silikagel. Diese sind in der Lage, Wasser im Umfang von ca. 40 % ihres trockenen Gewichtes an der Oberfläche zu adsorbieren. Bei der Speicherentladung lagert sich der Wasserdampf an der Oberfläche des Speichermediums an und ändert dabei seinen Aggregatzustand von gasförmig zu flüssig. Dadurch wird die Verdampfungsenthalpie in Form von Wärme freigesetzt. Für die Regeneration des Speichers muss das Wasser wieder von der Oberfläche des Speichermaterials entfernt werden. Dies geschieht durch entsprechende Wärmezufuhr. Bild 4.33 zeigt schematisch den Lade- und Entladevorgang.

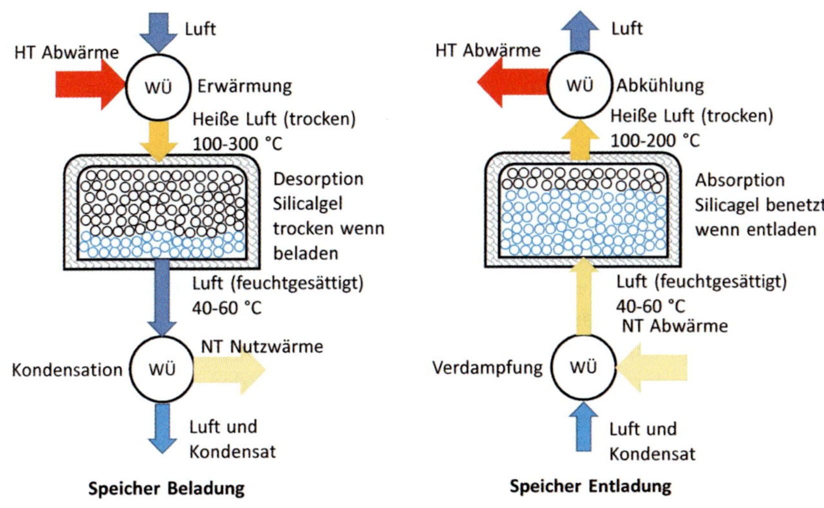

Bild 4.33: Beladung und Entladung eines Sorptionsspeichers mit Silikagel

Der Speicher ist beladen, wenn die Feuchtigkeit aus dem Material ausgetrieben wurde. Sofern der Speicher nach der Beladung von der Außenluft abgetrennt wird, treten praktisch keine Stillstandsverluste auf. Lediglich bei Kontakt mit der Außenluft entlädt sich der Speicher durch die in der Außenluft enthaltene Feuchtigkeit. Wird der beladene Speicher mit feuchter Luft durchströmt, kondensiert der Wasserdampf auf der Oberfläche des Speichermaterials und die Verdampfungsenthalpie des Wassers erwärmt den Luftstrom. Im Rahmen eines Forschungsprojekts wurde ein entsprechender Sorptionsspeicher für den Einsatz in einem Geschirrspüler entwickelt (Forschungsinitiative Energiespeicher 2016), ein breiterer Einsatz in der Praxis ist jedoch noch ausstehend. Zu beachten ist, dass die Anwendung von Sorptionsspeichern aufgrund ihrer Konzeption nicht universell als Wärmespeicher geeignet ist. Sinnvoll eingesetzt werden können sie derzeit nur in Verbindung von heißer Luft und Feuchtigkeit.

4.4 Wärmenutzung zur Stromerzeugung

Während die Wärmerückgewinnung und somit der Nutzung der Abwärme innerhalb des gleichen oder eines benachbarten Prozesses meist viele Vorteile bietet, so scheitert diese Nutzung häufig an einem deutlichen Überschuss an verfügbarer Abwärme. Gerade in den Hochtemperaturprozessen in der Industrie (z.B. Stahl, Zement, Kalk, Glas) werden für den Prozess große Wärmeströme bei sehr hohen Temperaturen benötigt, während gleichzeitig nur ein geringer bis mittlerer Wärmebedarf bei niedrigen und mittleren Temperaturen vorhanden ist. Grundsätzlich stehen demnach in diesen Prozessen große Abwärmeströme hoher und mittlerer Temperaturen zur Verfügung. Sofern diese nicht im eigenen Unternehmen genutzt werden können, so besteht die Möglichkeit diese Abwärmeströme an Dritte zur Nutzung abzugeben. Dazu sind entsprechende Wärmenetze erforderlich. In dichtbesiedelten Regionen kann die Abwärme gegebenenfalls in ein vorhandenes Fernwärmenetz eingespeist werden. So wurden u.a. im Ruhrgebiet Abwärme aus dem Stahlwerk in Rheinhausen und von Sachtleben Chemie in die Fernwärmeschiene Niederrhein zur Abwärmenutzung eingespeist (Brandstätter 2008). Besteht aber weder intern noch extern ein entsprechender Wärmebedarf, so kann als weitere Option die Abwärme in andere Energieformen umgewandelt werden. Größte praktische Bedeutung hat dabei die Erzeugung von Strom aus Abwärme, der entweder selbst genutzt werden kann oder in das Netz der allgemeinen Versorgung zurückgespeist wird. Die Ergebnisse aus dem Betrieb einer ORC-Anlage mit der Abwärme eines Klinkerkühlers in der Zementindustrie fasst (LfU 2001) zusammen. Für die Verstromung von Abwärme können dabei entweder Dampfkraftprozesse oder thermoelektrische Generatoren eingesetzt werden.

4.4.1 Dampfkraftprozesse

Dampfkraftprozesse sind seit Langem in der Stromerzeugung etabliert. Als Antrieb zur Wärmeerzeugung dient dabei die Verbrennung fossiler Brennstoffe in einem Kessel. Grundsätzlich kann die Wärme statt aus einer Verbrennung auch aus der Nutzung eines Abwärmestroms stammen. Begrenzt wird der maximale Wirkungsgrad der Stromerzeugung dabei durch das Temperaturniveau der Wärmebereitstellung. Tabelle 4.8 zeigt exemplarisch für ausgewählte Temperaturen den maximal möglichen Wirkungsgrad für den idealen verlustfreien Prozess. Die real erreichbaren Wirkungsgrade liegen je nach Größe der Stromerzeugungsanlagen bei etwa bei 2/3 der maximalen Werte. Deutlich erkennt man an den Werten in der Tabelle, dass bei einer Abwärmenutzung im Bereich von 100 °C der erreichbare Wirkungsgrad beschränkt und damit die Wirtschaftlichkeit einer Anlage zur Rückverstromung von Abwärme häufig nicht erreicht wird, insbesondere wenn die Anlage nicht kontinuierlich betrieben wird.

Tabelle 4.8: Theoretisch maximal erreichbare Wirkungsgrade aus der Verstromung von Abwärme (für $T_u = 298$ K)

Abwärme-temperatur	**550 °C**	**300 °C**	**150 °C**	**100 °C**	**50 °C**
Maximaler Wirkungs-grad	63,8%	48%	29,6%	20,1%	7,8%

Gemessen an der Größe von konventionellen Anlagen zur Stromerzeugung weisen die Anlagen zur Abwärmeverstromung deutlich niedrigere Leistungen auf. Entsprechend sind auch die Massenströme, die durch den Dampfkreislauf transportiert werden, deutlich kleiner. Während im Kraftwerksbereich meistens axiale Dampfturbinen zum Einsatz kommen, werden für die Verstromung der Abwärme meist Schrauben- oder Kolbenexpander genutzt, die für kleinere Massenströme besser geeignet sind, teilweise auch kleinere Radialturbinen. Die Auswahl des Arbeitsfluides für den Dampfkraftprozess richtet sich nach dem Temperaturniveau der Abwärme. Als Arbeitsmedium im klassischen Dampfkraftprozess wird das Arbeitsmedium Wasser eingesetzt. Die Vorteile des Arbeitsmediums Wasser liegen insbesondere in seiner Ungiftigkeit, Nichtbrennbarkeit und der hohen Verdampfungswärme. Bei niedrigeren Temperaturen der Wärme (Abwärmenutzung, Geothermie) eignet sich Wasser dagegen weniger.

Für Dampfkraftprozesse, in denen Abwärme niedriger Temperatur genutzt werden soll, kommen deshalb organische Arbeitsmedien zum Einsatz. Eine gute Übersicht über mögliche organische Arbeitsfluide findet sich in (Saleh 2007; Lai 2011). In Tabelle 4.9 sind die Eigenschaften verschiedener genutzter Arbeitsfluide in Dampfkraftprozessen zusammengestellt.

Tabelle 4.9: Anorganische und organische Arbeitsfluide für Anlagen zur Abwärmeverstromung

	Siedepunkt bei Normaldruck [°C]	**Kritischer Punkt [°C]**	**Kritischer Punkt [bar]**	**Verdampfungswärme bei Normaldruck [kJ/kg]**
Wasser	99,85	373,9	220,6	2256
C_7H_8 (Toluol)	110,45	318,7	41,0	362,5
n-Pentan C_5H_{12}	36,05	196,7	33,7	357,2
n-Butan C_4H_{10}	−0,55	152,1	38,0	383,8
Ammoniak (NH_3)	−33,45	132,2	113,3	1347
HFC-236fa	−1,15	130,7	31,8	168,8
R134a (HFC-134a)	−25,15	101,1	40,6	215,5

Die Kosten von ORC-Anlagen liegen dabei aufgrund der niedrigeren Leistung und der höheren Anforderungen an die Komponenten im Bereich von 2000 bis 8000 Euro/kW_{el} beim etwa Zwei- bis Fünffachen der spezifischen Kosten eines klassischen Dampfkraftprozesses. Die spezifischen Kosten hängen jedoch stark von den jeweiligen Randbedingungen ab. Eine Übersicht von Anbietern entsprechender ORC Anlagen, zusammen mit den typischen Anlagenparametern und des technischen Konzeptes zeigt Tabelle 4.10. Weitere Anbieter finden sich auch in (Vélez et al. 2012).

Tabelle 4.10: Anbieter ORC-Anlagen (Energie und Management, 2012)

Unternehmen	Leistung (netto, in kW_{el})	El. Wirkungsgrad (bezogen auf die Wärmequelle)	Vorlauf-temperatur	Konden-sationsniveau	Arbeitsmedium	Entspannungs-maschine	Referenzen
Adoratec GmbH*, Mannheim	280 – 2280	15,5 – 21 %	270 °C; 320 – 325 °C	120 °C	Silikonöl	Turbine	40 Anlagen
Bosch KWK Systeme GmbH, Lollar	30 – 300	10 % bei 120 °C	100 – 150 °C	60 °C	R245fa	Turbine	Deponiegas-, Biogas-, Klärgas-BHKW sowie Industrie-Abwärme-nutzung
Conpower Technik GmbH, Kaufungen	11 – 63	7,5 % bei 85 °C	85 °C	30 °C	Solkane SES36	einstufige Radialturbine	BGA Friedrichs-feld, Trendel-burg bei Kassel
Devetec GmbH, Saarbrücken	200	12,5 % bei 250 °C	200 – 250 °C	79 °C	Ethanol	Kolben-maschine	Anlage am Grubengas-motorenkraft-werk Völk-lingen-Fenne, BGA Kirch-walsede
Dürr Cyplan Ltd., Bietig-heim-Bissingen	50 – 500	6 – 9 % bei 90 °C 16 – 20 % bei 350 °C	90 – 600 °C	30 – 95 °C	Silikonöl, Kohlenwasser-stoffe	Turbogenerator	10 Referenz-anlagen

Tabelle 4.10 (fortgesetzt)

Unternehmen	Leistung (netto, in kW_{el})	El. Wirkungsgrad (bezogen auf die Wärmequelle)	Vorlauftemperatur	Kondensationsniveau	Arbeitsmedium	Entspannungsmaschine	Referenzen
Fraunhofer-Institut Umsicht, Oberhausen	50, 60, 120	8 % bei 95 °C / 18 % bei 500 °C	85 – 110 °C, 160 – 200 °C	33 – 80 °C	Kohlenwasserstoffe	Radial-Gleichdruckturbine	5 Feldtestanlagen in Betrieb, weitere in Planung
Gesellschaft für Motoren und Kraftanlagen mbH, Bargeshagen	30 – 5000	8,5 – 18 %	100 – 320 °C	85 – 90 °C	organische Medien (WL220), Kohlenwasserstoffe (GL160)	Schraubenexpander bzw. Turbine	20 Biomasseanlagen in Deutschland, Geothermie
ORC energy GmbH, Dortmund	20, 30	14 % bei 450 – 550 °C	entspricht (wegen Direktverdampfer) der Abgastemperatur	85 – 95 °C	destilliertes Wasser	Zweizylinder Dampfkolbenmotor	Anlage bei Heidenheim, weitere in Planung
Ormatic GbR, Berlin	100	10 %	130 °C	20 – 50 °C	verschiedene Arbeitsmedien	Turbine	Anlagen weltweit
tec-concept, Meerane	3,5 – 30	10 % bei 90 °C	90 °C	20 °C	R245fa	Zentripetalturbine	Feldtestanlagen
Triogen B.V., Goor, Niederlande	60 – 160	16 – 20 % bei 180 °C	350 – 550 °C	55 – 80 °C	aromatische Kohlenwasserstoffe	einstufige Radialturbine	mehrere Anlagen in fünf europäischen Ländern
Turboden s.r.l., Brescia, Italien	600 – 3000	19 % bei 310 – 312 °C	140 – 312 °C	35 – 90 °C	organische Arbeitsmedien	Turbine	80 Anlagen in Deutschland, 200 weltweit

Aufgrund der hohen Investitionen konnte sich die Verstromung der Abwärme in der Industrie bisher nicht durchsetzen, da gerade die energieintensiven Industrien mit großen Abwärmemengen meist niedrige Strombezugskosten haben, mit denen die Erzeugung aus der Abwärme konkurrieren muss. Trotz typischerweise hoher Betriebsstundenzahl ist eine Wirtschaftlichkeit auf erhöhte Stromvergütungen angewiesen, wie sie zum Beispiel für Strom aus erneuerbaren Energien gewährt wird. ORC Anlagen haben deshalb eine Nische als zusätzliche Stromerzeugung aus der Abgaswärme von Biogas BHKW oder im Bereich der Geothermie gefunden.

4.4.2 Thermoelektrische Generatoren

Neben Dampfkraftprozessen können auch thermoelektrische Verfahren zur Stromerzeugung aus Abwärme eingesetzt werden. Thermoelektrische Generatoren (TEG) nutzen Temperaturunterschiede, um Abfallenergie in hochwertige elektrische Energie umzuwandeln. Thermoelektrische Generatoren verfügen dabei, im Gegensatz zu den Dampfkraftprozessen, nicht über bewegte Teile. Thermoelektrische Module können sowohl zur Umwandlung von Wärme in Strom als auch zur Umwandlung von Strom in Wärme bzw. Kälte eingesetzt werden. Bereits heute werden die als Peltier-Element bezeichneten Komponenten zur Temperierung von Autositzen oder der Temperierung von Elektronikkomponenten eingesetzt. Aus dem Alltagsbereich kennt man zudem den Einsatz in Campingkühlboxen.

Die Nutzung von Temperaturdifferenzen, Schwingungen und Licht zur Stromerzeugung wird auch als „Energy Harvesting“ bezeichnet. Solche Systeme eignen sich insbesondere für die Spannungsversorgung von Sensoren und Funkmodulen für die Datenkommunikation. Aufgrund der kleinen Leistungen eignen sich diese bisher nicht für die Versorgung größerer Verbraucher.

Den schematischen Aufbau eines thermoelektrischen Generators zeigt Bild 4.34. Die thermoelektrischen Materialien haben die Eigenschaft, bei anliegender Temperaturdifferenz eine Potentialdifferenz zwischen der Heißseite und der Kaltseite auszubilden, die als elektrische Spannung genutzt werden kann. Da auch für thermoelektrische Generatoren der maximal erreichbare Wirkungsgrad von der verfügbaren Temperaturdifferenz abhängt (vgl. Tabelle 4.8), sind große Temperaturdifferenzen vorteilhaft.

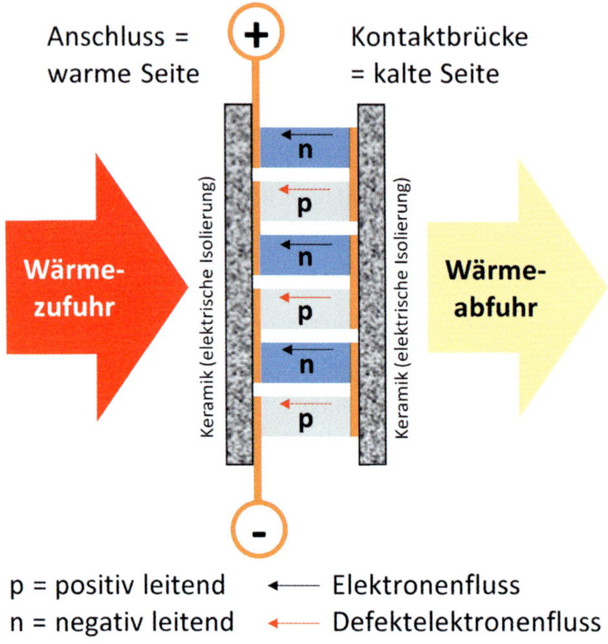

Bild 4.34: Schematischer Aufbau eines thermoelektrischen Generators

Derzeit kommerziell verfügbare TEG-Module basieren auf Wismuttellerid (Bi_2Te_3), das für Temperaturen der Abwärme bis ca. 250 °C eingesetzt werden kann. Höhere Temperaturen führen zur Zerstörung des Materials. Erreicht werden mit entsprechenden Modulen Leistungsdichten von 1 W/cm^2 und Wirkungsgrade von ca. 7 % (Stiewe und Müller 2014). Im Hochtemperaturbereich kommen häufig Bleitellurid-Materialien zum Einsatz. Eingesetzt werden entsprechende Systeme derzeit insbesondere, wenn nicht der Wirkungsgrad im Fokus steht, sondern die Zuverlässigkeit und ein einfacher Aufbau. Die Entwicklung neuer Materialien mit besseren Eigenschaften dauert an. Als eine geeignete Materialklasse wurden Skutterudite identifiziert (Kleinke 2010).

Die Nutzung von thermoelektrischen Generatoren zur Stromerzeugung ist in den letzten Jahren in einer Vielzahl von Studien aufgegriffen worden (BfE 2016; Stiewe und Müller 2014; BINE 2016). Zudem wurde in verschiedenen Industrien der Einsatz von TEG zur Abwärmeverstromung erprobt (Yazawa et al. 2017; Kaibe et al. 2011).

Durch die steigenden Anforderungen an die Effizienz im Bereich der Kraftfahrzeuge waren insbesondere in diesem Bereich besondere Anstrengungen zu verzeichnen (Salzgeber et al. 2010; Eder et al. 2015). In der Praxis konnten sich die thermoelektrischen Generatoren für die Abwärmeverstromung noch nicht durchsetzen. In Produkte überführt und eingesetzt werden sie dagegen bereits als autarke Energieversorgung für Sensoren.

4.5 Wärmenutzung durch Aufwertung

Neben der direkten Nutzung von Abwärme und der Nutzung der Abwärme zur Stromerzeugung kann Abwärme bei Bedarf auch unter Einsatz von Wärmepumpentechnologien aufgewertet werden. Ist die Temperatur der Abwärme zu niedrig, um sie direkt in den Prozess zurückzuführen, so kann mithilfe der Wärmepumpentechnologie eine Erhöhung der Temperatur der Abwärme erreicht werden. Wärmepumpen können sowohl mit elektrischer als auch mit thermischer Energie angetrieben werden. Die Effizienz von Wärmepumpen wird mit der Leistungskennzahl ε (COP = Coefficient of Performance) bewertet (4.1).

$$\varepsilon = \text{COP} = \frac{\text{Thermische Nutzenergie}}{\text{elektrischer oder thermischer Energieeinsatz}} \tag{4.1}$$

Die Leistungskennzahl ist dabei umso größer, je kleiner der erforderliche durch die Wärmepumpe zu leistende Temperaturhub ist. Die Geschichte der Wärmepumpe lässt sich in (Zogg 2008) anschaulich nachvollziehen und verdeutlicht die Höhen und Tiefen der Wärmepumpenentwicklung.

4.5.1 Brüdenverdichter

Eine Sonderbauform der Wärmepumpe stellt der Brüdenverdichter dar. Brüdenverdichter lassen sich nur zur Aufwertung der Abwärme einsetzen, wenn bei einem dampfförmigen Medium durch die Verdichtung auf einen höheren Druck die Kondensation des Dampfes auf einer höheren Temperatur erfolgt. Da jeder Zwischenkreis zu zusätzlichen Verlusten führt, kommen sie meist in Applikation mit dem Fluid Dampf/Wasser zum Einsatz. Bild 4.35 zeigt ein vereinfachtes Prinzip-Schema der mechanischen Brüdenkompression für einen Eindampfprozess. Um die im Brüden enthaltene Verdampfungsenthalpie im Prozess erneut zu nutzen, muss die Kondensationstemperatur so erhöht werden, dass eine ausreichende Grädigkeit im Wärmeübertrager vorhanden ist. Der durch den Einsatz des Brüdenverdichters aufgewertete Brüden ersetzt nun Heizdampf im Prozess und führt zu einer Reduzierung des Wärmebedarfs bei gleichzeitiger Reduzierung der entstehenden Abwärme.

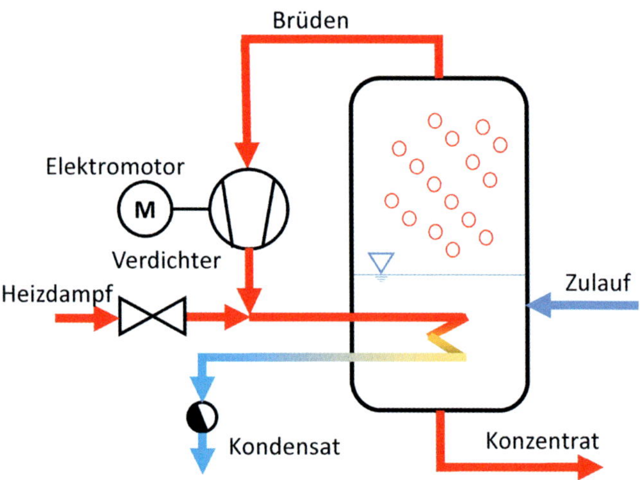

Bild 4.35: Vereinfachtes Prinzip-Schema der mechanischen Brüdenkompression

Brüdenverdichter arbeiten meist im Temperaturbereich zwischen 80 und 250 °C. Sie kommen z.B. bei thermischen Trennverfahren, wie z.B. für die Destillation oder Verdampfung, zum Einsatz. Eine Übersicht möglicher Anwendungen gibt (Hu et al. 2018).

Ein Bereich mit großer Bedeutung für den Einsatz der Brüdenkompression stellt die Meerwasserentsalzung dar (Kazemi et al. 2016). Mechanische Brüdenverdichter erreichen bei Temperaturhüben von 20–40 °C Leistungszahlen zwischen 7 und 14. Als Verdichter können alle gängigen Bauarten von Verdichtern eingesetzt werden. Für kleine Temperaturhübe können Drehkolbengebläse oder Axial- oder Radialventilatoren eingesetzt werden. Bei höheren Temperaturhüben und somit auch einer entsprechend größeren Druckanhebung müssen Radial- oder Axialverdichter eingesetzt werden. Für sehr hohe Temperaturdifferenzen kommen Kolbenkompressoren zum Einsatz.

Maßgeblich für die Auswahl des geeigneten Verdichters ist das erforderliche Druckverhältnis und der zu fördernde Volumenstrom. Typische spezifische Investitionen für Brüdenverdichter liegen zwischen 90 €/kW_{th} und 250 €/kW_{th}. Neben den hohen Investitionen ist zu berücksichtigen, dass elektrisch angetriebene Brüdenverdichter die hochwertige und teure Energieform Strom für den Antrieb benötigen. Um somit überhaupt einen wirtschaftlichen Einsatz zu ermöglichen, muss die Leistungsziffer des Brüdenverdichters größer sein als das Verhältnis von Strompreis zu Brennstoffpreis. Ein hoher erforderlicher

Temperaturhub für die Verdichtung der Brüden, in Verbindung mit ungünstigen Kostenstrukturen im Bereich der Energieträger, sorgte bisher dafür, dass die Anzahl von entsprechenden Anlagen auf wenige Anwendungsfälle beschränkt geblieben ist.

Für den Einsatz bei Verdampfungsprozessen gibt es jedoch wirtschaftliche Potentiale für diese Form der Wärmerückgewinnung. Bild 4.36 zeigt exemplarisch die Wirtschaftlichkeit eines Brüdenkompressors in Abhängigkeit von Strom und Wärmepreis, wobei lediglich der Bereich mit Amortisationszeiten unterhalb von 6 Jahren für Unternehmen eine attraktive Option darstellen dürfte.

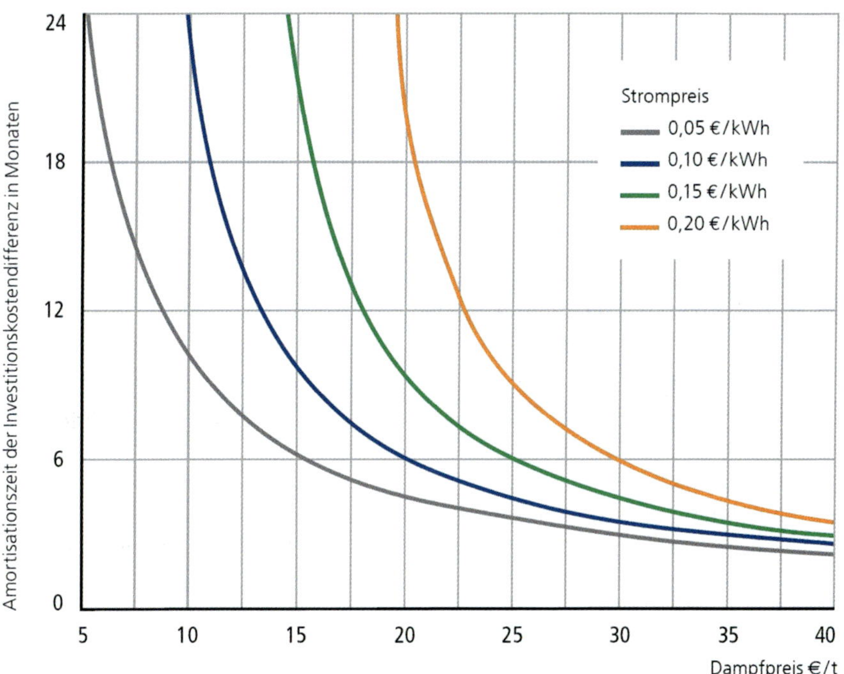

Bild 4.36: Amortisationszeit für die Mehrkosten bei Einsatz eines Brüdenverdichters an einer Eindampfanlage (Bildquelle: GEA 2018, S. 6)

Neben den Kosten für Investition und den Energiekosten spielen bei den Brüdenverdichtern die Wartungs- und Instandhaltungskosten eine besondere Rolle. Dabei stellen die Abdichtung des Verdichterraumes und die Schmierung besondere Herausforderungen dar. Beim Einsatz mechanischer Brüdenverdichter können auch Probleme durch Schwingungen und Pulsationen beim Anfahren von Anlagen auftreten oder diese können einen stabilen Anlagenbetrieb erschweren (Kryllowicz et al. 2018).

Bei der thermischen Brüdenverdichtung werden anstelle von elektrisch angetriebenen Verdichtern thermische Verdichter eingesetzt. Thermische Brüdenverdichter werden häufig auch als Dampfstrahlverdichter bezeichnet. Hierbei dient die Energie eines Dampfstroms mit hohem Druckniveau als Antrieb, um mittels einer Strahlpumpe einen Dampfstrom mit niedrigem Druckniveau auf ein erhöhtes Druckniveau zu bringen (Power 1994). Es entsteht ein Dampfstrom mit mittlerem Druckniveau. Der Brüdendampf wird mit dem Treibdampf verdichtet und dient zur Beheizung des Prozesses. Bei der thermischen Brüdenkompression wird Treibdampf mit höherem Temperatur- und Druckniveau anstelle von Strom benötigt.

Bild 4.37 zeigt den Aufbau eines Dampfstrahlverdichters zusammen mit dem Druckverlauf im Apparat. Der Treibdampf mit hohem Druck und geringer Menge tritt in den Dampfstrahlapparat ein, wird beschleunigt und saugt den Niederdruckdampf (Saugdampf) an. Treibdampf und Saugdampf vermischen sich. Durch den Druckstoß bei der Umkehrung der Querschnittsänderung steigt der Druck an und erhöht sich durch die Querschnittserweiterung im hinteren Teil des Dampfstrahlverdichters etwas weiter.

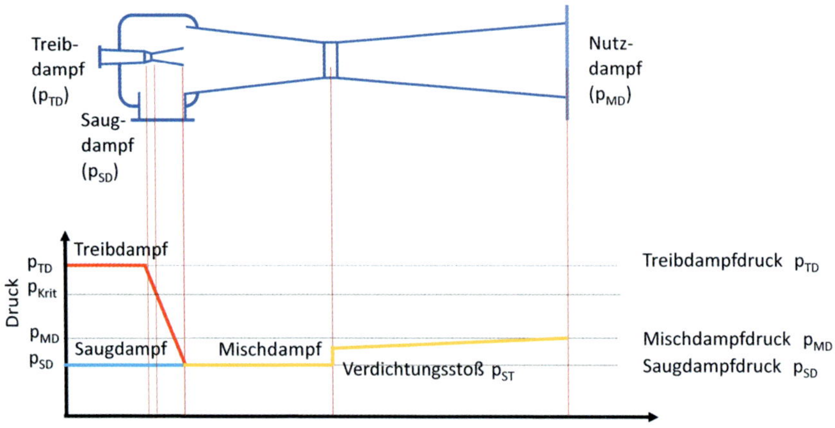

Bild 4.37: Schematische Darstellung des Druckverlaufs in einem Dampfstrahlverdichter

Mithilfe einer kleinen Menge hochwertigen Treibdampfes wird der Saugdampf auf einen höheren Druck angehoben. Der den Strahlapparat verlassende Mischdampf hat einen Druck der oberhalb des Saugdampfdruckes aber deutlich unter dem Treibdampfdruck liegt. Entscheidend für die Nutzung der Verdampfungsenthalpie des Saugdampfes ist die Druckanhebung und damit einhergehend die Anhebung der Kondensationstemperatur. Um eine Temperaturanhebung von ca. 20 °C zu erreichen, muss beispielsweise der Druck des Wassersattdampfes von 0,7 bar ($T_S = 90$ °C) auf 1,4 bar ($T_S = 110$ °C) erhöht werden.

Der wesentliche Vorteil des thermischen Brüdenverdichters gegenüber dem mechanischen Brüdenverdichter ist der Verzicht auf bewegliche Teile. Durch die einfache Bauweise lassen sich Dampfstrahlverdichter leicht reinigen und weisen eine hohe Betriebssicherheit und geringen Wartungsaufwand auf. Sie können in einem großen Leistungsbereich hergestellt werden und sind auch für sehr große Leistungen marktverfügbar. Durch den Einsatz korrosionsbeständiger Materialien können auch Sonderanwendungen mit aggressiven Medien realisiert werden.

Je nach Parametrierung des Dampfstrahlverdichters kann er auch zur Kälteerzeugung eingesetzt werden. Mithilfe von Treibdampf kann Kälte erzeugt werden. Entwickelt wurde diese Technologie insbesondere für die Kombination mit solarthermischen Anlagen. Eine Pilotanlage zur Kälteerzeugung mithilfe eines Dampfstrahlverdichters wurde 2002 in Gera erprobt (BINE 2002).

4.5.2 Wärmepumpen

Die Wärmepumpe ist eine Technologie, mit der ein Wärmestrom unter Aufwendung von Exergie von einem niedrigen (Wärmequelle) auf ein höheres Temperaturniveau (Wärmesenke) gehoben werden kann. In der technischen Umsetzung wird dieser Wärmepumpeneffekt durch die zyklische Verdichtung und Entspannung eines Gases in einem linksläufigen Kreisprozess erzeugt.

Mit aktueller Wärmepumpentechnik können in einem großen Leistungsspektrum Temperaturen von bis zu 110 °C erreicht werden. Damit können die Bedürfnisse der Industrie hinsichtlich der Heizleistungen sowie der erreichbaren Temperaturen zum Teil bereits erfüllt werden.

Perspektivisch ist für die Wärmepumpentechnik eine weitere Steigerung der erreichbaren Temperaturen zu erwarten. Einen Überblick über verschiedene Wärmepumpentechnologien und deren Einsatzbereiche zeigt Bild 4.38.

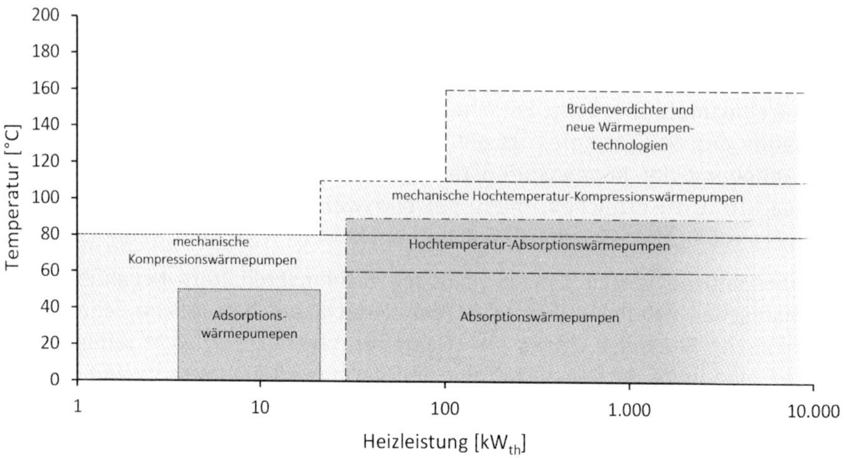

Bild 4.38: Anwendungsbereiche verschiedener Wärmepumpentypen

Für industrielle Anwendungen geeignet sind vornehmlich Kompressions- und Absorptionswärmepumpen. Tabelle 4.11 zeigt die Eigenschaften dieser Wärmepumpentechnologien.

Tabelle 4.11: Übersicht der Eigenschaften von Kompressions- und Absorptionswärmepumpen

Kategorie	Kompressionswärmepumpe	Absorptionswärmepumpe
Antrieb	Elektro-/Verbrennungsmotor	Abwärme, Gas-/Ölbrenner
Nennheizleistung	2 kW$_{th}$ bis 20 MW$_{th}$	25 kW$_{th}$ bis 20 MW$_{th}$
max. Temperatur	110 °C	90 °C
max. Temperaturhub pro Stufe	50 K (70 K)	50 K
Leistungszahl bei 40 K Temperaturhub	3,9 bis 4,9	1,2 bis 1,5
mittlere technische Lebensdauer	20 Jahre	18 Jahre
Investition inkl. Installation (500 kW$_{th}$)	450 bis 700 EUR/kW$_{th}$	500 bis 800 EUR/kW$_{th}$
Investition inkl. Installation (10 MW$_{th}$)	250 bis 400 EUR/kW$_{th}$	300 bis 450 EUR/kW$_{th}$

Die technisch am weitesten fortgeschrittene Wärmepumpentechnologie ist die elektrisch angetriebene Kaltdampfkompressionswärmepumpe.

4.5.2.1 Kompressionswärmepumpen

In der Kaltdampf-Kompressionswärmepumpe wird ein Kältemittel in einem linksläufigen Kreisprozess komprimiert und wieder entspannt (siehe Bild 4.39). Die Wärmeaufnahme erfolgt beim Verdampfen des Kältemittels auf niedrigem Temperatur- und Druckniveau. Der Kältemitteldampf wird dann mittels eines mechanischen Verdichters (z. B. Hubkolben, Schraube, Turbo) komprimiert. Mit der Erhöhung des Drucks steigt auch die Temperatur des Kältemittelgases. Im Verflüssiger wird Wärme auf dem erhöhten Temperaturniveau an die Wärmesenke abgegeben. Dabei kondensiert das Kältemittel. Das Kältemittelkondensat wird über das Expansionsventil entspannt. Der Kreis ist damit geschlossen.

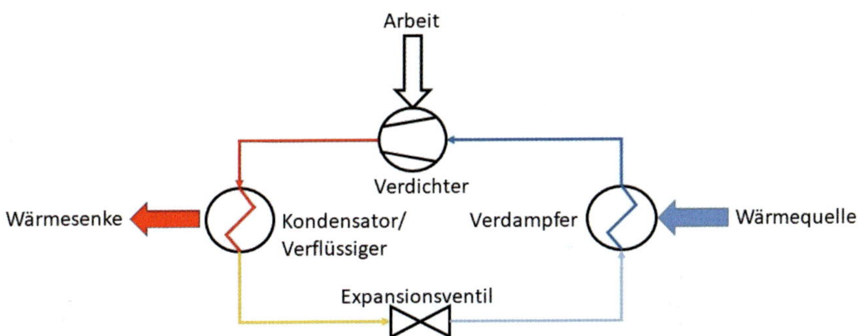

Bild 4.39: Schematische Darstellung des Funktionsprinzips der Kompressionswärmepumpe

Die am Markt verfügbaren Kompressionswärmepumpen decken eine große Bandbreite an Heizleistungen von 2 kWth bis 20 MWth ab. In Standard-Kompressionswärmepumpen werden häufig die Kältemittel R407C, R410 A und R134a verwendet. Aufgrund der geringen kritischen Temperaturen von 87 °C (R407C) bis 101 °C (R134a) und der Tatsache, dass optimale Leistungszahlen bei Kondensationstemperaturen von 30 bis 40 K unterhalb der kritischen Temperatur erreicht werden (Reissner, 2015), beschränkt den Einsatzbereich dieser Wärmepumpen auf unter 80 °C.

Die seit einigen Jahren auf dem Markt befindlichen Hochtemperaturwärmepumpen erreichen Temperaturen von bis zu 110 °C. Hier werden zum einen synthetische (R245fa) aber auch natürliche Kältemittel (R600a (Isobutan)

oder R717 (Ammoniak)) verwendet, da diese höhere kritische Temperaturen aufweisen. Der erzielbare Temperaturhub beträgt pro Wärmepumpenstufe ca. 50 K. Höhere Temperaturhübe sind durch mehrstufige Anlagen realisierbar.

Eine Ausnahme bildet R744 (CO_2), dessen kritische Temperatur bei 31 °C liegt. Daher wird R744 unter hohen Drücken im überkritischen Prozess eingesetzt. Durch die Wärmeabgabe im überkritischen Bereich entsteht ein hoher Temperaturgleit im Wärmeübertrager der Wärmesenkenseite, weshalb sich diese Wärmepumpen vornehmlich zur Erwärmung von Stoffströmen über ein großes Temperaturdelta eignen. Aufgrund hoher Kondensationsdrücke werden in Wärmepumpen mit R717 und R744 spezielle Hubkolben- oder Schraubenverdichter eingesetzt. Bei hohen Druckdifferenzen kann überdies der Einsatz einer Entspannungsturbine anstelle eines typischerweise verwendeten Expansionsventils sinnvoll sein (Austin und Sumathy, 2011).

Durch den hohen Global Warming Potentials (GWP) der genannten synthetischen Kältemittel sind diese nur begrenzt zukunftsfähig. Anders als im Niedertemperaturbereich gibt es für Hochtemperaturanwendungen nur wenige Alternativen. In Labortests konnten für das Kältemittel R1336mzz-Z (GWP 9,4) die zuvor theoretisch ermittelten Eigenschaften (Kontomaris, 2014) bestätigt werden. So wurden im Labormaßstab Verdampfungstemperaturen von 90 °C und Kondensationstemperaturen von 150 °C erreicht (Fleckl et al., 21. Oktober 2015). Ähnliche Ergebnisse erzielte (Reissner, 2015) mit dem Kältemittel LG6 (GWP 1). Die nächsten Entwicklungsschritte für diese Prototypen sind Material- und Komponententests, die Optimierung der Kreisprozesse und die Vergrößerung der Anlagen. Mit der Entwicklung eines neuen zweistufigen Turboverdichters konnten (Larminat, 17. März 2015) mit R718 (Wasser) eine Kondensationstemperatur von 130 °C bei einer Heizleistung von 618 kWth erreichen. Perspektivisch ist die Demonstration dieser Anlage in einem realen Produktionsprozess geplant. In Japan wurden mit einer Kombination aus klassischer Kompressionswärmepumpe und Brüdenverdichter bereits Dampftemperaturen von bis zu 165 °C bei einem Temperaturhub von 95 K erreicht (Kobe Steel Ltd. et al., 2011).

Die weitere Entwicklung der Kompressionswärmepumpen fokussiert sich folglich auf die Erreichung höherer Temperaturen und der Vergrößerung bisheriger Prototypen. Zu diesem Zweck müssen neue Komponenten entwickelt bzw. bestehende Komponenten an Temperaturen, Drücke und die chemischen Eigenschaften der verwendeten Kältemittel angepasst werden. Bei entsprechender Nachfrage ist damit zu rechnen, dass neue Modelle auf dem Markt erhältlich sind, die die bisherigen Temperaturen übersteigen. Im Bereich der bereits verfügbaren Hochtemperaturwärmepumpen bis 110 °C fehlen bisher messtechnisch dokumentierte und wissenschaftlich ausgewertete Anwendungsfälle.

Kompressionswärmepumpen werden mit mechanischer (elektrischer) Energie betrieben (reine Exergie) und erreichen Nutztemperaturen, die durch die Stabilität der verwendeten Kältemittel begrenzt sind (Eder, Moser 1979). Weitere Begrenzungen ergeben sich nach (Frank, Kirn 1984) aus den maximal zulässigen Betriebstemperaturen und -drücken der Verdichter auf Saug- und Druckseite sowie der Wärmeübertrager. Kompressionswärmepumpen sind geschlossene Systeme.

Bild 4.40 zeigt eine von (Wolf u. a. 2014) angefertigte Marktübersicht zu Industriewärmepumpen. Neben dem verwendeten Kältemittel werden Angaben zur Vorlauftemperatur und dem thermischen Nennleistungsbereich getätigt.

Bis auf eine hybride Lösung handelt es sich bei der Übersicht ausschließlich um Kompressionswärmepumpen. Moderne Wärmepumpen dieser Bauart können demnach Temperaturen von bis zu 110 °C erreichen. Für Temperaturen bis zu 160 °C werden bereits Prototypen und Demonstrationsanlagen getestet.

Wärmepumpen werden auch in mehrstufigen Varianten ausgeführt. In einem zweistufigen Wärmepumpenkreislauf erfolgt der Verdichtungsvorgang beispielsweise in zwei aufeinanderfolgenden Stufen mit Zwischenkühlung auf dem Mitteldruckniveau. Nach (Gernemann 2003) werden zweistufige Prozesse immer dann eingesetzt, wenn eine der beiden folgenden Bedingungen erfüllt ist:

- Die maximal zulässige Verdichtungsendtemperatur beim einstufigen Betrieb wird überschritten.
- Die Summe aus höheren Investitionen (Verdichter, Zwischenkühlung, Rohrleitungen) und niedrigeren Betriebskosten aufgrund des geringeren Energiebedarfs der zweistufigen Anlage, ist nach einer gewählten Betriebsdauer (Amortisationszeit) niedriger als die der einstufigen Anlage.

Das erste Kriterium stellt eine technische Grenze für den Einsatz einer einstufigen Wärmepumpe dar. Bei der Überwindung großer Temperaturhübe zwischen der Verdampfungs- und der Kondensationstemperatur wird bei einer einstufigen Verdichtung mit Kältemitteln, die einen hohen Isentropenexponent κ aufweisen, eine extreme Verdichtungsendtemperatur erreicht. Das kann u. a. zum Abriss des Schmierfilms führen.

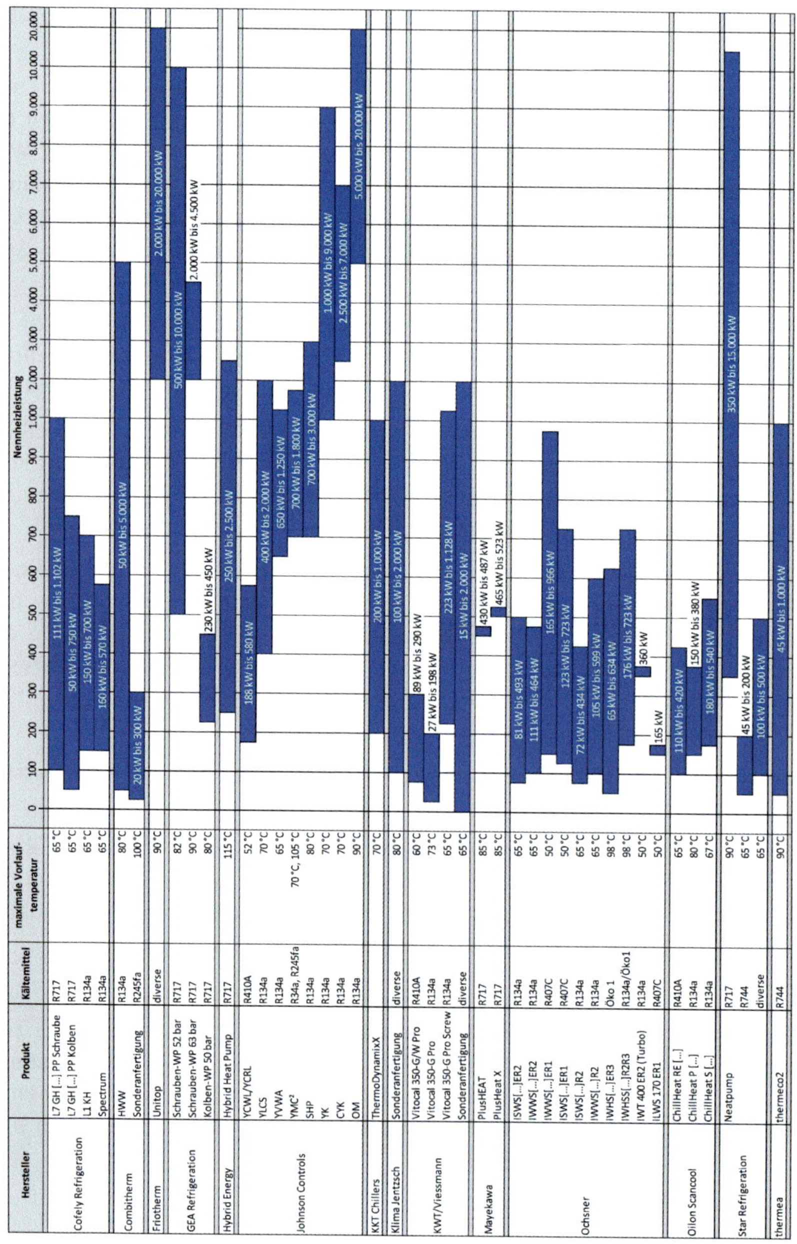

Hersteller	Produkt	Kältemittel	maximale Vorlauftemperatur	Nennheizleistung
Cofely Refrigeration	L7 GH [...] PP Schraube	R717	65 °C	111 kW bis 1.102 kW
	L7 GH [...] PP Kolben	R717	65 °C	50 kW bis 750 kW
	L1 KH	R134a	65 °C	150 kW bis 700 kW
	Spectrum	R134a	65 °C	160 kW bis 570 kW
Combitherm	HWW	R134a	80 °C	50 kW bis 5.000 kW
	Sonderanfertigung	R245fa	100 °C	20 kW bis 300 kW
Friotherm	Unitop	diverse	90 °C	2.000 kW bis 20.000 kW
GEA Refrigeration	Schrauben-WP 52 bar	R717	82 °C	500 kW bis 10.000 kW
	Schrauben-WP 63 bar	R717	90 °C	2.000 kW bis 4.500 kW
	Kolben-WP 50 bar	R717	80 °C	230 kW bis 450 kW
Hybrid Energy	Hybrid Heat Pump	R717	115 °C	250 kW bis 2.500 kW
Johnson Controls	YCWL/YCRL	R410A	52 °C	188 kW bis 580 kW
	YLCS	R134a	70 °C	400 kW bis 2.000 kW
	YVWA	R134a	65 °C	650 kW bis 1.250 kW
	YMC²	R34a, R245fa	70 °C, 105 °C	700 kW bis 1.800 kW
	SHP	R134a	80 °C	700 kW bis 3.000 kW
	YK	R134a	70 °C	1.000 kW bis 9.000 kW
	CYK	R134a	70 °C	2.500 kW bis 7.000 kW
	OM	R134a	90 °C	5.000 kW bis 20.000 kW
KKT Chillers	ThermoDynamixX		70 °C	200 kW bis 1.000 kW
Klima Jentzsch	Sonderanfertigung	diverse	80 °C	100 kW bis 2.000 kW
KWT/Viessmann	Vitocal 350-G/W Pro	R410A	60 °C	89 kW bis 290 kW
	Vitocal 350-G Pro	R134a	73 °C	27 kW bis 198 kW
	Vitocal 350-G Pro Screw	R134a	65 °C	223 kW bis 1.128 kW
	Sonderanfertigung	diverse	65 °C	15 kW bis 2.000 kW
Mayekawa	PlusHEAT	R717	85 °C	430 kW bis 487 kW
	PlusHeat X	R717	85 °C	465 kW bis 523 kW
Ochsner	ISWS[...]ER2	R134a	65 °C	81 kW bis 493 kW
	IWWS[...]ER2	R134a	65 °C	111 kW bis 464 kW
	IWWS[...]ER1	R407C	50 °C	165 kW bis 966 kW
	ISWS[...]ER1	R407C	50 °C	123 kW bis 723 kW
	ISWS[...]R2	R134a	65 °C	72 kW bis 434 kW
	IWWS[...]R2	R134a	65 °C	105 kW bis 599 kW
	IWHS[...]ER3	Öko 1	98 °C	65 kW bis 634 kW
	IWHSS[...]R2R3	R134a/Öko1	98 °C	176 kW bis 723 kW
	IWT 400 ER2 (Turbo)	R134a	50 °C	360 kW
	ILWS 170 ER1	R407C	50 °C	165 kW
Oilon Scancool	ChillHeat RE [...]	R410A	65 °C	110 kW bis 420 kW
	ChillHeat P [...]	R134a	80 °C	150 kW bis 380 kW
	ChillHeat S [...]	R134a	67 °C	180 kW bis 540 kW
Star Refrigeration	Neatpump	R717	90 °C	350 kW bis 15.000 kW
		R744	65 °C	45 kW bis 200 kW
		diverse	65 °C	100 kW bis 500 kW
thermea	thermeco2	R744	90 °C	45 kW bis 1.000 kW

Bild 4.40: Marktübersicht Industriewärmepumpen (Wolf et al. 2014)

Die Zwischenkühlung auf Mitteldruckniveau dient der Reduktion der Verdichtungsendtemperatur. Dabei werden verschiedene Zwischenkühlungssysteme unterschieden (vgl. Economiser):

- äußerer Zwischenkühler mit Luft,
- innerer Zwischenkühler mit Kältemitteleinspritzung,
- offene und geschlossene Mitteldruckflasche.

In Bild 4.41 ist die Zwischenkühlung mit offener Mitteldruckflasche dargestellt.

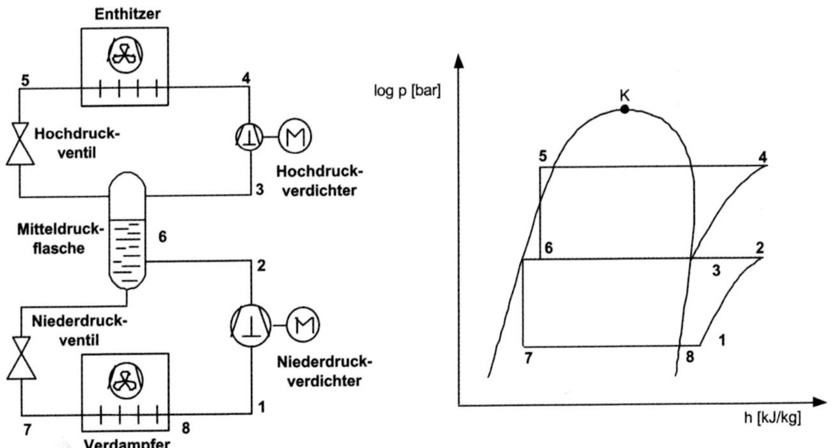

Bild 4.41: Zweistufiger Prozess mit zweistufiger Expansion und innere Zwischenkühlung durch eine offene Mitteldruckflasche

Das zweite Kriterium zielt auf einen Effizienzvorteil ab. Dieser Fall tritt ein, wenn der Verdichter bedingt durch einen hohen Temperaturhub mit einem hohen Druckverhältnis arbeitet.

Darüber hinaus können auch Absorptionswärmepumpen eingesetzt werden. In diesem Wärmepumpentyp erfolgt die Verdichtung des Kältemittels durch einen thermischen Verdichter, der mit Abwärme > 100 °C oder über einen Gasbrenner angetrieben wird. Absorptionswärmepumpen sind im technischen Aufbau komplexer und werden nur von wenigen Herstellern angeboten. Sie erreichen Temperaturen bis zu 90 °C.

Über die Effizienz der Wärmepumpentechnik in einem bestimmten Betriebspunkt gibt die Leistungszahl Auskunft. Sie wird aus dem Verhältnis der gelieferten Wärmeleistung zur aufgewendeten Antriebsleistung gebildet. Wie das Diagramm in Bild 4.42 verdeutlicht, ist die Leistungszahl stark von dem zu bewältigenden Temperaturhub zwischen Wärmequelle und Wärmesenke abhängig. Mit wachsendem Temperaturhub (Differenz zwischen Nutz- und Wärmequellentemperatur) fällt die Leistungszahl ab. Daher ist bei der Integration von Wärmepumpen ein möglichst geringer Temperaturhub anzustreben. Zur Minimierung des Temperaturhubs sind eine möglichst hohe Wärmequellentemperatur und/oder eine Nachheizung der erzeugten Wärme anzustreben.

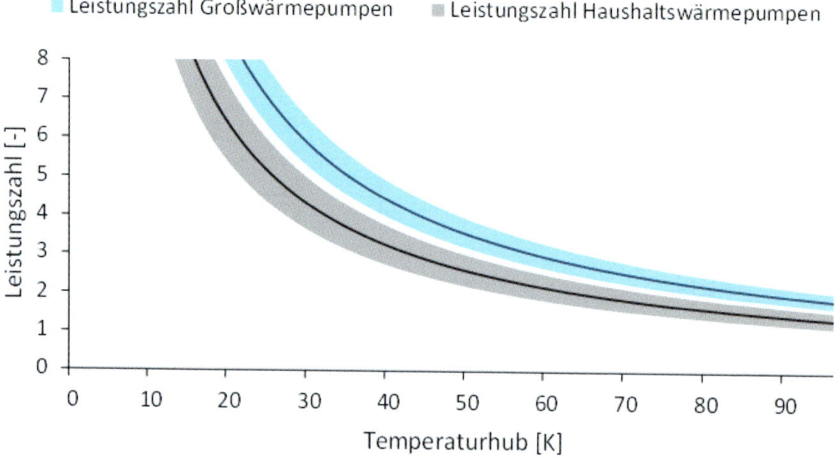

Bild 4.42: Erreichbare Leistungszahlen für Kaltdampfkompressionswärmepumpen in Abhängigkeit des Temperaturhubs für Großwärmepumpen (> 1 MWth) und Haushaltswärmepumpen (ca. 10 kWth)

Die Effizienzbetrachtung der Wärmepumpe in einer Versorgungsaufgabe ist gekennzeichnet durch wechselnde Betriebsbedingungen. Für die technoökonomische Analyse wird daher statt der Leistungszahl die Arbeitszahl verwendet. Diese bilanziert das Verhältnis von erzeugter Wärmeenergie zur aufgewendeten Antriebsenergie über den Zeitraum eines Jahres und bildet somit auch saisonal schwankende Faktoren ab. Absorptionswärmepumpen erreichen im Vergleich zu Kaltdampfkompressionswärmepumpen geringere Arbeitszahlen von 1,1 bis 1,6. Die geringeren Arbeitszahlen werden zum Teil dadurch aufgewogen, dass die eingesetzten Energieträger (Abwärme/Gas) im Vergleich zu Strom kostengünstiger bezogen werden können und darüber hinaus, je nach Strommix, einen geringeren spezifischen CO_2-Emissionsfaktor aufweisen.

4.5.2.2 Absorptionswärmepumpen

Die Absorptionswärmepumpe (AbWP) unterscheidet sich von der Kompressionswärmepumpe durch die Art der Verdichtung. Statt eines mechanischen Verdichters wird in der Absorptionswärmepumpe eine Apparatur aus Absorber, Pumpe und Austreiber verwendet. Der gasförmige Kältemitteldampf wird dem Absorber zugeführt, wo das Kältemittel von einem flüssigen Lösungsmittel absorbiert wird. Die dabei auf einem mittleren Temperaturniveau freigesetzte Sorptionswärme kann in einer Wärmesenke genutzt werden. Das Lösungsmittelgemisch wird mit einer Pumpe auf ein höheres Druckniveau gehoben und in den Austreiber befördert. Hier wird das Kältemittel unter Zufuhr von Hochtemperaturwärme (> 100 °C) verdampft. Das Lösungsmittel wird über eine interne Wärmerückgewinnung und ein Entspannungsventil wieder zurück in den Absorber geleitet, während der Kältemitteldampf dem Verflüssiger zugeführt wird. Dort kondensiert das Kältemittel unter Wärmeabgabe an die Wärmesenke. In der Absorptionswärmepumpe wird folglich ein Wärmestrom von niedriger Temperatur durch Aufwendung von Antriebswärme mit hoher Temperatur auf ein mittleres Temperaturniveau gehoben.

Neben dem in Bild 4.43 beschriebenen Aufbau der Absorptionswärmepumpe vom Typ I besteht noch eine weitere Anlagenvariante, die Absorptionswärmepumpe Typ II, die auch als Wärmetransformator bezeichnet wird. Bei dieser Variante werden die Druckniveaus in der Anlage vertauscht, indem die Ventile durch Pumpen und die Pumpe durch ein Entspannungsventil ersetzt werden. So findet die Wärmeaufnahme aus der Wärmequelle auf einem höheren Druckniveau bei mittlerer Temperatur statt. Die Sorptionswärme wird im Wärmetransformator bei sehr hoher Temperatur abgegeben. In einem Wärmetransformator wird entsprechend ein Wärmestrom von mittlerer Temperatur aufgeteilt in einen kleinen Wärmestrom mit sehr hoher Temperatur und einen größeren Wärmestrom mit niedriger Temperatur.

Absorptionswärmepumpen sind mit Nennheizleistungen von 25 kW_{th} bis 20 MW_{th} am Markt verfügbar. Standard-Absorptionswärmepumpen erreichen Temperaturen von bis zu 65 °C. Hochtemperaturanlagen können Wärme bei bis zu 90 °C liefern. Wärmetransformatoren mit großen thermischen Leistungen werden vereinzelt von Herstellern angeboten. Sie können mit einer Antriebswärme von 80 °C Wärmeströme von bis zu 115 °C bereitstellen. Die verwendeten Stoffpaarungen sind Wasser/Ammoniak und Lithiumbromid/Wasser. Die jeweils erstgenannte Komponente ist das Lösungsmittel, die letztgenannte ist das Kältemittel. Absorptionswärmepumpen mit dem Sorptionsmittel Lithiumbromid waren in der Vergangenheit vielfach von Korrosion an den Bauteilen betroffen. Durch die Zugabe von Korrosionsinhibitoren können metallische Oberflächen wirkungsvoll geschützt werden. Eine Überschreitung der Löslichkeitsgrenze ist

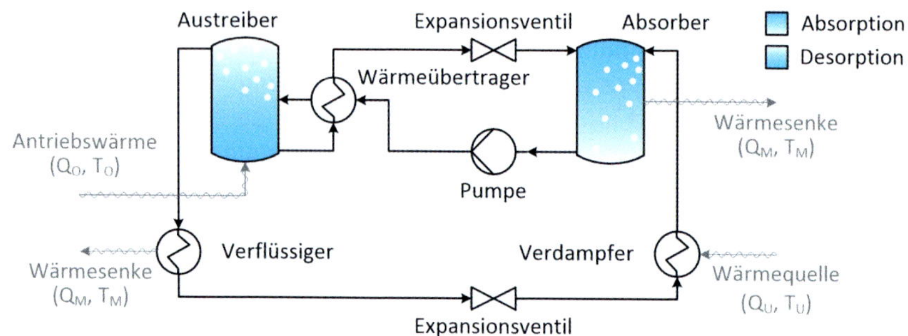

Bild 4.43: Schematische Darstellung des Funktionsprinzips der Absorptionswärmepumpe (Wolf et al. 2017)

dennoch unbedingt durch eine geeignete Regelungsstrategie sowie konstruktive Maßnahmen zu vermeiden.

Der Einsatz von Absorptionswärmepumpen beschränkt sich auf Anwendungen in denen stetig verfügbare Abwärmeströme mit ausreichend hohen Temperaturniveaus vorhanden sind. Entsprechend existieren bisher kaum dokumentierte Demonstrationsanlagen.

Die Erforschung der Absorptionswärmepumpe konzentriert sich zum einen auf neue Stoffpaarungen für die Erreichung höherer Temperaturen und zum anderen auf effizientere Kreisprozesse. Als neue Lösungsmittel untersuchen (He et al., 2010) ionische Flüssigkeiten in Verbindung mit Wasser, Ethanol und Methanol als Kältemittel. Durch Tests an einem Prototyp konnten (Kim et al., 2012) das Zusammenspiel der ionischen Flüssigkeit (bmim)(PF6) mit den Kältemitteln R32, R125, R134a, R 143a und R152a analysieren und die theoretischen Überlegungen zur Eignung ionischer Flüssigkeiten belegen. Aufseiten der Kreisprozesse wird die Nutzung mehrerer Verdampfungseffekte untersucht. Mit Mehreffektanlagen lässt sich die Leistungszahl von Absorptionswärmepumpen signifikant steigern. Allerdings werden für den Betrieb von Mehreffektanlagen Antriebswärmeströme mit höheren Temperaturen benötigt (Palacios Berche, Gonzales Palomino und Nebra, 2009). Eine einordnende Übersicht zu verschiedenen Anlagenkonzepten bieten (Kang, Kunugi und Kashiwagi, 2000).

Bezüglich der weiteren Entwicklung der Absorptionswärmepumpentechnik ist zu erwarten, dass eine Erweiterung des Leistungsspektrums hin zu kleineren Anlagen erfolgt. Zudem sind Steigerungen der Anlageneffizienz zu erwarten. Wie schnell im Bereich der Absorptionstechnik Fortschritte erzielt werden können, hängt im starken Maße von der Marktentwicklung ab. Verglichen mit elektrisch angetriebenen Kompressionswärmepumpen ist das Interesse an Absorptionswärmepumpen bisher gering, was sich negativ auf die Entwicklungsanstrengungen der Hersteller auswirkt. Zudem teilen sich weniger Akteure den kleinen Markt.

4.5.2.3 Sorptionsbasierte Kälteerzeugung

Für die Kälteerzeugung aus Abwärme werden sogenannte Sorptionsprozesse genutzt. Sorptionswärmepumpen besitzen statt eines mechanischen einen thermisch betriebenen Verdichter, der durch thermische Energie einer Hochtemperaturwärmequelle (z. B. Gasbrenner, Hochtemperaturabwärme) angetrieben wird. Diese Wärmepumpen machen sich den Ab- bzw. Adsorptionsvorgang eines Kältemittels an ein Lösungsmittel bzw. an ein Adsorbermedium zunutze, um das Temperaturniveau der zugeführten Abwärme zu erhöhen. Hierbei arbeiten Absorptionskältemaschinen mit Abwärmetemperaturen im Bereich von etwa 80 bis 160 °C und erreichen je nach Abwärmetemperatur, Stufigkeit der Kältemaschine und eingesetztem Kälte-/Sorptionsmittel Kältetemperaturen von 5 °C (Stoffpaar: Wasser-Lithiumbromid) bis zu –50 °C (Stoffpaar: Ammoniak-Wasser). Der COP als Verhältnis von Kälte und Antriebswärmeleistung liegt in einem typischen Bereich von 0,3 bis 1,2 (Henning et al. 2009). Einstufige Absorptionsanlagen haben in der Regel eine Arbeitszahl von 0,6 bis 0,75. Das heißt, dass 60 bis 75 % der eingebrachten Wärmeenergie in Kühlleistung umgewandelt werden und 25 bis 40 % verloren gehen. Der Abwärmebedarf liegt dann entsprechend über dem Kühlbedarf.

In Adsorptionskältemaschinen wird als Kältemittel häufig Wasser eingesetzt, das an einen Feststoff wie Silikagel oder Zeolith reversibel gebunden wird. Die typischen Antriebstemperaturen von Adsorptionskältemaschinen liegen tiefer als die minimalen Antriebstemperaturen für Absorptionskältemaschinen und werden mit 60 bis 95 °C angegeben. Der COP der Adsorptionskältemaschinen liegt etwa im Bereich zwischen 0,4 und 0,7 (Henning et al. 2009). Im Vergleich zu Kompressionskälteanlagen und Freiluftkühlern sind Sorptionskälteanlagen größer und auch wesentlich schwerer. Häufig ist es deshalb eine Herausforderung, Anlagen in bestehenden Räumlichkeiten zu installieren, die vorher für Kompressionskälteanlagen ausgelegt wurden. Ein technischer und ökonomischer Vergleich verschiedener Kälteanlagen ist in Tabelle 4.12 dargestellt.

Der Einsatz der Absorptions- bzw. Adsorptionskälteanlagen hängt somit erheblich vom Temperaturniveau der Abwärmequelle ab. Wie in Bild 4.44 ersichtlich, hängt die Kälteleistung und die notwendigen spezifischen Investitionen (exemplarisch für eine Absorptionskältemaschine mit 1000 kW Nennleistung dargestellt) deutlich von der zu erwartenden Abwärmetemperatur ab.

Tabelle 4.12: Technische und ökonomische Charakterisierung von Kälteanlagen im Überblick (Schäfer und Negele 2008); (Wolf 2017)

	Kompressionskälteanlage	**Absorptionskälteanlage mit NH_3**	**Absorptionskälteanlage**	**Adsorptionskälteanlage**	**Dessicative und evaporative Cooling -Anlage**
Verdichtungsprinzip	mechanischer Verdichter	thermischer Absorptionslösungskreislauf	thermischer Absorptionslösungskreislauf	thermischer Adsorption von Wasserdampf	sorptive Entfeuchtung
Antriebsenergie	Elektroenergie	Wärmeenergie 80/120/180 °C	Wärmeenergie 80 – 180 °C	Wärmeenergie 60 – 95 °C	Wärmeenergie 50 – 100 °C
Kältemittel	Chlorierte oder chlorfreie Kohlenwasserstoffe	Wasser mit HN_3 als Absorptionsmittel	Wasser mit LiBr als Absorptionsmittel	Wasser mit Feststoff als Adsorptionsmittel (SILICA-Gel)	Wasser
spezifischer Primär-Energieverbrauch	1,3 – 1,65	0,6 – 1,0	0,6 – 1,0	0,4 – 0,7	0,3
Leistungszahl/COP	3 – 5	0,3 – 0,7	(1-stufig) 0,6 – 0,75 (2-stufig) 1,0 – 1,3	0,4 – 0,6	0,5 – 0,7 je nach Luftzustand
Kältetemperatur	–50 °C bis +15 °C	–50 °C/ –10 °C/– 5 °C	5 °C – 15 °C	6 °C – 15 °C	4 – 8 K Entfeuchtung
Kälteleistung	50 – 5.000 kW	150 – 5.500 kW	15 – 5.500 kW	50 – 450 kW	20 – 350 kW
Spez. Investitionen	75 – 125 €/kW	400 – 1.800 €/kW	100 – 1.000 €/kW	250 – 350 €/kW	325 – 625 €/kW

Bei geringeren Abwärmetemperaturen ist bei der Integration von Absorptionskältemaschinen eine Überdimensionierung der Absorptionskältemaschinen erforderlich. u. a., eine höhere Abwärmetemperatur verbessert die Effizienz der Anlagen und die zu installierende Erzeugungskapazität verringert sich.

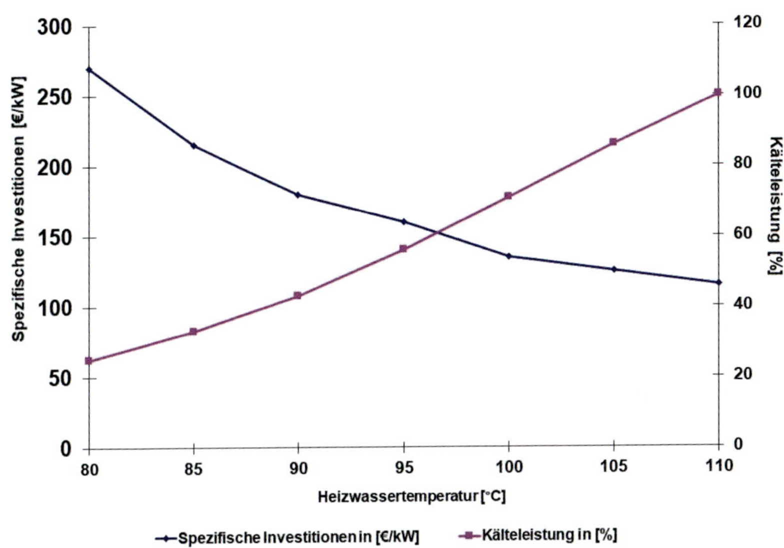

Bild 4.44: Spezifische Investition und Kälteleistung in Abhängigkeit der Abwärmetemperatur

Stimmen die verfügbaren Abwärmetemperaturen nicht mit den Vorgaben der verfügbaren Absorptionsanlagen überein oder befinden sich nur im unteren Lastbereich, ist die Wirtschaftlichkeit des Projektes nicht gegeben.

4.5.3 Wärmetransformator

Der Nachteil der Verfahren zur Aufwertung von Abwärme besteht in der Tatsache, dass zum Betrieb der Anlagen eine höherwertige Energie zur Verfügung stehen muss. Während bei der Brüdenverdichtung (vgl. Kapitel 4.5.1) und der motorisch angetriebenen Wärmepumpe (vgl. Kapitel 4.5.2) Strom als höherwertige Energie zum Einsatz kommt, wird für den Dampfstrahlverdichter bzw. die Dampfstrahlkältemaschine (vgl. Kapitel 4.5.1) Hoch- oder Mitteldruckdampf für den Antrieb eingesetzt. Insbesondere wenn große Mengen von Abwärme zur Verfügung stehen, deren Verwertung aufgrund des zu niedrigen Temperaturniveaus scheitert, wäre es vorteilhafter, wenn der Energieüberschuss durch die Zufuhr hochwertiger Energie nicht noch weiter erhöht würde.

Diese Idee steht hinter dem Konzept des Wärmetransformators. Die Abwärme der niedrigen Temperatur soll mithilfe des Wärmetransformators in einen Abwärmestrom niedriger Temperatur und einen Abwärmestrom mit einer über der ursprünglichen Temperatur der Abwärme liegenden Abwärmestrom aufgeteilt werden. Lediglich für den Antrieb von Pumpen wird eine geringe Menge an Elektrizität benötigt. Trotz dieser Vorteile konnten sich Wärmetransformatoren in der Praxis aufgrund von technischen Schwierigkeiten nicht durchsetzen. Bild 4.45 stellt die prinzipielle Funktionsweise von Absorptions-Wärmetransformator und Absorptions-Wärmepumpe im Vergleich dar. Dabei ist der grundsätzliche Aufbau beider Anlagenvarianten identisch, allerdings unterscheiden sich die Anordnung und die Temperaturen und Drücke in den einzelnen Apparaten der Anlagen deutlich. Die Absorptionswärmepumpen wurden bereits in Kapitel 4.5.2 beschrieben.

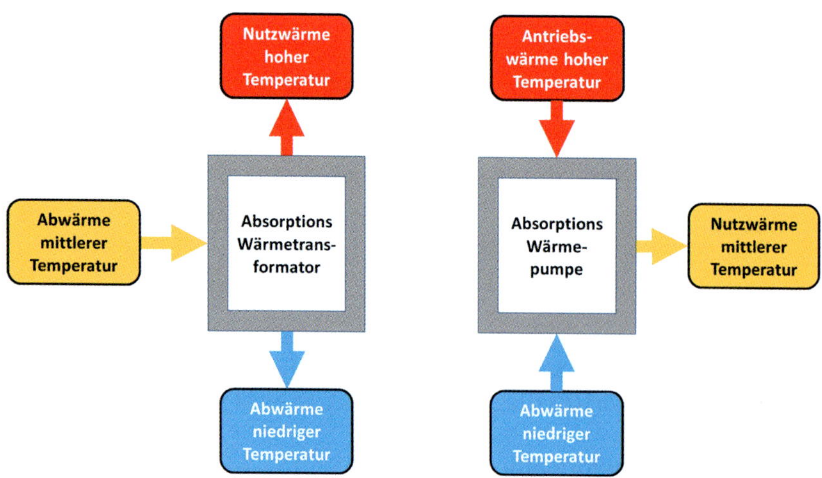

Bild 4.45: Vergleich der Prinzip-Schemata von Absorptionswärmetransformator (links) und Absorptionswärmepumpe (rechts)

Auch Wärmetransformatoren können ein- oder mehrstufig ausgeführt werden. Die folgenden Ausführungen beschränken sich jedoch auf die apparativ einfacheren einstufigen Wärmetransformatoren. Einstufige Wärmetransformatoren können theoretisch ca. 50 % der Abwärme um ca. 50 °C aufwerten (Donnellan et al. 2015; Parham et al. 2014). In der Praxis wurden meist jedoch nur deutlich geringere Leistungsziffern erreicht. Ein einstufiger Wärmetransformator besteht aus einem Absorber, in dem die Nutzwärme auf hoher Temperatur bereitgestellt wird, einem Austreiber und einem Verdampfer, in dem die Abwärme verwertet wird, und einem Kondensator, in dem die Restwärme an die

Umgebung abgeführt wird. Absorber und Verdampfer arbeiten dabei auf hohem Druck während Austreiber und Kondensator bei niedrigem Druck arbeiten.

Für den Prozess des Wärmetransformators kommen Zweistoffgemische zum Einsatz. Je nach Mischungsverhältnis der beiden Komponenten ändert sich die Verdampfungs- bzw. Kondensationstemperatur der Lösung. In Absorptionswärmepumpen und Wärmetransformatoren werden dabei typischerweise Gemische aus Lithiumbromid (LiBr) und Wasser oder Ammoniak (NH_3) und Wasser eingesetzt (Garone et al. 2017; Horuz und Kurt 2010; Kurem und Horuz 2001), wobei der Einsatz der Kombination Lithiumbromid/Wasser dominiert.

Lösungen von Lithiumbromid in Wasser sind jedoch sehr korrosiv, sodass hochwertige und damit teure Stähle für die einzelnen Apparate des Wärmetransformators eingesetzt werden müssen. Zudem muss bei den vorherrschenden Abwärmetemperaturen bei Drücken unterhalb des Umgebungsdrucks gearbeitet werden, was eine entsprechende Dichtheit der Apparate erfordert. Zu berücksichtigen ist zudem auch das Risiko einer Kristallisation des Lithiumbromids. Gegen das System Ammoniak/Wasser spricht die Giftigkeit des Ammoniaks und die Tatsache, dass im Bereich von Temperaturen um 100 °C schon Drücke von ca. 100 bar benötigt werden.

Deshalb wurde bereits früh auch mit anderen Gemischen gearbeitet, u. a. mit NaOH (Stephan et al. 1997) und TFE-E181 (Genssle und Stephan 2000) oder in neuerer Zeit mit ionischen Flüssigkeiten (Sujatha und Venkatarathnam 2017).

Bild 4.46 zeigt exemplarisch einen Ausschnitt aus dem Phasendiagramm für Gemische aus Ammoniak und Wasser. Deutlich zu erkennen ist die Abhängigkeit der Taupunkts- und der Siedelinie vom Druck und von der Konzentration der beiden Komponenten. Die Daten für reinen Ammoniak lassen sich auf der rechten Achse, die für reines Wasser auf der linken Achse ablesen.

Diese Eigenschaften der Zweistoffgemische wird bei einem Wärmetransformator genutzt, um aus Abwärme mittlerer Temperatur einen kleineren Abwärmestrom höherer Temperatur bereitzustellen. Das Funktionsschema eines Wärmetransformators zeigt Bild 4.47. Im Absorber wird die reiche Lösung bei erhöhtem Druck mit Dampf vermischt, sodass sich die Konzentration der reichen Lösung verringert. Durch die verringerte Konzentration steigt die Taupunkts-Temperatur an und die Kondensation erfolgt bei erhöhter Temperatur.

Die arme Lösung wird entspannt und dem Austreiber zugeführt. Zur Verbesserung der Leistungsziffer kann zusätzlich ein Economiser eingebaut werden, der mit der aus dem Absorber abgeführten heißen aber armen Lösung die in den Absorber eintretende reiche Lösung vorwärmt (nicht dargestellt).

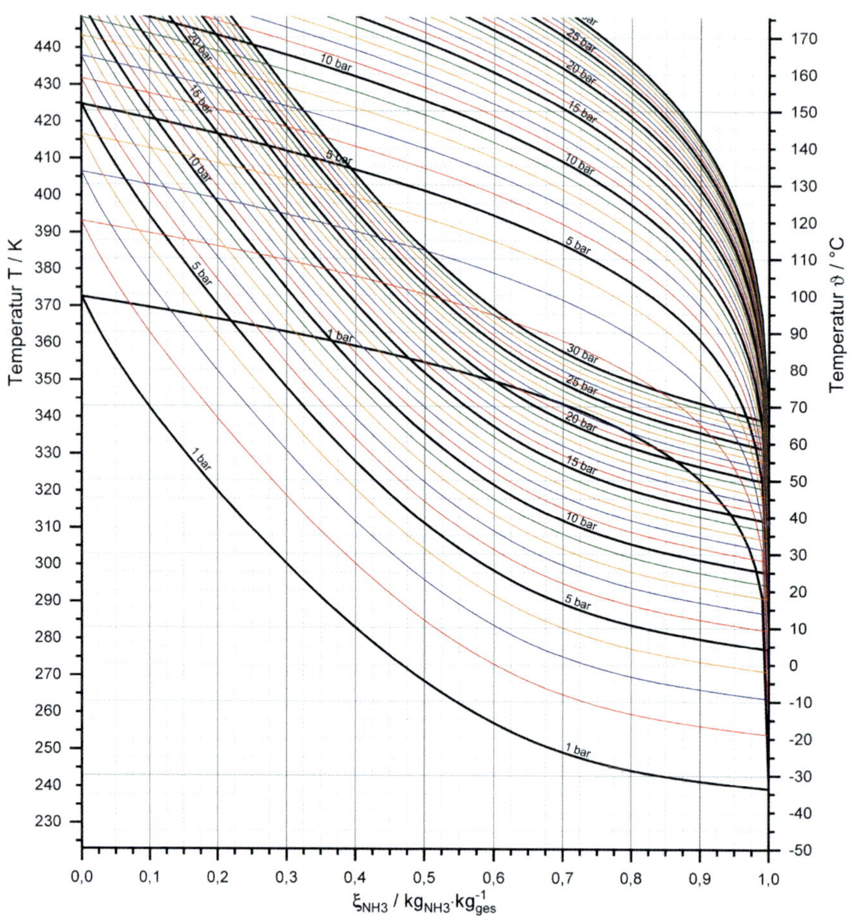

Bild 4.46: Ausschnitt aus dem Phasendiagramm für ein Ammoniak-Wasser-Gemisch (Spindler 2019)

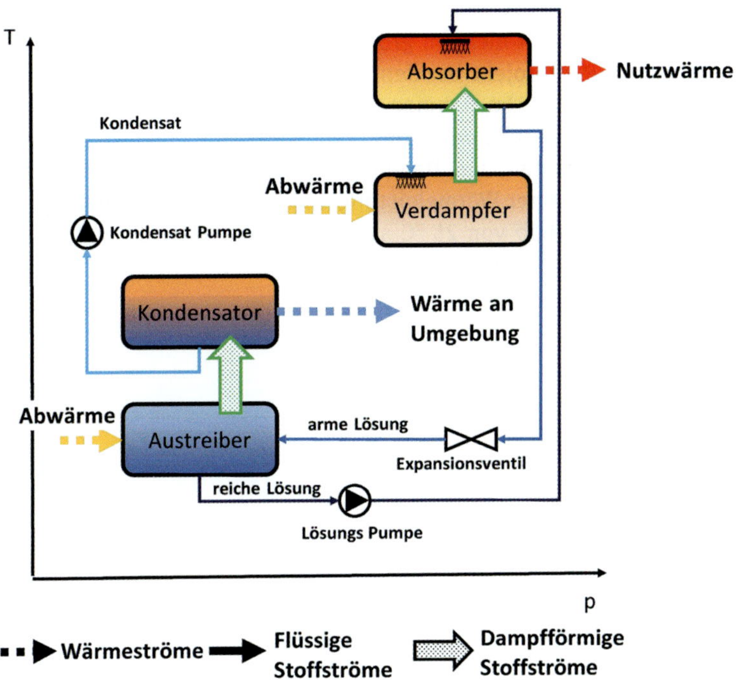

Bild 4.47: Funktionsschema eines Wärmetransformators

Im Austreiber wird die arme Lösung durch Verdampfen von Wasser wieder konzentriert. Dabei kann anstelle der direkten Nutzung von Abwärme im Austreiber auch die Restwärme nach der Abwärmenutzung im Verdampfer genutzt werden. In diesem Fall wird der gesamte Abwärmestrom dem Verdampfer zugeführt. Der Dampf aus dem Austreiber wird zum Kondensator geführt und dort durch Wärmeabgabe an die Umgebung kondensiert. Das Kondensat wird mithilfe der Kondensatpumpe zum Verdampfer zurückgeführt.

Der Wärmetransformator kann somit ohne zusätzliche Bereitstellung von Energie Wärme mit einer Temperatur bereitstellen, die über der Temperatur der Abwärme liegt. Die Leistungszahl eines Wärmetransformators ergibt sich dabei gemäß Gleichung (4.2):

$$\mathrm{COP}_{\text{Wärmetransformator}} = \frac{Q_{\text{Absorber}}}{Q_{\text{Verdampfer}} + Q_{\text{Austreiber}} + W_{\text{Kondensatpumpe}} + W_{\text{Lösungspumpe}}} \tag{4.2}$$

Trotz der offensichtlichen Vorzüge der Technologie der Wärmetransformatoren konnten sich diese bisher nicht im größerem Maße durchsetzen. Im Jahr 2018 wurde jedoch ein Pilotprojekt bei den Sodawerken Staßfurt gestartet (GETEC heat & power AG 2018). Im Rahmen des geförderten Projektes soll eine im Prozessabwasser anfallende Abwärme von 9 MW mit einer Temperatur von ca. 95 °C genutzt werden, um Dampf mit einer Temperatur von 120 °C zu erzeugen, wobei von einer Wärmeleistung von ca. 4,5 MW ausgegangen wird. Bei einem Temperaturhub von 25 °C soll mit diesem Wärmetransformator ein COP von 0,5 erreicht werden.

5 Methoden zur Identifikation und Optimierung

In diesem Kapitel werden verschiedene Verfahren und Methoden zur Analyse und Optimierung von industriellen Prozessen im Hinblick auf Energieeffizienz mit Schwerpunkt im Bereich der Abwärmenutzung vorgestellt.

Zu den in der industriellen Praxis des Anlagenbaus – speziell in der petrochemischen und chemischen Industrie – weitverbreiteten Methoden gehört die Pinch-Analyse, die in Abschnitt 5.1 vorgestellt wird und primär eine thermodynamische Analyse der energetischen Vorgänge im Hinblick auf die Wärmenutzung ermöglicht. Sie ist in der Lage das thermodynamische Optimum der Wärmenutzung aufzuzeigen, d. h., sie ermittelt die maximale interne Abwärmenutzung innerhalb eines Prozesses und den minimalen externen Versorgungsbedarf eines Prozesses mit Wärme/Kühlung/Kälte. Für die Erstellung eines Wärmeübertragernetzwerks, das dieses Optimum erreicht, wird eine systematische Vorgehensweise vorgestellt. Diese optimierten Netzwerke sind in der praktischen Anwendung allerdings oft mit Schwierigkeiten verbunden, die die tatsächliche Realisierung des Optimums dann begrenzt.

Dennoch bietet die Pinch-Analyse ein mächtiges Werkzeug, denn selbst bei einer heuristischen Vorgehensweise bei den letzten Realisierungsschritten, zeigt die Methode auf, wie weit die letztlich realisierte Lösung vom theoretischen Optimum entfernt ist und was die damit verbundenen Kosten für das Optimum wären.

In Abschnitt 5.2 werden dann Ansätze für Optimierungsverfahren aufgezeigt, die das Problem der optimalen Abwärmenutzung bzw. der optimalen Energieeffizienz mathematisch lösen. Der Fokus ist dabei nicht die mathematische Modellbildung, sondern es wird insbesondere auf Verfahren eingegangen, die anhand ingenieurwissenschaftlicher Überlegungen zunächst Vereinfachungen des Optimierungsproblems anstreben.

Während die Pinch-Analyse auf kontinuierliche Prozesse in der Petro- und Grundstoffchemie fokussiert, sind eine wichtige Klasse verfahrenstechnischer Prozesse – insbesondere im Bereich der Spezialchemie und Lebensmittelindustrie – Batch-Prozesse, d. h. zeitabhängige Chargenprozesse. In Abschnitt 5.3 werden daher Ansätze vorgestellt, wie solche Batch-Prozesse analysiert werden können.

In Abschnitt 5.4 wird ein weiteres auf thermodynamischen Grundlagen basierendes Verfahren zur Optimierung von Prozessen vorgestellt: Die exergo-ökonomische Methode, die im Prinzip auf einer exergiebezogenen betriebswirtschaftlichen Kostenallokation innerhalb der Prozesse aufbaut und die Optimierung der Effizienz der Prozesse mit entsprechenden Kennzahlen unterstützt.

5.1 Pinch-Analyse

Die Pinch-Analyse als Verfahren wurde vor dem Hintergrund einer durch die Ölpreis-Krisen der 1970er-Jahre gestiegenen Bedeutung der Energieeffizienz speziell auch in der energieintensiven Industrie entwickelt. Erste Ideen bezüglich des optimalen Designs eines Wärmeübertragernetzwerks gehen gemäß (Klemeš, 2013, S. 7) auf (Hohmann, 1971, S. 32 ff.) zurück, der einige Konzepte entwickelte, die im Rahmen der Pinch-Analyse angewendet werden (Feasibility Table, Minimale Anzahl Wärmeübertrager). Aufbauend auf diesen Arbeiten entwickelten (Linnhoff und Flower, 1978) dieses Konzept weiter, nahezu gleichzeitig legte (Umeda, Itoh und Shiroko, 1978), (Umeda, Niida und Shiroko, 1979) die thermodynamische Grundlage der Pinch-Analyse und beschrieb die Bedeutung des Pinches.

Bis heute wurde das Verfahren vielfach angewendet (einen ersten guten Überblick bietet (Klemeš und Kravanja, 2013)) und stellt speziell in den Bereichen der kontinuierlichen verfahrenstechnischen Prozesse, für die es ursprünglich entwickelt wurde, quasi einen Standard im Hinblick auf Fragestellungen der Wärmenutzung dar. Daneben wurde die Pinch-Analyse erheblich erweitert und das Prinzip auf weitere Fragestellungen übertragen, wie z. B. Batch-Prozesse, auf die effiziente Nutzung von Wasser oder auch im Bereich des Supply Chain Managements (vgl. (Klemeš, 2013)).

5.1.1 Grundlagen

Die Pinch-Analyse ist ein Verfahren, mit dessen Hilfe die Wärmenutzung von komplexen kontinuierlichen verfahrenstechnischen Systemen, die eine Vielzahl auf unterschiedlichen Temperaturniveaus zu- und abgeführte Wärmeströme aufweisen, analysiert und optimiert werden kann. Kern des Verfahrens ist die grafische Darstellung aller zu- und abgeführten Wärmeströme in einem T-$\dot{H}$-Diagramm. Die Darstellung gibt Hinweise darauf, ob einzelne Wärmeströme an anderer Stelle innerhalb des betrachteten Systems sinnvoller zu- oder abgeführt werden können. Insgesamt liefert das Verfahren für stationäre Betriebszustände Aussagen über das thermodynamische Optimum des Systems (minimale abzuführende und minimal zuzuführende Wärmeleistung, maximale interne Abwärmenutzung).

Die verschiedenen verfahrenstechnischen Vorgänge im Prozess, die eine Wärmezufuhr oder -abfuhr benötigen, werden bei der Pinch-Analyse als warme (Wärmequelle mit Kühlbedarf) bzw. kalte Ströme (Wärmenachfrager mit Heizbedarf) beschrieben (Bild 5.1). Wie bereits im Abschnitt 2.1.4 bei der Wärmeübertragung eingeführt, lassen sich die jeweiligen kalten bzw. warmen

Ströme *i* mithilfe ihres Wärmekapazitätsstroms $\dot{W}_i$ und der Anfangs- und Zieltemperatur $T_{i,A}$ bzw. $T_{i,Z}$ charakterisieren. Über die Energiebilanz ergibt sich für einen solchen warmen bzw. kalten Strom der ab- bzw. zuzuführende Wärmestrom $\dot{Q}_W$ bzw. $\dot{Q}_K$:

$$\dot{Q}_W = \dot{W}_W \left(T_{W,Z} - T_{W,A}\right) \text{ bzw. } \dot{Q}_K = \dot{W}_K \left(T_{K,Z} - T_{K,A}\right) \quad (5.1)$$

wobei sich der Wärmekapazitätsstrom $\dot{W}_i$ des Stroms *i* sich aus dessen Massenstrom $\dot{m}_i$ und seiner spezifischen Wärmekapazität $c_{p,i}$ ergibt:

$$\dot{W}_i = \dot{m}_i \, c_{p,i} \quad (5.2)$$

Der warme und der kalte Strom kann wie in einem T-$\dot{H}$-Diagramm dargestellt werden (vgl. Bild 5.1). Die Steigung der Kurven, die die Ströme repräsentieren, entspricht den Wärmekapazitätsströmen $\dot{W}_W$ bzw. $\dot{W}_K$.

Werden beide Ströme in einem gemeinsamen T-$\dot{H}$-Diagramm aufgetragen, so kann eine mögliche Wärmeübertragung zwischen den beiden Strömen grafisch veranschaulicht werden (Bild 5.1). Eine Wärmeübertragung kann nur über eine treibende Temperaturdifferenz ΔT zwischen einem warmen und einem kalten Strom erfolgen. Ist der Wärmeübergang kA des Wärmeübertragers auf einen bestimmten Wert begrenzt, darf zwischen den Strömen eine minimale treibende Temperaturdifferenz ΔT_{min} nicht unterschritten werden (vgl. Abschnitt 2.1.4). Da die Wärmeabgabe bzw. -zufuhr der beiden Ströme im T-$\dot{H}$-Diagramm Enthalpiedifferenzen darstellen, können die Ströme im Diagramm beliebig parallel zur $\dot{H}$-Achse verschoben werden, bis sich die gewünschte minimale Temperaturdifferenz ΔT_{min} einstellt. Damit kann in Abhängigkeit der Kennzahlen der beiden Ströme der zwischen den Strömen zu transferierende Wärmestrom $\dot{Q}_{trans}$ bestimmt werden. Auch der extern bereitzustellende Wärmestrom $\dot{Q}_{zu}$ wie auch der extern abzuführende Wärmestrom (Kühlung) $\dot{Q}_{ab}$ kann auf diese Weise ermittelt werden.

Abwärmequelle = warmer Strom

$T_{W,A}$ $\dot{H}_{W,A}$ $\dot{W}_W = \dot{m}_W c_{p,W}$ $-\dot{Q}_W$ $T_{W,Z}$ $\dot{H}_{W,Z}$ $\dot{W}_W = \dot{m}_W c_{p,W}$

Wärmeverbraucher = kalter Strom

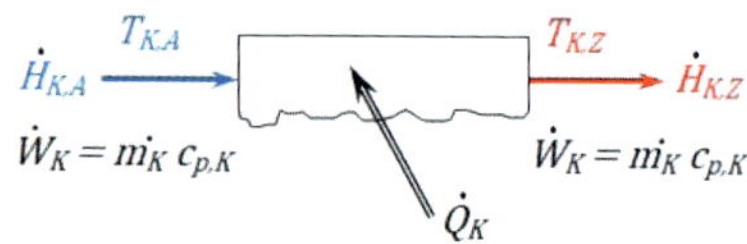

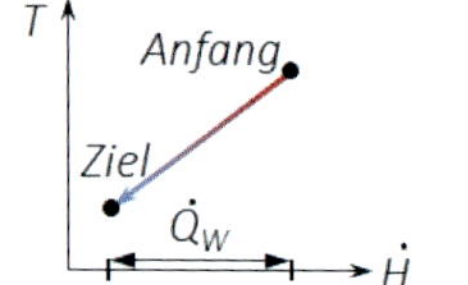

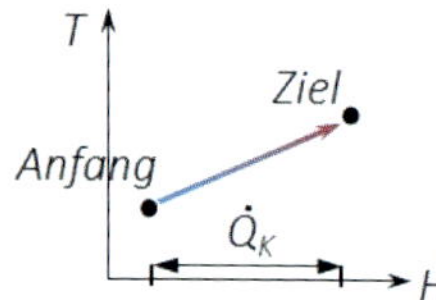

Bild 5.1: Ab- bzw. zuzuführende Wärmeströme bei warmen und kalten Strömen

5.1.2 Composite Curve

Solange die Aufgabenstellung der Abwärmenutzung sich nur auf einen warmen und einen kalten Strom bezieht, wie in Bild 5.1 dargestellt, ist die Lösung auf die in Abschnitt 5.1.1 beschriebene Weise einfach. Komplexer wird die Aufgabenstellung, wenn mehrere Ströme, warme wie kalte, mit unterschiedlichen Wärmekapazitätsströmen und Temperaturen vorliegen.

Ein mathematischer Optimierungsansatz könnte hier über eine Superstructure, d.h. über eine alle kombinatorischen Verschaltungsmöglichkeiten zwischen den Strömen berücksichtigende Optionen, eine optimale Lösung generieren. Da das Problem ganzzahlige Variablen enthält, wächst es exponentiell mit der Größe an, die Kombinatorik lässt dasselbe Wachstumsverhalten erwarten. Insofern erreicht ein solches Problem sehr schnell hohe Komplexitätsgrade im Hinblick auf das Optimierungsverfahren. Zudem könnten noch Ströme aufgespalten werden und nur Anteile von Wärme von einem Strom auf einen anderen übertragen werden, sodass die kombinatorische Vielfalt noch sehr viel schneller anwächst.

Bei einem solchen Ansatz werden aber vorliegende thermodynamische Zusammenhänge nicht berücksichtigt. Diese können über eine vorgeschaltete Analyse den Lösungsraum auf thermodynamisch sinnhafte Lösungen eingrenzen, sodass das Problem der Verschaltung der Ströme in einem Wärmeübertragernetzwerk deutlich vereinfacht wird. Diesen Weg nutzt die Pinch-Analyse.

Wenn es möglich wäre, alle warmen Ströme in einen großen gedachten Wärmeübertrager zu leiten und damit alle kalten Ströme gemeinsam zu erwärmen, dann wäre das Problem so einfach, wie das Grundproblem mit den zwei Strömen in Abschnitt 5.1.1 zu lösen (Bild 5.2). Um in diesem Modell keine thermodynamischen Irrationalitäten zuzulassen, wäre dieser virtuelle Wärmeübertrager so gebaut, dass auf der warmen Seite zunächst der warme Strom W_i mit der höchsten Ausgangstemperatur $T_{Wi,A}$ eintritt, der Strom W_j mit der nächsthöheren Ausgangstemperatur $T_{Wj,A}$ dann an der Stelle hinzutritt, an dem der Strom W_i bereits auf die Temperatur $T_{Wj,A}$ abgekühlt ist. Die weitere Abkühlung der beiden Ströme geschieht dann gemeinsam, bis einer der beiden Ströme (Annahme hier ohne Begrenzung der Allgemeingültigkeit: Strom W_i) seine Zieltemperatur $T_{Wi,Z}$ erreicht hat. Er verlässt dann den Wärmeübertrager, in dem der noch verbliebene Strom (Annahme hier: Strom W_j) weiter abgekühlt wird, bis dieser auch seine Zieltemperatur $T_{Wj,Z}$ erreicht hat. Kann die Abkühlung bis zu den Zieltemperaturen nicht durch die kalten Prozessströme erfolgen, muss zusätzlich eine externe Kühlung eingesetzt werden, die in der Logik als weiterer kalter Strom aufgefasst werden kann, dessen aufgenommener Wärmestrom $\dot{Q}_{ab}$ aber im Sinne der Effizienz minimal ausfallen soll. Dasselbe gilt für den gedachten Wärmeübertrager auf der Seite der kalten Ströme. Wenn deren Aufwärmung bis zu deren Zieltemperaturen nicht durch die warmen Ströme realisiert werden kann, muss ebenfalls noch ein externer Wärmestrom zur Nacherhitzung zugeführt werden, der zusätzlich noch in den Wärmeübertrager auf der warmen Seite zu integrieren ist.

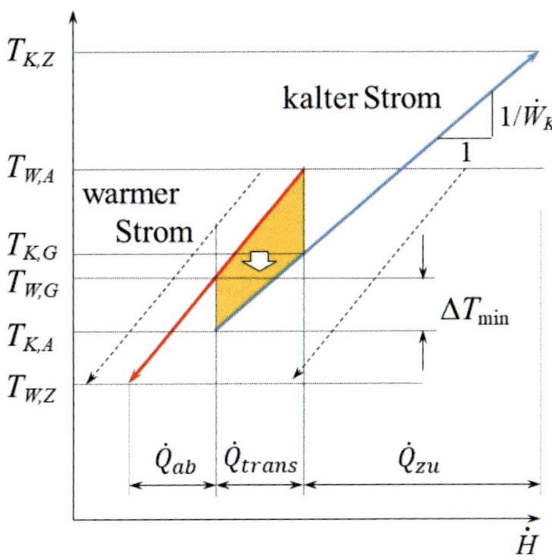

Bild 5.2: Warmer und kalter Strom im T-$\dot{H}$-Diagramm

Für eine entsprechende Darstellung im T-$\dot{H}$-Diagramm können zunächst die Prozessströme der jeweiligen Seite in einer Kurve zusammengefasst werden. Hierzu werden beispielsweise alle warmen Ströme anhand der Anfangs- und Zieltemperaturen in absteigender Reihenfolge in Temperaturintervalle aufgeteilt. Innerhalb der jeweiligen Intervalle werden die Wärmekapazitätsströme aller in diesem Temperaturintervall vorliegenden warmen Ströme zusammengefasst, sodass sich eine Kurve mit entsprechenden „Knickstellen" an den Grenzen der Temperaturintervalle ergibt (Umeda, Itoh und Shiroko, 1978, S. 72), die „Composite Curve" (Varbanov, 2013, S. 37) (Bild 5.3).

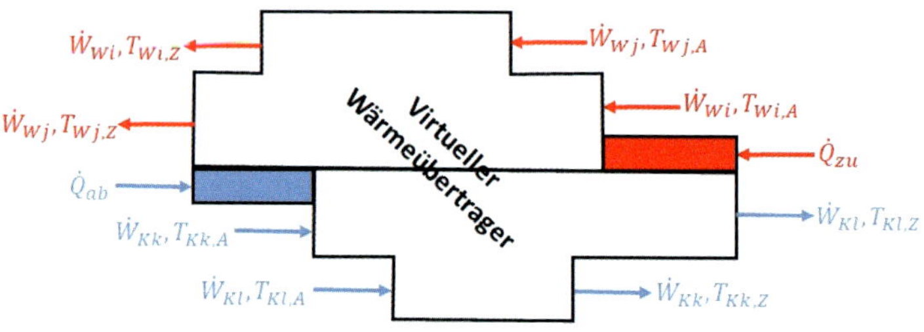

Bild 5.3: Gedachter Wärmeübertrager zur optimalen Abwärmenutzung

Analog kann auch für alle kalten Prozessströme eine „Cold Composite Curve" erstellt werden. Beide Kurven können nun im Sinne des gedachten Wärmeübertragers gemeinsam in einem T-$\dot{H}$-Diagramm dargestellt werden, wie Bild 5.4 zeigt. Wird für den Wärmeübergang im gesamten System eine minimale Temperaturdifferenz $\Delta T_{\min}$ vorgegeben, die nicht unterschritten werden darf, um realistische Wärmeübertragergrößen zu erhalten, kann durch Verschieben der Composite Curves parallel zur $\dot{H}$-Achse ein unter Einhaltung des vorgegebenen $\Delta T_{\min}$ realisierbarer Wärmeübergang ermittelt werden. Die Engstelle, an der das $\Delta T_{\min}$ auftritt, wird „Pinch" oder „Pinch Point" (Umeda, Itoh und Shiroko, 1978, S. 71), (Varbanov, 2013, S. 60) genannt (Bild 5.5). Der Pinch setzt eine thermodynamische Restriktion im Hinblick auf die Abwärmenutzung (Umeda, Niida und Shiroko, 1979, S. 424) und gab dem Verfahren den Namen, weil er die für die Lösung des gesamten Problems relevante Stelle ist.

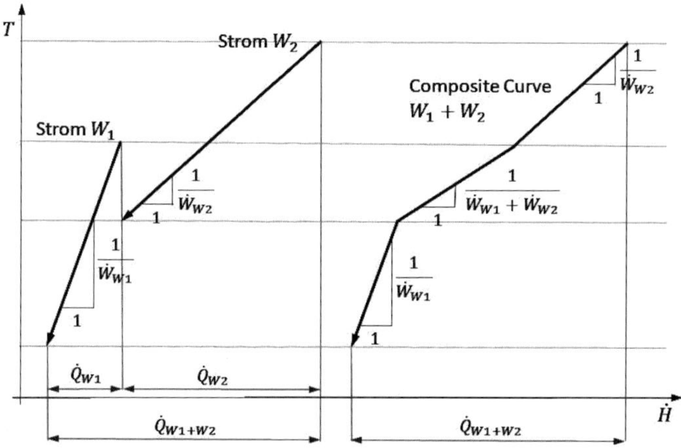

Bild 5.4: Bildung der Composite Curve im T-$\dot{H}$-Diagramm

Soll das Gesamtsystem noch weiter zusammengefasst werden, können gemeinsame Temperaturintervalle für das Gesamtsystem – sowohl auf der warmen als auch der kalten Seite – gebildet werden. Dabei muss sichergestellt werden, dass zwischen warmen und kalten Strömen immer mindestens ΔT_{min} liegt. Insofern müssen warme und kalte Temperaturen, so sie miteinander in Beziehung gesetzt werden, immer diese Differenz beachten, was für den praktischen Umgang aufwendig und fehleranfällig erscheint.

Eine einfache Abhilfe schafft hier eine Transformation. Werden die Temperaturen auf der warmen und kalten Seite auf ein System der „shifted temperatures“, also der verschobenen Temperaturen, T' abgebildet, das ΔT_{min} bereits implizit berücksichtigt, kann die kalte und warme Seite direkt in Beziehung gesetzt werden. Hierzu werden alle warmen Temperaturen um 0,5 ΔT_{min} nach unten verschoben, die kalten Ströme um denselben Betrag nach oben. Es gilt:

$$T'_W = T_W - \frac{1}{2}\Delta T_{min} \quad \text{bzw.} \quad T'_k = T_K + \frac{1}{2}\Delta T_{min} \tag{5.3}$$

Eine relevante Wärmeübertragung ist nun immer dann möglich, solange $T'_K \leq T'_W$ gilt. Für die Darstellung als Composite Curves im T-$\dot{H}$-Diagramm ergibt sich damit eine Verschiebung der Composite Curves in Richtung der T-Achse um $\frac{1}{2}\Delta T_{min}$ nach oben bzw. unten. Am Pinch stoßen die beiden verschobenen Composite Curves nun zusammen (Bild 5.6).

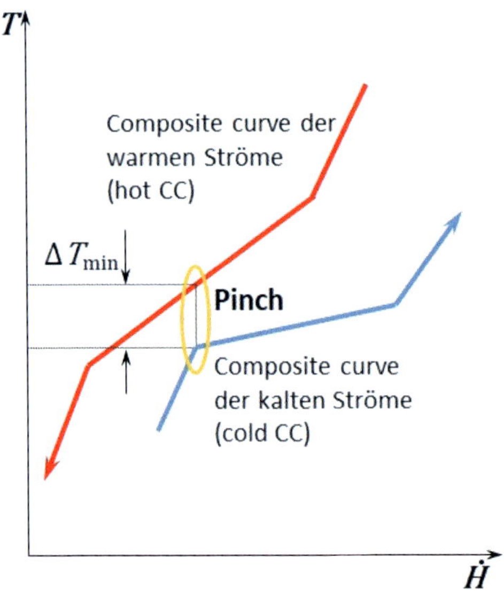

Bild 5.5: Warme und kalte Composite Curve im T-$\dot{H}$-Diagramm, maximaler interner Wärmeübergang und Pinch

Aus dem T-$\dot{H}$-Diagramm mit den Composite Curves ergibt sich dann die zwischen den warmen und kalten Strömen des Prozesses thermodynamisch maximal mögliche Wärmeübertragung bei vorgegebenem ΔT_{min}, wie Bild 5.6 zeigt. Da für die Wärmeübertragung immer eine treibende Temperaturdifferenz mindestens in Höhe ΔT_{min} notwendig ist, kann oberhalb des Pinches maximal die in Bild 5.5 gezeigte Wärmemenge transferiert werden. Die warmen Ströme können keine weitere Wärme oberhalb der Temperatur des Pinch T'_{pinch} zur Verfügung stellen. Die Wärme, die die warmen Ströme unterhalb des Pinches zur Verfügung stellen, wird dort vollständig genutzt, da die kalten Ströme hierdurch vollständig bis auf die Temperatur des Pinches erhitzt werden können.

Ein Wärmeüberschuss liegt nur noch unterhalb des Pinches vor (dort ist $T' < T'_{pinch}$), ein Wärmebedarf nur noch oberhalb des Pinches (bei $T' > T'_{pinch}$). Das System kann daher am Pinch in zwei Teilsysteme aufgeteilt werden: Das Teilsystem oberhalb des Pinches stellt eine Wärmesenke dar, in der keine externe Kühlung, sondern nur eine externe Wärmezufuhr notwendig ist. Das Teilsystem unterhalb des Pinches stellt dagegen eine Wärmequelle dar, in der keine externe Wärmezufuhr, sondern nur Kühlung notwendig ist. Aufgrund der Temperaturniveaus des zusätzlichen Wärmeüberschusses und des zusätzlichen Wärmebedarfs kann dieser nicht durch eine Wärmeübertragung von unterhalb des Pinches nach oberhalb des Pinches realisiert werden, da Wärme immer nur hin zu niedrigeren Temperaturen fließt. Der verbleibende Bedarf muss durch eine externe Kühlung bzw. eine externe Wärmezufuhr gedeckt werden.

Das bedeutet, dass auf diese Weise das thermodynamische Optimum der Abwärmenutzung für einen beliebigen Prozess identifiziert werden kann: die maximale prozessinterne Wärmenutzung $\dot{Q}_{trans,max}$. Zugleich ist damit auch der minimale „Utilitybedarf" festgelegt, d.h. die minimal extern zuzuführende Wärmeleistung $\dot{Q}_{Wmin}$ und die minimal notwendige externe Kühlleistung $\dot{Q}_{K,min}$ (Bild 5.7). Diesen Befund unterstützt auch die Überlegung, dass bei einer über den minimalen Wärmebedarf $\dot{Q}_{W,min}$ hinaus erhöhten Wärmezufuhr $+\dot{Q}_{zusätzlich}$ oberhalb des Pinches die maximale Abwärmenutzung innerhalb des Prozesses $\dot{Q}_{trans,max}$ reduziert werden muss. Hieraus entsteht an anderer Stelle zusätzlich zur minimalen Kühlleistung $\dot{Q}_{K,min}$ eine zusätzliche Kühlleistung in Höhe von $\dot{Q}_{trans,max}$. Für das den gegebenen Prozess mit gegebenen ΔT_{min} stehen die Größen $\dot{Q}_{K,min}$, $\dot{Q}_{W,min}$, die den minimalen Utilitybedarf beschreiben, und die maximale Abwärmenutzung $\dot{Q}_{trans,max}$ daher in einer festen Beziehung.

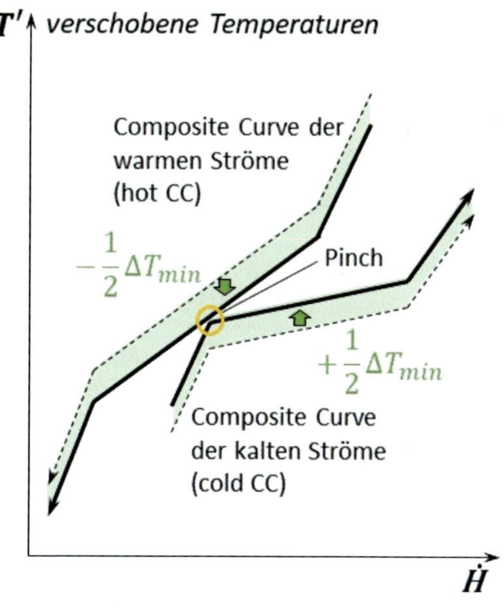

Bild 5.6: Verschobene Composite Curves

Die hier beispielhaft für zwei warme und zwei kalte Ströme vorgestellte Vorgehensweise kann mit einer beliebig hohen, aber endlichen Anzahl an Strömen durchgeführt werden. Dabei steigt der Aufwand lediglich linear mit der Anzahl der Ströme und nicht wie im Falle der Kombinatorik exponentiell. Dies ist zur sicheren Identifikation des thermodynamischen Optimums ein weiterer Vorteil des Verfahrens der Pinch-Analyse.

Aus diesen Betrachtungen ergeben sich die Pinch-Regeln für einen optimal energieeffizienten Prozess mit minimalen Utilitybedarf und maximaler Abwärmenutzung (Kemp, 2007, S. 27):

Pinch-Regeln für optimale Prozessintegration mit minimalem Utilitybedarf:

1) Keine externe Wärmezufuhr unterhalb des Pinches
2) Keine externe Kühlung unterhalb des Pinches
3) Kein Wärmetransport über den Pinch hinweg

5.1.3 Wärmekapazitätsstromtabelle und Grand Composite Curve

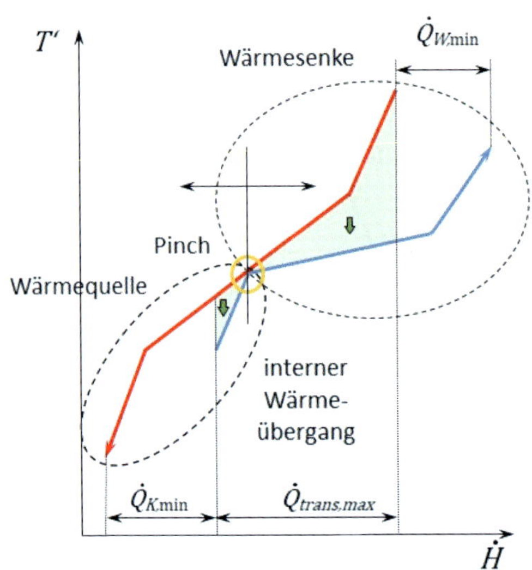

Bild 5.7: Optimale Abwärmenutzung und minimaler Utilitybedarf bestimmt durch die Composite Curves

Alternativ zur in Abschnitt 5.1.2 dargestellten grafischen Lösung, kann die Lösung auch numerisch erfolgen und ist damit auch einfach programmierbar. Im Folgenden wird diese numerische Lösung anhand eines Beispiels dargestellt, dessen Daten in Tabelle 5.1 gegeben sind und das bereits in Abschnitt 5.1.2 verwendet wurde. Anschließend wird mit der Grand Composite Curve ein weiteres grafisches Hilfsmittel eingeführt.

Ausgehend von diesen Daten wird das Problem nun anhand der verschobenen Temperaturen *T'* in absteigender Richtung in Temperaturintervalle aufgeteilt. Dies lässt sich in der Wärmekapazitätsstromtabelle (Linnhoff und Flower, 1978, S. 637) (Tabelle 5.2) für das in Tabelle 5.1 gegebene Beispiel darstellen.

Tabelle 5.1: Beispielproblem zur Pinch-Analyse

Strom Nr.	T_A in °C	T_Z in °C	$\dot{W}$ in kW/K	$\dot{Q}$ in kW	T'_A in °C	T'_Z in °C	Art
1	210	110	2	200	200	100	warm
2	180	50	4	520	170	40	warm
3	10	150	3	420	20	160	kalt
4	110	170	5	300	120	180	kalt

Tabelle 5.2: Wärmekapazitätsstromtabelle

T' in °C	$\dot{W}_1$ in kW/K	$\dot{W}_2$ in kW/K	$\dot{W}_3$ in kW/K	$\dot{W}_4$ in kW/K	$\sum_i \dot{W}_i$ in kW/K	$\sum_i \dot{Q}_i$ in kW	$\dot{Q}$ kumuliert in kW	in kW
externe Wärmezufuhr							0	60
200								
	-2				-2	-40	40	100
180								
	-2			+5	+3	+30	10	70
170								
	-2	-4		+5	-1	-10	20	80
160								
	-2	-4	+3	+5	+2	+80	-60	0
120								
	-2	-4	+3		-3	-60	0	60
100								
		-4	+3		-1	-60	60	120
40								
			+3		+3	+60	0	60
20								
externe Kühlung							0	60

Hierzu werden in der ersten Spalte der Tabelle 5.2 zunächst alle verschobenen Temperaturen aus den Spalten T'_A und T'_Z der Tabelle 5.1 in absteigender Reihenfolge aufgetragen. Es ergeben sich die Temperaturintervalle unseres Beispielproblems, innerhalb derer die Summe der Wärmekapazitätsströme $\Sigma_i \dot{W}_i$ jeweils konstant ist. In den nächsten Spalten werden dann die warmen und kalten Wärmekapazitätsströme eingetragen, die innerhalb des jeweiligen Temperaturintervalls im Beispiel auftreten. Warme Wärmekapazitätsströme erhalten ein negatives Vorzeichen, da sie Wärme abgeben, kalte ein positives.

Für jedes Temperaturintervall wird dann unterstellt, dass die warmen Ströme die kalten so weit wie möglich durch internen Wärmetransfer erwärmen. Dies ist möglich, da mit verschobenen Temperaturen *T'* gearbeitet wird und daher ΔT_{min} immer eingehalten ist. Netto muss damit nur noch ein Wärmestrom $\Sigma_i \dot{Q}_i$ im jeweiligen Intervall zugeführt werden, der sich aus der Summe aller Wärmekapazitätsströme des Intervalls $\Sigma_i \dot{W}_i$ und der Temperaturdifferenz der Intervallgrenzen ergibt. Beide Werte sind in den entsprechenden Spalten aus der Tabelle 5.2 aufgeführt.

Da entsprechend des kumulierten Wärmekapazitätsstroms $\Sigma_i \dot{W}_i$ in jedem Temperaturintervall in Tabelle 5.2 bei vollständiger prozessinterner Wärmenutzung insgesamt entweder ein Wärmeüberschuss (falls $\Sigma_i \dot{W}_i < 0$) oder eine Wärmeunterdeckung (falls $\Sigma_i \dot{W}_i > 0$) vorliegt, benötigt der Prozess im jeweiligen Temperaturintervall nach Berücksichtigung der internen Wärmeübertragung einen Wärmestrom von außen (falls $\Sigma_i \dot{Q}_i > 0$) oder kann einen entsprechenden Wärmestrom nach außen abgeben (falls $\Sigma_i \dot{Q}_i < 0$). Da Wärme immer von höheren zu tieferen Temperaturen übertragen werden kann, steht ein ggf. in einem Temperaturintervall entstehender Überschuss in den darunterliegenden Temperaturintervallen zur Verfügung.

In der Spalte „kumulierter Wärmestrom“ in Tabelle 5.2 ist diese Logik umgesetzt: Um ein möglichst effizientes Prozessdesign zu erreichen, wird zunächst unterstellt, dass kein Wärmestrom von außen zugeführt wird $\dot{Q}_W = 0$. Im ersten Temperaturintervall wird dann, weil der warme Strom Nr. 1 abzukühlen ist, ein Wärmestrom von 40 kW frei, der im nachfolgenden Temperaturintervall nutzbar ist. Dort liegen Strom 1 und Strom 4 parallel vor. Die dort von Strom 1 abzugebende Wärme wird zur teilweisen Erwärmung von Strom 4 genutzt. Da Letzterer aber einen höheren Wärmekapazitätsstrom aufweist als Strom 1, reicht die von diesem in diesem Temperaturintervall abzugebende Wärme nicht aus, um in diesem Temperaturintervall Strom 4 auf die Zieltemperatur zu erwärmen. Der Nettowärmestrom $\Sigma_i \dot{Q}_i = 30$ kW zeigt an, dass zusätzlich ein Wärmestrom von 30 kW zur vollständigen Erwärmung von Strom 4 benötigt wird. Hierfür stehen die 40 kW zur Verfügung, die im darüberliegenden Temperaturintervall als Überschuss vorliegen. Nach Deckung des Wärmebedarfs im Temperaturintervall zwischen $T' = 180$ °C und $T' = 170$ °C verbleiben dann noch 10 kW Überschuss, der in der linken Spalte „kumulierter Wärmestrom“ der Tabelle 5.2 eingetragen ist.

Auf diese Weise werden alle Temperaturintervalle abgearbeitet, der Wärmestrom, der am Ende des letzten Temperaturintervalls noch vorhanden sein sollte, muss durch externe Kühlung abgeführt werden. In der linken Spalte „kumulierter Wärmestrom“ in Tabelle 5.2 sind das 0 kW, was zeigt, dass die warmen Ströme in Summe so viel Wärme abgeben, wie die kalten Ströme benötigen. Da allerdings in der Spalte ein negativer Wert auftritt, erfolgt die Wärmeabgabe nicht auf ausreichend hohem Temperaturniveau, damit der Wärmebedarf der kalten Ströme vollständig auf diese Weise gedeckt werden könnte. Denn der negative Wert in der Spalte zeigt an, dass ein Wärmestrom von einer niedrigeren zu einer höheren Temperatur fließen müsste, was thermodynamisch nicht möglich ist.

Die thermodynamische Restriktion des Prozesses liegt damit am unteren Ende des Temperaturintervalls, bei dem in der linken Spalte „kumulierter Wärmestrom" in Tabelle 5.2 der negative Wert mit dem höchsten Betrag −60 kW auftritt. Dies ist die Temperatur des Pinches $T'_{pinch} = 120°C$.

Um die thermodynamische Restriktion am Pinch einzuhalten, muss folglich eine minimale externe Wärmezufuhr $\dot{Q}_{W,min}$ genau in der Höhe des in der linken Spalte „kumulierter Wärmestrom" der Tabelle 5.2 am Pinch aufgetretenen Werts erfolgen. Werden erneut alle Temperaturintervalle mit dieser externen Wärmezufuhr $\dot{Q}_{W,min} = 60\,kW$ durchgerechnet, so ist zu erkennen, dass in der rechten Spalte „kumulierter Wärmestrom" der Tabelle 5.2 keine negativen Werte mehr auftauchen und damit alle Wärmeübertragungen thermodynamisch möglich sind. Am Pinch $T'_{pinch} = 120\,°C$ wird keine Wärme auf das darunterliegende Temperaturintervall übertragen (Wert 0 kW), was bei allen Systemen mit maximaler Abwärmenutzung bzw. minimalen Utilitybedarf der Fall ist. Der minimale Bedarf an Wärmezufuhr $\dot{Q}_{W,min} = 60\,kW$ und Kühlung $\dot{Q}_{K,min} = 60\,kW$ kann am oberen bzw. unteren Ende der rechten Spalte „kumulierter Wärmestrom" der Tabelle 5.2 ebenfalls abgelesen werden.

Eine grafische Darstellung der Zusammenhänge in der Wärmekapazitätsstromtabelle bietet das Wärmestromprofil (Townsend und Linnhoff, 1983b, S. 750), das im englischen Sprachraum „Grand Composite Curve" oder „Heat Surplus Diagram" (Klemeš und Kravanja, 2013, S. 463) genannt wird (Bild 5.8). Diese Darstellung ermöglicht erhebliche weitergehende Analysen, beispielsweise im Hinblick auf das thermodynamisch optimale Temperaturniveau für die externe Wärmezufuhr bzw. Kühlung, zum Einsatz von Wärmerückgewinnungsmaßnahmen, wie Wärmepumpen, oder von Kraft-Wärme-Kopplung.

Bei der Grand Composite Curve (Bild 5.8) wird die rechte Spalte „kumulierter Wärmestrom" (Tabelle 5.2) in einem T-$\dot{H}$-Koordinatensystem abgetragen. Die zwischen den Temperaturintervallen übertragenen Wärmeströme sind an den gelb markierten „Taschen" zu erkennen. Die restliche Wärme oberhalb des Pinches ist dann thermodynamisch günstig bei der niedrigsten Temperatur oberhalb des Pinches zuzuführen, die nicht mehr durch die interne Wärmeübertragung befriedigt werden kann. Analoges gilt für die Kühlung unterhalb des Pinches, die bei einer möglichst hohen Temperatur durchgeführt werden sollte, weil dann ggf. noch eine weitere Nutzung der abzuführenden Wärme in anderen Prozessen möglich ist oder eine Rückkühlung geringeren Aufwand verursacht.

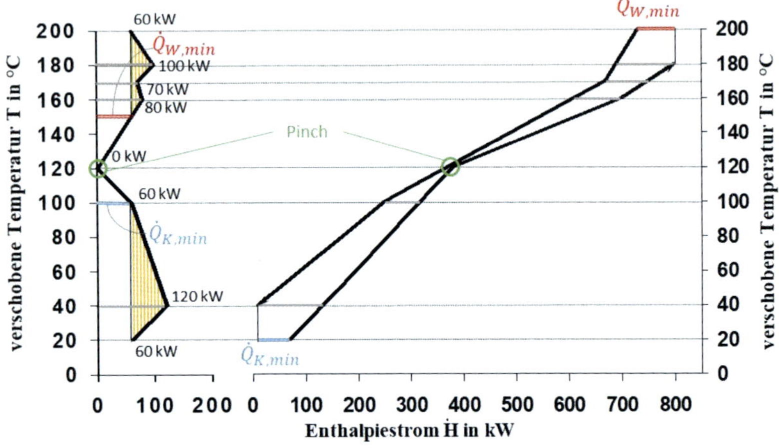

Bild 5.8: Grand Composite Curve und Composite Curve

Die auf diese Weise vorgenommene Verschiebung des Temperaturniveaus der Wärmezufuhr bzw. Kühlung verursacht neben dem zentralen Pinch des betrachteten Systems weitere „Nebenpinches", sogenannte „Utility-Pinches". Sie sind in Bild 5.9 zu erkennen, bei dem die Temperaturniveaus der zu- bzw. abgeführten Utilities entsprechend auch in die Composite Curve-Darstellung eingefügt wurden.

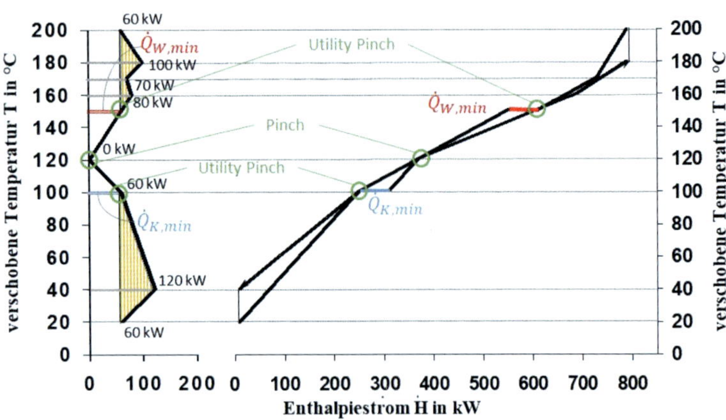

Bild 5.9: Grand Composite Curve und Composite Curves mit Utility Pinches

Wie in (Townsend und Linnhoff, 1983a) und (Townsend und Linnhoff, 1983b) gezeigt wurde, kann speziell die Grand Composite Curve genutzt werden, um die Versorgung des Prozesses mit Utilities zu optimieren. Nachfolgend werden verschiedene Möglichkeiten zur Optimierung dargestellt.

Beispiel 1: Einsatz von Kraft-Wärme-Kopplung (KWK)

Da die Erzeugung von mechanischer oder elektrischer Leistung im Rahmen einer KWK immer eine Wärmeaufnahme bei höherer Temperatur und eine Wärmeabgabe bei entsprechend niedrigerer Temperatur zur Folge hat, stellt sich die Frage, an welcher Stelle die abgegebene Wärme in den Prozess als Utility sinnvoll zu integrieren ist. Da auch für eine Utilityversorgung auf Basis KWK die Pinch-Regeln beachtet werden müssen (s. Abschnitt 5.1.2), kann eine solche Maßnahme nur eingesetzt werden, wenn auch die aus der KWK abgegebene Wärme dem Prozess noch sinnhaft oberhalb des Pinches zugeführt werden kann (Bild 5.10 KWK Option 1). Das heißt, die Utility-Zufuhr muss bei so niedriger Temperatur oberhalb des Pinches möglich sein, dass sie durch das kalte Ende der KWK möglich ist. Dies ist in der Grand Composite Curve einfach zu erkennen und wäre auch im Beispiel in Bild 5.9 möglich, wenn die in KWK erzeugte Wärme auf 150 °C Temperaturniveau verfügbar wäre. Eine Wärmeabgabe durch KWK unterhalb des Pinches wäre dagegen ein Wärmetransfer über den Pinch hinweg, der ausschließlich dazu führt, dass ein höherer Utilitybedarf entsteht, da unterhalb des Pinches kein Wärmebedarf vorhanden ist.

Allerdings kann eine KWK als Abwärmenutzung unterhalb des Pinches sinnhaft eingesetzt werden, falls das dort vorherrschende Temperaturniveau hoch genug wäre, um die Wärme dem KWK-Prozess am warmen Ende zuzuführen (Bild 5.10 KWK Option 3). In diesem Fall ist der Einsatz einer KWK hocheffizient, da keine zusätzliche Wärmezufuhr für die KWK nötig wäre und der Kühlbedarf des Gesamtprozesses sich sogar um den Betrag der erzeugten mechanischen Leistung verringert. Auch der Einsatz innerhalb einer „Tasche“ der Grand Composite Curve wäre sinnvoll möglich (Bild 5.10 KWK Option 2), wenn deren Temperaturgefälle groß genug ist.

In den Fällen Option 1 und 2 wird ein um den Betrag der erzeugten mechanischen Leistung erhöhte Wärmezufuhr für den Gesamtprozess benötigt, im Fall der Option 3 ist dies nicht der Fall. Doch selbst die Fälle der Optionen 1 und 2 sind als hocheffizient einzustufen, wird doch eine vollständige Umsetzung der zusätzlichen Wärme in mechanische Leistung erreicht. Voraussetzung für den Einsatz von KWK ist, dass das Profil der Grand Composite Curve dies zulässt und die Temperaturen für KWK geeignet sind.

Beispiel 2: Einsatz von Wärmepumpen oder Wärmetransformatoren

Im Gegensatz zur KWK wird beim Einsatz von Wärmepumpen oder Wärmetransformationen auf einem bestimmten Temperaturniveau aufgenommene Wärme auf ein höheres Temperaturniveau angehoben und dort wieder abgegeben. Daraus ergibt sich anhand der Pinch-Regeln aus Abschnitt 5.1.2, dass ein Einsatz nur sinnhaft ist, wenn die Wärmepumpe bzw. der Wärmetransformator über den Pinch hinweg eingesetzt wird. Dann wird Wärme aus der Wärmequelle unterhalb des Pinches zurückgewonnen, die dann als rückgewonnene Wärme für die Wärmesenke oberhalb des Pinches zur Verfügung eingesetzt wird. Damit wird der minimale Utilitybedarf reduziert (Bild 5.10).

Da Wärmepumpen aber nur effizient arbeiten, wenn die überwundene Temperaturdifferenz zwischen kaltem und warmem Ende klein ist, muss die Grand Composite Curve ein spezielles Profil aufweisen, das sich durch einen spitzen Verlauf im Bereich des Pinches auszeichnet, der nicht durch „Taschen" bedient wird.

Beispiel 3: Einsatz von Verbrennungsgasen als Utility

Der Einsatz von Verbrennungsgasen als warme Utility, z.B. wenn eine Wärmezufuhr oberhalb des Hochdruckdampfniveaus (HD-Dampf) benötigt wird, unterscheidet sich wesentlich vom in verfahrenstechnischen Anlagen typischen Einsatz von Heizdampf. Der Wärmeübergang erfolgt nicht bei konstanter Temperatur durch Kondensation, sondern über eine Temperaturdifferenz, die vom Wärmekapazitätsstrom der Utility abhängig ist.

Begrenzt die Form der Grand Composite Curve die Möglichkeit die Utility bis auf Temperaturen abzukühlen, die der minimalen Eingangstemperatur für den Schornstein entspricht, entsteht ein Abgaswärmeverlust $\dot{Q}_{Abgasverlust}$. In diesem Fall ist zu prüfen, ob der Wärmekapazitätsstrom der Utility nicht besser angepasst werden kann, indem beispielsweise teilweise auch Heizdampf eingesetzt wird, um den verbleibenden Abgasverlust zu reduzieren (Bild 5.11).

Beispiel 4: Einsatz von Rektifikationskolonnen

Rektifikationskolonnen haben die Eigenschaft, dass sie gleichzeitig Wärme an der Blase benötigen und am Kopf gekühlt werden müssen. Dabei ist die Temperatur am Kopf niedriger als in der Blase. Kann das Druckniveau einer neu in einen Prozess zu integrierenden Rektifikationskolonne so angepasst werden, dass sie mit Blase und Kopf vollständig oberhalb oder unterhalb des Pinches platziert werden kann, ist eine optimal effiziente Integration möglich. Liegt die Temperaturdifferenz zwischen Blase und Kopf über den Pinch hinweg, so wird im Prinzip durch die Kolonne Wärme über den Pinch hinweg transferiert, was immer ineffizient ist und den minimalen Utility-bedarf entsprechend erhöht.

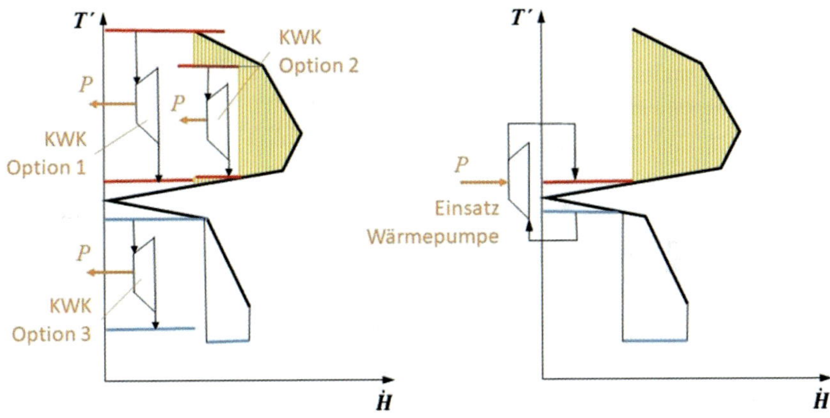

Bild 5.10: Optimale Platzierung von Kraft-Wärme-Kopplung und Wärmepumpen

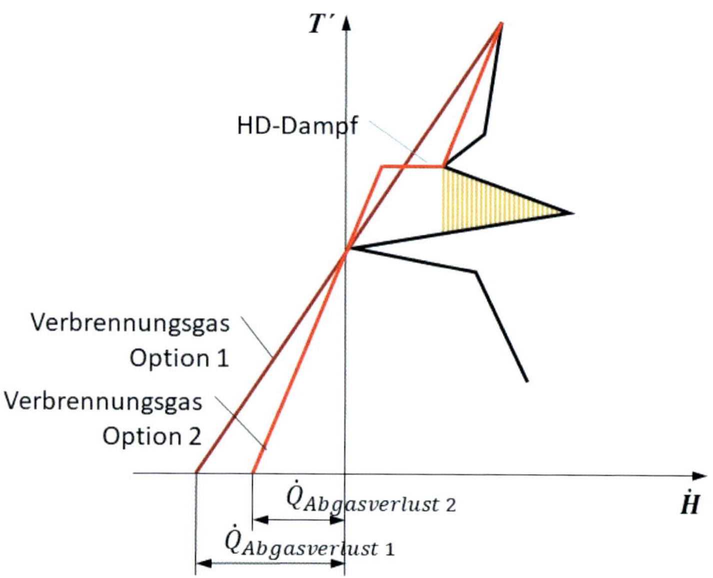

Bild 5.11: Optimaler Einsatz von Verbrennungsgasen in Anlehnung an (Townsend und Linnhoff, 1983b, S. 753)

Aus diesen Überlegungen ergeben sich weitere Pinch-Regeln zur geeigneten Platzierung von Utilities (zusammengefasst aus (Townsend und Linnhoff, 1983a) und (Townsend und Linnhoff, 1983b)):

Pinch-Regeln zur optimalen Platzierung von Utilities

1) Platziere KWK nie über den Pinch hinweg, sondern immer entweder oberhalb oder unterhalb des Pinches.
2) Setze Wärmepumpen immer nur über den Pinch hinweg ein, niemals oberhalb oder unterhalb des Pinches.
3) Prüfe beim Einsatz von Heizgasen, wie eine möglichst niedrige Eintrittstemperatur in den Schornstein erreicht werden kann, da dies die Verluste reduziert.
4) Setze neue Rektifikationskolonnen immer ober- oder unterhalb, nie über den Pinch hinweg ein.

5.1.4 Wärmeübertragernetzwerke

In den vorangegangenen Abschnitten 5.1.1 bis 5.1.3 wurde mit der Pinch-Analyse ein Verfahren vorgestellt, das in der Lage ist, komplexe Prozesse mit einer Vielzahl unterschiedlicher Wärmeströme hinsichtlich Abwärmenutzung zu optimieren. Allerdings blieb bislang offen, wie ein hierfür notwendiges Wärmeübertragernetzwerk entwickelt werden kann, welches das thermodynamische Optimum dann auch realisieren kann. Dies soll in diesem Abschnitt erfolgen. Das Verfahren wurde gemäß (Gundersen, 2013, S. 153) von (Linnhoff und Turner J. A., 1981) entwickelt und in (Linnhoff und Hindmarsh, 1983) umfänglich beschrieben.

Im Zentrum der Fragestellung eines geeigneten Wärmeübertragernetzwerkdesigns steht die Aufgabe, welche warmen und kalten Ströme miteinander verbunden werden sollen, um die maximale Abwärmenutzung zu erreichen. Wird von den Erkenntnissen der Pinch-Analyse ausgegangen, so ergibt sich aus der Pinch-Regel 3 (Abschnitt 5.1.2), dass das System am Pinch in zwei Teilsysteme zerlegt werden kann: Ein Teilsystem oberhalb des Pinches und eines unterhalb (Bild 5.12). Ein Wärmeübertrager, der den Pinch überschreitet, würde die Pinch-Regel 3 verletzen, da er Wärme über den Pinch hinweg transferiert.

Darüber hinaus ist klar, dass bei Interpretation des Pinches als Stelle der thermodynamischen Restriktion des Gesamtprozesses, dem Design die größte Aufmerksamkeit zu widmen ist, weil sich hier die Temperaturdifferenzen für den Wärmeübergang am weitesten an das einzuhaltende $\Delta T_{\min}$ annähern. Aus diesem Grund sollte das Design des Wärmeübertragernetzwerks für beide Teilsysteme immer am Pinch begonnen werden.

Aus der Erkenntnis, dass oberhalb des Pinches eine Wärmesenke vorliegt, unterhalb eine Wärmequelle, ergibt sich, dass oberhalb die gesamte Wärme der warmen Ströme intern zu nutzen ist und unterhalb umgekehrt. Es liegen oberhalb des Pinches also etwas mehr Freiheitsgrade für die kalten Ströme und unterhalb für die warmen Ströme vor. Das bedeutet, dass zunächst der Strom mit der größten Wärmestromkapazität, der in den Pinch hineinführt, bearbeitet werden sollte, da für ihn die Einhaltung der Restriktion $\Delta T_{\min}$ am kritischsten ist.

Ausgehend von diesen grundsätzlichen Überlegungen kann das Wärmeübertragernetzwerk nun schrittweise systematisch aufgebaut werden, was erneut anhand des bereits bekannten Beispiels aus Abschnitt 5.1.3 erfolgen soll:

1) Wird zunächst das Teilsystem oberhalb des Pinches gewählt, so ist nach den eingangs getroffenen Feststellungen mit dem warmen Strom 2 zu beginnen, da dieser den höchsten Wärmekapazitätsstrom in den Pinch hinein aufweist

(Bild 5.12). Da am Pinch das gewählte ΔT_{min} auftritt, das nicht unterschritten werden darf, kann dieser Strom nur mit einem Strom verbunden werden, der denselben oder einen höheren Wärmekapazitätsstrom als Strom 2 aufweist, damit über dem Laufweg der Wärmeübertragung das ΔT_{min} nicht unterschritten wird. Damit ist die Wahl für den ersten Wärmeübertrager eindeutig: Es müssen die Ströme 2 und 4 verknüpft werden, da $\dot{W}_2 = 4$ kW/K und damit nur Strom 4 mit $\dot{W}_4 = 5\frac{\text{kW}}{\text{K}} > \dot{W}_2$ einen größeren Wärmekapazitätsstrom aufweist.

Da Strom 4 bis zu einer Zieltemperatur von $T'_{4Z} = 180\,°\text{C}$ erwärmt wird und Strom 2 von einer Ausgangstemperatur von $T'_{2A} = 170\,°\text{C} < T'_{4Z}$ abgekühlt wird, kann Strom 2 vollständig durch diesen Wärmeübertrager 2–4 abgekühlt werden. Strom 2 oberhalb des Pinches ist damit vollständig befriedigt, Strom 4 wird nur bis zu einer Temperatur erwärmt, die sich aus der Energiebilanz des Wärmeübertragers 2–4 ergibt:

$$T'_{4\text{M}} = \frac{\dot{W}_2\left(T'_{2\text{A}} - T'_{\text{pinch}}\right)}{\dot{W}_4} + T'_{\text{pinch}} = 160\,°\text{C} \tag{5.4}$$

Die übertragene Wärmeleistung des Wärmeübertragers 2–4 lässt sich aus der kalorischen Zustandsgleichung bestimmen:

$$\dot{Q}_{24} = \dot{W}_2\left(T'_{2\text{A}} - T'_{\text{pinch}}\right) = 200\,\text{kW} \tag{5.5}$$

2) Der nächste Schritt folgt derselben Logik wie Schritt 1. Strom 1 ist der nächstkleinere Strom, der in den Pinch hineinfließt. Dies bedeutet, dass von diesem Strom aus der zweite Wärmeübertrager oberhalb des Pinches gesetzt werden muss. Da eine Abkühlung bis auf die Pinchtemperatur T'_{pinch} oberhalb des Pinches nur durch einen kalten Strom mit $\dot{W}_\text{K} \geq \dot{W}_\text{W}$ möglich ist, der aus dem Pinch herausfließt, muss hier Strom 1 mit Strom 3 verknüpft werden. Die Bedingung $\dot{W}_3 \geq \dot{W}_2$ ist erfüllt (Bild 5.13). Sollte $\dot{W}_\text{K} \geq \dot{W}_\text{W}$ nicht erfüllt werden können, muss geprüft werden, ob an dem bisher bereits verknüpften kalten Strom aus dem Pinch heraus (Strom 1) durch Teilung des Stroms noch ein ausreichend großer Anteil des Wärmekapazitätsstroms abgetrennt werden kann. Aufgrund der zuvor erfolgten thermodynamischen Analyse, die den Pinch bestimmt hat, muss dies immer möglich sein, da die in jedem Teilsystem aus dem Pinch herausfließenden Wärmekapazitätsströme in Summe größer sind, als diejenigen, die in Summe hineinfließen. Mit der analogen Überlegung wie in Schritt 1 ergibt sich, dass Strom 3 vollständig auf Zieltemperatur $T'_{3\text{Z}} = 160\,°\text{C}$ aufgewärmt werden kann. Die Eintrittstemperatur des Stroms 1 in den Wärmeübertrager 1–3 ergibt sich

dann aus einer Berechnung analog Gl (5.4) zu $T'_{1M1} = 180\,°C$, die übertragene Wärmeleistung analog Gl (5.5) zu $\dot{Q}_{13} = 120\,kW$.

Beispiel

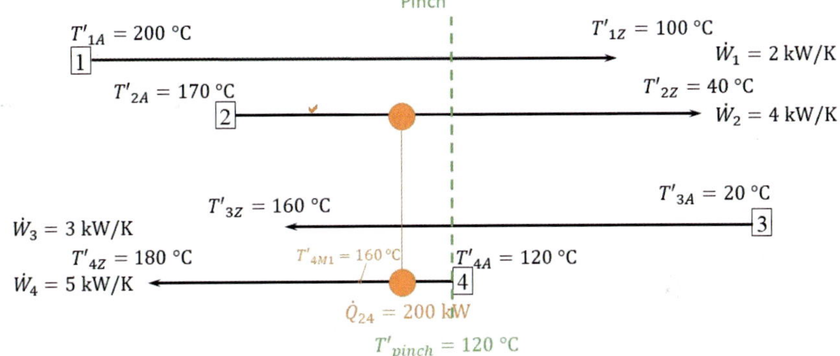

Bild 5.12: Erster Schritt des Designs eines optimalen Wärmeübertragernetzwerks (Beispiel)

Beispiel

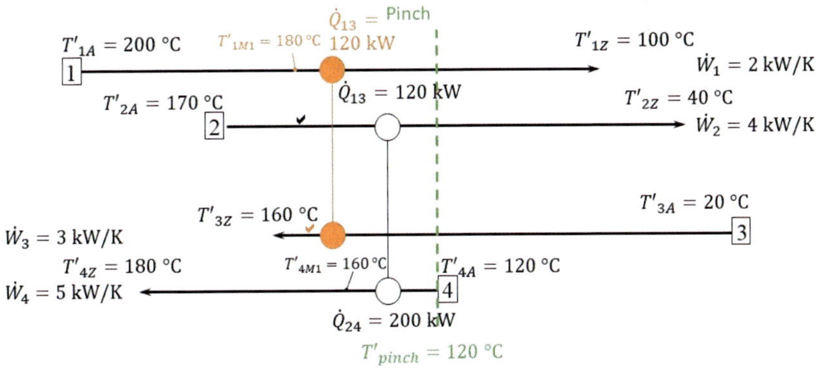

Bild 5.13: Schritt 2 des Designs eines optimalen Wärmeübertragernetzwerks (Beispiel)

3) Es liegt noch immer bei Strom 1 Abwärme oberhalb des Pinches vor, die für ein Wärmeübertragernetzwerk mit maximalem internen Wärmetransfer genutzt werden muss. Der einzige bislang noch nicht vollständig erwärmte kalte Strom ist Strom 4. Daher muss Strom 1 mit Strom 4 verknüpft werden (Bild 5.14). Die Eintrittstemperatur in den Wärmeübertrager 1–3 liegt mit $T'_{1M1} = 180\,°C$ oberhalb der Austrittstemperatur des kalten Stroms 4 am Wärmeübertrager 2–4 mit $T'_{4M1} = 160\,°C$, sodass ein direkter Anschluss des neuen Wärmeübertragers an die vorhandenen Wärmeübertrager bei beiden Strömen möglich ist. Die Energiebilanz ergibt, dass mit diesem Wärmeübertrager 1–4 der warme Strom 1 vollständig gekühlt werden kann und dabei $\dot{Q}_{14} = 40\,kW$ übertragen werden. Die Austrittstemperatur von Strom 4 aus diesem Wärmeübertrager ergibt sich anhand analoger Rechnung zu Gl. (5.4) zu $T'_{1M1} = 168\,°C$. Es verbleibt noch ein Rest, um Strom 4 auf seine Zieltemperatur $T'_{4Z} = 180\,°C$ zu erwärmen, der durch eine externe Wärmezufuhr zu decken ist.

4) Anhand der Energiebilanzgleichung analog Gl. (5.5) lässt sich der Strom 4 noch extern zuzuführende Wärmestrom zu $\dot{Q}_W = 60\,kW$ berechnen. Er entspricht dem in der Analyse in Abschnitt 5.1.2 ermittelten minimalen Wärmebedarf $\dot{Q}_{Wzu}$, was aufzeigt, dass das entwickelte Wärmeübertragernetzwerk für das Teilsystem oberhalb des Pinches das Maximum der Abwärmenutzung erreicht.

Beispiel

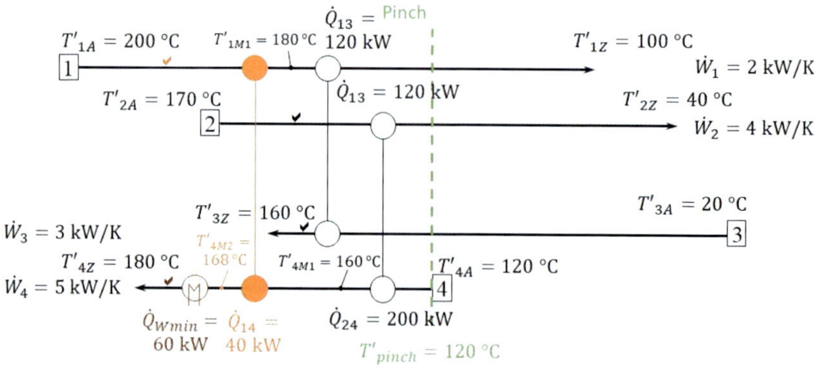

Bild 5.14: Schritt 3 und 4 bei der Erstellung eines optimalen Wärmeübertragernetzwerks (Beispiel)

5) Im letzten Schritt wird noch das Wärmeübertragernetzwerk für das Teilsystem unterhalb des Pinches entwickelt. Dabei folgt die Vorgehensweise denselben Schritten, wie für das Teilsystem oberhalb des Pinches. Der erste zu bearbeitende Strom ist der kalte Strom 3 mit dem größten Wärmekapazitätsstrom $\dot{W}_3 = 3\,\mathrm{kW/K}$, der in den Pinch hineinfließt. Er kann an dieser Stelle nur mit Strom 2 verknüpft werden, da der Wärmekapazitätsstrom des in den Pinch hineinfließenden Stroms kleiner sein muss als der verknüpfte, der aus dem Pinch herausfließt. Mit $\dot{W}_3 = 3\frac{\mathrm{kW}}{\mathrm{K}} < \dot{W}_2 = 4\frac{\mathrm{kW}}{.\mathrm{K}}$ ist dies erfüllt. Es ergibt sich, dass mit dem Wärmeübertrager 2–3 mit $\dot{Q}_{23} = 300\,\mathrm{kW}$ alle kalten Ströme unterhalb des Pinches vollständig erwärmt werden, sodass die verbleibende Wärmeabgabe der Ströme 1 und 2 durch externe Kühlung erfolgen muss. Die externe Kühlleistung summiert sich mit $\dot{Q}_{K1} = 40\,\mathrm{kW}$ und $\dot{Q}_{K2} = 20\,\mathrm{kW}$ zu $\dot{Q}_{Kmin} = 60\,\mathrm{kW}$, sodass offensichtlich das optimale Wärmeübertragernetzwerk erreicht ist (Bild 5.15).

Beispiel

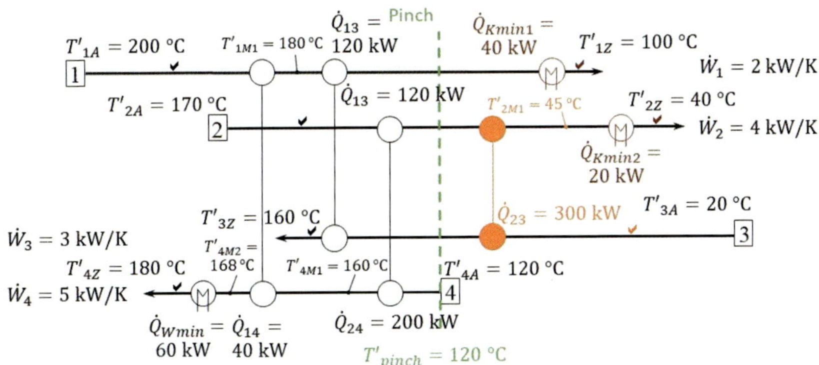

Bild 5.15: Schritt 5 der Entwicklung des optimalen Wärmeübertragernetzwerks (Beispiel)

Die anhand des Beispiels vorgestellte Vorgehensweise für ein optimales Wärmeübertragernetzwerk folgt dabei diesen Regeln (in Anlehnung an (Linnhoff und Hindmarsh, 1983, S. 756)):

Regeln zum Design eines Wärmeübertragernetzwerks mit maximaler Abwärmenutzung

1) Teile das System am Pinch in Teilsysteme auf. Sollten mehrere Pinches vorliegen, teile es an jedem Pinch in Teilsysteme auf und bearbeite die Teilsysteme separat.
2) Wähle für die erste Verknüpfung im betrachteten Teilsystem den größten in den Pinch hineinfließenden Wärmekapazitätsstrom aus und verknüpfe ihn mit einem Strom, der in den Pinch hineinfließt und einen gleichen oder größeren Wärmekapazitätsstrom aufweist. Sollte das nicht möglich sein, muss der größere Wärmekapazitätsstrom in Anteile aufgeteilt werden (Stromteilung).
3) Berechne die maximal mögliche Wärmeübertragungsleistung für den ersten Wärmeübertrager, sodass einer der beiden Ströme vollständig befriedigt wird und leite die Ein- bzw. Austrittstemperatur am anderen Strom ab.
4) Verfahre analog Schritt 2 und 3 mit dem nächstkleineren Strom, der in den Pinch hineinfließt.
5) Verknüpfe noch bestehende Restbedarfe bei warmen Strömen oberhalb des Pinches bzw. bei kalten Strömen unterhalb des Pinches, bis deren Wärme vollständig genutzt ist.
6) Decke den verbleibenden Wärmebedarf oberhalb des Pinches aus externen Wärmequellen bzw. den verbleibenden Kühlbedarf unterhalb des Pinches mit externer Wärmeabfuhr und prüfe, ob die zu- bzw. abzuführende Leistung dem minimalen Utilitybedarf aus der Pinch-Analyse entspricht.
7) Verfahre entsprechend Schritten 2 bis 6 für die verbliebenen Teilsysteme.

Das für das Beispielproblem aus Abschnitt 5.1.3 entwickelte Wärmeübertragernetzwerk in Bild 5.15 erreicht zwar die maximale Abwärmenutzung, es ist aber bzgl. des Utilitybezugs noch nicht optimiert, da die Wärmezufuhr bei den höchsten Temperaturen, die Kühlung bei den tiefsten Temperaturen erfolgt. Soll die Chance auf eine Nutzung der anfallenden Abwärme in einem anderen Prozess oder in einer KWK-Anlage (das hier vorliegende Temperaturniveau erscheint hierfür allerdings eher niedrig) genutzt werden, so sollte sie auf möglichst hohem Temperaturniveau abgeführt werden. Analog die Wärmezufuhr, die z. B. die Nutzung von an anderer Stelle anfallender Abwärme oder den Einsatz von KWK vorab verbessert, wenn sie auf niedrigerem Temperaturniveau zugeführt wird. Gleiches gilt für die Möglichkeit des Einsatzes einer Wärmepumpe über den Pinch hinweg.

In Abschnitt 5.1.3 wurde mithilfe der Grand Composite Curve eine Optimierung der Utilityzufuhr durchgeführt, die im bestehenden Netzwerk in Bild 5.15 noch nicht berücksichtigt ist.

Aus Bild 5.9 ist bekannt, dass bei der Optimierung der Utilities zusätzliche Utility-Pinches entstehen, die beim Design des Wärmeübertragernetzwerks zusätzlich als Nebenrestriktionen zu berücksichtigen sind. Damit ist das System mit dem Pinch und den beiden Utility-Pinches in vier Teilsysteme zu zerlegen, die einzeln anhand der Design-Regeln bearbeitet werden können. Dabei wird immer am übergreifenden Pinch begonnen, danach erst die Utility-Pinches als Nebenrestriktionen bearbeitet. Ein Wärmeübertrager darf aber immer nur innerhalb eines der Teilsysteme eingesetzt werden, da ansonsten Wärme über einen der Pinches transferiert wird. Dies ist auch bei den Utility-Pinches nicht zulässig.

Das Ergebnis für ein solch verbessertes Wärmeübertragernetzwerk zeigt Bild 5.16. Dabei ist zu erkennen, dass der minimale Utilitybedarf ggü. dem Netzwerk aus Bild 5.15 unverändert ist, aber die Wärmezufuhr jetzt bei niedrigerer Temperatur unterhalb des Utility-Pinches 1, die Wärmeabgabe bei höherer Temperatur oberhalb des Utility-Pinches 2 erfolgt.

Beispiel

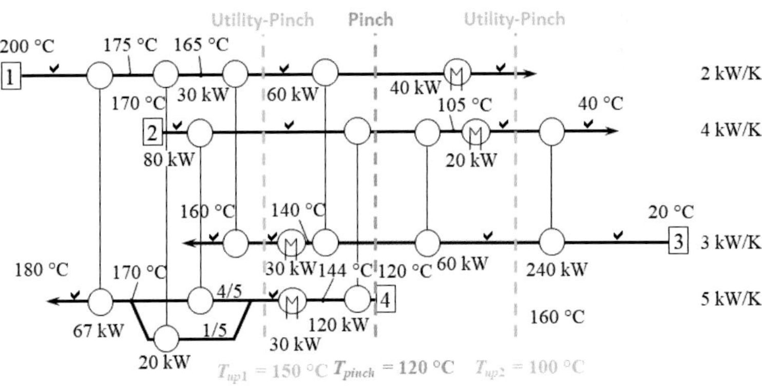

Bild 5.16: Optimales Wärmeübertragernetzwerk mit optimierter Utilityzufuhr (Beispiel)

Das Vorgehen zur Erstellung des Netzwerks erfolgt analog des ausführlich dargestellten Vorgehens für das Netzwerk in Bild 5.15. Allerdings ist das System getrennt für o. a. vier Teilsysteme zu entwickeln. Als bislang nicht dargestellte Besonderheit ist zu erkennen, dass für die Lösung eine Aufspaltung des Wärmekapazitätsstroms 4 in zwei Anteile oberhalb des Utility-Pinches 1 notwendig ist. Das Vorgehen folgt dabei den o. a. Design-Regeln:

1) Strom 2 wird als größter in den Pinch hineinfließender Strom mit Strom 4 verknüpft. Da der Wärmekapazitätsstrom $\dot{W}_2 < \dot{W}_4$ ist, kann dies problemlos erfolgen. Strom 2 wird dabei vollständig befriedigt, die Austrittstemperatur des Stroms 4 aus dem Wärmeübertrager 2–4 ergibt sich zu $T'_{4\mathrm{Mx}} = 166\,°\mathrm{C}$.

2) Der zweite Wärmeübertrager wird mit dem nächstkleineren Strom 1 verknüpft, der in den Pinch hineinfließt, der mit Strom 3 verbunden werden kann, da $\dot{W}_1 < \dot{W}_3$ gilt. Dabei kann Strom 3 bis zur Zieltemperatur erhitzt werden, die Eintrittstemperatur in den Wärmeübertrager 1–3 für Strom 2 ergibt sich zu $T'_{1\mathrm{Mx}} = 165\,°\mathrm{C}$.

3) Bei Strom 1 ist damit noch ein verbliebener nutzbarer Wärmestrom oberhalb des Pinches vorhanden. Er lässt sich aber nicht mit dem verbliebenen kalten Strom 4 nutzen, weil die Austrittstemperatur dieses Stroms aus dem Wärmeübertrager 2–4 mit $T'_{4\mathrm{Mx}} = 166\,°\mathrm{C}$ oberhalb der Eintrittstemperatur des Stroms 1 in den Wärmeübertrager 1–3 mit $T'_{1\mathrm{Mx}} = 165\,°\mathrm{C}$ liegt. Beim Setzen eines Wärmeübertragers zwischen den beiden Strömen wäre somit ΔT_{min} verletzt. Damit verbleibt nur die Möglichkeit, den zunächst in Schritt 1 gesetzten Wärmeübertrager 2–4 anzupassen, indem der Strom 4 direkt am Utility-Pinch 1 in zwei Anteile aufgespalten wird. Für die Wärmeübertragung 2–4 genügt ein Anteil des Wärmekapazitätsstroms $\dot{W}_{4,1} = \dot{W}_2 = \frac{4}{5}\dot{W}_4 = 4\,\mathrm{kW/K}$. Damit verbleibt ein Anteil von $\dot{W}_{4,2} = \frac{1}{5}\dot{W}_4 = 1\,\mathrm{kW/K}$ zur Verknüpfung mit dem Strom 1. Dieser genügt, um dann mit einer weiteren Verknüpfung 1–4 die vollständige zur Verfügung stehende Wärme oberhalb des Utility-Pinches 1 zu nutzen.

Bei Vergleich der beiden Wärmeübertragernetzwerke in Bild 5.15 und Bild 5.16 wird deutlich, dass das weiter thermodynamisch optimierte Netzwerk in Bild 5.16 wesentlich komplexer ist. Dies steht der thermodynamischen Vorteilhaftigkeit entgegen: Ein komplexeres Netzwerk erfordert einerseits wesentlich höhere Investitionen und ist auch im Betrieb und vor allem im Hinblick auf An- und Abfahrvorgänge der Anlage wesentlich schwieriger zu regeln.

Diese Situation lässt auch den wesentlichen Nachteil der Pinch-Analyse erkennen: Sie ermöglicht zwar die zuverlässige Identifikation des thermodynamischen Optimums des Prozesses, kann aber die ökonomische Optimierung des Gesamtprozesses nicht erreichen, da die Lösungen häufig eine zu hohe Komplexität aufweisen und anschließend zu vereinfachen sind.

Allerdings ist die Kenntnis des thermodynamischen Optimums ein wichtiger Wert, denn damit lässt sich für einfachere, praktikablere Lösungen abschätzen, wie weit diese vom thermodynamisch begründeten Optimum entfernt sind und welche Mehrkosten für Utilities damit verbunden sind.

5.1.5 Gesamtheitliche Optimierungsansätze

In den vorangegangenen Abschnitten 5.1.1 bis 5.1.4 lag immer die Vorgabe eines ΔT_{min} zugrunde. Eine solche Vorgabe ist durchaus realitätsnah, da es im Anlagenbau hierfür häufig übliche Werte gibt. Ein verändertes ΔT_{min} kann in speziellen Fällen zwar auch die Lage des Pinches beeinflussen, i. d. R. beeinflusst es aber vor allem den notwendigen minimalen Utilitybedarf und die notwendige Wärmeübertragerfläche.

Ein geringeres ΔT_{min} führt zu einer höheren Abwärmenutzung und damit zu einem geringeren Utilitybedarf, da sich die Composite Curves besser überdecken, und umgekehrt. Somit können mit verringertem ΔT_{min} die Utilitykosten verringert werden. Wie sich aus der Verschiebung der Composite Curves ableiten lässt, ist der Zusammenhang weitgehend linear (Bild 5.17).

Auf der anderen Seite führt ein geringeres ΔT_{min} gleichzeitig zu höheren Anforderungen an die Wärmeübertragungsfähigkeit kA der eingesetzten Wärmeübertrager. Bei als konstant angenommener Wärmedurchgangszahl k bedeutet ein kleineres ΔT_{min} folglich eine größere Wärmeübertragungsfläche A, die durch größere Wärmeübertrager erreicht werden kann, welche höhere Investitionen nach sich ziehen. Hier ist kein linearer Zusammenhang gegeben: Einerseits läuft für minimales ΔT_{min} die benötigte Fläche $A \to \infty$ und damit auch die Kosten. Auch dieser Zusammenhang wird in Bild 5.17 schematisch gezeigt.

Zusammengeführt bedeutet eine Verringerung von ΔT_{min} also Kosteneinsparungen für den Utilitybedarf aber Mehrausgaben bei den Investitionen. Solch gegenläufiges Verhalten ist typischerweise eine Aufgabe für eine Optimierung, in diesem Fall die Suche nach einem Gesamtkostenminimum, das dann das optimale $\Delta T_{min,opt}$ bestimmt (Bild 5.17). Allerdings ist die Darstellung in Bild 5.17 stark schematisch vereinfacht, denn vor allem die Kosten eines Wärmeübertragernetzwerks hängen neben der Fläche A auch noch deutlich von der Anzahl der eingesetzten Wärmeübertrager N ab, die beide a priori abzuschätzen sind.

Für die minimale Anzahl Wärmeübertrager hat bereits (Hohmann, 1971, S. 51) festgestellt, dass die kleinste Anzahl N_{min} der in einem System mit N_S Strömen benötigten Wärmeübertrager

$$N_{min} = N_S - 1 \tag{5.6}$$

ist. Wird ein System wie im Beispiel aus Abschnitt 5.1.3 betrachtet, so liegen im Fall der optimalen Abwärmenutzung zwei bzw. vier Teilsysteme vor, die durch die Pinches getrennt werden. Da nicht alle Ströme in allen Teilsystemen vorhanden sind, ergibt sich für die minimale Anzahl an Wärmeübertrager (vgl. Bild 5.15 und Bild 5.16) im Beispiel $N_{\text{min}} = (5-1)+(4-1) = 7$ bzw. $N_{\text{min}} = (4-1)+(5-1)+(4-1)+(2-1) = 11$, je nachdem, ob die Utility-Versorgung noch thermodynamisch optimal erfolgen soll oder nicht. Dabei ist zu beachten, dass die warme und kalte Utility jeweils auch als Strom zu zählen sind.

Dennoch lässt Gl. (5.6) eine praktikable Abschätzung für N_{min} zu, da diese nur schwach von ΔT_{min} abhängt (nur dann, wenn ΔT_{min} so stark verändert wird, dass der Pinch seine Lage wesentlich im Problem verlagern würde, und dies lässt sich durch eine Sensitivitätsanalyse abschätzen).

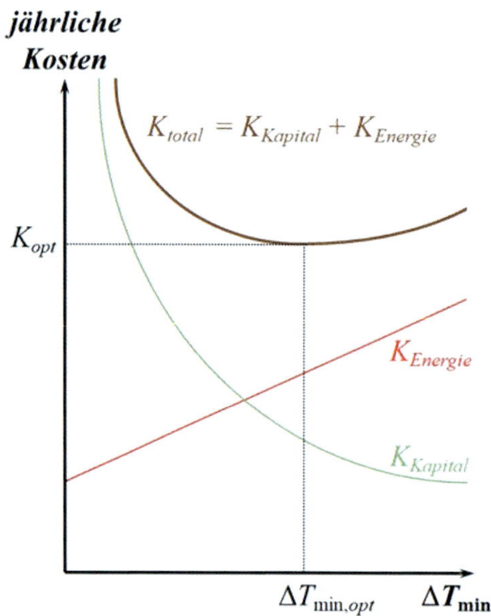

Bild 5.17: Bestimmung eines optimalen ΔT_{min} (in Anlehnung an (Linnhoff und Hindmarsh, 1983, S. 760))

Die Abschätzung der Wärmeübertragerfläche *A* ist dagegen deutlich aufwendiger. Wenn der Entwurf für das konkrete Wärmeübertragernetzwerk noch nicht vorliegt, muss ebenfalls eine geeignete Abschätzung vorgenommen werden: Wird angenommen, dass die Wärmedurchgangszahl *k* für alle Wärmeübertrager konstant ist, dann lässt sich die benötigte Fläche aus den Composite

Curves mit einbezogenen Utilities („Balanced Composite Curves") abschätzen (für die detaillierte Herleitung vgl. (Linnhoff und Ahmad, 1990, S. 730 f.)): Dabei wird davon ausgegangen, dass die gesamte Wärme zwischen den Kurven in gedachten, abschnittsweisen Wärmeübertragern transferiert wird (Bild 5.18). Es gilt dann die für die Auslegung von Wärmeübertragern mit bekanntem *k* gültige Gleichung (2.82) (vgl. Abschnitt 2.1.4):

$$A_{\mathrm{min,i}} = \frac{1}{k}\frac{\dot{Q}_i}{\Delta T_{\mathrm{LM,i}}} \tag{5.7}$$

wobei gilt Gl. (2.83):

$$\Delta T_{\mathrm{LM,i}} = \frac{\Delta T_{\mathrm{gr,i}} - \Delta T_{\mathrm{kl,i}}}{\ln\left(\dfrac{\Delta T_{\mathrm{gr,i}}}{\Delta T_{\mathrm{kl,i}}}\right)} \tag{5.8}$$

mit $\Delta T_{\mathrm{gr,i}} = \Delta T'_{\mathrm{gr,i}} + \Delta T_{\mathrm{min}}$ als die größere der beiden Temperaturdifferenzen zwischen den beiden Strömen am einen Ende des gedachten Wärmeübertragers „WÜ *i*", und $\Delta T_{\mathrm{kl,i}} = \Delta T'_{\mathrm{kl,i}} + \Delta T_{\mathrm{min}}$ die am anderen Ende ist.

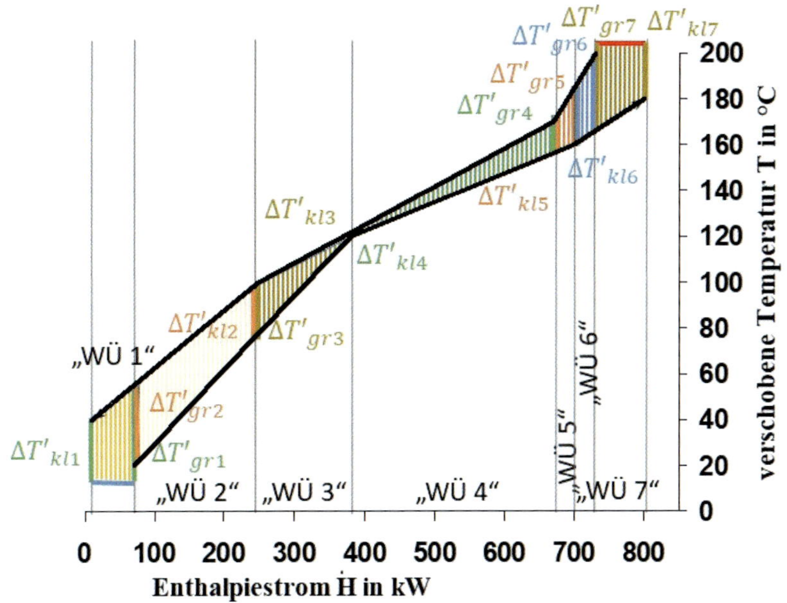

Bild 5.18: Unterteilung des Problems in Enthalpieintervalle zur Abschätzung der Wärmeübertragerfläche

Mit dieser Vereinfachung lässt sich dann die minimale Gesamtfläche des Wärmeübertragernetzwerks als Summe aller gedachten Wärmeübertrager „WÜ *i*“ aus Gl. (5.7) abschätzen (Linnhoff und Ahmad, 1990, S. 731):

$$A_{min} = \sum_i A_{min,i} = \frac{1}{k} \sum_i \frac{\dot{Q}_i}{\Delta T_{LM,i}} \tag{5.9}$$

Allerdings ist die Annahme eines konstanten Wärmeübergangskoeffizienten k eine sehr weitgehende Vereinfachung, insbesondere wenn die Ströme unterschiedliche Fluide sind. Weichen die Wärmeübergangskoeffizienten der einzelnen Ströme a_j stark voneinander ab (d. h., k = const. ist keine valide Annahme), kann nach (Townsend und Linnhoff, 1984) folgende Näherungsformel mit individuellen Wärmeübergangszahlen der einzelnen Ströme a_j genutzt werden:

$$A_{min} = \sum_i \frac{1}{\Delta T_{LM,i}} \left(\sum_j \frac{\dot{Q}_{i,j}}{a_j} \right) \tag{5.10}$$

(Linnhoff und Ahmad, 1990, S. 733) geben an, dass die auf diese Weise abgeschätzte minimale Wärmeübertragerfläche üblicherweise nicht mehr 10 % vom Optimum abweicht. Damit lassen sich vor dem konkreten Entwurf des Wärmeübertragernetzwerks die Kapitalkosten C_{WN} für dieses abschätzen (Linnhoff und Ahmad, 1990, S. 744):

$$C_{WN} = c_N N_{min} + c_A A_{min} \tag{5.11}$$

Die Parameter stellen dabei die spezifischen Kosten von Wärmeübertragern als Fixkostenanteil c_N für jeden Wärmeübertrager bzw. flächenabhängiger Anteil c_A dar.

Auf diese Weise lässt sich iterativ mit den thermodynamischen Instrumenten der Pinch-Analyse – noch ohne das aufwendige Design des konkreten Wärmeübertragernetzwerks – das $\Delta T_{min,opt}$ für eine kostenminimale Abwärmenutzung abschätzen.

Zuverlässig können die Kosten für ein konkretes Wärmeübertragernetzwerk jedoch erst nach Design und Auslegung bestimmt werden.

5.2 Optimierung

Wie in Abschnitt 5.1 deutlich wurde, kommt auch der Ansatz der Pinch-Analyse nicht ohne mathematische Optimierungsansätze aus, wenn tatsächlich ein optimales Wärmeübertragernetzwerk entwickelt werden soll. Aufgrund der hohen Komplexität und des hohen Kosteneinsparpotentials speziell in der Prozessindustrie wurden viele unterschiedliche Ansätze zur Optimierung sowohl im Bereich des Prozessdesigns als auch für eine optimale Betriebsführung entwickelt (Biegler und Grossmann, 2004, S. 1170). Aufgrund der Notwendigkeit, diskrete Entscheidungen, wie z. B. die Verknüpfung oder Nichtverknüpfung zweier Ströme, ebenso wie nichtlineare Zusammenhänge modellieren zu können, ist die mathematische Komplexität jedoch sehr hoch. Für die Lösung dieser Aufgabe wurde bereits eine Vielzahl unterschiedlicher Verfahren eingesetzt, die hohe Anforderungen an die Lösbarkeit und Konvergenz in ein Optimum haben müssen. Einen guten Überblick auf die eingesetzten Verfahren gibt (Biegler und Grossmann, 2004, S. 1170). Die Optimierungsansätze, wie auch der thermodynamische Ansatz der Pinch-Analyse, werden vielfach eingesetzt und sind in entsprechenden kommerziellen Softwareprogrammen für den Einsatz im Prozessdesign verfügbar. Einen guten Überblick und methodischen Vergleich des thermodynamisch geprägten Ansatzes der Pinch-Analyse mit dem Ansatz der mathematischen Optimierung gibt (Klemeš, 2013); (Roosen und Groß, 1996) vergleichen dagegen die verschiedenen Ansätze anhand der Bearbeitung eines konkreten Problems.

5.3 Zeitabhängige Prozesse (Batch-Prozesse)

Die ersten Arbeiten zur Pinch-Analyse und im Bereich der Optimierung von verfahrenstechnischen Prozessen widmeten sich vor allem den energieintensiven kontinuierlichen Prozessen, die nur eine geringe Zeitabhängigkeit aufweisen. Im Bereich der Verfahrenstechnik sind aber auch nicht kontinuierlich betriebene Prozesse weitverbreitet, insbesondere auch in der Nahrungsmittelindustrie und der Spezialchemie.

In den zurückliegenden Jahren waren diese Prozesse, aufgrund der weniger dominanten Energiekosten und der benötigen Flexibilität der Batch-Prozesse nicht im Fokus der Abwärmenutzung. Es wurde befürchtet, dass aufgrund der zunehmenden Komplexität der Verschaltung der verschiedenen Prozessströme bei der Abwärmenutzung die wichtige Flexibilität eingeschränkt wird. Weiter ansteigende Energiekosten und der Fokus auf Klimaschutzanstrengungen haben dies mittlerweile verändert (Majozi, 2013, S. 310).

Charakteristisch für Batch-Prozesse ist, dass einzelne Prozessschritte nur für eine gewisse Zeitdauer in Betrieb sind und in einer mehr oder weniger flexiblen Sequenz hintereinander ablaufen. Dies zeigt beispielhaft das Gantt-Diagramm in Bild 5.19. Für die Abwärmenutzung entstehen hierdurch zusätzliche Herausforderungen: Eine Wärmeübertragung kann nur zwischen Abwärmequellen und Wärmenachfragern stattfinden, die gleichzeitig in Betrieb sind. Dies stellt eine zusätzlich zur thermodynamischen Restriktion hinzukommende zeitliche Restriktion dar.

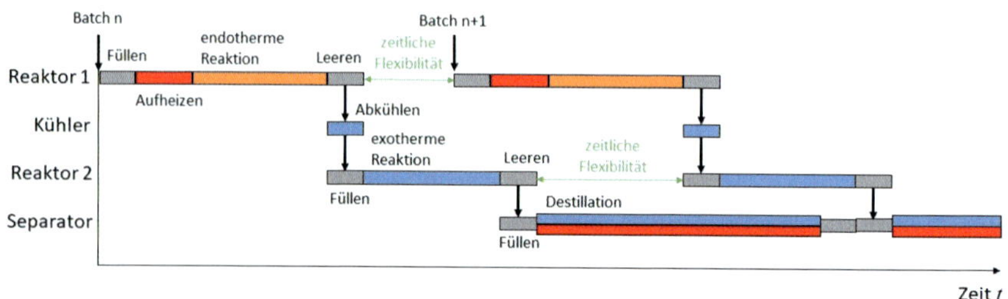

Bild 5.19: Gantt-Diagramm für einen beispielhaften Batch-Prozess

Allerdings können abhängig vom konkreten Ablauf des Batch-Prozesses jedoch noch Freiheitsgrade vorliegen, die den Lösungsraum des Optimierungsproblems der maximalen Abwärmenutzung wieder erweitern:

- *Zeitliche Verschiebung von Prozessschritten* beeinflusst die Möglichkeit der direkten Abwärmenutzung (Erlauben im Beispielprozess (Bild 5.19) die Temperaturen der Wärmeabgabe in Reaktor 2 die Beheizung der Blase des Separators, könnte ein zeitliches Vorziehen der exothermen Reaktion in Reaktor 2 bis zu einer vollständigen Überdeckung des Wärmebedarfs im Separator die Abwärmenutzung erhöhen).
- *Einsatz von Wärmespeichern* können die Möglichkeiten einer Abwärmenutzung weiter erhöhen. Kann die Wärme, die im Kühler abgegeben wird, beispielsweise in einem Wärmespeicher gespeichert werden, könnte sie – geeignete Temperaturniveaus vorausgesetzt – zum Aufheizen in Reaktor 1 verwendet werden. Eine einfachere Speichervariante wäre hier möglicherweise jedoch einen einfachen Zwischenspeicher für den Zwischenproduktstrom nach Reaktor 1 einzubauen, der es ermöglicht, den Reaktor 1 in den Zwischenspeicher zu entleeren und den Kühlvorgang im Kühler so lange zu verzögern, bis er gleichzeitig zur Aufheizphase des Reaktors 1 ablaufen kann, sodass die Wärme bei geeigneten Temperaturverhältnissen so dann genutzt werden kann.

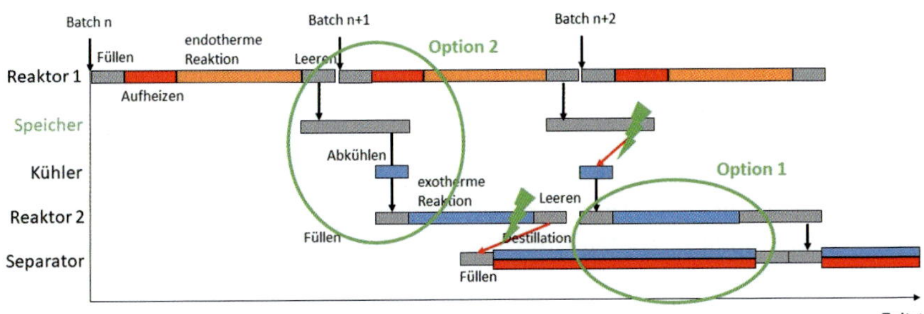

Bild 5.20: Gantt-Diagramm für modifizierten Beispielprozess

Die Darstellung der möglichen Modifikationen zur Erhöhung der Abwärmenutzung in Bild 5.20 verdeutlicht, dass sich im Beispiel nicht beide Optionen gleichzeitig realisieren lassen, weil dann die zeitliche Restriktion erneut im Eingriff ist. Dies verdeutlicht die hohe Komplexität bei der Optimierung von Batch-Prozessen, für die bislang kein Werkzeug zur systematischen Optimierung entwickelt werden konnte, das eine ähnliche Bedeutung in der Breite erlangt hat, wie die Pinch-Analyse bei kontinuierlichen Prozessen.

Soll bei der erheblich gestiegenen Komplexität eine detaillierte Optimierung ermöglicht werden, die auch die Aspekte der Betriebsführung und der wichtigen Betriebsflexibilität mit einbezieht, steigt der Analyseaufwand drastisch an. Er lässt sich im Gegenzug nur in den Fällen wirtschaftlich rechtfertigen, in denen ein entsprechend großes ökonomisches Potential bei der Abwärmenutzung zu erwarten ist. Dieses Argument wiegt umso schwerer, da im Falle der Batch-Prozesse auch viele Spezialbereiche zu berücksichtigen sind, für die kein einfach zu bedienendes standardisiertes und zugleich detailliertes Instrument eingesetzt werden kann.

Daher werden im Folgenden nur die groben Züge verschiedener Ansätze vorgestellt werden, wobei die Ansätze der Pinch-Analyse und Optimierung Instrumente darstellen, die detaillierte Ergebnisse erwarten lassen. Der vergleichsweise hohe Aufwand ist aber in vielen Fällen bislang kaum wirtschaftlich zu rechtfertigen. Die vereinfachten Optimierungsansätze stellen dagegen ein stark standardisiertes Vorgehen mit vielen vereinfachenden Annahmen dar. Diese sind mit geringem Aufwand durchzuführen, lassen aber nicht notwendigerweise ein gesichertes Erreichen des globalen Optimums erwarten.

5.3.1 Pinch-Analyse für Batch-Prozesse

Für die ursprünglich für kontinuierliche Prozesse entwickelte Pinch-Analyse wurden schon seit Ende der 1980er-Jahre verschiedene Ansätze entwickelt, wie auch zeitabhängige Prozesse mithilfe dieser Methodik thermodynamisch optimiert werden können. (Linnhoff, Ashton und Obeng, 1988, S. 224) entwickelten hierfür den Ansatz des Time Average Models (TAM) und Time Slice Models (TSM). Beide Modelle stellen Grenzfälle bei der Analyse von Batch-Prozessen dar.

Das Time Average Model (TAM) bezieht alle (zeitlich begrenzt) auftretenden Ströme auf einen einheitlichen festen Bezugszeitraum. Dabei werden mengenbezogene Größen über dem Bezugszeitraum gemittelt und anschließend eine Bearbeitung wie bei einem kontinuierlichen Prozess ermöglicht (Linnhoff, Ashton und Obeng, 1988, S. 224).

Den anderen Grenzfall stellt das Time Slice Model (TSM) dar (Obeng und Ashton, 1988, S. 256), das den Batch-Prozess in Zeitscheiben aufteilt, innerhalb derer keine Veränderung des Prozesses auftritt und für jede dieser Zeitscheiben eine eigene Pinch-Analyse durchführt. Schon die Betrachtung des einfachen Beispielprozesses in Bild 5.19 lässt erkennen, dass hier eine große Anzahl Zeitscheiben entsteht, die im Zusammenspiel kaum zu überblicken ist.

(Kemp und Deakin, 1989, S. 498 f.) stellten ergänzend eine Cascade Analysis vor, die in einer zweidimensionalen Matrix abläuft.

In der einen Richtung wird der Wärmetransfer entlang sinkender Temperatur, wie bei der klassischen Wärmestromtabelle, abgetragen. In der anderen Richtung die Zeitachse mit den Zeitscheiben des Batch-Prozesses in denen ein Wärmetransport durch Zeitverschiebung stattfinden kann. Hierdurch – oder mittels einer Darstellung der Grand Composite Curves über den Zeitscheiben als dritter Dimension aufgetragen (Kemp und Deakin, 1989, S. 500) – lässt sich erkennen, an welcher Stelle Abwärme genutzt werden kann, indem Prozessschritte verschoben werden oder Wärmespeicher (Kemp und Deakin, 1989, S. 505) eingesetzt werden.

(Wang und Smith, 1995) schlugen die Einführung eines Time Pinches vor. Dabei wird der gesamte Batch-Prozess in Temperaturintervalle mit verschobenen Temperaturen aufgeteilt und für jedes Temperaturintervall über der Zeit eine Time-Grand Composite Curve aufgetragen (Wang und Smith, 1995, S. 907), die sowohl den internen Wärmetransfer entlang der Zeitachse als auch die minimal notwendige externe Zu-/Abfuhr von Wärme aufzeigen kann. Die Vorgehensweise ist in (Majozi, 2013, S. 313 ff.) dargestellt und soll hier nicht weiter vertieft werden.

(Krummenacher, 2002) stellt eine Methode auf Basis einer genetischen Optimierung für die indirekte Abwärmenutzung mittels Wärmespeichern vor und führt in diesem Zusammenhang einen „Storage-Pinch“ ein. Ein Verfahren zur Optimierung von Wärmespeichern für Batch-Prozesse stellen (Krummenacher und Favrat, 2001) vor.

Insgesamt wird bei allen Arbeiten deutlich, dass die Abwärmenutzungsoptimierung von Batch-Prozessen eine erhebliche Komplexität und damit Arbeitsaufwand für Ingenieure darstellt. Dies begrenzt leider das wirtschaftliche Einsatzpotential insbesondere bei Prozessen mit geringen spezifischen Energiekosten, sodass in der Praxis ein Potential für vereinfachte Verfahren entsteht (Abschnitt 5.3.2).

Die Einbeziehung einer zusätzlichen Zeitdimension in mathematische Optimierungsmodelle erscheint zunächst wenig aufwendig. Im Grundsatz folgen sie den Ansätzen, die in Abschnitt 5.2 bereits angesprochen wurden. Allerdings vergrößert eine solche zusätzliche Dimension, insbesondere bei einer hohen Anzahl zu berücksichtigender Zeitschritte, das vom Solver zu lösende Problem in erheblichem Umfang. Da im Hinblick auf die Fragestellung der optimalen Abwärmenutzung einschließlich eines hierfür geeigneten Prozessdesigns immer auch Nichtlinearitäten und vor allem auch binäre Variablen zum Tragen kommen, skaliert die Rechenzeit leider nicht nur linear sondern progressiv mit der Größe des Problems.

Für komplexere Probleme ergeben sich daher sehr schnell Lösungsprobleme, die nicht ausschließlich durch höhere Rechnerleistungen, sondern vor allem auch durch angepasste Modellabbildungen zu beheben sind. Beide Wege sind aufwendig und erhöhen die Kosten.

Als Einstieg in die Problemstellung sei beispielhaft für ein einfaches Problem auf eine nachvollziehbare mathematische Formulierung in (Majozi, 2013, S. 324–335) verwiesen. Der Ansatz arbeitet mit einer inhomogenen Zeitauflösung, um schnellere Rechenzeiten zu erreichen. Die Problemformulierung enthält zunächst nichtlineare Anteile, die dann näherungsweise linearisiert werden, sodass ein gängiges gemischt-ganzzahliges lineares Optimierungsproblem (MILP – Mixed Integer Linear Programming) entsteht, das mit gängigen kommerziellen Solvern lösbar ist. Im zweiten Schritt wird aufbauend auf der MILP-Lösung das genauere nichtlineare MINLP-Problem gelöst. Wobei (Majozi, 2013, S. 333) feststellt, dass nicht garantiert ist, dass der Algorithmus insgesamt eine Lösung erzielen kann. Dies verdeutlicht nochmals, dass eine einfache standardisierte Anwendung solcher Optimierungsansätze kaum möglich ist.

5.3.2 Vereinfachte Optimierungsansätze

Aufgrund der hohen Komplexität der Aufgabenstellung einer Bestimmung eines optimierten Batch-Prozesses und der häufigen geringen spezifischen Energiekosten in vielen Bereichen der Industrie, in denen Batch-Prozesse eingesetzt werden, wurden alternativ auf Basis heuristischer Ansätze vereinfachte standardisierte Optimierungsansätze entwickelt. Sie können zwar keine Garantie für die Erreichung des Optimums der Abwärmenutzung geben (was bei vielen MINLP-Ansätzen auch nicht der Fall ist), stellen aber einfach anzuwendende praktikable Verfahren dar, die mit geringem Aufwand eine wesentliche Verbesserung der Energieeffizienz erreichen.

Hinter diesem Ansatz steht die Überlegung, dass es für einen insgesamt effizienten Einsatz von Energie und damit für den Klimaschutz möglicherweise besser ist, wenn bei vielen Prozessen ein gewisser Grad an Energieeffizienz einfach erreicht werden kann, als wenn ein optimaler Grad der Energieeffizienz bei nur wenigen Prozessen implementiert wird.

5.3.2.1 OMNIUM-Verfahren

Zur Vermeidung der hohen Komplexität wurde von (Hellwig, 1998) das OMNIUM-Verfahren entwickelt, das von vornherein den Lösungsraum wesentlich einschränkt, indem ausschließlich 1:1-Beziehungen zwischen einzelnen auftretenden Strömen und ausschließlich ein direkter Wärmetransfer ohne Speicherung zugelassen wird. Um weiterhin die volle Flexibilität im Prozess zu erhalten, wird unterstellt, dass der Wärmeübergang zwischen einem warmen Strom (Abwärmequelle *AQ*) und einem kalten Strom (Wärmeverbraucher *WV*) immer mittels einer Wärmeübertragungsanlage mit Nacherhitzer bzw. Nachkühler realisiert wird (Bild 5.21).

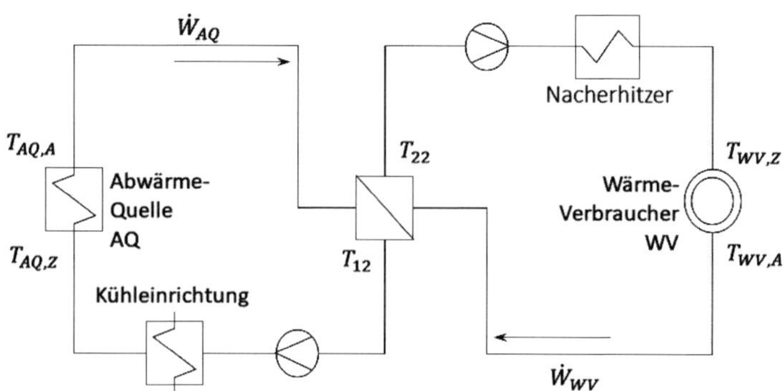

Bild 5.21: Schema einer flexiblen Wärmeübertragungsanlage mit Nacherhitzer und Nachkühler (Hellwig, 1998, S. 19)

Die nutzbare Abwärme für eine mögliche Kopplung zwischen der Abwärmequelle AQ_i und dem Wärmeverbraucher WV_j ergibt sich dann für jeden betrachteten Zeitschritt t aus dem nachfolgenden Gleichungssatz (Hellwig, 1998, S. 16–18, 20) (vgl. auch Bild 5.22):

$$\begin{aligned}
\dot{Q}_{ij,t} &= \min\left[\dot{Q}_{AQi,t};\, \dot{Q}_{WVj,t}\right] \\
\dot{Q}_{AQi,t} &= \dot{W}_{AQi,t}\left(T_{AQiA,t} - T_{AQiG,t}\right) \\
\dot{Q}_{WVj,t} &= \dot{W}_{WVj,t}\left(T_{WVjG,t} - T_{WVjA,t}\right) \\
T_{AQiG,t} &= \max\left[T_{AQiZ,t}; T_{WVjA,t} + \Delta T_{min}\right] \\
T_{WVjG,t} &= \min\left[T_{WVjZ,t}; T_{AQiA,t} - \Delta T_{min}\right]
\end{aligned} \tag{5.12}$$

wobei ΔT_{min} ein vorzugebender Wert analog der Pinch-Analyse und $\dot{W}_{k,t}$ der Wärmekapazitätsstrom des jeweiligen Stroms k im Zeitschritt t ist.

Diese Rechenoperationen müssen für jeden Zeitschritt t und die kombinatorische Vielfalt der möglichen Kopplungen von Abwärmequellen AQ_i und Wärmeverbrauchern WV_j berechnet werden. Da sie jedoch einfach sind, resultieren hieraus keine erheblichen Rechenzeitprobleme.

Über alle Zeitschritte t kann so einfach mit den Ergebnissen aus Gl. (5.12) für jede mögliche Kopplung AQ_i mit WV_j die insgesamt nutzbare Abwärme Q_{ij} berechnet werden (Hellwig, 1998, S. 35):

$$Q_{ij} = \sum_t \dot{Q}_{ij,t}\, t \tag{5.13}$$

Sie lässt sich im zeitlichen Verlauf (Bild 5.23) darstellen, sodass für den Anwender ein rascher Überblick über die Zusammenhänge möglich wird. Damit ist eine Matrix der Dimension $i \times j$ entstanden, die die zwischen allen Kopplungen ij nutzbare Abwärme enthält. Unter der Annahme ausschließlich einfacher Kopplungen zwischen Strömen stellt die Suche nach der optimalen Kopplungsstruktur ein bipartites Matchingproblem in dieser Matrix dar (Hellwig, 1998, S. 36), das sich mithilfe von Standardverfahren lösen lässt. Eines dieser Standardverfahren ist die Ungarische Methode (Kuhn, 1955, S. 89 ff.), die beim OMNIUM-Verfahren zum Einsatz kommt.

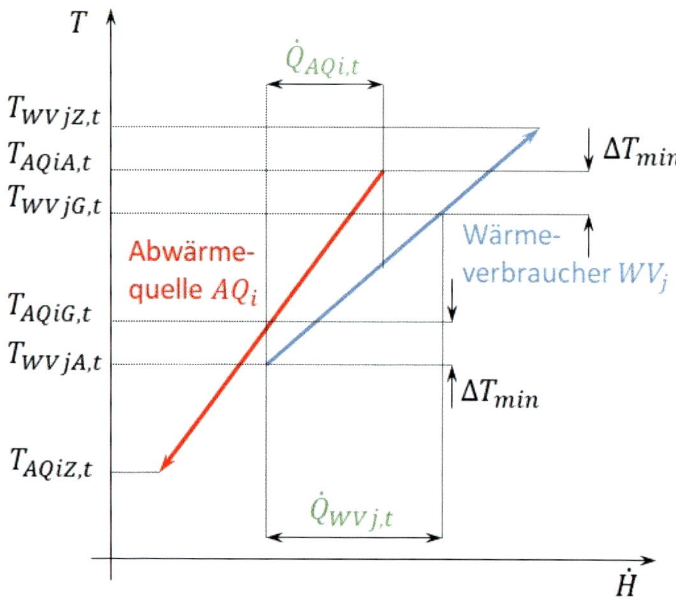

Bild 5.22: Übertragbarer Wärmestrom im Zeitschritt t zwischen Abwärmequelle AQ_i und Wärmeverbraucher WV_j (nach (Hellwig, 1998, S. 16))

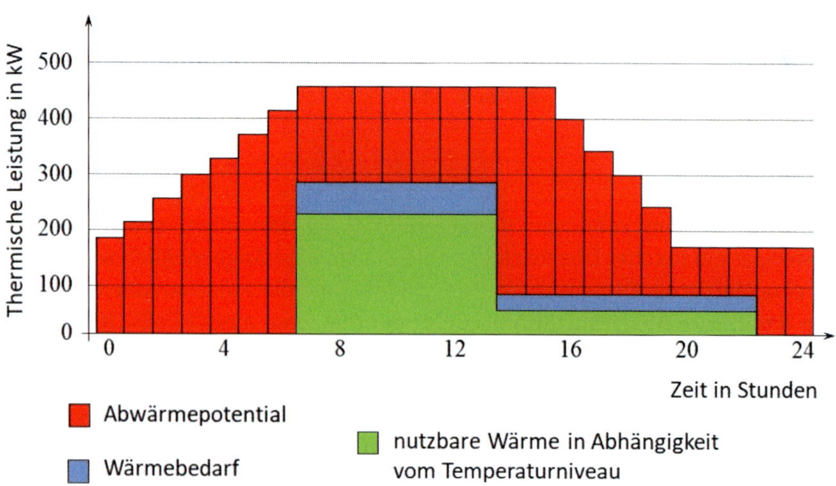

Bild 5.23: Zeitlicher Verlauf der Abwärmenutzung einer Kopplung der Abwärmequelle AQ_i mit dem Wärmeverbraucher WV_j (Voß, 1999, Kapitel 4.2)

Bild 5.24 zeigt eine solche Matrix für ein Beispielproblem (Voß, 1999, Kapitel 4.2) auf. Wird gleichzeitig das insgesamt vorhandene Abwärmepotential und der jeweilige Wärmebedarf aufgezeigt, so ist gut erkennbar, ob die Ausnutzung durch die vorgeschlagenen Kopplungen einen hohen Anteil erreicht (Bild 5.25). Dies ist bei den ersten drei vorgeschlagenen Kopplungen der Fall.

Im Fall von WV5 fällt jedoch auf, dass die Möglichkeit der Abwärmenutzung gering ist. Die Ursache hierfür kann nun im Anschluss systematisch und zielgerichtet analysiert werden. Liegt ein Problem der Zeitverschiebung vor, ist zu prüfen, ob der Einsatz von Speichern oder die Verschiebung von Prozessschritten eine Verbesserung erreichen kann. Liegen dagegen thermodynamische Restriktionen in den Temperaturen vor, so kann hier keine weitere Verbesserung erreicht werden.

Ein Vergleich mit einer Pinch-Analyse zeigt auf, dass hier thermodynamische Restriktionen maßgeblich die Abwärmenutzung begrenzen und das OMNIUM-Verfahren ca. 95 % der thermodynamisch optimalen Abwärmenutzung realisieren kann und hierbei bereits ein passendes, einfaches Wärmeübertragernetzwerk vorschlägt (Voß, 1999, Kapitel 4.2). Für die verbleibenden 5 % der Abwärmenutzung müsste zur Erreichung des thermodynamischen Optimums dann ein wesentlich komplexeres Wärmeübertragernetzwerk erstellt werden, das hinsichtlich Wirtschaftlichkeit kaum attraktiv sein dürfte. Insofern ist davon auszugehen, dass die einfache OMNIUM-Lösung eine gute Näherung für die wirtschaftlich optimale Abwärmenutzung darstellt.

	Abwärmepotential	WV_1	WV_2	WV_3	WV_4	WV_5	WV_6
Wärmebedarf	MWh/a	12.872	35.031	7.722	23.889	28.926	20.612
AQ_1	22.189	12.466	0	7.722	**22.189**	0	0
AQ_2	14.699	**12.162**	0	7.722	14.699	0	0
AQ_3	12.856	12.132	0	**7.722**	2.466	0	0
AQ_4	8.487	8.487	0	7.722	1.601	0	0
AQ_5	4.520	4.520	0	4.520	0	0	0
AQ_6	14.585	6.300	0	5.648	0	0	0
AQ_7	7.333	6.290	0	5.639	0	0	0
AQ_8	2.829	2.829	0	2.829	0	0	0
AQ_9	149	149	41	149	89	**69**	0
AQ_{10}	162.752	5.386	0	4.829	0	0	0
AQ_{11}	5.752	5.274	0	4.728	0	0	0
AQ_{12}	902	902	0	902	0	0	0
AQ_{13}	701	701	0	701	0	0	0

Bild 5.24: Matrix der nutzbaren Abwärme nach dem OMNIUM-Verfahren (Voß, 1999, Kapitel 4.2)

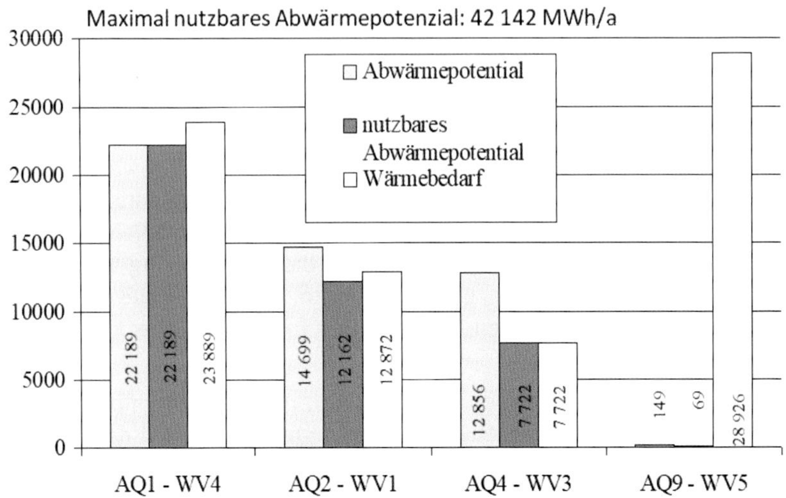

Bild 5.25: Lösung für das Beispielproblem mit OMNIUM (Voß, 1999, Kapitel 4.2)

5.3.2.2 KOARiiS

Aufbauend auf dem OMNIUM-Verfahren wurde von (Heyden, 2016, S. 2) die in Abschnitt 5.3.2.2 beschriebene OMNIUM-Methodik umfangreich erweitert. Dabei stand die Zielstellung im Mittelpunkt, ein praxistaugliches Instrument für die Energieberatung in Unternehmen im Hinblick auf die Abwärmenutzung zur Verfügung zu stellen, welches durch eine kosteneffiziente Durchführung von Analysen die Hebung dieses Potentials für die Erreichung der im Rahmen der Energiewende gesteckten Effizienzziele unterstützt.

Aus diesem Grund sind schon die Zielsetzungen des Verfahrens anders als bei der Pinch-Analyse bzw. den komplexen Optimierungsverfahren (s. Abschnitte 5.3.1 bzw. 5.3.2) gesteckt. Während letztere Verfahren das (thermodynamisch) optimale Abwärmenutzungspotential zu erreichen suchen, gibt (Heyden, 2016, S. 29) nachfolgende, für die praktische Umsetzung besonders wichtigen Punkte als Zielsetzung an:

- Universelle Anwendbarkeit
- Von der Systemkomplexität unabhängige, geringe Anwendungskosten
- Größtmögliche Anwenderunabhängigkeit
- Explizite Berücksichtigung aller Kosten
- Hohe Ergebnistransparenz.

Im Vordergrund steht also vielmehr die Anwendbarkeit und weniger die Erreichung eines tatsächlichen Optimums, da dies häufig mit einem zu hohen Anwendungsaufwand in nicht energieintensiven Prozessen verbunden ist. Um eine effiziente Anwendbarkeit zu ermöglichen, wurde das Verfahren prototypisch in einer Softwareapplikation („KOARiis – Kostenoptimale Abwärmerückgewinnung durch integriert-iteratives Systemdesign“) umgesetzt.

Neben der Erweiterung der Berechnung der direkt nutzbaren Abwärme im OMNIUM-Verfahren, wird zunächst eine umfassende Kostenberechnung der hierfür erforderlichen Anlagen einschließlich Einsparungen und der Kosten für die notwendige externe Deckung des verbleibenden Wärmebedarfs ergänzt. Dies erfolgt iterativ nach dem in Bild 5.26 gezeigten Schema.

Für jede Kopplung einer Wärmequelle i mit einer Wärmesenke n wird dieser Algorithmus separat durchlaufen. Liegt eine Kälteanwendung vor, so ist eine spezielle Behandlung vorgesehen, da sich hier einige thermodynamische Zusammenhänge anders gestalten. Liegt ein solcher Spezialfall nicht vor, wird geprüft, ob die Rücklauftemperatur $T_{\text{rück}}(i)$ der Wärmesenke i kleiner ist als die benötigte Temperatur der Wärmesenke $T(n)$. Ist dies der Fall, muss eine externe Wärmezufuhr („Stützenergie“) erfolgen, um die benötigte Temperatur $T(n)$ einzuhalten. Hierfür wird auf Basis von Kostenparametern eine geeignete Technologie, wie z. B. ein gasbefeuerter Heizkessel oder eine Wärmepumpe, eingesetzt und kostenseitig berücksichtigt.

Anschließend wird anhand einer endlichen Anzahl von Variationen der Parameter Temperatur oder Massenstrom des Wärmeübertragungssystems die Auslegung von p Varianten durchlaufen, die alle notwendigen Komponenten ggf. einschließlich eines Speichers enthalten, um den optimalen Zielwert aller Variationen für die Kopplung zu ermitteln. Dabei erfolgt immer eine vollständige Auslegung und eine damit verbundene Kostenermittlung. Der optimale Zielwert $Z(i,n)$ wird dann in die Lösungsmatrix L_0 eingestellt.

Aus der Lösungsmatrix L_0 wird dann mittels der Ungarischen Methode analog des OMNIUM-Verfahrens die optimale Lösung an Kopplungen L_0 ermittelt. Anschließend werden für noch bestehende Restmengen an Abwärme in weiteren Iterationsschritten neue Lösungsmatrizen L_1 bis L_3 mit den zugehörigen Lösungen L_1 bis L_3 gebildet, die eine erweiterte Abwärmeintegration ermöglichen. Aus dem Vergleich der Lösungsmengen L_0 bis L_3 wird dann die global optimale Lösungsmenge L_4 ermittelt.

Im Ergebnis erhält der Anwender mit überschaubarem Aufwand ein kostenseitig belastbares Ergebnis, welcher Grad der Abwärmeintegration – einschließlich einer geeigneten Wärmeversorgung und unter Integration von Wärmespeichern – für die analysierte Situation kosteneffizient ist.

Um belastbare Kostenabschätzungen zu erhalten, sind zahlreiche Kostenparameter von allen benötigten Anlagenkomponenten hinterlegt, wobei auch Größendegressionen mittels entsprechender Regressionsfunktionen berücksichtigt werden (Bild 5.27).

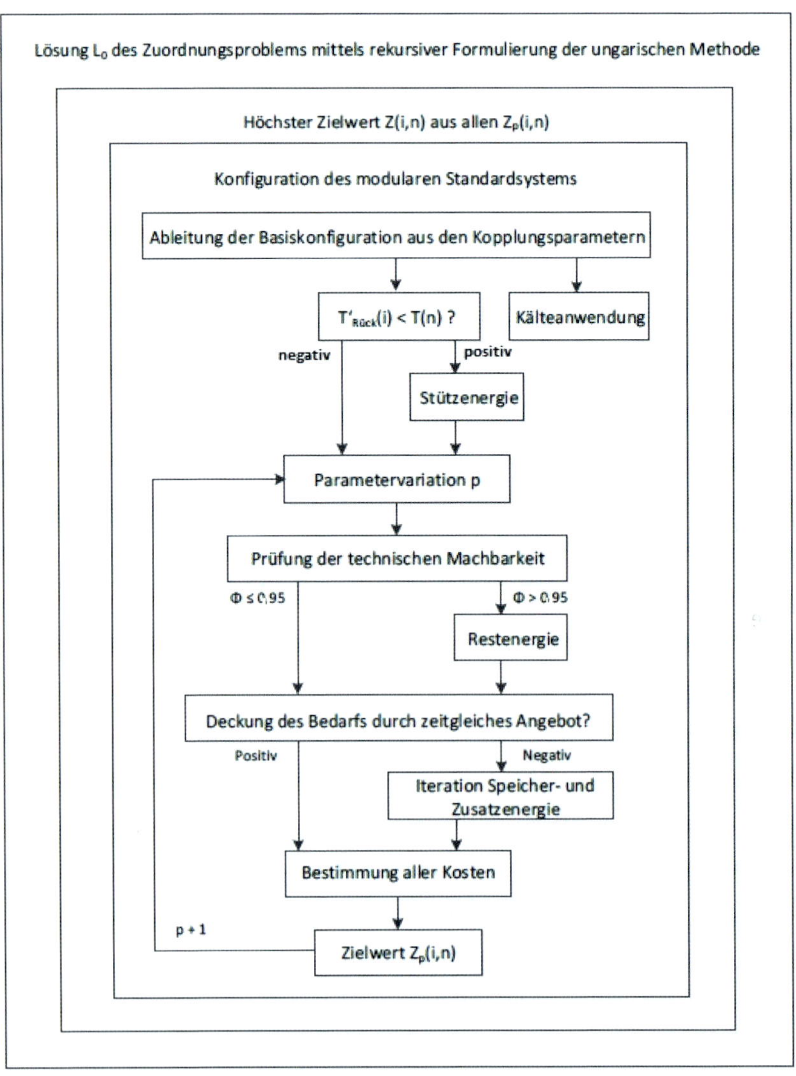

Bild 5.26: Iteratives Grundverfahren des KOARiiS-Verfahrens (Heyden, 2016, S. 36)

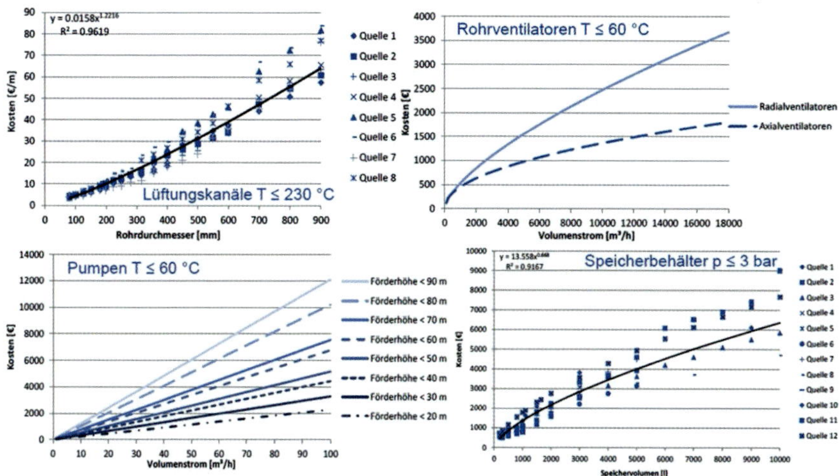

Bild 5.27: In KOARiiS hinterlegte Kostenfunktionen für einzelne Anlagenkomponenten (Heyden, 2016, S. 157 ff.)

5.4 Exergo-ökonomische Analyse

Die Komplexität der Frage der Abwärmenutzung als ein wichtiges Feld der Energieeffizienz rührt u.a. aus der Eigenschaft her, dass bei der Prozessenergieform Wärme die „Qualität“ berücksichtigt werden muss, die sich im Temperaturniveau zeigt, auf der die Wärme zur Verfügung steht bzw. benötigt wird. Allgemein kann die „Qualität“ von Energie thermodynamisch durch die Exergie beschrieben werden (vgl. Abschnitt 2.1.3).

Daher erscheint es sinnvoll, bei der thermodynamischen Betrachtung weniger die Energie als die Exergie, d.h. den „wertvollen“ Anteil der Energie, zu betrachten und diese Betrachtung für wirtschaftliche Entscheidungen dann mit ökonomischen Kenngrößen zu verknüpfen. Dieser Ansatz wurde von (Tsatsaronis und Winhold, 1985, S. 69) als „exergo-ökonomische Analyse“ bezeichnet. Er weist Ähnlichkeiten zu einer Kostenträgerrechnung auf, bei der als Kostenträger der genutzte Exergiestrom dient.

Eine vollständige exergo-ökonomische Analyse durchläuft die drei Schritte – exergetische Analyse, ökonomische Analyse und exergo-ökonomische Analyse – (Tsatsaronis und Morosuk, 2012a, S. 521). Nach der ersten Bestandsaufnahme – im Falle eines Retrofits des Ist-Zustands, im Falle einer Neuanlage einer ersten Anlagenkonfiguration – kann dann über ein iteratives Vorgehen eine Optimierung im Hinblick auf Energieeffizienz, Kosten und/oder Umweltauswirkungen durchgeführt werden.

Detaillierte Grundlagen zu den verschiedenen Schritten sind auch im Lehrbuch (Bejan, Tsatsaronis und Moran, 1996) zu finden. Begrifflich stellen (Bejan, Tsatsaronis und Moran, 1996, S. 405) fest, dass „exergo-ökonomisch" analog zum in ihrem Werk verwendeten Begriff „thermo-ökonomisch" sei, während (Tsatsaronis, 1993, S. 229) vorschlägt „exergo-ökonomisch" nur für das Teilgebiet der Thermoökonomie zu verwenden, welches tatsächlich eine exergetische mit einer ökonomischen Analyse kombiniert.

5.4.1 Exergetische Analyse

Den Ausgangspunkt bildet eine allgemeine Anlagenkomponente k, der eine endliche Anzahl Energie und Exergieströme $\dot{E}_{Fi}$ bzw. $\dot{E}_{Pj}$ zu- und abgeführt werden. Die zugeführten Ströme („Feed") sind der Aufwand, der i. d. R. mit Kosten verbunden ist, die abgeführten Ströme stellen den Nutzen dar („Product"), der das gewünschte Ergebnis der Umwandlung in der Komponente k ist. Die Nomenklatur in diesem Abschnitt 5.4 lehnt sich dabei aus Gründen der Kompatibilität an die in der Literatur zur exergo-ökonomischen Analyse üblicherweise verwendeten Bezeichnungen an. Eine übersichtliche Zusammenstellung findet sich in (Tsatsaronis, 1993, S. 227 f.).

Gleichzeitig wird ein weiterer, nicht als Nutzen zu betrachtender Energie- und Exergiestrom abgegeben (Exergieverlust) $\dot{E}_L$ und innerhalb der Anlagenkomponente k durch Irreversibilitäten Exergie vernichtet (Exergievernichtung) $\dot{E}_D$. Ohne die grundsätzliche Beschränkung der Allgemeingültigkeit soll im Weiteren zur Vereinfachung nur ein zu- und abgeführter Energie- und Exergiestrom betrachtet werden, der der Summe der o. a. Ströme entspricht (Bild 5.28).

Die Exergiebilanz für die Anlagenkomponente k ergibt sich damit zu:

$$\dot{E}_{P,k} = \dot{E}_{F,k} - \dot{E}_{D,k} - \dot{E}_{L,k} \tag{5.14}$$

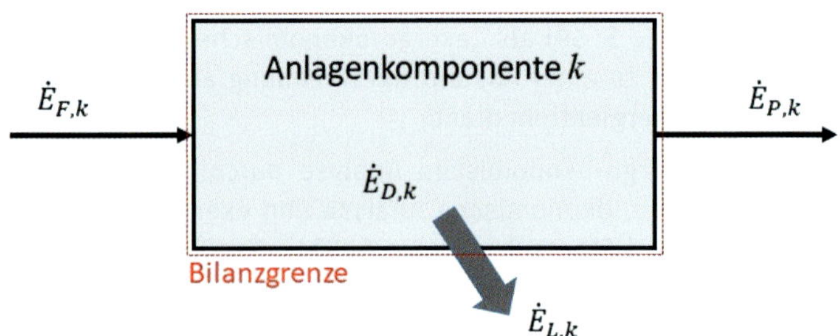

Bild 5.28: Exergieströme an der Anlagenkomponente

Die drei wichtigsten exergetischen Kennzahlen sind (bei (Tsatsaronis und Cziesla, 2002, S. 664) als „Exergetic Variables“ bezeichnet):

1) *Exergetischer Wirkungsgrad der Anlagenkomponente k* ε_k:

Der exergetische Wirkungsgrad ε_k wird als Kenngröße definiert, die den Nutzen zum Aufwand ins Verhältnis setzt (Tsatsaronis, 1993, S. 234):

$$\varepsilon_k = \frac{\dot{E}_{P,k}}{\dot{E}_{F,k}} = 1 - \frac{\dot{E}_{D,k} + \dot{E}_{L,k}}{\dot{E}_{A,k}} \tag{5.15}$$

2) *Exergievernichtungsquotient* $y_{D,k}$:

Der Teilexergievernichtungsquotient $y'_{D,k}$ bildet eine weitere exergetische Kennzahl der Anlagenkomponente *k*. Er bezieht den Anteil der Exergievernichtung $\dot{E}_{D,k}$ auf die zugeführte Exergie $\dot{E}_{F,k}$. Er gibt damit einen Hinweis auf die Güte des in der Komponente *k* ablaufenden thermodynamischen Prozesses. Im Gegensatz zum Exergieverlust $\dot{E}_{L,k}$, der auch bei einer idealen Umwandlung auftritt.

$$y'_{D,k} = \frac{\dot{E}_{D,k}}{\dot{E}_{F,k}} \tag{5.16}$$

Soll die Exergievernichtung der Anlagenkomponente *k* in den Kontext der Gesamtanlage gesetzt werden, so wird die Kennzahl als Exergievernichtungsquotient $y_{D,k}$ auf die der Gesamtanlage insgesamt zugeführte Exergie $\dot{E}_{F,tot}$ bezogen (Tsatsaronis, 1993, S. 237):

$$y_{D,k} = \frac{\dot{E}_{D,k}}{\dot{E}_{F,tot}} \tag{5.17}$$

3) *Exergetischer Wirkungsgrad der Gesamtanlage* ε_{tot}:

Als dritte exergetische Kennzahl wird analog zu Gl. (5.15) der exergetische Wirkungsgrad ε_{tot} der Gesamtanlage gebildet (Tsatsaronis, 1993, S. 239):

$$\varepsilon_{tot} = \frac{\dot{E}_{P,tot}}{\dot{E}_{F,tot}} \tag{5.18}$$

Daraus ergibt sich durch Einsetzen und Aufsummieren über alle Anlagenkomponenten *k* (Tsatsaronis und Morosuk, 2012b, S. 520):

$$\varepsilon_{tot} = \frac{\dot{E}_{P,tot}}{\dot{E}_{F,tot}} = 1 - \frac{\sum_k \left(\dot{E}_{D,k} + \dot{E}_{L,k}\right)}{\dot{E}_{F,tot}} = 1 - \sum_k y_{D,k} - \frac{\dot{E}_{L,tot}}{\dot{E}_{F,tot}} \tag{5.19}$$

5.4.2 Ökonomische Analyse

Für die Kostenermittlung wird im Rahmen der exergo-ökonomischen Analyse die Annuitätenmethode aus Abschnitt 2.2.3.2 als Grundlage angewendet (vgl. Beschreibung in (Bejan, Tsatsaronis und Moran, 1996, S. 400). Wichtig ist dabei, dass alle über die Lebensdauer der Anlage anfallenden Kosten erfasst werden, deren Barwerte berechnet werden und dann mittels des Annuitätenfaktors (s. Abschnitt 2.2.3.2) auf den Zeitraum eines Jahres umgelegt werden.

Dabei werden, wie bei der Kosten- und Wirtschaftlichkeitsrechnung üblich, kapitalgebundene Kosten (Capital Investment ($Z_{\mathrm{CI,tot}}$)), Betriebs- und Instandhaltungskosten (Operation & Maintenance ($Z_{\mathrm{OM,tot}}$)) und Energiebezugskosten (Fuel Cost ($C_{\mathrm{F,tot}}$)) unterschieden. Alle Kosten werden für die Analyse analog den Exergieströmen als „Zahlungsströme" aufgefasst, d. h., sie werden (anders als in der Ökonomie) als zeitbezogene Kosten verwendet. Als Bezugsgröße dient die Betriebsdauer der Anlage in einem Jahr τ (Tsatsaronis und Winhold, 1985, S. 71). Damit ergeben sich die Gesamtkosten der Anlage, die sich auf den Produktstrom beziehen, zu (Bejan, Tsatsaronis und Moran, 1996, S. 406):

$$\dot{C}_{\mathrm{P,tot}} = \dot{C}_{\mathrm{F,tot}} + \dot{Z}_{\mathrm{CI,tot}} + \dot{Z}_{\mathrm{OM,tot}} = \frac{C_{\mathrm{F,tot}}}{\tau} + \frac{Z_{\mathrm{CI,tot}}}{\tau} + \frac{Z_{\mathrm{OM,tot}}}{\tau} \tag{5.20}$$

Für die detaillierte Analyse müssen zusätzlich die Kosten für die einzelnen Anlagenkomponenten ermittelt werden. Abgesehen von den Kapitalkosten $Z_{\mathrm{CI,k}}$ ist das häufig für andere Kostenkomponenten schwierig, sodass als Ersatzwert eine einfache Zuordnung anhand des Kapitalkostenanteils der Komponente k an den gesamten Kapitalkosten der Anlage $Z_{\mathrm{CI,tot}}$ vorgenommen werden kann (Tsatsaronis und Pisa, 1994, S. 292). Der Kostenstrom $\dot{Z}_{\mathrm{k}}$ der Komponente k ergibt sich damit zu (Tsatsaronis und Cziesla, 2002, S. 668):

$$\dot{Z}_{\mathrm{k}} = \dot{Z}_{\mathrm{CI,k}} + \dot{Z}_{\mathrm{OM,k}} = \dot{Z}_{\mathrm{CI,k}} + \dot{Z}_{\mathrm{OM,tot}} \frac{Z_{\mathrm{CI,k}}}{Z_{\mathrm{CI,tot}}} \tag{5.21}$$

Die Energiebezugskosten, die dem gesamten Exergiestrom des Energiebezugs der Anlage zugeordnet werden können, ergeben sich damit zu:

$$\dot{C}_{\mathrm{F,tot}} = \frac{C_{\mathrm{F,tot}}}{\tau} \tag{5.22}$$

5.4.3 Exergo-ökonomische Analyse

Zunächst baut diese Analyse auf einer Exergie-Kostenrechnung auf, bei der üblicherweise der Exergie-Produktstrom als Kostenträger betrachtet wird. Für analytische Zwecke werden jedoch auch andere Kostenzuordnungen vorgenommen, um beispielsweise als Kenngröße die Kosten der Exergievernichtung oder der Exergieverluste zu ermitteln.

Die spezifischen Kosten der Exergie ergeben sich aus der Beziehung:

$$c_{\mathrm{i}} = \frac{\dot{C}_{\mathrm{i}}}{\dot{E}_{\mathrm{i}}} \tag{5.23}$$

Damit lassen sich anhand der Kostenbilanz für die Anlagenkomponente *k* die spezifischen Kosten des Exergieproduktstroms berechnen (Tsatsaronis und Pisa, 1994, S. 302):

$$c_{\mathrm{P,k}} = \frac{1}{\dot{E}_{\mathrm{P,k}}}\left(c_{\mathrm{F,k}}\dot{E}_{\mathrm{F,k}} + \dot{Z}_{\mathrm{k}}\right) \tag{5.24}$$

Da wegen der Exergieverluste $\dot{E}_{\mathrm{L,k}} > 0$ und -vernichtung $\dot{E}_{\mathrm{D,k}} > 0$ und Gl. (5.14) gilt, dass $\dot{E}_{\mathrm{P,k}} < \dot{E}_{\mathrm{F,k}}$ ist, muss $c_{\mathrm{P,k}} > c_{\mathrm{F,k}}$ sein. Entlang des Energieflusses durch die Anlage steigen also von Komponente *k* zu Komponente *k*+1 die spezifischen Kosten der Exergie an, da in jeder Komponente *k* einerseits weitere Kostenbelastungen in Form von kapitalbezogenen Kosten $\dot{Z}_{\mathrm{k}}$ hinzukommen und andererseits die Exergie $\dot{E}_{\mathrm{P,k}}$, auf die die gesamten Kosten der Komponente *k* als Kostenträger verteilt werden können, durch die Exergieverluste $\dot{E}_{\mathrm{L,k}}$ und -vernichtung $\dot{E}_{\mathrm{D,k}}$ immer kleiner wird.

Für die Bewertung der Komponente *k* sind aus exergo-ökonomischer Sicht für jede Anlagenkomponente *k* drei weitere Kenngrößen von Bedeutung (Tsatsaronis, 1993, S. 247 f.):

1) *Relative Kostendifferenz* r_{k}:

   Um die o. a. Vergrößerung der spezifischen Exergiekosten durch die Komponente *k* in einer geeigneten Kennzahl zu erfassen, wird die relative Erhöhung der spezifischen Exergiekosten zwischen Zufluss und Produkt in einer Kennzahl erfasst (Tsatsaronis, 1993, S. 248)

$$r_{\mathrm{k}} = \frac{c_{\mathrm{P,k}} - c_{\mathrm{F,k}}}{c_{\mathrm{F,k}}} \tag{5.25}$$

   bzw. mit den Beziehungen aus Gln. (5.14) und (5.15) und der analogen Gl. (5.20) für die Komponente *k* eingesetzt

$$r_{\mathrm{k}} = \frac{c_{\mathrm{F,k}}\left(\dot{E}_{\mathrm{D,k}} + \dot{E}_{\mathrm{L,k}}\right) + \dot{Z}_{\mathrm{k}}}{c_{\mathrm{F,k}}\dot{E}_{\mathrm{P,k}}} = \frac{1-\varepsilon_{\mathrm{k}}}{\varepsilon_{\mathrm{k}}} + \frac{\dot{Z}_{\mathrm{k}}}{c_{\mathrm{F,k}}\dot{E}_{\mathrm{P,k}}} \tag{5.26}$$

2) *Kosten der Exergievernichtung* $\dot{C}_{\mathrm{D,k}}$:

Um eine Komponente k möglichst sowohl aus exergetischer als auch ökonomischer Sicht möglichst effizient betreiben zu können, sollten die Kosten der Exergievernichtung $\dot{C}_{\mathrm{D,k}}$ in dieser Komponente möglichst gering ausfallen (Tsatsaronis, 1993, S. 247)

$$\dot{C}_{\mathrm{D,k}} = c_{\mathrm{F,k}}\dot{E}_{\mathrm{D,k}} = c_{\mathrm{F,k}}\left(\dot{E}_{\mathrm{F,k}} - \dot{E}_{\mathrm{P,k}} - \dot{E}_{\mathrm{L,k}}\right) \tag{5.27}$$

Üblicherweise wird davon ausgegangen, dass durch technische Verbesserungen der Exergieverlust in der Komponente k verringert werden kann. Dies wird aber üblicherweise dann über höhere kapitalbezogene Kosten $\dot{Z}_{\mathrm{k}}$ erkauft. Daher sind auch die kapitalbezogenen Kosten $\dot{Z}_{\mathrm{k}}$ der Komponente k in einer weiteren Kenngröße zu erfassen. Dies erfolgt durch den exergo-ökonomischen Faktor f_{k}.

3) *Exergo-ökonomischer Faktor* f_{k}:

Der exergo-ökonomische Faktor setzt die kapitalbezogenen Kosten $\dot{Z}_{\mathrm{k}}$ der Komponente k zur Summe der kapitalbezogenen Kosten und Exergievernichtungskosten $\dot{Z}_{\mathrm{k}} + \dot{C}_{\mathrm{D,k}}$ ins Verhältnis. Der Nenner enthält damit die insgesamt unerwünschten Kosten der Komponente, der Faktor misst den Anteil der Kapitalkosten daran. Daher scheint ein sehr großer bzw. ein sehr kleiner Faktor f_{k} als ungünstig, weil davon auszugehen ist, dass durch zu hohe kapitalbezogene Kosten zwar sehr kleine Exergievernichtungskosten entstehen oder umgekehrt, beides aber ökonomisch ineffizient ist. Es gilt (Tsatsaronis, 1993, S. 248):

$$f_{\mathrm{k}} = \frac{\dot{Z}_{\mathrm{k}}}{\dot{Z}_{\mathrm{k}} + \dot{C}_{\mathrm{D,k}}} = \frac{\dot{Z}_{\mathrm{k}}}{\dot{Z}_{\mathrm{k}} + c_{\mathrm{F,k}}\dot{E}_{\mathrm{D,k}}} \tag{5.28}$$

Mit diesen abgeleiteten Kenngrößen kann nun eine beliebige technische Anlage, der ein thermodynamischer Prozess zugrunde liegt, detailliert – sowohl technisch-naturwissenschaftlich als auch ökonomisch – auf Effizienz hin untersucht werden. Die Kenngrößen und ihre Sensitivitäten auf Anlagenparameter ergeben dann auch Hinweise, welche Parameter in welcher Weise adjustiert werden sollten, um ein verbessertes Ergebnis zu erhalten. Damit kann das Verfahren iterativ durchlaufen werden, um eine Optimierung der Anlage zu erreichen.

Um das Verfahren für die Praxis anwendbar zu gestalten, empfiehlt sich in Anlehnung an (Tsatsaronis und Cziesla, 2002, S. 675) folgendes Vorgehen:

Tipp

Die **exergo-ökonomische Analyse** sollte **folgende Schritte iterativ** durchlaufen, bis ein optimiertes Ergebnis vorliegt:

1) Berechnung der exergetischen und exergo-ökonomischen Kenngrößen für alle Anlagenkomponenten *k* und Reihung aller Komponenten *k* in Reihenfolge der absteigenden Summe $\dot{Z}_k + \dot{C}_{D,k}$
2) Analyse möglicher Veränderungen der Auslegung an den Komponenten mit dem größten Summenwert für $\dot{Z}_k + \dot{C}_{D,k}$, insbesondere wenn sie einen hohen Wert der relativen Kosten r_k aufweisen, da dies einen besonders hohen thermodynamischen und/oder ökonomischen Verlust indiziert
3) Identifikation der Komponenten *k* anhand des exergo-ökonomischen Faktors f_k, die die wichtigsten Kostenquellen sind (günstiger Wertebereich $0{,}25 < f_k < 0{,}65$ (Tsatsaronis und Cziesla, 2002, S. 675)):
   a) Wenn f_k groß ist, sollte geprüft werden, ob es kosteneffizienter ist, die kapitalbezogenen Kosten $\dot{Z}_k$ der Komponente zu reduzieren und eine verschlechterte Effizienz der Komponente in Kauf zu nehmen.
   b) Wenn f_k klein ist, sollte geprüft werden, ob es kosteneffizient ist, die Effizienz der Komponente *k* zu verbessern und dabei eine Erhöhung der kapitalbezogenen Kosten $\dot{Z}_k$ in Kauf zu nehmen.
4) Eliminierung aller Unterprozesse, die die Exergievernichtung $\dot{E}_D$ erhöhen, aber keinen Beitrag zur Deckung der kapitalbezogenen Kosten $\dot{Z}_{tot}$ leisten
5) Prüfung einer Verbesserung der exergetischen Effizienz ε_k einer Komponente, wenn sie eine geringe exergetische Effizienz ε_k aufweist oder ihre Exergievernichtung $\dot{E}_{D,k}$ bzw. der Exergievernichtungsquotient $y_{D,k}$ einen großen Wert annimmt

Für ein ausführliches Anwendungsbeispiel der Methodik sei auf (Tsatsaronis und Cziesla, 2002, S. 676 ff.) verwiesen, wo beispielhaft eine GuD-Anlage exergo-ökonomisch analysiert und optimiert wird.

Im Gegensatz zu den o. a. Verfahren in den Abschnitten 5.1 bis 5.3 ist die hier vorgestellte Methodik der exergo-ökonomischen Analyse nicht auf den Bereich der Abwärmenutzung beschränkt, sondern wesentlich breiter auf alle thermodynamischen Prozesse anzuwenden. Allerdings ist – trotz o. a. Hinweise für ein pragmatisches Vorgehen und zahlreicher in der Literatur vorliegender anwendungsnaher Berechnungsformeln für die Exergien typischer Anlagenkomponenten (Tsatsaronis und Cziesla, 2002, S. 665 f.) – das Verfahren in der Durchführung komplex. Hierdurch beschränkt sich die Anwendung – aufgrund des Aufwands – auf Anlagen und Prozesse mit hohen Energiekosten, selbst wenn zwischenzeitlich entsprechende softwaretechnische Unterstützungen vorliegen.

6 Integration von Anlagen

Die Integration von Anlagen zur Wärmenutzung ist aufgrund der Heterogenität sowohl der Wärmeverbraucher als auch die der möglichen Abwärmequellen sehr fallspezifisch. Je näher die Abwärmequelle und -senke räumlich beieinanderliegen, desto geringer fallen die Aufwendungen für die Infrastruktur zum Wärmetransport ins Gewicht. Gleichzeitig werden Energieverluste durch kurze Transportwege reduziert. Im Auswahlprozess müssen die Charakteristika von Abwärmequelle bzw. deren typische Temperaturniveaus und die mögliche Wärmesenke (WS) oder allgemein deren Nutzung berücksichtigt werden Hierbei sind außerdem technische und ökonomische Restriktionen zu beachten. Im Weiteren beeinflusst die Abwärmemenge, d. h., wie viel Wärme mit einem Wärmestrom transportiert wird, die Nutzung der Abwärme. Des Weiteren können korrosive Bestandteile im Abwärmestrom die Lebensdauer und die Materialwahl für Wärmetauscher beeinflussen. Um den Ausfall von aggressivem Kondensat in Gaswärmetauschern zu vermeiden, sollten Anlagen so ausgelegt werden, dass die Austrittstemperaturen oberhalb der Taupunkte der korrosiven Bestandteile des Abwärmestroms liegen. Die minimalen Abgastemperaturen variieren infolgedessen mit der Zusammensetzung der Brennstoffe oder durch prozessbedingte Komponenten im Abgas. So wird beispielsweise die minimale Abgastemperatur bei der Nutzung von Erdgas mit 120 °C angegeben, während bei der Nutzung schwefelhaltiger Öle und Kohle Temperaturen von 150 bis 175 °C genannt werden. Infolge prozessbedingter Schwefelgehalte im Abgasstrom von Glasschmelzöfen erreichen dort die minimalen Abgastemperaturen 270 °C (vgl. U.S. DOE 2008). Darüber hinaus können sich abhängig von der Zusammensetzung eines Wärmestroms Ablagerungen und Biofilme bilden, die in Wärmetauschern den Wärmeübergang verschlechtern, den Durchfluss reduzieren und einen Ausfall der Wärmetauscher verursachen können.

6.1 Typische Temperaturniveaus

Die Höhe der Temperaturdifferenz zwischen Wärmequelle und Wärmesenke bestimmt die Höhe des Wärmetransfers und die Qualität des Wärmestroms. Bei steigenden Temperaturdifferenzen verringert sich durch einen steigenden Wärmetransfer die Fläche, die für einen Wärmetauscher konstanter Wärmeleistung erforderlich ist. Je höher das Temperaturniveau der Abwärme ist, desto einfacher und kostengünstiger ist ihre Verwertung (vgl. Schaefer 1995).

Typische Temperaturniveaus von Abwärmequellen nach Branchen untergliedert, sind in Bild 6.1 zusammengestellt. Hierbei wird differenziert zwischen

Querschnittsprozessen und branchenspezifischen Prozessen. Die Querschnittsprozesse sind dadurch charakterisiert, dass sie branchenunabhängig, d. h., branchenübergreifend in einem Großteil der Industrieunternehmen anzutreffen sind. Hierbei handelt es sich beispielsweise um Klimatisierungsanlagen oder Abwässer. Diese werden ausführlich in Kapitel 4 erörtert. Die weiteren Prozesse sind nach Branchen untergliedert, da sich die Betriebsparameter dieser Verfahren nach dem jeweils erzeugten Produkt bzw. den für die Herstellung notwendigen Zwischenprozessen richtet. Entsprechend sind für jeden berücksichtigten Prozess die jeweiligen branchenspezifischen Spannbreiten der Betriebstemperaturen der möglichen Abwärmequellen angegeben. u. a. beispielsweise, dass im Ernährungsgewerbe für die Reinigung von Flaschen Abwassertemperaturen von 30 °C und 60 °C anfallen, die bei entsprechenden technischer Einbindung nutzbar gemacht werden können. In den nachfolgenden Unterkapiteln wird entsprechend auf diese unterschiedlichen Integrationsoptionen eingegangen.

6.2 Integration von Wärmeübertragernetzwerke

Viele Betriebe mit nennenswerten Abwärmepotentialen nutzen diese bereits umfangreich für die eigene Gebäudeheizung, vgl. Abschnitt 5.1.4. Gerade in energieintensiven Branchen übersteigt die Abwärme jedoch häufig den eigenen Bedarf. Eine sinnvolle Verwendung im eigenen Betrieb ist dann nicht möglich. Die Lieferung der Wärme an ein anderes Unternehmen kann dann wirtschaftlich und technisch attraktiv sein.

6.3 Grobdimensionierung von Wärmepumpen und Brüdenverdichtern

Die Auswahl geeigneter Integrationspunkte für eine Wärmepumpe bzw. einen Brüdenverdichter in einem industriellen Energieversorgungssystem ist aufgrund der Heterogenität der Wärmesenken und der möglichen Abwärmequellen eine anspruchsvolle Aufgabe. Bei der Auswahl sind die Eigenschaften (Leistung, Vor- und Rücklauftemperatur) von Wärmequelle (WQ) und Wärmesenke (WS) sowie technische und wirtschaftliche Bedingungen zu berücksichtigen.

Meist lassen sich geeignete Integrationspunkte und Wärmerückgewinnungspotentiale direkt mithilfe der Pinch-Analyse (vgl. Abschnitt 5.1) bestimmen. Ist Dampf das Wärmequellenmedium, so kann ein Brüdenverdichter Wärmesenketemperaturen bis 190 °C bei maximalen Temperaturhüben bis 90 K wirtschaftlich erreichen. Andernfalls lassen sich mit geschlossenen Kompressionswärmepumpen maximal ein ΔT von 50 K erzielen. Sind die Integrationspunkte bestimmt, kann eine Grobdimensionierung der Wärmepumpenanlage erfolgen.

Sektor	Prozess	Temperaturbereich in °C (-40 -20 0 20 40 60 80 100 120 140 160 180)
Branchenübergreifend	Klimatisierung	
	allgemeine Prozesskühlung	
	Abwärme Kältemaschinen	
	Abwärme Drucklufterzeugung	
	Abgas Dampferzeuger	
	Abwasser	
Ernährungsgewerbe	CIP Reinigung	
	Destillation	
	Eindampfen	
	Fermentation	
	Produktkühlung	
	Schockfrosten	
	Trocknerabluft	
	Waschen	
Papiergewerbe	Schleifereiabwasser	
	Trockenpartie Papiermaschine	
	Trockenpartie Streichmaschine	
Textilgewerbe	Färben	
	Trocknerabluft	
	Waschen	
Holzgewerbe	Trocknerabluft	
Chemie	Destillation	
	Ethylenspaltofen	
	Extraktion	
Metallerzeugnisse u. Maschinenbau	Galvanisieren	
	Lasercutter	
	Trocknen	
	Reinigen	
Fahrzeugbau	Abluft Lackieranlage	
	KTL Becken	
GHD Sektor	Rechenzentrum o. Serverraum	
	Abluft	
Umweltwärme	Luft	
	Erdwärme	
	Oberflächengewässer	

Bild 6.1: Typische Temperaturniveaus von Abwärmequellen nach Branchen

Die folgenden Ausführungen sollen Hilfestellungen bei der überschlägigen Dimensionierung eines Wärmepumpensystems geben. Dazu ist zunächst die Heizleistung je nach Anwendungsfall zu ermitteln. Des Weiteren ist die Auswahl einer passenden Wärmequelle notwendig, deren Verfügbarkeit und Qualität der Wärmesenke angepasst werden muss. Außerdem ist zu prüfen, welche Systemtemperaturen benötigt werden, welche Flexibilität gefordert wird und ob Redundanz zu berücksichtigen ist. Bei der Betrachtung des Potentials der Wärmepumpentechnologie in der Industrie ist die lieferbare Vorlauftemperatur der wesentliche Parameter, der das technische Einsatzpotential in der Industrie bestimmt. In Bild 6.2 sind die typischen Betriebstemperaturen von industriellen Wärmeverbrauchern nach Industriezweigen aufgegliedert dargestellt. Für die Betriebstemperaturen sind jeweils Bandbreiten angegeben, da sie vom jeweils eingesetzten Verfahren abhängen.

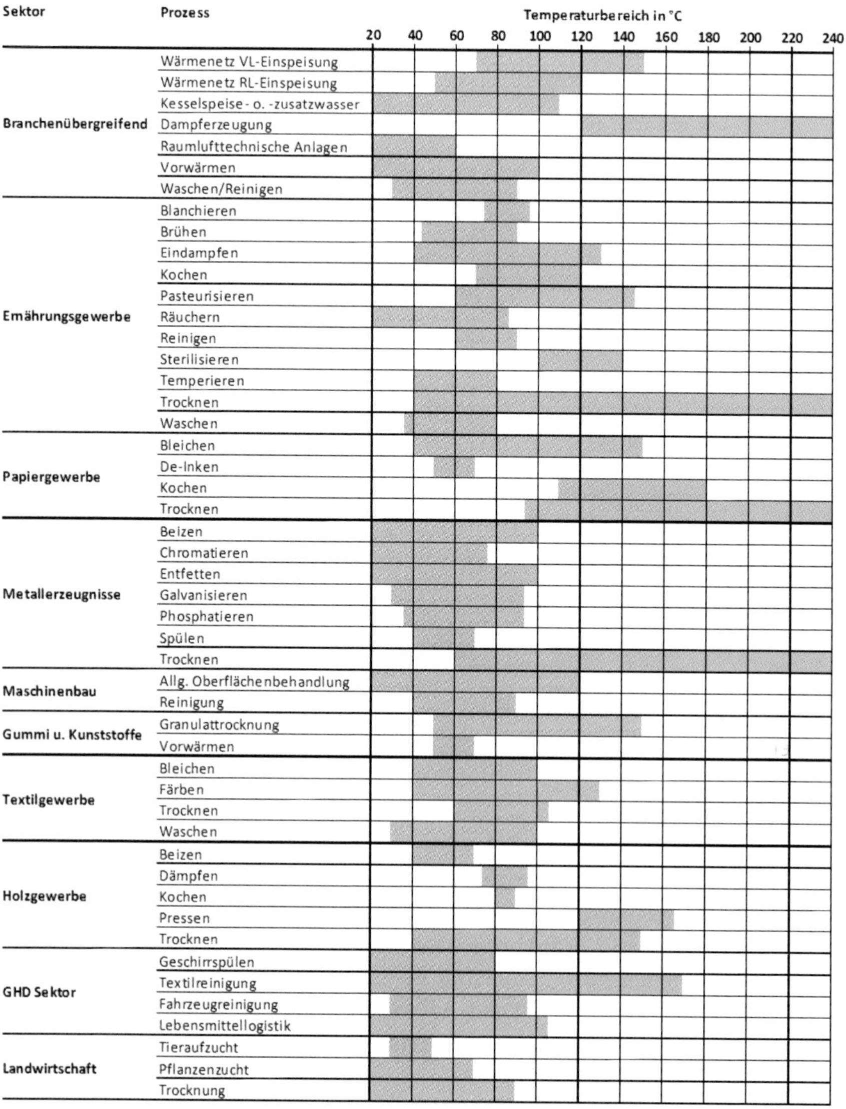

Temperaturbereich in °C: 20 40 60 80 100 120 140 160 180 200 220 240

Sektor	Prozess
Branchenübergreifend	Wärmenetz VL-Einspeisung
	Wärmenetz RL-Einspeisung
	Kesselspeise- o. -zusatzwasser
	Dampferzeugung
	Raumlufttechnische Anlagen
	Vorwärmen
	Waschen/Reinigen
Ernährungsgewerbe	Blanchieren
	Brühen
	Eindampfen
	Kochen
	Pasteurisieren
	Räuchern
	Reinigen
	Sterilisieren
	Temperieren
	Trocknen
	Waschen
Papiergewerbe	Bleichen
	De-Inken
	Kochen
	Trocknen
Metallerzeugnisse	Beizen
	Chromatieren
	Entfetten
	Galvanisieren
	Phosphatieren
	Spülen
	Trocknen
Maschinenbau	Allg. Oberflächenbehandlung
	Reinigung
Gummi u. Kunststoffe	Granulattrocknung
	Vorwärmen
Textilgewerbe	Bleichen
	Färben
	Trocknen
	Waschen
Holzgewerbe	Beizen
	Dämpfen
	Kochen
	Pressen
	Trocknen
GHD Sektor	Geschirrspülen
	Textilreinigung
	Fahrzeugreinigung
	Lebensmittellogistik
Landwirtschaft	Tieraufzucht
	Pflanzenzucht
	Trocknung

Bild 6.2: Auswahl geeigneter Wärmesenken für die Anwendung von Wärmepumpen

Die Temperaturbänder sind entsprechend der verfügbaren Wärmepumpentechnik eingefärbt. Die Einfärbung verdeutlicht, dass ein Großteil der aufgeführten Prozesse bereits mit heutiger Wärmepumpentechnik versorgt werden kann. Neben der Temperaturübersicht sind auch die auf das jeweilige Produkt bezogenen spezifischen Wärmeverbräuche der betrachteten Prozesse angegeben. Für Metallverarbeitung und Maschinenbau werden keine Werte genannt. In beiden Industriezweigen werden Prozesse der Oberflächenbehandlung aufgeführt, die einen bedeutenden Wärmebedarf bei niedrigen Temperaturen haben. Da hier aber lediglich die Oberfläche der Werkstücke behandelt wird, existiert nur eine sehr schwache Korrelation zwischen Produktionsmenge und Wärmebedarf. Aus diesem Grund kann der produktionsmengenspezifische Wärmebedarf in diesen Branchen nicht als Kennzahl verwendet werden. Die Kennzahlen der übrigen Prozesse stammen aus einer Auswertung der verfügbaren Literatur sowie eigenen Messungen.

Aus Bild 6.2 wird deutlich, dass in der Nahrungsmittel-, Papier- und Chemieindustrie energieintensive Produktionsprozesse zu finden sind, die bei Temperaturen unterhalb von 160 °C betrieben werden. Insbesondere Trocknen, Eindampfen, Kochen, Waschen und Reinigen sind Prozesse, die in der Regel bei Temperaturen unterhalb von 125 °C betrieben werden. Zudem kommt vor allem beim Trocknen und Eindampfen die Abwärme des Prozesses selbst als Wärmequelle infrage. In der Metall verarbeitenden Industrie sind zudem viele Prozesse mit Betriebstemperaturen unterhalb von 100 °C zu finden. Diese Prozesse können mit bereits heute verfügbarer Wärmepumpentechnik versorgt werden. Weitere bedeutende Wärmesenken bestehen in der Raumwärme- und Warmwassererzeugung, die zumeist ebenfalls geringe Vorlauftemperaturen erfordern. Ein umfassender Überblick über den Stand der Wärmepumpentechnik wird in Kapitel 4 gegeben.

6.3.1 Flexibilität

Die Teillastregelung der Kältemittelverdichter sowie die Einbindung von hydraulischen Speichern sind u. a. für die Flexibilität von Wärmepumpensystemen ausschlaggebend, deshalb ist je nach Anwendung ein passendes System zu wählen. Hierbei gelten folgende Auslegungsgrundsätze:

1) **Keine oder geringe Lastschwankungen:** Ein Aussetzbetrieb kann ausreichend sein, bei dem die Verdichter je nach Bedarf ein- und ausgeschaltet werden. Der Vorteil liegt in der einfachen technischen Umsetzung. Es sind in der Regel keine Mehrkosten zu erwarten. Nachteilig ist, dass der beim Verdichterstart auftretende Startstrom das Vielfache des maximalen Betriebsstroms beträgt und dies negative Auswirkungen auf das Stromnetz bzw. die

Lebensdauer des Antriebsmotors nach sich ziehen kann. Deshalb ist diese Betriebsart nur bei längeren Start/Stopp-Intervallen zu empfehlen. Es sind Beschränkungen hinsichtlich Mindestlaufzeit und maximale Schalthäufigkeit zu beachten. Eine verbesserte Regelgüte wird durch Verbundsysteme erreicht, allerdings sind auch hier die oben genannten Einschränkungen zu beachten. Bei Systemen mit starken Lastschwankungen ist Aussetzbetrieb nur in Verbindung mit Speichersystemen zu empfehlen, um die negativen Folgen starker Temperaturschwankungen auf der Sekundärseite zu reduzieren.

2) **Bei starken Lastschwankungen:** Bei schwankenden Betriebsbedingungen eignen sich Kältemittelverdichter mit stufiger oder stufenlosen, interner Leistungsregelung. Werden Frequenzumrichter eingesetzt, ist zusätzlich eine Reduzierung des Startstroms gewährleistet, allerdings sind die Mehrkosten im Vergleich zu anderen Systemen höher zu bewerten.

Eine an die Anforderungen ausreichend angepasste Leistungsregelung hat häufig auch positiven Einfluss auf die Energieeffizienz.

6.3.2 Redundanz

Eine redundante Ausführung von Wärmepumpenanlagen ist entweder durch eine Verbundschaltung möglich, oder es können Mehrkreisanlagen eingesetzt werden. Die Wärmepumpe besteht dann aus mehreren voneinander abhängig oder unabhängigen Kältekreisen. Es können auch unterschiedliche Kältemittel enthalten sein. Kommt es zum Ausfall eines Kältekreises, kann der Wärmebedarf je nach Dimensionierung noch teilweise oder sogar vollständig gedeckt werden. Die Zusammenführung der Wärmeträgerkreise erfolgt entweder intern durch Mehrkreiswärmeübertrager oder extern mithilfe von hydraulischer Verschaltung der Rohrleitungen.

6.3.3 Integration von Wärmespeicher

Ist zu erwarten, dass Wärmequelle und Wärmesenke diskontinuierlich vorliegen, sind Pufferspeicher vorzusehen. Diese müssen so dimensioniert sein, dass die Speicherbeladung ohne Wärmeabnahme bei kleinster Teillaststufe für die Dauer der Mindestlaufzeit der Kältemittelverdichter gewährleistet ist. Ausgeführt als hydraulische Weiche bieten Speichersysteme außerdem den Vorteil der hydraulischen Entkopplung zwischen Erzeuger- und Verbraucherkreis.

Durch den Einsatz von Wärmespeichern (vgl. Abschnitt 4.3) können Leistungsspitzen gedämpft und dadurch die Laufzeit der Wärmepumpe ausgeweitet werden. Zudem führt die Einbindung von Speichern zur zeitlichen Entkopplung der Wärmeerzeugung vom Wärmeangebot der Wärmequelle. Verfügen sowohl Wärmequelle als auch Wärmesenke über ein volatiles Lastprofil, so ist die Einbindung von Speichern auf beiden Seiten der Wärmepumpe angeraten. Das Speichervolumen bisher realisierter Wärmepumpenanlagen in der Industrie beträgt in der Regel zwischen 10 und 100 l/kW_{th} Heizleistung der installierten Wärmepumpe. Bei hoher Volatilität des Lastprofils, einer geringen Temperaturspreizung zwischen Vor- und Rücklauf und/oder der Möglichkeit zur Nutzung bereits bestehender Speicher kann das Speichervolumen bis zu 500 l/kW_{th} betragen.

6.3.4 Umfeldintegration oder außerbetriebliche Abwärmenutzung

Die Umfeldintegration oder außerbetriebliche Abwärmenutzung kann generell durch

- die Einspeisung der Abwärme in ein Nah-/Fernwärmenetz erfolgen,
- die Nutzung mobiler Wärmetransportsysteme (Wärmecontainer per Lkw oder Bahn)
- oder durch die direkte Versorgung der benachbarten Verbraucher

erfolgen.

Außerbetriebliche Abwärmenutzung ist nicht nur für Betriebe, sondern auch für Gemeinden interessant, da sie zum einen zur Erreichung von kommunalen Klimaschutzzielen beitragen kann, sie zum anderen aber auch die regionale Wirtschaft stärkt, und sie zu einer Erhöhung der lokalen Wertschöpfung beiträgt. Im Weiteren eignen sich gerade auf kommunaler Ebene viele öffentliche Gebäude (z. B. Hallen, Schwimmbäder, Schulen, Kindergärten u. a.) für die Nutzung von Abwärme.

6.4 Einspeisung der Abwärme in ein Nah-/Fernwärmenetz

Fernwärmeversorgungssysteme in Deutschland und Europa unterscheiden sich hinsichtlich der Vorlauf- und Rücklauftemperaturen mit denen sie betrieben werden. Sie werden häufig entsprechend der Höhe der Vorlauftemperaturen in Fernwärmenetze unterschiedlicher Generationen unterteilt. Historisch betrachtet stellen Dampfnetze die erste Wärmenetzgeneration dar. Diese werden, wie der Name bereits sagt, mit Dampf und mit Temperaturen bis zu 180 °C betrieben. Die Umstellung von Dampf- auf Heizwassernetze führte dann zur 2. Wärmenetzgeneration. Die Netztemperatur der 2. Wärmenetzgeneration, der mit Heißwasser betriebenen Netze, liegt noch bei bis zu 130 °C. Eine Entwicklung dieser Fernwärmesysteme stellt die Absenkung der Vorlauftemperatur auf ca. 120 °C dar, wobei die übrigen Rahmenbedingungen des Netzbetriebs und der Wärmeerzeugung gleich bleiben, weshalb diese Netze als 2+. Generation bezeichnet werden. Von Wärmenetzen der dritten Generation wird gesprochen werden, wenn die Vorlauftemperaturen noch weiter abgesenkt werden, und sich im Bereich von 100 °C oder sogar darunter befinden, von LowEX-Netzen oder Fernwärmeversorgungssysteme der 4. Generation, wenn die Vorlauftemperatur der Netze 50–70 °C beträgt. Diese werden jedoch derzeit noch selten vorgefunden, da die klassische Fernwärmeerzeugung auf Basis der Verbrennung fossiler Energieträger stattgefunden hat und damit Temperaturen um 100 °C oder höher keine Herausforderung darstellte. Erst durch die verstärkte Einbindung von innovativen bzw. Technologien auf Basis erneuerbarer Energien (z. B. Wärmepumpen, Geothermie, Solarthermie, Abwärme u. a.) werden erste Versorgungssysteme dieser Art realisiert. Den meisten Fernwärmeversorgungssystemen gemeinsam ist, dass diese in Abhängigkeit der Außentemperatur mit gleitender Temperatur betrieben werden. In Bild 6.3 ist für die verschiedenen Netzgenerationen die außentemperaturabhängige Fahrweise dargestellt.

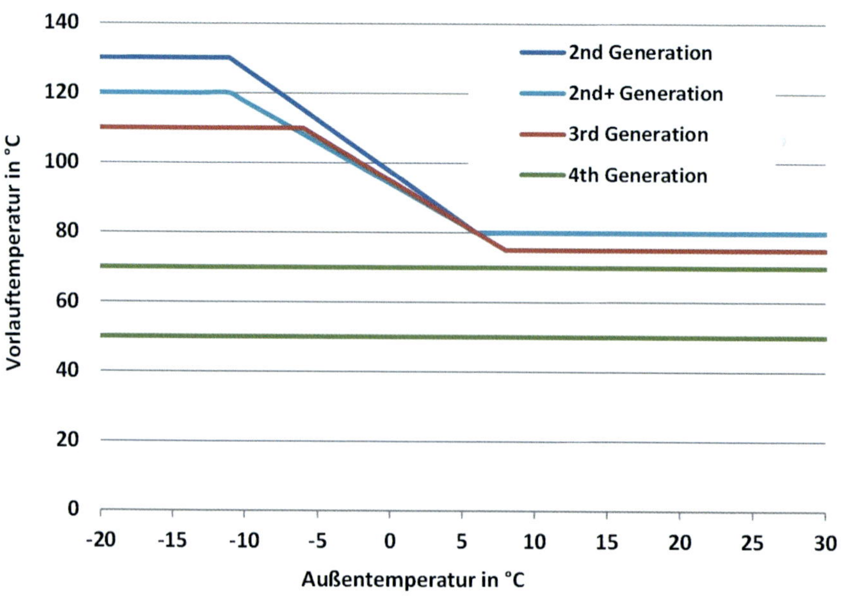

Bild 6.3: Außentemperaturabhängige Vorlauftemperatur der Fernwärmenetze

Da Fernwärmeleitungen mit diesen festen Temperaturniveaus betrieben werden, ist es notwendig, dass in Abhängigkeit des Temperaturniveaus der Abwärme die Integration erfolgt. Hierbei wird generell zwischen der **direkten Einbindung** und der **indirekten Einbindung** unterschieden.

Im Fall einer **direkten Einbindung** der Abwärme wird mittels eines Wärmeübertragers den Abwärmeströmen Wärme entzogen und dem Wärmenetz zugeführt (siehe Bild 6.4). Unterliegt das Abwärmeangebot starken Schwankungen, die vom Wärmenetz nicht unmittelbar aufgenommen werden können, so ist der Einsatz eines Wärmespeichers sinnvoll.

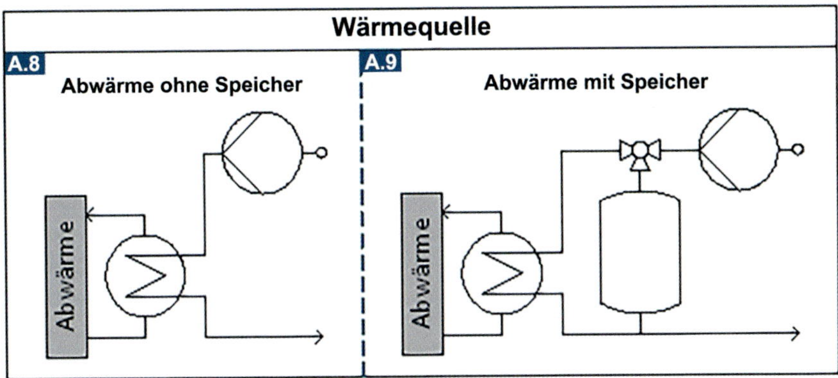

Bild 6.4: Direkte Einbindung der Abwärme in ein Fernwärmenetz

Ein Beispiel für die Nutzung von Hochtemperaturabwärme in Fernwärmenetzen ist die Fernwärmeschiene Rhein-Ruhr, in die Abwärme von ThyssenKrupp (Duisburg) und Oxea Ruhrchemie (Oberhausen) eingespeist werden soll [Fernwärmeschiene Rhein-Ruhr 2016].

Übersteigt die Vorlauftemperatur des Wärmenetzes die lieferbare Abwärmetemperatur, so ist dies kein Grund die Planung einzustellen. Wirtschaftlich und in Hinsicht einer positiven Umweltbilanz kann der fehlende Temperaturhub durch eine Wärmepumpe bewerkstelligt werden. In diesem Fall spricht man dann von **indirekter Einbindung.**

Im Fall der **indirekten Einbindung** erfolgt die Abwärmenutzung durch einen Wärmeübertrager (siehe Bild 6.5). Zum Ausgleich von Schwankungen in der Abwärmeverfügbarkeit ist in die Wärmeauskopplungsanlage ein Speicher integriert. Die Abwärme wird mittels einer einstufigen Wärmepumpe auf das Temperaturniveau des Wärmenetzes gehoben.

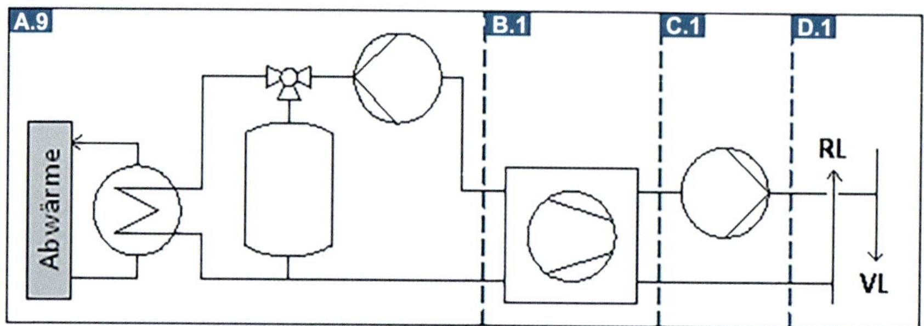

Bild 6.5: Indirekte Einbindung der Abwärmenutzung mittels Wärmepumpe in ein Fernwärmenetz

In der Rolle als zentrale Erzeugungseinheit waren im Jahr 2017 in europäischen Fernwärmenetzen ca. 80 Großwärmepumpen mit einer Gesamtleistung von 1.580 MW_{th} in Betrieb (David et al 2017). Die ältesten Anlagen wurden in den 1980er-Jahren in Schweden und der Schweiz installiert. In jüngerer Vergangenheit findet der Ausbau vornehmlich in Finnland, Italien, Frankreich und Dänemark statt. Einen Überblick über die installierte thermische Wärmepumpenleistung und deren Baujahr in europäischen Fernwärmenetzen bietet Bild 6.6.

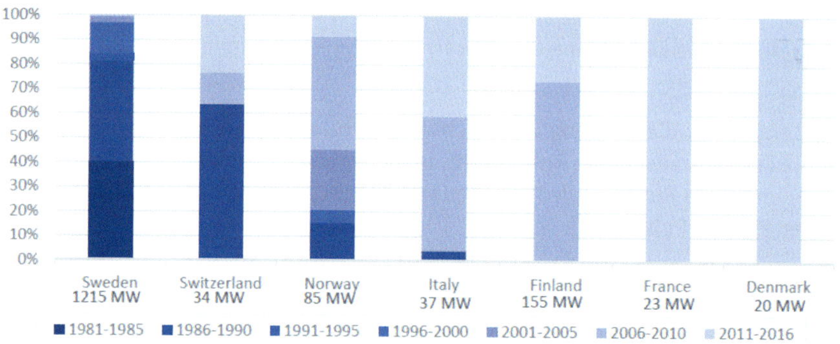

Bild 6.6: Baujahr und Nennleistungen von Wärmepumpenanlagen in der Fernwärmeversorgung in Europa

Die Wärmepumpenanlagen in der Fernwärmeversorgung können und nutzen natürlich neben Abwärme verschiedene andere Wärmequellen wie z. B. Oberflächengewässer, Abwasser, Kälte- und Wärmenetze u. a. Einen Überblick über den Stand der Nutzung dieser Wärmequellen in europäischen Wärmenetzen ist in Tabelle 6.1 gegeben. Daraus wird ersichtlich, dass 1200 MW_{th} Fernwärme mit Wärmepumpen in Kombination mit Abwärme als Quelle bereitgestellt werden. Das entspricht 66 % aller Wärmepumpen in der Fernwärmeversorgung.

Tabelle 6.1: Wärmequellen für Wärmepumpen in Fernwärmenetzen in Europa (David et al 2017)

Wärmequelle	installierte Nennheizleistung	Anteil	Anzahl der Einheiten	Mittlere Nennheizleistung pro Einheit	Temperatur
Abwasser	891	56 %	54	17	10–20
Oberflächengewässer	390	24 %	34	11	2–15
Industrieabwärme	129	8 %	28	5	12–46
Thermalwasser	97	4 %	19	5	9–55
Abgas	40	2 %	7	6	34–60
Kältenetz	30	< 2 %	4	7	0–9
Wärmenetz	4	< 1 %	3	1	10–35
Gesamt	1.580		149		

Bei der direkten oder indirekten Einspeisung von Abwärme in ein Fernwärmenetz sind immer individuelle technische und wirtschaftliche Lösungen zu erarbeiten. Vor jeder Umsetzung wird deshalb eine tiefgreifende Analyse durchgeführt, die sich mit den folgenden Faktoren beschäftigt:

1) Die Distanz oder lokale Verfügbarkeit eines Fernwärmenetzes ist kritisch. Wird in der unmittelbaren Umgebung eine Leitung betrieben, gilt es abzuschätzen, ob sich die Kosten für die Installation einer Anschlussleistung mit der entsprechenden Leitungslänge amortisieren können. Denn je länger die Anschlussleistung sein muss, desto höher sind die notwendigen Investitionen und die Wärmeverluste. Da der Leitungsbau stark von den örtlichen Gegebenheiten abhängt, d. h., in welchem Untergrund und unter

welchen Bedingungen die Leitung verlegt werden muss (z. B. im öffentlichen Wegeraum oder im Bereich grüner Wiese) können die Kosten und damit die Wirtschaftlichkeitsbedingungen stark schwanken. Eine pauschale Aussage ist daher nicht möglich.

2) Generell ist bei der Einbindung der Abwärme in die Fernwärmeversorgung eine geregelte Abwärmeeinspeisung zu bevorzugen. Diese ist zumeist ökonomisch am vorteilhaftesten, da so gegebenenfalls die Wärmekapazitäten anderer Wärmeversorgungssysteme reduziert werden können. Zusätzlich bewirkt sie die Vermeidung von Treibhausgasemissionen bzw. des Primärenergiebedarfs, bezogen auf Systemzustand ohne Abwärmenutzung.

3) Die ungeregelte Abwärmeintegration hat zumeist die Umweltauswirkungen im Fokus. Verdrängt die eingespeiste Abwärmenutzung bestehende Wärmeerzeugungsmengen von KWK-Anlagen, so kann hieraus eine wirtschaftliche Verschlechterung der Gesamtsituation, bezogen auf Ausgangssituation ohne Abwärmenutzung, resultieren. Eine vollständige Ausnutzung der verfügbaren Abwärmemenge hat jedoch ökologisch und primärenergetisch Vorteile.

6.4.4.1 Nutzung mobiler Wärmetransportsysteme

Dem Einsatz der leitungsgebundenen Fernwärme sind aus technischen, geografischen und wirtschaftlichen Gründen oftmals Grenzen gesetzt, die eine Verwertung anfallender Abwärmemengen verhindern. Eine Möglichkeit, um diese Abwärme doch noch nutzbringend anwenden zu können, bietet der Einsatz mobiler thermischer Speicher.

Mobile thermische Speicher funktionieren wie Akkumulatoren, die sich über ihre gesamte Lebensdauer immer wieder auf- und entladen lassen. Gleichzeitig sind sie transportabel, wodurch neben der zeitlichen auch eine räumliche Entkoppelung von Wärmeerzeugung und -nutzung ermöglicht wird. Der Transport der eingesetzten Speichermedien von der Wärmequelle zum Wärmenutzer erfolgt in der Regel per Lkw oder per Bahn.

Aktuell stehen mit den Thermoölen, den Zeolithwerkstoffen und den PCM-Latentwärmespeichern drei verschiedene Klassen von Speichermedien für den nicht-leitungsgebundenen Transport von Wärme zur Verfügung.

Thermoöl gehört zu den ersten für die mobile Wärmespeicherung eingesetzten Transportmedien, u. a. wurde damit Wärme aus dem Stahlwerk Trier ins nahe gelegene Reifenwerk von Michelin und vom Ravensburger Oberland Glaswerk zu den Kurkliniken Neutrauchburg geliefert. Dabei wurde das Thermoöl auf 320 °C erhitzt, zum Anwender transportiert und dort bis auf etwa 60 °C abgekühlt. Die Vorteile des Thermoöls liegen im drucklosen Transport in ausschließlich flüssiger Phase und der Möglichkeit, prinzipiell auch Prozesswärmeanwendungen im Hochtemperaturbereich, bspw. zur Dampferzeugung, versorgen zu können. Die Nachteile sind der aufgrund des starken Temperaturgradienten hohe Wärmedämmaufwand für die Speicherbehälter und die erforderlichen Sicherheitsmaßnahmen für den Transport auf öffentlichen Straßen und beim Umpumpen zwischen den einzelnen Behältern, bei dem das Thermoöl nicht mit Luftsauerstoff in Berührung kommen darf. Das Thermoöl weist eine maximale Speicherdichte von etwa 210 kWh_{th}/t auf. Zur vollen Nutzung seines Temperaturspektrums – und damit auch günstiger Transportkosten – ist das Thermoöl auf hochtemperaturig anfallende Abwärme (≥350 °C) angewiesen.

Thermoöle werden auf Mineralöl- und synthetischer Basis angeboten. Es gibt eine Vielzahl von Thermoölen, die sich durch ihre chemische Zusammensetzung unterscheiden. Durch die Beimischung von Additiven können diese für unterschiedliche Einsatzbedingungen (Druck, Temperatur, chemische Umgebung) optimiert werden. Bei der Anwendung von Thermoölen ist besonders die bei einigen Sorten starke Volumenausdehnung bei Temperaturerhöhungen zu beachten, wodurch die benötigten Speicher- und Transportkapazitäten für heißes Thermoöl ansteigen, zudem ist mit einem veränderten Fließverhalten durch die Temperaturabhängigkeit der Viskosität zu rechnen.

Zeolithe bestehen aus Aluminium- und Siliziumoxidkristallen und wurden ursprünglich u.a. für die Trinkwasseraufbereitung und, zum Ersatz der Phosphate, als Bestandteil von Waschmitteln entwickelt und eingesetzt. Die Zeolithe zählen zu den Sorptionsspeichern: Zeolithkristalle sind von zahlreichen submikroskopischen Kanälen durchzogen, die Wasser enthalten. Die Zeolithe geben dieses Wasser unter Zufuhr heißer (Ab)luft ab (Desorption). Diese Sorptionsenergie kann reaktiviert werden, wenn das Material unter normalen Umgebungsbedingungen wieder in Kontakt mit wasserdampfhaltiger Außenluft kommt (Adsorption). Das beim Nutzer maximal einsetzbare Temperaturniveau liegt bei etwa 140 °C. Die erreichbare Speicherdichte von Zeolithen liegt bei etwa 280 kWh_{th}/t (Storch und Hauer 2005).

Ein Sorptionsspeicher auf Zeolithbasis bietet sich dort an, wo Abwärme in Form heißer Abgase anfällt. Diese werden lediglich durch den Zeolith-Container geblasen, bis die Silikatkristalle ihr Porenwasser vollständig verloren haben und so aufgeladen sind (Mrasek 2006). Dementsprechend ist beim Einsatz von Zeolithspeichern mit günstigen Investitionskosten auf der Wärmequellenseite zu rechnen, da zusätzliche Wärmeübertrager nicht erforderlich werden. Weitere Potentiale weist die Zeolithtechnologie durch die mögliche Nachschaltung von Wärmepumpen und die Nutzung der bei der Desorption anfallenden Verdampfungswärme auf.

PCM existieren in verschiedenen chemischen Zusammensetzungen und können bereits zur Kühlung bzw. zur Klimatisierung von Gebäuden eingesetzt werden (UMSICHT 2003). Für den Einsatz in der Wärmeversorgung wird besonders der Einsatz von Salzen bzw. Salzhydraten oder PCS (phase change slurries) in Betracht gezogen. In beiden Fällen wird die aufgenommene Wärme zum Schmelzen des Speichermediums genutzt. Die latent gespeicherte Wärme kann beim Anwender entnommen werden, was zu einem Erstarren der Schmelze führt. Besonders geeignet als mobile Wärmespeicher sind Salzhydrate wie Natriumacetat-Trihydrat oder Salze wie Bariumhydroxid, die bereits bei 58 °C bzw. 78 °C schmelzen und bis auf ca. 180 °C überhitzt werden können. Damit sind sie in der Lage, auch Niedertemperaturabwärme nutzen zu können. Ein Nachteil des reduzierten Temperaturspektrums ist der gegenüber dem Thermoöl verkleinerte Anwendungsbereich, der bspw. die Erzeugung von Prozesswärme einschränkt. Dagegen ist der erforderliche Isolierungsaufwand in Folge des kleineren Temperaturgradienten geringer, als bspw. beim Thermoöl. Die bisher erreichte Wärmespeicherdichte liegt knapp über 100 kWh_{th}/t. Die Investitionen für einen Container mit Natriumacetat als Speichermasse liegen bei 73.000 € (Blesl et al 2011). Die maximale thermische Leistung einer Speichereinheit liegt bei 1 MW_{th}, der Speicherinhalt beträgt 3,5 MWh_{th}. Die Speichermasse ist in einem Standardcontainer untergebracht, der eine Gesamtmasse von 30 t aufweist.

An der Nutzung weiterer PCM, die bei hohen Temperaturen über 400 °C schmelzen (bspw. Karbonat- oder Chloridverbindungen), wird derzeit geforscht (Mehling 2005). Aktuelle Projekte, bei denen PCM als Wärmespeichermedium eingesetzt werden, umfassen u. a. die Wärmeversorgung der Clariant-Hauptverwaltung mit Abwärme des Industrieparks Höchst in Frankfurt, die Wärmeversorgung des Lufthansa Catering Köln mit Abwärme aus benachbarten Kraftwerken und Industriebetrieben sowie die Wärmeversorgung des Schulzentrums Puchheim mit Abwärme der Müllverbrennungsanlage Geiselbullach.

Der Schwerpunkt der Mobilen Wärme liegt in der Einzelobjektversorgung. Mögliche Einsatzgebiete sind Gebäudeheizung, Prozesswärme sowie Klimatisierungsaufgaben. Wegen der zu erwartenden hohen Investitionen in Infrastruktur wird davon ausgegangen (Blesl et al 2011), dass die Mobile Wärme u. a. einerseits für Betriebe mit hohem Prozesswärmeaufkommen, andererseits für Betriebe oder andere Großverbraucher interessant sein könnte, die möglichst ganzjährig einen hohen Wärmebedarf aufweisen.

6.4.1 Integration von Brüdenverdichtern

Die Integration von Brüdenverdichtern (vgl. Abschnitt 4.5.1) stellt einen tiefen Eingriff in den Ablauf des Produktionsprozesses dar. Daher werden diese bereits bei der Anlagenentwicklung mit eingeplant.

Die Nachrüstung von Prozessen mit Brüdenverdichtern ist aufgrund des erheblichen Planungs- und Integrationsaufwands vornehmlich auf großtechnische Anlagen beschränkt. Entsprechend erstreckt sich das Leistungsspektrum von Brüdenverdichtern bis zu Heizleistungen von einigen MW_{th}. Der Gütegrad von Brüdenverdichtern liegt aufgrund der wegfallenden Wärmeübertrager auf der Wärmequellenseite deutlich über denen vergleichbarer geschlossener Kompressionswärmepumpen.

Die Investitionen für Brüdenverdichter liegen aufgrund des einfachen Aufbaus deutlich unter denen einer Kompressionswärmepumpe mit geschlossenem Kältemittelkreislauf (Wolf 2017). Die Anlagenkosten inkl. Planungs- und Installationskosten unterscheiden sich bezogen auf die Kosten einer Anlage mit einer geschlossenen Kompressionswärmepumpe um den Faktor 0,7 für mechanische Brüdenverdichter und den Faktor 0,4 für thermische Brüdenverdichter (Soroka 2015). Aufgrund der einfachen Konstruktion und der wenigen beweglichen Komponenten sind die fixen Betriebskosten von Brüdenverdichtern als gering einzustufen.

Da in Brüdenverdichtern das Wärmequellenmedium zugleich als Arbeitsmedium verwendet wird, sind deren Einsatzmöglichkeiten auf Anwendungen beschränkt, in denen ein dampfförmiger Medienstrom als Wärmequelle zur Verfügung steht. Dieses ist insbesondere bei den erwähnten Destillations-, Koch-, Evaporations- und Strippingprozessen in der Chemie-, Papier- und Nahrungsmittelindustrie der Fall. Sind diese Bedingungen erfüllt, so sind Brüdenverdichter anderen Wärmepumpentypen hinsichtlich Investition und Betriebskosten überlegen. Zudem weisen insbesondere thermische Brüdenverdichter aufgrund fehlender beweglicher Teile eine hohe Lebensdauer auf. Diese Eigenschaften schlagen sich in den betreffenden Kategorien als positive Nutzwerte nieder. Aufgrund des begrenzten Einsatzgebiets und des geringen erreichbaren Temperaturhubs weisen Brüdenverdichter in diesen Kategorien negative Nutzwerte auf.

7 Potentiale in Deutschland

Die Industrie im Allgemeinen und in Deutschland weist hinsichtlich des Energieverbrauchs und der nutzbaren Abwärmeströme eine hochgradig diversifizierte Struktur auf. Der Energieverbrauch und insbesondere der Prozesswärmebedarf und dessen Temperaturniveau sind branchenabhängig. Hierauf wird in Kapitel 7.1 näher eingegangen. Da hierbei entstehende Abwärme sowohl von der Branche als auch an den jeweiligen Produktionsprozess gekoppelt ist, wird eine detaillierte Branchenbetrachtung in Kapitel 7.2 durchgeführt. Hierbei fällt auf, dass die Abwärme zudem branchenunabhängig nach Quellkategorien Klima-/Kälteanlagen, Druckluftanlagen und Prozessabwärme oder in Abhängigkeit sogenannter Querschnittstechnologien der Industrie eingeteilt werden kann. Die entsprechenden Prozesse und Querschnittstechnologien sowie die Nutzungsoptionen der Abwärme werden in Kapitel 7.3 erläutert. In Kapitel 7.4 werden nach einer Übersicht verschiedener Methoden und Potentialermittlungen in der Literatur aufbauend auf den Produktkategorien aus Kapitel 7.3 eine Abschätzung des Abwärmepotentials vorgenommen.

7.1 Prozesswärmebedarf

Der Wärmebedarf der Industrie in Deutschland betrug im Jahr 2015 ca. 440 TWh_{th}/a (AGEB 2016). Der überwiegende Anteil des Prozesswärmebedarfs der Industrie in Deutschland von ca. 70 % entfällt auf das Hochtemperatursegment (HT) oberhalb von 450 °C (vgl. Bild 7.1). Einige Branchen wie bspw. die Chemie und der Kraftfahrzeugbau weisen große Unterschiede in den Temperaturniveaus der einzelnen Produktionsprozesse auf. Die Ursache hierfür ist in der Verschiedenartigkeit der Endprodukte und der eingesetzten Verfahrensprozesse zu suchen. So verwendet bspw. die Automobilindustrie unterschiedliche Materialien wie etwa Kunststoffe, Lacke oder Gusswerkstoffe, für deren Bearbeitung individuell unterschiedliche Temperaturniveaus erforderlich sind.

Der größte Wärmebedarf im Hochtemperatursegment entfällt mit einem Jahresbedarf von 162 TWh_{th} auf die Metallerzeugung zur Produktion von Eisen, Stahl, Aluminium und weiterer metallischer Grundwerkstoffe. Neben den hohen Temperaturen trägt auch die Höhe der nachgefragten Produktmenge zur Höhe der Wärmenachfrage bei. Dagegen ist der Wärmebedarf der Metallweiterverarbeitung, bspw. von Gießereien, dessen Temperaturanforderungen zwischen 950 °C und 1.600 °C betragen, mit ca. 4 TWh_{th}/a vergleichsweise gering.

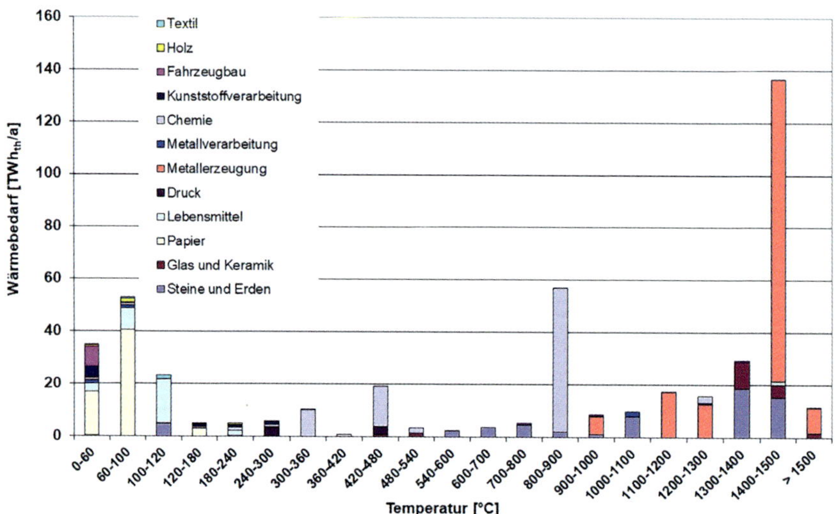

Bild 7.1: Prozesswärmebedarf in der Industrie in Deutschland 2015 (Blesl, Kessler 2018)

Ein weiterer großer Wärmeverbrauch im HT-Segment mit 60 TWh_{th}/a erfolgt im Industriezweig Steine und Erden. Der überwiegende Anteil der Prozesswärme entfällt dabei auf die Brennprozesse in einem Temperaturbereich zwischen 1.100 und 1.700 °C der Zement-, Kalk- und Ziegelproduktion.

Die Sparte Glas und Keramik mit rund 19 TWh_{th}/a, die überwiegend auf den Brennprozess für Keramik sowie die Schmelzprozesse der unterschiedlichen Glassorten entfallen, benötigt ebenfalls HT-Wärme.

Im Mitteltemperatursegment (MT) zwischen 100 °C und 450 °C stellt die chemische Industrie mit einem Jahresbedarf von 39 TWh_{th}/a den mit Abstand größten Abnehmer dar. Der Bedarf resultiert aus den Produktionsprozessen der Grundstoffchemie (bspw. Ammoniak oder Schwefelsäure). Gleichzeitig ist die chemische Industrie auch mit einem hohen Bedarfsanteil im HT-Segment vertreten, der u. a. aus der Verarbeitung von verschiedenen Kohlenwasserstoffverbindungen, bspw. zur Ethylen-, Propylen- oder Benzolherstellung, resultiert.

Die Lebensmittelindustrie hat im MT-Bereich eine Nachfrage von ca. 4 TWh_{th}/a. Diese Nachfrage ergibt sich aufgrund von Backprozessen der Bäckereien, die bei ca. 240 °C stattfinden, sowie für Trocknungsprozesse, u. a. für Getreide.

Im MT-Bereich weist auch die Kunststoffverarbeitung mit 3 TWh_{th}/a einen bedeutenden Wärmebedarf auf. In Abhängigkeit des verarbeiteten Materials (Polystyrol, Polyethylen etc.) und des angestrebten Endprodukts (bspw. Fasern, Folien, Flaschen etc.) werden verschiedene plastifizierende Prozesse (Extrudieren, Blasformen etc.) eingesetzt, deren Arbeitstemperaturen zwischen 140 °C und 300 °C liegen.

Die Holzverarbeitung mit den Hauptprozessen, Pressen, Dämpfen und Beschichten, die u. a. in der Spanplattenproduktion eingesetzt werden, erreicht in einem Temperaturbereich zwischen 120 °C und 200 °C einen Jahreswärmebedarf von etwa 2,7 TWh_{th}/a.

Zu den weiteren Abnehmern des MT-Sektors gehört die Druckindustrie, die u. a. auf die Verdampfung von Lösemittelrückständen aus der Druckfarbe entfällt. Hierfür werden pro Jahr etwa 7 TWh_{th}/a in einem Temperaturbereich zwischen 250 °C und 450 °C benötigt. Ein Teil der Wärme kann aus der anschließenden thermischen Entsorgung der gesundheits- und umweltschädlichen Lösemitteldämpfe zurückgewonnen werden.

Die Wärmenachfrage von insgesamt 54 TWh_{th}/a im Niedertemperatursegment ist überwiegend auf die Papierherstellung, die Lebensmittelindustrie sowie den Fahrzeugbau zurückzuführen.

Der Hauptanteil des Wärmebedarfs der Papierherstellung von insgesamt etwa 32 TWh_{th}/a bei 100 °C wird für Trocknungsprozesse für die erzeugten Papier- und Kartonagenmassen verwendet. Da die Zellstofferzeugung in Deutschland relativ gering ist, im Vergleich zur Gesamtmenge an produziertem Papier, ist auch die Nachfrage in diesem Bereich von 180 °C gering.

Die Lebensmittelbranche ist stark diversifiziert. Zuckerfabriken weisen mit 3,1 TWh_{th}/a und Brauereien mit 2,8 TWh_{th}/a den größten Bedarf innerhalb dieser Branche auf. Bei der Zuckerherstellung entfällt der überwiegende Anteil auf die auf mehrere Stufen verteilten Koch- und Eindickungsprozesse, die teilweise mit Wärmerückgewinnungssystemen arbeiten. Bei der Bierproduktion entfallen etwa 80 % des Prozesswärmebedarfs auf das Kochen der Maischen und Würze, die zumeist mit Wärmerückgewinnungsstufen (bspw. in Form der Brüdenverdichtung) ausgerüstet sind. Im Fahrzeugbau mit einem NT-Wärmebedarf von 7 TWh_{th}/a dominieren die Prozesse des Lackierens (insbesondere die Lacktrocknung) sowie die Beschichtung von Bauteilen, bspw. durch Galvanisierung, den Wärmebedarf.

Der NT-Wärmebedarf der Kunststoffverarbeitung beträgt ca. 5 TWh_{th}/a. Der überwiegende Anteil der Wärmenachfrage wird für das Trocknen der verschiedenen Granulate vor der Plastifizierung bei ca. 60 °C aufgewendet.

In der Textilindustrie wird vor allem für das Waschen, Trocknen und das Entschlichten von Gewebe ein Prozesswärmebedarf von ca. 1 TWh_{th}/a im NT-Bereich aufgewendet.

7.2 Branchengliederung

Die unterschiedlichen Industriebranchen in Deutschland weisen hinsichtlich des Endenergieverbrauchs und des Anteils der Energiebezugskosten am Gesamtumsatz der Industriezweige ein heterogenes Bild auf (vgl. Bild 7.2). Die Abszisse gibt Auskunft über den Endenergieverbrauch der Industriezweige. Je höher dieser ist, desto größer ist die Bedeutung des Industriezweigs für die Erreichung der energiepolitischen Ziele. Auf der Ordinate ist der Anteil der Energiebezugskosten am Gesamtumsatz der Industriezweige aufgetragen. Je größer dieser Anteil, desto bedeutender ist der Endenergieverbrauch für die betreffenden Unternehmen. Die Fläche der Kreise bildet die Anzahl der Unternehmen eines Industriezweigs ab. Je mehr Unternehmen ein Industriezweig aufweist, desto größer ist die Menge möglicher Kunden für replizierbare Energieeffizienzlösungen insbesondere auch im Bereich der Abwärmenutzung.

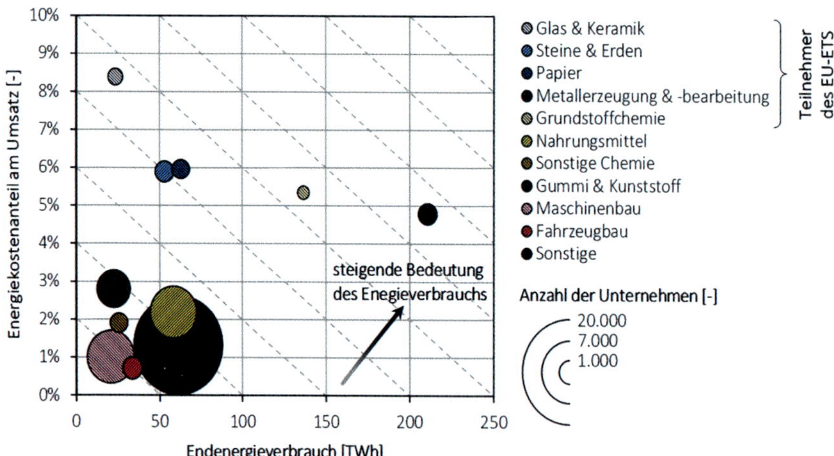

Bild 7.2: Endenergieverbrauch, Energiekostenanteil und Unternehmensanzahl der Industrie in Deutschland 2014 (Wolf et al. 2017)

Die energieintensiven Industriezweige Glas & Keramik, Steine & Erden, Papier, Metallerzeugung & -bearbeitung sowie Grundstoffchemie stehen derzeit im Fokus der Bemühungen, die Energieproduktivität zu steigern. Durch die Teilnahme dieser Industriezweige am EU-Emissionshandel (EU ETS) besteht zudem ein zusätzliches Anreizsystem für die Durchführung von Energieeffizienzmaßnahmen. Aufgrund der Dimension und Komplexität der Produktionsprozesse sind in der energieintensiven Industrie meist spezifische Einzellösungen notwendig, deren Wiederholbarkeit zudem durch die geringe Anzahl von Unternehmen begrenzt ist. Anders gelagert ist die Situation in der Nahrungsmittelindustrie, deren Endenergieverbrauch immerhin im Bereich der Papierindustrie oder der Verarbeitung von Steinen und Erden liegt.

7.2.1 Nahrungsmittel- und Getränkeindustrie

Die Nahrungsmittelindustrie zeichnet sich durch eine hohe Diversität an Produkten und Produktionsprozessen aus. Der Energiekostenanteil von 2,4 % ist verglichen mit den übrigen weniger energieintensiven Industriezweigen recht hoch und die Anzahl der Unternehmen übersteigt mit 5.236 die Summe der aller Unternehmen der energieintensiven Industrie um den Faktor 1,4. Die energieintensivsten Subbranchen der Nahrungsmittelindustrie sind der Reihe nach die Milchverarbeitung, die Zuckerherstellung und die Fleischverarbeitung. Der Endenergiebedarf der Getränkeindustrie wird dominiert von der Herstellung von Malz und Bier, die gemeinsam knapp 70 % des Energieverbrauchs dieser Subbranche verursachen.

Eine Besonderheit der Nahrungsmittelindustrie ist der vergleichsweise große Kältebedarf, der aus der gekühlten Verarbeitung und Lagerung von Produkten resultiert. Die Kältemaschinen geben Abwärme bei 20 bis 40 °C an die Umgebungsluft ab. Kälte wird insbesondere in der Milchverarbeitung (Produktkühlung), der Fleischverarbeitung (Produktkühlung, Tiefkühllagerung) und in der Bierherstellung (Gärung) benötigt. Weitere Wärmequellen sind Wasch- und Reinigungsabwässer (20 bis 60 °C) und die Abluft von Trocknungsanlagen (20 bis 120 °C). Hochtemperaturabwärme entsteht vor allem in der Trockenmilchherstellung. Diese Abwärme kann in der Regel aber intern zur Vorbehandlung der Milch genutzt werden.

Die Verarbeitung von Milch umfasst eine Vielzahl an Prozessschritten und hat die Veredelung der Rohmilch zu Milchprodukten zum Zweck. Den milchverarbeitenden Betrieben kommt hier die Aufgabe zu, die Schwankungen bei der Nachfrage von Milchprodukten auf die beschränkte Flexibilität der Milcherzeuger bei den Produktionsmengen abzustimmen. Daher haben sich die meisten milchverarbeitenden Betriebe spezialisiert und sind nicht einheitlich zu bewerten. Gemeinsam ist ihnen, dass bei der Verarbeitung der Milch oder Zwischenprodukte häufig ein Wechsel zwischen Erwärmen und Kühlen erfolgt.

Beispielsweise muss bei der Pasteurisierung der Milch diese auf 70 °C erhitzt werden. Danach wird das Produkt wieder abgekühlt. In den meisten Pasteurisierungsprozessen ist daher bereits ein Wärmetauscher zwischen dem kalten und dem warmen Produktstrom eingebaut, das kalte Produkt vor der Pasteurisierung kühlt das warme Produkt nach der Pasteurisierung. Die zusätzliche Vorwärmung und Abkühlung erfolgt über Dampf und Kaltwasser. Eine Wärmepumpe kann hier wie folgt eingesetzt werden: Dabei erhöht die Wärmepumpe die Verflüssigungstemperatur des Kältemittels von 25 bis 30 °C auf über 80 °C. Über diese Temperatur kann dann mit der am Verflüssiger abgegebenen Wärme der Pasteur erhitzt werden. Nach Kondensation und Druckreduktion im Expansionsventil wird das Kältemittel wieder in die Kälteanlage rückgeführt.

Bei der Produktion von Käsen kann eine zeitliche Entkopplung von energetischem Angebot und Nachfrage z.B. durch eine Wärmeschaukel bei Batch-Betrieb erreicht werden (Morand, Brunner 2008). Hierbei kann die bei der Käsereifung abgetrennte Molke in einer Wärmeschaukel gespeichert und zu einem späteren Zeitpunkt für die Erhitzung der zu verarbeitenden Rohmilch verwendet werden. Ebenso ist die direkte Steigerung der Energieeffizienz durch Wärmepumpen und Kältemaschinen möglich. Dabei können Wärmeströme niedriger Temperatur auf ein höheres Temperaturniveau gebracht werden. Das Verfahren ermöglicht beispielsweise eine Reduzierung des Dampfbedarfs bei der CIP Reinigung um bis zu 60 % (Azevedo, Durão 2015).

In Großbäckereien kann Abwärme bei Temperaturen von 80 bis 120 °C aus den Rauchgasen und Schwaden der Backöfen durch den Einsatz eines Schwadenkondensators zurückgewonnen werden. Da Backöfen in der Regel mit Gas direktbefeuert werden und andere Wärmesenken wie die Raumwärmeerzeugung einen relativ geringen Wärmebedarf aufweisen, kann diese Abwärme nicht vollumfänglich intern genutzt werden. Hier besteht ein Potential zur externen Nutzung der Abwärme. Die Auskühlung von Schwaden führt zur Kondensation von Wasser, weshalb hier spezielle Wärmeübertrager mit Kondensatabführung eingesetzt werden. In den übrigen Prozessen der Nahrungsmittelindustrie bestehen aufgrund geringer Pinch-Temperaturen der Produktionsprozesse häufig interne Abwärmenutzungsmöglichkeiten. Die verbleibenden Abwärmeströme weisen überwiegend geringe Temperaturen von <50 °C auf.

Bei der Herstellung von Malz wird Getreide gewässert und dann in feuchter Atmosphäre bei 15 bis 17 °C zum Keimen gebracht. Der Keimvorgang wird durch das Trocknen in der Darre abgebrochen. Dieser Trocknungsprozess ist der energieintensivste Schritt in der Malzproduktion. Die Trocknung findet für helles Malz bei 75 bis 80 °C und für dunkles Malz bei 105 bis 120 °C statt. Die Trocknung wird traditionell im offenen Prozess durchgeführt. Außenluft wird angesaugt, auf die nötige Temperatur erwärmt und dann in die Darre geleitet. Die feuchtebeladene Luft verlässt die Darre mit einer Temperatur von ca. 60 °C. Durch interne Wärmerückgewinnungsmaßnahmen mittels Wärmeübertrager und nachgeschalteter Wärmepumpe kann ein Großteil der Abwärme aus der Darre zurückgewonnen werden. Die Temperatur des Abwärmestroms wird durch diese Maßnahmen auf 25 °C reduziert.

Abwärmenutzung in einer Mälzerei

Als Beispiel einer Abwärmenutzung wird im Folgenden die Abwärmenutzung in der Mälzerei der Tivoli Malz GmbH beschrieben (Wolf et al 2014). Mit einer Jahresproduktion von rund 200.000 t Malz ist Global Malt einer der führenden Malzproduzenten in Deutschland und Polen. Am Produktionsstandort Hamburg werden jährlich 105.000 t Malz hergestellt (GlobalMalt 2013).

Am Produktionsstandort in Hamburg betreibt GlobalMalt mehrere solcher Darren. Um die eingesetzte Energie möglichst gut auszunutzen, sind zwei Trocknungskammern wie in Bild 7.3 dargestellt miteinander verschaltet.

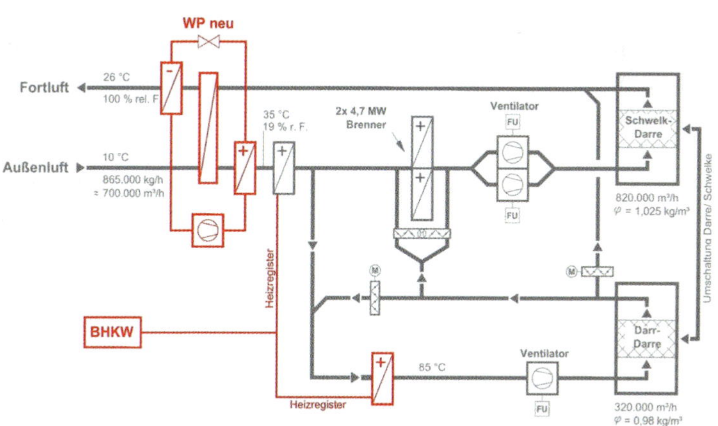

Bild 7.3: Einbindung von BHKW und Wärmepumpen in den Trocknungsprozess einer Mälzerei (Wolf et al. 2017)

Während das Malz in der einen Kammer geschwelkt wird, wird eine weitere Charge in einer zweiten Kammer gedarrt. Die Wärmezufuhr findet in der Darre statt. Die warme Abluft der Darre wird für das Schwelken in der zweiten Kammer genutzt. Die nun feuchtigkeitsgesättigte Abluft verlässt die Kammer mit einer Temperatur von 28 °C. Über einen speziell konstruierten Glasröhrenwärmeübertrager wird die Zuluft auf 22 °C vorgewärmt, während sich die Abluft auf 26 °C abkühlt. Durch diese Maßnahmen konnte der spezifische Energiebedarf von 1.300 kWh/t Malz auf 600 bis 650 kWh/t Malz gesenkt werden.

Um den Energiebedarf des Prozesses weiter zu reduzieren, hat GlobalMalt im Jahr 2010 neben einem BHKW eine elektrische Kompressionswärmepumpe installiert. Die vorgenommenen Umbauten sind in Bild 7.3 rot eingefärbt. Nach der Wärmerückgewinnung durch den Glasröhrenwärmeübertrager wird die Abluft von der Wärmepumpe weiter auf 23 °C abgekühlt und an die Umgebung abgegeben. Der Verdampfer der Wärmepumpe hat eine Gesamtfläche von 13.500 m². Stündlich kondensieren in ihm bis zu 3.000 l Wasser aus der Abluft. Die Wärmepumpe hebt die entzogene Wärme auf ein höheres Temperaturniveau und erwärmt die Zuluft von 22 °C auf 35 °C. Die Wärmepumpe liefert eine maximale Heizleistung von 3.250 kW. Sie wird von einem Schraubenverdichter angetrieben. Aufgrund der geringen Temperaturdifferenz wird ein durchschnittlicher COP von 6,3 erreicht. Als Kältemittel wurde Ammoniak gewählt. Aufgrund seiner hohen volumetrischen Heizleistung können die Komponenten der Wärmepumpe verhältnismäßig klein dimensioniert werden.

Neben der Wärmepumpe wurde ein BHKW installiert. Dieses sorgt für eine weitere Erwärmung der Zuluft. Darüber hinaus erzeugt es Strom für die Wärmepumpe und weitere Verbraucher. Das BHKW hat eine elektrische Leistung von 2.000 kW und erzeugt bei ca. 8.000 Volllaststunden 16 GWh Strom und 20 GWh Wärme pro Jahr. Dem BHKW nachgeschaltet ist ein Gasbrenner, der die Temperatur der Zuluft schließlich auf bis zu 85 °C anhebt.

Das Projekt wurde von der Deutschen Bundesstiftung Umwelt (DBU) mit 340.000 € gefördert. Die Investitionskosten für Wärmepumpe und BHKW betrugen nach Abzug der KWK-Förderung 3.077.000 €. Mit jährlichen Einsparungen von 579.000 € amortisiert sich die Anlage innerhalb von 5,3 Jahren. Durch die Umsetzung dieser Maßnahme kann die GlobalMalt GmbH am Standort Hamburg jährlich den Ausstoß von 6.300 t CO_2 vermeiden.

Bezogen auf die gesamten CO_2-Emissionen des Standorts entspricht das einer Einsparung von ca. 25 %. Der spezifische Energiebedarf für die Herstellung einer Tonne Malz sank auf 350 bis 500 kWh/t. Die Anlage erfüllt die

Anforderungen im vollen Umfang, sodass seit Inbetriebnahme keine Änderungen vorgenommen werden mussten (Mönch 2011); (Brauindustrie 2009); (Mönch 2012); (Wolf et al. 2017); (Brauwelt 2010).

Das Bierbrauen ist ein mehrstufiger Prozess, für den große Energiemengen benötigt werden. Zunächst wird Malz geschrotet und zusammen mit Wasser in die Maischepfanne gegeben. Hier wird unter Zufuhr von Wärme die im Malz enthaltene Stärke gelöst und von Enzymen in Zucker umgewandelt. Danach werden im Läuterbottich die Enzyme deaktiviert und wasserunlösliche Stoffe (Malztreber) entfernt. Unter Zugabe von Hopfen wird der Sud in der Würzepfanne gekocht. Durch Abführen des entstehenden Wasserdampfs wird der Sud auf die für jede Biersorte spezifische Stammwürze aufkonzentriert. Wie aus dem nachfolgenden Beispiel der Grand Composite Curve (GCC) ersichtlich ergeben sich insbesondere beim Sudhaus große Abwärmemengen.

Grand Composite Curve des Sudhauses einer Brauerei

In der GCC des Sudhauses in Bild 7.4 ist zu erkennen, dass ein Heizbedarf von 350 kW und ein Kühlbedarf von 1400 kW für den Gesamtprozess notwendig sind. Einem Gesamtenergiebedarf von 1750 kW steht im Beispiel ein theoretisches Abwärmepotential von 80 % gegenüber.

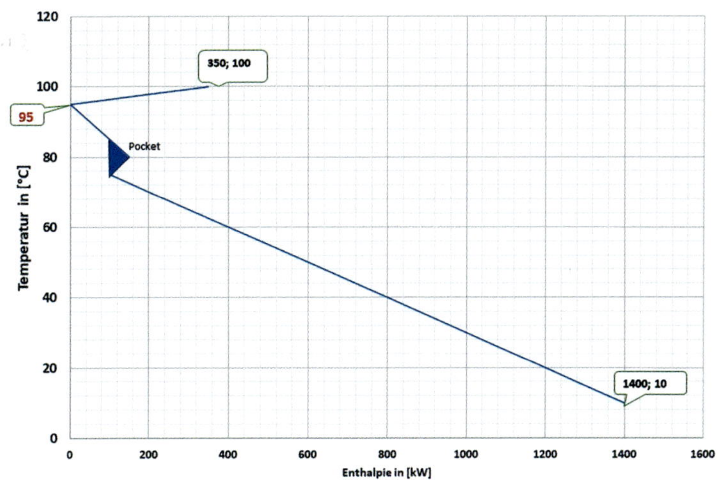

Bild 7.4: Grand Composite Curve des Sudhauses der Heineken Switzerland AG im Jahr 2010 (Arnold & Brühlmeier 2010)

Im weiteren Verarbeitungsschritt werden in einem Whirlpool die unlöslichen Bestandteile des Hopfens abgeschieden, bevor die Würze in Gärtanks gepumpt wird. Dort wird durch Zugabe von Hefe der Zucker in Alkohol umgesetzt. Je nach Hefeart wird das Bier bei Temperaturen von 4 bis 9 °C für untergärige Hefen bzw. 15 bis 20 °C für obergärige Hefen vergoren. Die dabei entstehende Wärme wird über eine Kälteanlage abgeführt. Anschließend wird das Bier filtriert und in Flaschen abgefüllt, die zuvor in einer Flaschenwaschmaschine gereinigt wurden.

Abwärmenutzung einer Brauerei

Die Hanspeter Graßl KG vertreibt unter dem Namen Schäffler Bräu Bier, Bierbrände und diverse alkoholfreie Getränke. An die Brauerei ist ein Gasthof mit Hotelbetrieb angegliedert. Seit Juni 2012 wird die im Brauprozess freiwerdende Abwärme zur Bereitstellung von Heizwärme und Warmwasser eingesetzt.

In der Schäffler Brauerei wird die Abwärme der Kältemaschinen in einem speziell konstruierten 12 m³ fassenden Tank gesammelt. Zudem wird das Abwasser der Flaschenwasch- und Befüllungsanlage durch diesen Speicher geführt, um zusätzliche Abwärme zurückzugewinnen. Durch die Ausnutzung des Höhenunterschieds von 2 m zwischen Abfüllanlage und Speicher, wird keine Pumpe im Abwasserstrom benötigt. Die Abwärmeströme bringen den Speicher auf eine Temperatur von 25 °C. Eine Wärmepumpe mit 77 kW Heizleistung nutzt den Speicher als Wärmequelle und hebt die Abwärme auf ein nutzbares Temperaturniveau von 65 bis 72 °C. Steht keine Abwärme für den Betrieb der Wärmepumpe zur Verfügung, kann der hauseigene Brunnen als Wärmequelle genutzt werden. Die Wärmepumpe versorgt Brauhaus und Gaststätte mit Warmwasser und Heizenergie. Ein 50 kW Ölbrenner deckt die Spitzenlasten. Mit einer jährlichen Wärmeerzeugung von 200 MWh deckt die Wärmepumpe mehr als 80 % des Wärmebedarfs.

Die Investitionen der Anlage setzen sich aus den Kosten der Wärmepumpe (26.667 €) und den Kosten für Speicher und Wärmeübertrager (5.000 €) zusammen. Die Anlage erreicht eine Amortisationszeit von weniger als 6 Jahren.

Zucker wird in Europa vorwiegend aus Zuckerrüben gewonnen. In diesem Herstellungsprozess werden die angelieferten Rüben zunächst gewaschen und zerkleinert. Um den Zucker aus dem Zellgewebe zu lösen, werden die Schnitzel anschließend gewässert. Die dabei entstehende Zuckerlösung wird in einem mehrstufigen Prozess eingedickt und schließlich auskristallisiert. Nach einer weiteren Trocknungsphase wird der Zucker verpackt bzw. zur Weiterverarbeitung transportiert. Die energieintensivsten Prozessschritte sind das Eindicken der Zuckerlösung bei 70 bis 100 °C und die Kristallisation des Zuckers bei 100 bis 120 °C. Ob der Energieintensität des Produktionsprozesses weisen Zuckerfabriken einen hohen Grad der energetischen Integration auf. So werden im Eindampfen mehrstufige Verdampfungsanlagen eingesetzt. Prozessbezogene Abwärmequellen sind die Abluft aus der Trocknung bei 40 bis 80 °C und das Abwasser bei 20 bis 60 °C.

Insgesamt zeigt sich in Bild 7.5, dass in den Subbranchen der Nahrungsmittelindustrie nahezu alle Abwärmemengen unter 100 °C anfallen und dass der überwiegende Anteil sogar Abwärmetemperaturen unter 40 °C aufweist. Daher ist die Nahrungsmittelindustrie eine Branche, die sich insbesondere für die Abwärmenutzung mittels Wärmepumpen eignet.

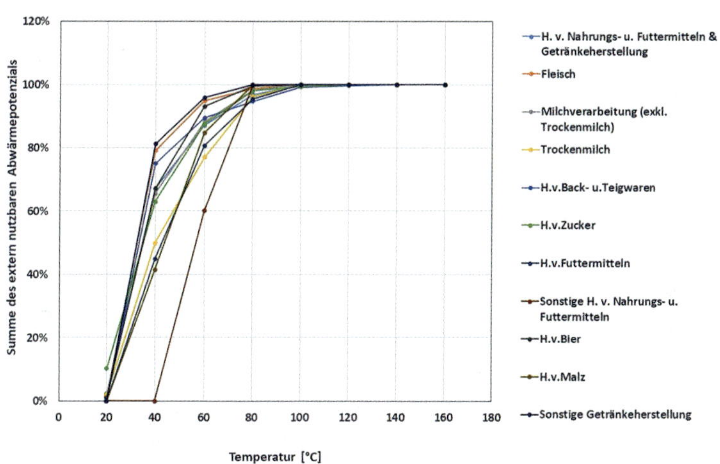

Bild 7.5: Summenkurve des extern nutzbaren Potentials über dem Temperaturniveau der Lebensmittelindustrie 2015 in Deutschland

Die spezifischen durchschnittlichen extern nutzbaren Abwärmepotentiale der Lebensmittelindustrie in Deutschland sowie deren anteilige Aufteilung auf die Abwärmequellen sind in Tabelle 7.1 angegeben. Mithilfe der spezifischen nutzbaren Werte der Abwärmenutzung bezogen auf die Produktionsmengen bzw. den Produktionswert kann das Abwärmepotential für einzelne Betriebe oder ein ganzes Land abgeschätzt werden, indem die entsprechenden Produktionsmengen bzw. Produktionswerte mit den durchschnittlichen Werten multipliziert werden.

Bzgl. der durchschnittlichen extern nutzbaren Abwärmepotentiale zeigt sich, dass sowohl bezogen auf den Produktionswert als auch die Produktionsmengen die Trockenmilchproduktion die höchsten Abwärmemengen ausweist. Hinsichtlich der nutzbaren Abwärme nach Anwendungsbereich in der Produktion ergibt sich in den Industriezweigen der Nahrungsmittelindustrie kein einheitliches Bild. Die Abwärmemengen aus der Prozesskühlung überwiegen in den Industriezweigen Fleisch, Milch und Bier. Hingegen ergeben sich in den Industriezweigen Trockenmilch, Zucker, Tiernahrung, Malz und sonstige Getränke die höchsten Anteile an nutzbarer Abwärme aus den Bereich der Prozesswärme.

Tabelle 7.1: Spezifische extern nutzbare Abwärme und Anteil der nutzbaren Abwärme nach Anwendung in der Nahrungsmittel- und Getränkeindustrie

Industriezweig	spez. extern nutzbare Abwärme [GJ/1000 €][1]	spez. extern nutzbare Abwärme in [GJ/t][2]	Klimaanlage [%]	Prozesskühlung [%]	Drucklufterzeugung [%]	Prozessabwärme [%]
Fleisch	0,27	0,87	29	58	5	8
Milch exkl. Trockenmilch	0,35	0,37	20	50	5	25
Trockenmilch	3,90	8,78	12	36	7	45
Backwaren	0,39	0,72	39	44	2	15
Zucker	1,79	0,78	10	5	3	82
Tiernahrung	0,07	0,05	0	0	15	85
Sonstige Nahrungsmittel	0,01	k. A.	0	0	100	0
Bier	0,50	0,35	22	51	6	21
Malz	0,87	0,31	0	12	8	80
Sonstige Getränke	0,04	k. A.	0	0	0	100
[1]) Produktionswert; [2]) Produktionsmenge						

Die entsprechende abgeschätzte Aufteilung der nutzbaren Abwärmepotentiale nach Temperaturniveau ist in Tabelle 7.2 zusammengestellt. In die Auswertung gehen die vorher charakterisierten Temperaturniveaus der Prozessverfahrensschritte ein. Es ist zu erkennen, dass der überwiegende Anteil der Abwärme auf einem Niveau zwischen 40 und 100 °C anfällt. Dies ist teilweise damit begründet, dass Klimaanlagen, Prozesskühlung und Druckluftanlagen einen hohen Anteil an den Anwendungen haben.

Tabelle 7.2: Anteil des nutzbaren Abwärmepotentials in [%] nach Temperaturniveau in der Nahrungsmittel- und Getränkeindustrie

Industrie-zweig	20–40 °C	40–60 °C	60–80 °C	80–100 °C	100–120 °C	120–140 °C	140–160 °C	160–180 °C	180–200 °C	< 200 °C
Fleisch	2	77	16	4	1	0	0	0	0	0
Milch exkl. Trocken-milch	2	63	23	10	2	0	0	0	0	0
Trocken-milch	2	48	27	19	4	0	0	0	0	0
Back-waren	0	75	14	5	5	0	0	0	0	0
Zucker	10	53	25	11	1	1	0	0	0	0
Tier-nahrung	0	45	36	15	4	0	0	0	0	0
Sonstige Nahrungs-mittel	0	0	60	40	0	0	0	0	0	0
Bier	1	66	26	7	0	0	0	0	0	0
Malz	0	42	43	15	0	0	0	0	0	0
Sonstige Getränke	0	81	15	4	0	0	0	0	0	0

7.2.2 Papierindustrie

Die Herstellung von Papier ist ein sehr energieintensiver Prozess bei dem verschiedene thermische Behandlungsschritte vorgenommen werden. Zu Beginn des Prozesses steht die Herstellung von Holz- oder Zellstoff, dem Ausgangsstoff der Papierherstellung. Dieser wird durch thermischen und chemischen Aufschluss der Holzfasern, durch mechanisches Schleifen von Holz oder aus

Altpapier gewonnen. Altpapier durchläuft zunächst den De-Inking Prozess, um Druckfarben zu entfernen. Papierherstellung und Zellstoffproduktion müssen nicht zwingend an einem Standort erfolgen. In der eigentlichen Papierherstellung wird der Zellstoff mit Wasser und Hilfsstoffen vermischt und in die Papiermaschinen gegeben. In der Siebpartie wird aus dem Zellstoff eine Papierbahn hergestellt, der in der Presspartie und der darauffolgenden Trockenpartie das zugeführte Wasser wieder entzogen wird. Alleine der Trocknungsprozess in der Papierherstellung erfordert mehr als 70 Prozent der gesamten Produktionsenergie. Bei Temperaturen um rund 110 Grad werden weit über 1.000 Kilo watt/Stunde Dampf benötigt, um eine Tonne Papier zu trocknen. Je höher die Luft- und die Wassertemperaturen via Wärmetauscher in die Produktion zurückgeführt werden können, desto geringer fällt der Bedarf an konventioneller Energie an. Hierfür werden häufig Luft-Luft- und Luft-Wasser-Wärmetauscher eingesetzt. Im Luft-Luft-Bereich erwärmt die Abwärme die neu zugeführte Außenluft von beispielsweise fünf Grad auf 48 Grad Celsius. Dagegen wird im Luft-Wasser-Wärmetauscher die Abwärme genutzt, um das im nahezu geschlossenen Kreislauf wieder zugeführte Prozesswasser einschließlich anteiligem Frischwasser von etwa 37 Grad auf 55 Grad Celsius zu erwärmen.

Nach dem Trocknungsprozess wird im Glättwerk die Oberflächenqualität eingestellt, bevor das Papier auf eine Rolle aufgerollt wird. Mitteltemperaturabwärmeströme, wie am Beispiel der zweistufigen Abwärmetauscher beim Trocknungsprozess in der Papierindustrie gezeigt, werden bereits vielfach intern genutzt. Der Energiebedarf der Papierindustrie wurde in Deutschland seit den 1950er-Jahren um mehr als 60 % gesenkt (Jung et al. 2008). Verbleibende intern kaum nutzbare Abwärmeströme liegen vornehmlich in Produktionsabwässern mit Temperaturen von 30 bis 70 °C (Hirzel et al. 2013). Weitere Abwärmepotentiale bestehen in der Nutzung der Abluft aus der Trockenpartie der Papiermaschine bei 40 bis 80 °C (Hirzel et al. 2013).

Zur Trocknung wird in den meisten Fällen über verschiedenen Medien aufgewärmte heiße Luft über das feuchte Produkt zirkuliert. Die feuchte, warme Luft wird dann teilweise abgeführt und teilweise mit vorgewärmter, trockener Frischluft vermischt und auf die gewünschte Trockentemperatur aufgeheizt. Mit dem Verdampfer der Wärmepumpe kann dieser Abluft die Wärme entzogen werden, dabei wird die Abluft abgekühlt und entfeuchtet und die Luft kann dem Prozess wieder zugeführt werden. Über den Verflüssiger wird der Trockner beheizt. Theoretisch kann daher der Trockner in einem geschlossenen System ausgeführt werden, was zu geringerer Geruchsbelastung führt. Praktisch werden auch Wärmepumpentrockner mit Zu- und Abluft ausgeführt. Zu diesem

Zweck werden geschlossene Kompressionswärmepumpen und Brüdenverdichter eingesetzt.

Keine Papierfabrik gleicht der anderen, da in Papierfabriken zum Teil hohe Anteile Zellstoff hergestellt werden, zum anderen in Papierfabriken Zellstoff extern bezogen und nur verarbeitet wird. Im Weiteren unterscheiden sich die Papierfabriken hinsichtlich der Produktion der Art der verschiedenen Papiersorten und Kartonagen und deren jeweiligen mengenmäßigen Verhältnis. Daher wurde im Folgenden auch die spezifischen durchschnittlich extern nutzbaren Abwärmepotentiale der Papier- und Zellstoffindustrie in Deutschland (vgl. Tabelle 7.3) entsprechend in die Hauptproduktionszweige unterteilt. Insgesamt fällt der größte Anteil der Abwärme wie bereits vorher beschrieben im Bereich der Prozessabwärme an. Die anteilige Aufteilung auf die Abwärmequellen nach den Industriezweigen der Papier- und Zellstoffindustrie sind ebenso in Tabelle 7.3 angegeben.

Tabelle 7.3: Spezifische extern nutzbare Abwärme in der Papier- und Zellstoffindustrie

Industriezweig	**spez. extern nutzbare Abwärme [GJ/ 1000 €]**[1]	**spez. extern nutzbare Abwärme [GJ/t]**[2]	**Klimaanlage [%]**	**Prozesskühlung [%]**	**Druckluft-erzeugung [%]**	**Prozessabwärme [%]**
Holz- und Zellstoff	k. A.	0,11	0	0	0	100
Papier	1,83	1,65	7	1	6	85
Papier-produkte	0,14	0,06	24	3	21	51
[1]) Produktionswert; [2]) Produktionsmenge						

Die entsprechende abgeschätzte Aufteilung der nutzbaren Abwärmepotentiale nach Temperaturniveau ist in Tabelle 7.4 zusammengestellt. Hierbei ist zu erkennen, dass der überwiegende Anteil der Abwärme auf einem Niveau zwischen 40 und 100 °C anfällt.

Tabelle 7.4: Anteil der nutzbaren Abwärmepotentiale in [%] nach Temperaturniveaus in der Papier- und Zellstoffindustrie

Industriezweig	20 – 40 °C	40 – 60 °C	60 – 80 °C	80 – 100 °C	100 – 120 °C	120 – 140 °C	140 – 160 °C	160 – 180 °C	180 – 200 °C	>200 °C
Holz- und Zellstoff	16	35	33	14	2	0	0	0	0	0
Papier	12	32	26	16	10	2	1	0	0	0
Papierprodukte	5	40	29	18	6	0	0	0	0	0

Abwärmeströme mit höheren Temperaturen können oft intern genutzt werden, wie die Pinch-Analysen von (Brunner, Morand 2008), (Hermansson, Eriksson 2010) und (Axén 2010) zeigen. Der Vergleich der beiden Grand Composite Curves in Bild 7.6 und Bild 7.7 zeigt diesen Unterschied sehr deutlich auf.

In der „Perlen Papier AG“ werden pro Jahr rund 175.000 Tonnen LWC-Papier (Light Weight Coated-Papier) und 132.000 Tonnen Zeitungspapier produziert. Die Papiermaschinen benötigen zusammen rund 70 % der Wärmeenergie. Der Primärstrom wird zu 48 % von den Papiermaschinen und zu 40 % von der TMP-Anlage (thermomechanical pulp) verbraucht. Da die Papierproduktion auf der Zellstoffproduktion aufbaut, werden Temperaturen von knapp unter 250 °C benötigt (vgl. Bild 7.6). Der Heizwärmebedarf des Gesamtprozesses beträgt rund 73.000 kW und ein Kühlbedarf von ca. 36.000 kW ist für den Gesamtprozess notwendig. Das theoretische Abwärmepotential beträgt 33,1 %.

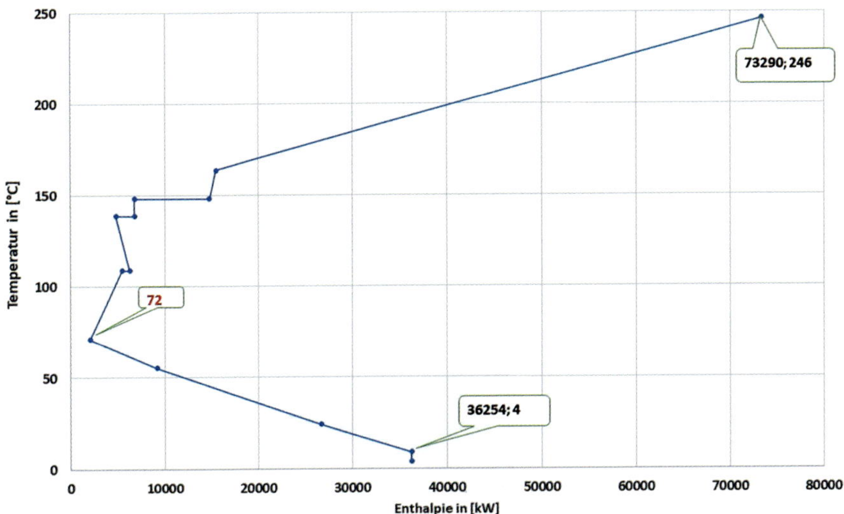

Bild 7.6: Grand Composite Curve der Perlen Papier Helbling (Papier und Zellstoffproduktion) aus der Schweiz im Jahre 2009 (Brunner & Morand 2009)

In der Papierfabrik von Billerud Karlsborg werden pro Jahr rund 300.000 Tonnen Sack- und Kraftpapier produziert. Kraftpapier ist die Papiersorte mit der höchsten Festigkeit zur Herstellung von z.B. Papiersäcken, Schmirgelpapieren oder Einkaufstüten. Es besteht zu beinahe 100 % aus Zellstofffasern, lediglich Stärke, Alaun[1] und Leim werden zugesetzt, um Oberflächeneffekte und Festigkeitssteigerungen zu erzielen. Daher wird hier im Vergleich zur Zeitungspapierherstellung noch ein Temperaturniveau von rund 180 °C (anstatt 140 °C) benötigt (Eriksson & Hermansson 2010). Aus der GCC in Bild 7.7 ist zu erkennen, dass ein Heizbedarf von 130.000 kW und ein Kühlbedarf von 49.800 kW für den Gesamtprozess notwendig ist. Das theoretische Abwärmepotential beträgt 27,7 %.

1 Bitteres Tonerdesalz, auch bekannt als Ammoniumaluminiumsalz

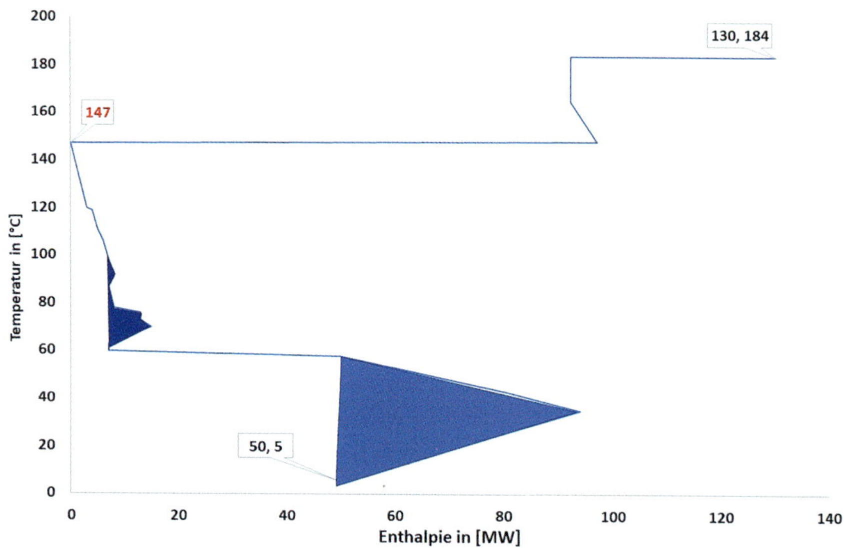

Bild 7.7: Grand Composite Curve der Billerud Karlsborg (Sack- und Kraftpapierherstellung) aus Schweden im Jahre 2010 (Eriksson & Hermansson 2010)

Neben der internen Abwärmenutzung besteht auch die Möglichkeit die Abwärme aus Papierfabriken extern zu nutzen. Ein Beispiel der externen Abwärmenutzung aus einer Papierfabrik für die Fernwärmeversorgung ist im nachfolgenden Beispiel erläutert.

Abwärmenutzung aus einer Papierfabrik im Fernwärmenetz

Bei Trockenprozessen entsteht immer Abwärme. Diese Trocknerabluft der Papierfabrik Skjern in Dänemark wird durch Wärmerückgewinnung (vgl. Bild 7.8) und Einspeisung der Abwärme in ein LowEX-Wärmenetz genutzt. Hierbei wird ein Teil der Abwärme (1,4 MW_{th}) über einen Wärmeübertrager zurückgewonnen und ein weiterer Teil von 4 MW_{th} durch eine Wärmepumpe zurückgewonnen, die die Abwärme auf 68 °C anhebt. Zur Entkopplung von Abwärmeverfügbarkeit und Wärmebedarf ist netzseitig zusätzlich ein Speicher eingebunden.

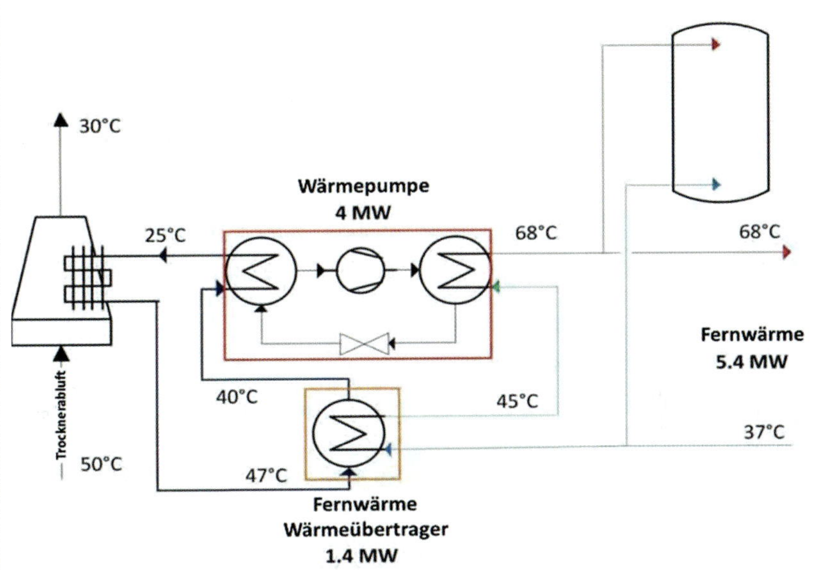

Bild 7.8: Beispiel zur Abwärmenutzung in der Papierherstellung (HPP/iets Annex 2014)

7.2.3 Druckereien

In Druckereien werden Druckerzeugnisse mittels Druckmaschinen hergestellt. Hierbei kann zwischen den Produkten oder nach den eingesetzten Techniken (z. B. Tiefdruck, Rollenoffsetdruck, Hochleistungskopierer, Plotter u. a.) unterschieden werden. Moderne Druckereien zeichnen sich dadurch aus, dass sie große Mengen an Druckerzeugnissen in kürzester Zeit erzeugen können. Dies ist zum einen nur durch Druckmaschinen, die mit hohen Geschwindigkeiten arbeiten, zu erzielen und zum anderen dadurch, dass die frisch erzeugten Druckerzeugnisse schnell trocknen.

Druckmaschinen sind mit mehreren eigenen Zusatzaggregaten (Druckluft, Vakuumgebläse, Kühlmaschinen, Abluftventilatoren) ausgerüstet. Die Maschinen fürs Schneiden, Falzen und Heften sind am Druckluftnetz angeschlossen, haben aber zum Teil mehrere eigene Vakuumgebläse. Eine Klimatisierung des Druckraumes ist selten anzutreffen, aber eine Luftbefeuchtung ist fast immer zu finden. Einzelne Klimageräte sind in südlich exponierten Räumen, in Serverräumen und in der Druckvorstufe zu finden.

Der Großteil der Endenergie in Druckereien wird in Form von Strom durch die Druckmaschinen verbraucht. Neben dem Eigenstromverbrauch der Druckmaschinen kommt noch der Strombedarf der Querschnittstechniken, wie bspw. Druckluft, Vakuumgebläse, Kühlmaschinen, Abluftventilatoren, dazu.

Die während des Produktionsprozesses freigesetzte Wärme wird meistens als diffuse Abwärme an die Umgebung abgegeben und entzieht sich damit der wirtschaftlich sinnvollen Nutzung. Trotzdem kann derjenige Teil der Wärme, der an Stoffmassenströme, wie z. B. Kühlwasser oder Kühlluft, gebunden ist, zu Heizzwecken genutzt werden. Dabei ergeben sich gerade in Druckereien bei den Querschnittstechniken wesentliche Potentiale (vgl. auch Kapitel 7.3). Nachfolgend werden ein Beispiel der betriebsinternen als auch ein Beispiel der externen Abwärmenutzung erläutert.

Abwärmenutzung zur Raumheizung

Die in einer Druckerei entstehende Prozesswärme kann durch Wärmerückgewinnung sinnvoll und kostensparend eingesetzt werden. Die Firma Broschek Tiefdruck nutzte seit Längerem die Abwärme zur Raumheizung innerhalb der Heizperiode. Da die Abwärmemengen jedoch diese Anwendung weit übersteigt, wurde zusätzlich eine Leitungsverbindung zum Wärme-Verbundnetz der E.ON Hanse zur Einspeisung von Abwärme eingerichtet. Die Norddeutsche Energie-Agentur GmbH entwickelte ein Konzept zur Einspeisung von bis zu 2 MW Abwärmeleistung aus der Toluol-Rückgewinnungsanlage. Für die Einspeisung in das Wärmeverbundnetz erhält die Druckerei eine Vergütung, zusätzlich spart der Fernwärmeversorger bei der Wärmeerzeugung für sein Verbundnetz Energie- und Betriebskosten ein.

Eine weitere Abwärmequelle in Druckereien ergibt sich aus den lösungsmittelhaltigen Dämpfen der Abluft.

Bei der Trocknung bedruckter Papierbahnen fällt feuchte Abluft an, die mit aus der Druckfarbe stammenden Lösungsmitteln durchsetzt ist. Diese Lösungsmittelrückstände müssen aus emissionsrechtlichen Gründen durch Nachverbrennung eliminiert werden. Ein Großteil der dabei entstehenden Wärme wird dem Trockner wieder zugeführt. Die Abwärmeauskopplung aus der Nachverbrennung von Trocknerabluft der Zeitungsdruckerei Körner in Sindelfingen ist ein gutes Beispiel für die Abwärmeintegration in die Fernwärme, das im Folgenden erläutert.

Abwärme aus der Abluftnachverbrennung einer Druckerei speist Fernwärmenetz

Bei der Zeitungsdruckerei Körner in Sindelfingen wird die Trocknungsabwärme der Rotationsdruckmaschinen mit einer Gesamtleistung von über 2 MW an ein Nahwärmenetz abgegeben. Innerhalb der Druckerei durchlaufen die bedruckten Papierbahnen mit einer Geschwindigkeit von 17 Metern pro Sekunde (entspricht 61,2 km/h) einen mit Gas befeuerten Trockner bei 230 °C. Die bei der Trocknung bedruckter Papierbahnen anfallende feuchte Abluft ist mit aus der Druckfarbe stammenden Lösungsmitteln durchsetzt, die aus emissionsrechtlichen Gründen durch Nachverbrennung eliminiert werden müssen. Ein Großteil der dabei entstehenden Wärme wird dem Trockner wieder zugeführt. Die bei diesem Verfahren entstandene gereinigte Abluft (Reingas) verlässt den Trockner mit einer Temperatur von ca. 400 °C. Diese wird über mehrere Abwärmetauscher auf einen Wasserkreislauf mit 105 °C übertragen und von dort über eine 1.100 m lange Leitung in das vorhandene lokale Fernwärmenetz eingespeist. Die Auskopplungsleistung beträgt 2 MW_{th} und liefert eine Wärmemenge von 5,0 GWh_{th}/a. Vor dem Anschluss an das Nahwärmenetz wurde die Abwärme in der Druckerei nur teilweise für Warmwasser und Heizung genutzt. Da aber Wärmeangebot und Nachfrage nicht deckungsgleich waren, kann die Abwärme erst mit der Anbindung an das Wärmenetz vollständig genutzt werden. Die sich ergebende CO_2-Vermeidungsmenge beträgt ca. 1300 t CO_2/a (UM 2014).

7.2.4 Petrochemie

Die Petrochemie produziert Grundstoffe der chemischen Industrie sowie Sekundärenergieträger aus Kohlenwasserstoffen wie Erdöl und Erdgas. Der Energiebedarf der Petrochemie kann zu großen Teilen auf die drei Hauptprozesse – die Destillation, die Reformierung und das Cracken – allokiert werden. In der Destillation werden die Ausgangsstoffe unter Wärmezufuhr in reinstoffliche Fraktionen aufgegliedert. Die Differenzierung erfolgt über die unterschiedlichen Siedepunkte der einzelnen Stoffe. Die Ausgangsstoffe werden auf 300 bis 400 °C erwärmt und in die Destillationskolonne gespeist. In dieser Kolonne ist ein Temperaturgradient eingestellt, sodass die Temperatur mit aufsteigender Höhe abnimmt. Bei Erreichen der Siedetemperatur einer Stoffkomponente kondensiert diese auf der entsprechenden Ebene und wird zur weiteren Verarbeitung abgeführt. Der Destillationssumpf wird in einer Vakuumdestillation weiter fraktioniert (Wollrab 2009). In Crackern werden die Kohlenwasserstoffketten aufgespalten, um die erzeugten Produktmengen zu steuern. Dieses geschieht unter Einwirkung hoher Temperaturen von ca. 450 °C (Eichlseder 2008). Zum Teil werden auch Katalysatoren verwendet, die die notwendige Reaktionsenergie reduzieren. Reformer werden eingesetzt, um die Oktanzahl von Flüssigtreibstoffen einzustellen. Die Reformierung erfolgt bei rund 500 °C (Eichlseder 2008).

Grand Composite Curve der Ölraffinerie Preemraff Lysekil

Für die skandinavische Ölraffinerie Preemraff Lysekil wurde von (Andersson et al. 2013) eine Pinch-Analyse (vgl. Bild 7.9) erstellt. Die Ölraffinerie verarbeitet in ihren Anlagen 11 Millionen Tonnen Erdöl pro Jahr. Hierbei wird Rohöl im Rohöl- und Vakuumdestillationsturm fraktioniert und dann gequollen. Danach werden die verschiedenen Fraktionen für die Weiterverarbeitung in den verschiedenen Aufbereitungsanlagen, wie dem Fischbrauer, dem katalytischen Cracker und einem milden Hydrocracker, übergeben. Danach werden die verschiedenen vorbereiteten Komponenten in eine Vielzahl von Produkten gemischt (Andersson et al. 2013).

Wie aus Bild 7.9 zu erkennen, ist in der Ölraffinerie insgesamt ein Heizbedarf von etwa 200 MW und ein Kühlbedarf von 360 MW für den Gesamtprozess notwendig. Es besteht damit ein Gesamtenergiebedarf von 560 MW und gleichzeitig ein theoretisches Abwärmepotential von 64,3 %.

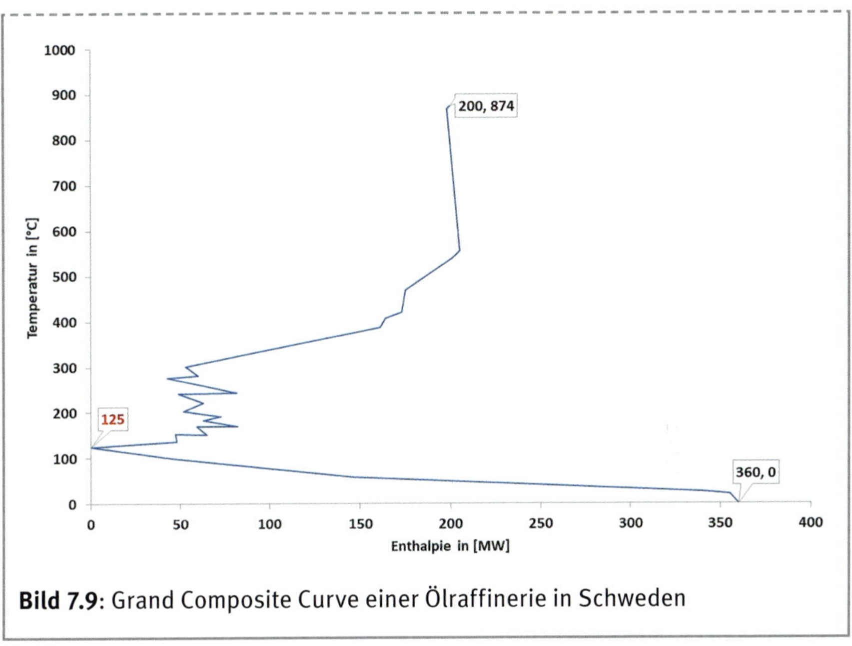

Bild 7.9: Grand Composite Curve einer Ölraffinerie in Schweden

Raffinerien weisen einen hohen Grad an energetischer Integration auf. Aufgrund der hohen energetischen Integration chemischer Produktionsstätten und der stofflichen und energetischen Vernetzung von Unternehmen in Chemieparks kann Hochtemperaturabwärme meist intern im Betrieb oder in einem angrenzenden Betrieb genutzt werden. Prozessabwärme kann aus der Kühlung und der Kondensation der erzeugten Produkte bei Temperaturen von 60 bis 240 °C gewonnen werden (Gunnarsson, Magnusson 2011). Überdies kann Abwärme aus der Kälte- (20 bis 60 °C) und Drucklufterzeugung (60 bis 80 °C) genutzt werden. Die generierte Menge an extern nutzbarer Abwärme wird in Anlehnung an die Analyse von (Pellegrino et al. 2004) mit 10 % des Endenergieverbrauchs angenommen. Ein Beispiel für die Nutzung von Abwärme einer Raffinerie in der Fernwärmeversorgung ist in Karlsruhe das im Folgenden erläutert wird.

Beispiel: Abwärme aus der Raffinerie speist Fernwärmenetz

Innerhalb der Raffinerie in Karlsruhe wird nach der internen Abwärmenutzung zur Vorwärmung von Ausgangsstoffen in der Raffinerie 90 MW_{th} Abwärme bei 125 °C in das Fernwärmenetz der Stadt Karlsruhe eingespeist. Zur Erschließung der Abwärme musste eine 5 km lange Transportleitung zwischen der Raffinerie und der Fernwärmezentrale verlegt werden. Die projektierte Gesamtinvestition des Projekts wurden mit 64 Mio. EUR abgeschätzt. Die Energieeffizienz der Raffinerie kann durch diese Maßnahme um 5 % gesteigert werden (Schmidt et al. 2017).

Die durchschnittliche spezifische extern nutzbare Abwärmemenge in der Petrochemie in Deutschland beträgt 0,31 GJ/t Produktionsmenge. Die nutzbare Abwärme ergibt sich hierbei anteilig zum Großteil aus der Prozessabwärme (vgl. Tabelle 7.5). Das Temperaturniveau der extern nutzbaren Abwärme teilt sich vor allem auf den Bereich zwischen 60 °C und 140 °C auf.

Tabelle 7.5: Anteil nutzbare Abwärme in Petrochemie nach Anwendung

Industrie-zweig	Klimaanlage [%]	Prozess-kühlung [%]	Druckluft-erzeugung [%]	Prozess-abwärme [%]
Petrochemie	1	3	1	95

7.2.5 Chemische Industrie

In der chemischen Industrie, insbesondere in den energieintensiven Produktionsprozessen der Grundstoffchemie, wird bereits intensiv interne Wärmerückgewinnung betrieben. Quellen für Abwärme sind hier Trocknungs-, Destillations- und Extraktionsanlagen aber auch Abwasserströme und Abwärme aus der Kälteerzeugung. Aufgrund der hohen energetischen Integration chemischer Produktionsstätten und der stofflichen und energetischen Vernetzung von Unternehmen in Chemieparks kann Hochtemperaturabwärme meist intern im Betrieb oder in einem angrenzenden Industriepark genutzt werden. Die Verfügbarkeit und das Temperaturniveau von Abwärmeströmen unterscheiden sich bezogen auf die einzelnen Subbranchen der chemischen Industrie stark. Im Rahmen dieser Untersuchung wurde eine Detailbetrachtung von sieben Subbranchen der chemischen Industrie vorgenommen (siehe Tabelle 7.6). Auf diese sieben Subbranchen entfällt mehr als die Hälfte des Prozesswärmebedarfs der gesamten chemischen Industrie.

Chlor zählt zu den wichtigsten Grundchemikalien der chemischen Industrie. Die Produktion von Chlor erfolgt in verschiedenen elektrochemischen Verfahren. Die Gewinnung von Chlor auf chemischem Weg hat eine geringe Bedeutung. Der Hauptschritt der elektrochemischen Produktionsverfahren ist die Elektrolyse von Salzlauge. Dieser Produktionsschritt ist für ca. 80 % des Energiebedarfs der Chlorproduktion verantwortlich. Die Abschätzung der gewinnbaren Abwärme ist aufgrund der Integration der Produktionsstandorte in Chemieparks schwierig durchführbar. Aufgrund des hohen Strombedarfs der Elektrolyse sind die Produktionsstandorte in der Regel mit KWK-Anlagen ausgerüstet. Die rückgewinnbare Abwärmemenge aus der Chlorproduktion sowie aus den Abgasen der KWK-Anlage wird mit 10 % des Energiebedarfs angenommen (Pellegrino et al. 2004). Die Abwärmequellen liegen im Temperaturbereich von 60 bis 320 °C.

Ethylen, Propylen und Benzol sind Grundbausteine der chemischen Industrie. Sie werden unter Aufwendung von Energie aus Kohlenwasserstoffen hergestellt. Der Produktionsprozess gliedert sich in die Pyrolyse, die Primärfraktionierung, die Kompression und die Rektifikation. Der energieintensivste Prozessschritt ist die Pyrolyse der Rohstoffe. Die Rohstoffe werden zunächst in der Vorwärmzone auf 550 °C bis 600 °C erwärmt und in der Strahlungszone auf 800 bis 850 °C aufgeheizt. Hier findet die Aufspaltung von Kohlenwasserstoffketten zu den Produkten statt. Dabei entstehen Ethylen, Propylen, Benzol und andere chemische Grundstoffe. Um unerwünschte chemische Reaktionen zu vermeiden, wird das Gas auf 350 bis 400 °C abgeschreckt. In der Quenche wird das Gas weiter auf 150 bis 170 °C abgekühlt, bevor es in der Rektifikation in die einzelnen Bestandteile zerlegt wird. Die produzierten Gase werden in der Regel direkt vor Ort in nachgeschalteten Prozessen weiterverarbeitet. Steam-Cracker sind daher hochgradig energetisch integriert. Extern nutzbare Abwärmepotentiale erstrecken sich über einen breiten Temperaturbereich von 100 bis 500 °C. Der Hauptteil der Abwärme fällt im Bereich von 150 °C an (Hirzel et al. 2013). Benzol wird als Nebenprodukt ebenfalls in Steam-Crackern gewonnen. Die Verlagerung des Betriebs von Steam-Crackern hin zu kurzkettigeren Rohstoffen vermindert die erzeugte Benzolmenge. Daher wird Benzol vor allem in den USA aber auch verstärkt in Europa zunehmend mittels katalytischer Reformierung hergestellt.

Ammoniak ist ein chemischer Grundstoff, der überwiegend im Haber-Bosch-Verfahren hergestellt wird. Die notwendigen Ausgangsstoffe Stickstoff und Wasserstoff werden in vorgelagerten Prozessen erzeugt. Der Stickstoff wird mittels Luftzerlegung aus der Umgebungsluft gewonnen. Der Wasserstoff wird überwiegend mit der Dampfreformierung von Kohlenwasserstoffen hergestellt. Stickstoff und Wasserstoff werden dann verdichtet, auf 400 bis 500 °C erwärmt und dem Reaktor zugeführt. Hier reagieren die Stoffe in einer katalytischen Reaktion zu Ammoniak. Anschließend wird das Gas abgekühlt, sodass der Ammoniak kondensiert und der unverbrauchte Stickstoff und Wasserstoff zurück in den Reaktor geführt werden. Aus den Abgasen der Reaktion kann Abwärme bei ca. 350 °C zurückgewonnen werden (McKenna, Norman 2010).

In der Herstellung von Primärkunststoffen kann Abwärme aus der Anlagenkühlung und dem Prozessdampfkondensat bei 40 bis 110 °C genutzt werden. Bei der Produktion von PVC kann zudem Abwärme mit einer Temperatur von 20 bis 75 °C aus der Chlorinierungseinheit zurückgewonnen werden. Eine weitere Abwärmequelle ist die Kondensatkühlung der Dichlorethankolonne mit 30 bis 50 °C.

Insgesamt ergeben sich in der chemischen Industrie in Deutschland die in Tabelle 7.6 aufgelisteten durchschnittliche spezifische extern nutzbare Abwärme. Da die Herstellung der Produkte in der chemischen Industrie fast ausschließlich auf Prozesswärmeverfahren basiert, fällt auch in diesem Prozess ausschließlich die nutzbare Abwärme (vgl. Tabelle 7.7) an.

Tabelle 7.6: Spezifische extern nutzbare Abwärme und Anteil der nutzbaren Abwärme in der chemischen Industrie

Industrie-zweig	spez. extern nutzbare Abwärme [GJ/ 1000 €][1]	spez. extern nutzbare Abwärme [GJ/t][2]	Klima-anlage [%]	Prozess-kühlung [%]	Druckluft-erzeugung [%]	Prozess-abwärme [%]
Chlor	k. A.	0,09	0	0	0	100
Benzol	k. A.	2,43	0	0	0	100
Ethylen	k. A.	1,47	0	0	0	100
Propylen	k. A.	1,67	0	0	0	100
Ammoniak	k. A.	1,33	0	0	0	100
Poly-ethylen	k. A.	$1{,}29 \times 10^{-3}$	0	0	0	100
Polyvinyl-chlorid	k. A.	$1{,}56 \times 10^{-6}$	0	0	0	100
Sonstige chemische Industrie	0,24	k. A.	0	0	0	100

[1]) Produktionswert; [2]) Produktionsmenge

Die entsprechende abgeschätzte Aufteilung der nutzbaren Abwärmepotentiale nach Temperaturniveau ist in Tabelle 7.7 zusammengestellt. Es ist zu erkennen, dass das Temperaturniveau der Abwärme stark zwischen den Produkten der chemischen Industrie variiert.

Tabelle 7.7: Anteil der nutzbaren Abwärmepotentiale in [%] nach Temperaturniveaus in der chemischen Industrie

Industriezweig	20 – 40 °C	40 – 60 °C	60 – 80 °C	80 – 100 °C	100 – 120 °C	120 – 140 °C	140 – 160 °C	160 – 180 °C	180 – 200 °C	>200 °C
Chlor	0	0	2	3	5	8	11	14	14	14
Benzol	0	2	4	8	12	15	17	15	12	14
Ethylen	0	0	0	0	4	23	22	23	14	19
Propylen	0	0	0	0	4	23	22	23	14	19
Ammoniak	0	0	0	0	0	0	0	0	0	100
Poly-ethylen	0	1	21	56	21	1	0	0	0	0
Polyvinyl-chlorid	0	18	63	18	0	0	0	0	0	0
Sonstige chemische Industrie	39	22	13	3	3	1	1	1	1	1

7.2.6 Kunststoff verarbeitende Industrie

Die Kunststoffverarbeitung ist mit einem hohen Energieeinsatz verbunden. So nimmt die Kunststoff verarbeitende Industrie etwa 2 % des Energieeinsatzes des gesamten verarbeitenden Gewerbes in Deutschland in Anspruch. Davon fallen über 63 % als Stromverbrauch an.

In der Produktion von Waren aus Gummi und Kunststoffen werden urformende Verfahren eingesetzt. Die Rohstoffe werden als Granulat aus der chemischen Industrie bezogen. In der Verarbeitung wird das Granulat zunächst häufig gemahlen. Die meisten technischen Kunststoffe müssen aus Qualitätsgründen für die Verarbeitung einen maximalen Grenzwert für die Feuchte einhalten, um

Produktfehler durch Dampfentwicklung zu vermeiden. Die erforderliche Trocknung erfolgt allgemein in thermischen Trockneranlagen und muss deutlich unterhalb der Schmelztemperatur der verarbeiteten Materialien erfolgen.

Zur Entfernung der Oberflächenfeuchte werden meist Warmlufttrockner verwendet. Dabei wird Raumluft auf die jeweilige Trocknungstemperatur erhitzt und durch das Granulat geblasen. In der Anschaffung sind sie zwar günstiger als Trockenlufttrockner, verbrauchen aber aufgrund des hohen Luftdurchsatzes erheblich mehr Energie. Der hohe Luftdurchsatz ist nötig, weil schon die angesaugte Umgebungsluft im Vergleich zu getrockneter Luft viel Wasser enthält. Zudem schwankt der Wassergehalt der angesaugten Luft in Abhängigkeit von der Temperatur und der relativen Luftfeuchte. Daher ist eine konstante Trocknung nicht gewährleistet. Zur Trocknung von hygroskopischen Kunststoffen sind Warmlufttrockner aus physikalischen Gründen ungeeignet, da mit ihnen die zur Entfernung des kapillargebundenen Wassers nötige Dampfdruckdifferenz nicht immer erreicht wird. Dies ist nur bei Verwendung von Trockenlufttrocknern sicher gegeben.

Bei diesen Umlufttrocknern wird die Rückluft aus dem Trockengutbehälter über ein Adsorptionsmittel geführt, wobei ihr das aufgenommene Wasser entzogen wird. Ein absolutes Maß für den Wassergehalt der Luft ist der Taupunkt. Er bezeichnet die Temperatur, bei welcher sich die Luftfeuchtigkeit als Tau niederschlägt. Der energetisch optimale Taupunkt liegt bei ca. –30 °C. Ein niedrigerer Taupunkt bringt keine wesentliche Verbesserung des Trocknungsprozesses, erhöht aber unnötig den Energieverbrauch. Bei Trockenlufttrocknern ist heute die Zwei-Kammer-Technologie üblich. Während sich eine Trockenmittelpatrone im Trocknungszyklus befindet und die Rückluft aus dem Trocknungstrichter entfeuchtet, wird die zweite Patrone automatisch mit heißer Luft regeneriert und anschließend gekühlt. Gerade die Art der Regenerierung ist für den Energieaufwand entscheidend, da deren Anteil am gesamten Energieverbrauch bis zu 40 % beträgt. Zu bevorzugen sind Anlagen mit taupunktgesteuerter oder zeit- und temperaturgesteuerter Regenerierung, wobei Letzteres die kostengünstigere Variante ist. Durch die prozessinterne Rückgewinnung der entstehenden Abwärme lässt sich der Energieverbrauch des Trockners erheblich reduzieren.

Bei der Neuanschaffung von Trocknern kommt es neben den technischen Erfordernissen auch auf den Energieverbrauch an. Ein höherer Anschaffungspreis kann sich durch einen geringeren Energieverbrauch bezahlt machen.

Jeder Kunststoff erfordert eine spezifische Trocknungstemperatur. Achten Sie auf die optimale Geräteeinstellung in Bezug auf Temperatur und Taupunkt.

Durch den Einsatz eines Wärmepumpentrockners erfolgt die Trocknung im Umluftverfahren, ohne dass nennenswerte Abwärmeströme generiert werden. Entsprechend werden in der Granulattrocknung keine nennenswerten extern nutzbaren Abwärmeströme generiert. Nach der Trocknung wird das Granulat unter Zufuhr von Wärme über elektrische Heizmanschetten und Reibung in der Extrusionsschnecke aufgeschmolzen und in die gewünschte Form (Fasern, Folien, Bauteile) gebracht. Zur Herstellung von Hohlkörpern im Blasformverfahren werden zudem größere Mengen Druckluft eingesetzt. Um die Produkte formstabil zu machen, werden diese nach der Formgebung noch in der Form abgekühlt. Die Spritzgussmaschine verfügt daher entweder über eine eigenständige Kühlung, die die Abwärme in die Produktionshalle abgibt, oder sie ist an einer Prozesskälteanlage angeschlossen, die die Abwärme mehrerer Produktionsanlagen sammelt und an die Außenluft abführt. Die im Produkt verbleibende Restwärme wird als diffuse Abwärme an die Umgebung abgegeben, sodass die wirtschaftlich sinnvolle Nutzung schwer realisierbar ist. Dennoch existieren in der Regel betriebstypische Abwärmequellen, die zur Wärmerückgewinnung herangezogen werden können:

- Kühlwasser oder Kühlluft (Plastifizierung)
- heißer Luftstrom (Trocknung des Granulats bzw. Produktes)
- Abluft in den Querschnittstechniken (z. B. Druckluftbereitstellung).

Entsprechend wird der überwiegende Teil der generierten Wärme über die Maschinenkühlung (30 bis 50 °C) und die Klimaanlage (20 bis 40 °C) der Produktionshalle abgeführt. Eine weitere Abwärmequelle ist die Drucklufterzeugung (40 bis 80 °C). Zudem bestehen Abwärmenutzungspotentiale in nachgelagerten Veredelungsprozessen. Dass beispielsweise die Abwärme des Kühlwassers bei der Plastifizierung intern genutzt werden kann, zeigt das Beispiel der Spielwarenfabrik BIG.

Interne Abwärmenutzung der Spritzguss- und Blaseformmaschinen einer Spielwarenfabrik

Die Kunststoffprodukte des Unternehmens (BIG Spielwaren) werden hauptsächlich im Blasform- und Spritzgussverfahren produziert. In 15 vollautomatischen Blasformmaschinen wird zunächst Polyethylen aufgeschmolzen und in Schlauchform extrudiert. Dieser Schlauch wird in das Werkzeug einer Blasformmaschine eingeklemmt. Durch das Einblasen von Druckluft wird der Schlauch gegen die Werkzeugkonturen gepresst und gleichzeitig abgekühlt.

Innerhalb von 60 Sekunden entsteht auf diese Weise ein Plastikauto für Kinder (eine Bobby Car Karosserie). Ein Robotergreifarm nimmt das Kunststoffteil aus der Form und glättet über einer Flamme den Grat. In Spritzgussmaschinen werden massive Kunststoffteile hergestellt. Auch hier wird das Kunststoffgranulat zuerst geschmolzen und dann in eine Form gespritzt. Der Kunststoff kühlt aus, die Form öffnet sich und die Kunststoffteile werden ausgeworfen.

In der Spielwarenfabrik sorgt ein Kaltwassersystem für die Kühlung von Spritzguss und Blasmaschinen sowie von Maschinenhydrauliken. Für eine Dämpfung der Lasten sorgen fünf in das System integrierte Wasserspeicher mit einem Fassungsvermögen von je 5.000 l. Drei Kältemaschinen sorgen für ausreichende Kühlkapazitäten. Die überschüssige Wärme wird über drei Rückkühlwerke an die Umwelt abgegeben (Wolf et al. 2014).Im Jahr 2012 mussten zwei der Kälteanlagen ersetzt werden. Als Ersatz wurden zwei Wärmepumpen mit einer Kühlleistung von je 382 kW verbaut. Die Wärmepumpen kühlen das Kühlwasser von 20 auf 10 °C ab. Im Sommer fungieren die Wärmepumpen als normale Kältemaschinen. Die Abwärme wird dann nach wie vor über die Rückkühlwerke an die Umgebung abgegeben. Im Winter wird die Abwärme allerdings zur Gebäudeheizung genutzt. Die Heizungsanlage wird mit einer hohen Temperaturspreizung bei 60 °C Vorlauf- und 40 °C Rücklauftemperatur betrieben. Da hohe Temperaturspreizungen und geringe Massenströme im Verflüssiger der Wärmepumpe den Wärmeübergang negativ beeinflussen, wurde ein System aus zwei Pufferspeichern installiert. Ein Schema der Anlage ist in Bild 7.10 dargestellt.

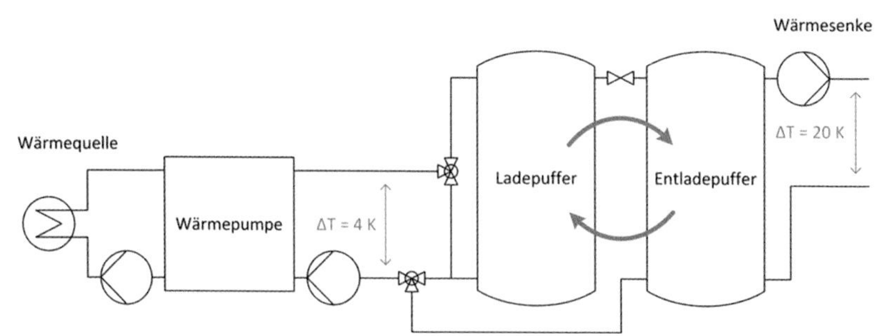

Bild 7.10: Optimierte Temperaturspreizung an der Wärmepumpe durch einen Verbund aus zwei Warmwasserspeichern (Wolf et al. 2014)

Die Wärmepumpe belädt den Ladepuffer mit einer optimalen Temperaturspreizung von 4 K. Das komplette Speichervolumen wird fünfmal zirkuliert, bis die Speichertemperatur von 40 °C auf 60 °C angehoben wurde. In dieser Zeit wird der Entladepuffer durch das Heizungssystem ausgekühlt. Kann der Entladepuffer nicht mehr die nötige Vorlauftemperatur liefern, wird das ausgekühlte Speicherwasser in den Ladepuffer gepumpt. Dabei passiert es zuerst die Wärmepumpe, wo es um 4 K erwärmt wird. Gleichzeitig wird das 60 °C warme Speicherwasser des Ladepuffers in den Entladepuffer gepumpt. Zwischen beiden Speichern findet ein vollständiger Wasseraustausch statt.

Durch diese Verschaltung der beiden Speicher können Heizsystem und Wärmepumpe mit unterschiedlichen Temperaturspreizungen arbeiten. Hierdurch steigt die Effizienz der Wärmepumpe, da diese nicht die gesamte Zeit dazu gezwungen ist, 60 °C Vorlauftemperatur zu liefern. So kann trotz der hohen Temperaturspreizung zwischen Vor- und Rücklauftemperatur ein COP von 3,7 erreicht werden. Die Wärmepumpenanlage amortisierte sich bereits nach 5 Jahren. Werden die entfallenden Kühlkosten während der Heizperiode mit in die Bilanz aufgenommen, beträgt die Amortisationszeit nur 3 Jahre durch die Nutzung der Abwärme.

Die spezifische durchschnittliche extern nutzbare Abwärmemenge der Gummi- und Kunststoffindustrie in Deutschland beträgt 0,19 GJ/1.000 EUR Produktionswert bzw. 1,08 GJ/t. Der größte Anteil der Abwärme fällt hierbei im Bereich der Klimaanlagen an (vgl. Tabelle 7.8). Aufgrund des hohen Anteils an Klimatisierungs- und Druckluftbedarf fallen in dieser Branche die Abwärme vor allem auf einem Temperaturniveau zwischen 20 °C und 80 °C an.

Tabelle 7.8: Anteil der extern nutzbaren Abwärme in Gummi- und Kunststoffindustrie

Industrie-zweig	Klimaanlage [%]	Prozess-kühlung [%]	Druckluft-erzeugung [%]	Prozess-abwärme [%]
Gummi-/ Kunststoff-industrie	44	0	30	26

7.2.7 Verarbeitung von Steinen und Erden

Die Verarbeitung von Steinen und Erden umfasst die Produktion nichtmetallischer mineralischer Grundstoffe. Geordnet nach ihrem Energieverbrauch sind die bedeutendsten Produktgruppen die Zement-, die Glas-, die Branntkalkherstellung u. a. Die übrigen Subbranchen wie die Ziegelherstellung und die Herstellung von Keramiken spielen aus energetischer Sicht eine untergeordnete Rolle und werden daher bei der Analyse spezifischer Kennwerte nicht detailliert betrachtet.

7.2.7.1 Zementherstellung

Zement ist ein mineralisches Bindemittel. Zur Herstellung von Bauteilen wird der Zement mit Wasser und Zuschlagstoffen vermengt. Der Zement reagiert chemisch mit dem Wasser und härtet aus. Zement wird in Zementwerken in einem kontinuierlichen Prozess aus den Rohmaterialien Kalkstein, Ton, Sand und Eisenerz hergestellt. Die Rohstoffe werden in einem Brecher zerkleinert und zusammen in die Rohmühle gegeben. In der Rohmühle werden die Rohstoffe zu einem homogenen Pulver (Rohmehl) zermahlen und gleichzeitig mit Abgasen aus der Zementproduktion getrocknet. Das Rohmehl wird in einer Kaskade aus 4 bis 5 Vorwärmzyklonen mit dem Abgasstrom aus dem Produktionsprozess weiter vorgeheizt und dem Drehrohrofen zugeführt. Im Drehrohrofen werden die Rohstoffe laufend durchmischt und bei 1.400 bis 1.450 °C zu Klinker gebrannt. Dieser wird im Klinkerkühler auf ca. 200 °C ausgekühlt (Boldyryev et al. 2016). Die Wärme des Klinkers wird zur Vorwärmung der Verbrennungsluft verwendet. Im letzten Produktionsschritt wird der Klinker in einer Kugelmühle mit Gips, Anhydrid und weiteren Zuschlagstoffen zu Zement vermahlen.

Die Zementherstellung basiert verfahrensunabhängig auf den Prozessstufen

1) Rohstoffgewinnung und -aufbereitung
2) Vorwärmung und Vorkalzination der Ausgangsstoffe
3) Fertigkalzination, Sintern im Drehrohrofen
4) Kühlung des Klinkers
5) Zementherstellung (Mahlung des Klinkers, Dosierung von Zumischkomponenten).

Aus der Sicht der Abwärmenutzung ist der Prozess des Klinkerbrennens interessant. Das Klinkerbrennen besteht aus der Vorwärmung, dem Vor- und Fertigkalzinieren, dem Sintern sowie der Klinkerkühlung.

i) Vorwärmung, Vorkalzination: Die Vorwärmung erfolgt mittels 1.000–1.200 °C heißer Abgase in 5 bis 6 hintereinander geschalteten Zyklonstufen. Der Rohstoff erwärmt sich dabei auf 200 bis 300 °C. Am Ende der Vorwärmstrecke befindet sich der Kalzinator mit separater Feuerung, der im Allgemeinen mit minderwertigen ballastreichen Brennstoffen, z. B. Altreifen, Petrolkoks usw. befeuert wird. Das entstehende Rohmehl wird im Kalzinator bei etwa 850 °C bis zu 95 % entsäuert und dem Drehrohrofen zugeführt.

ii) Drehrohrofen (Fertigkalzinieren, Sintern): Das vorgewärmte Rohmehl wird im Drehrohrofen im Gegenstrom zum Heißgas auf etwa 1.400–1.450 °C erhitzt und dabei restentsäuert sowie im letzten Ofenabschnitt bei etwa 1.700 °C gesintert.

iii) Klinkerkühlung: Die Kühlung des Klinkers auf etwa 100 °C erfolgt durch Einblasen von Kühlluft. Die auf etwa 750 °C aufgewärmte Kühlluft wird zur Vorwärmung der Verbrennungsluft für den Drehrohrofen genutzt.

iv) Klinkermahlung/Zementherstellung: Der stückige Klinker wird mittels Sichterzementmühlen gemahlen (FFE 1999).

Die typischen Abwärmequellen in einem Zementwerk sind die etwa 300 °C heißen Abgase des Ofensystems sowie die Kühlluft, mit der der Klinker von etwa 1.450 °C auf etwa 100 °C gekühlt wird. Die heißen Abgase des Ofensystems werden in der Regel zur Trocknung der Rohstoffe und Rohkohle verwendet. Der Großteil der Wärmeenergie der Kühlluft wird dem Brennprozess durch Vorwärmung der Verbrennungsluft und der Rohstoffe intensiv genutzt, d. h. wieder zugeführt. Nicht weiter nutzbare Abwärmequellen sind die Abgase aus der Rohmühle und aus der Abgaskonditionierung sowie Abwärme aus dem Klinkerkühler. Dieser Restkühlluftstrom verlässt den Klinkerkühler mit einer Temperatur von über ca. 250 °C. In der Literatur wird allgemein das Temperaturniveau mit einer Spannbreite von 100 bis 300 °C angegeben (Hirzel et al. 2013) (Boldyryev et al. 2016) (Mian et al. 2013) (Mirzakhani et al. 2017).

Die vorhandenen Massenströme und Temperaturen erlauben meistens eine wirtschaftlich sinnvolle Nutzung dieser Abwärme. Als mögliche Nutzungsoptionen können hier z. B. die Verstromung mittels ORC-Technik, die Bereitstellung von Heizwärme oder die Anwendung mobiler Wärmespeicher herangezogen werden. Beispiele für die Nutzung der Abwärme von Zementwerken zur Stromerzeugung in Deutschland sind u. a. in Rohrdorf und Lengfurt zu finden. Im nachfolgenden Beispiel wird die Stromerzeugung aus Abwärme im Zementwerk Lengfurt erläutert.

Beispiel: Stromerzeugung aus Abwärme in einem Zementwerk

Am Beispiel des Zementwerkes in Lengfurt werden Kennzahlen zur Abschätzung des Abwärmeaufkommens bei der Zementherstellung ermittelt. Die jährliche Produktionsmenge des Werkes beträgt 834.900 t Klinker. Der Energiebedarf liegt dabei bei 786,6 GWh/a (BayLfu 2001). Der spezifische Energiebedarf beträgt ca. 940 kWh/t, der mitarbeiterspezifische Wärmebedarf wird auf etwa 3.500 MWh_{th}/(Mitarbeiter·a) geschätzt.

Die wesentlichen Abwärmeströme im Zementwerk Lengfurt ergeben sich aus den Ofenabgasen sowie aus der aufgewärmten Kühlluft aus dem Klinkerkühler. Auch vor dem Einbau der ORC-Anlagen wurde die Abwärme der Ofenabgase zur Vorwärmung des Rohmaterials in den Mahltrocknungsanlagen und die aufgewärmte Klinkerkühlerluft als vorgewärmtes Verbrennungsgas genutzt.

Vor dem Einbau der ORC-Anlage wurde die ungenutzte aufgewärmte Klinkerkühlerluft (30%) in der Atmosphäre freigesetzt. Diese im Werk anfallende Abwärme wird nun zur Stromproduktion mittels einer ORC-Anlage genutzt. Durch die Auskopplung der ca. 8,2 MW_{th} Wärme können etwa 1,05 MW_{el} elektrischer Leistung bereitgestellt werden (BayLfu 2001). Die nutzbare Wärmemenge beträgt somit etwa 56 GWh_{th}/a, was mehr als 7 % des gesamten Wärmebedarfs ausmacht.

Das extern nutzbare Abwärmepotential wird in anderen Auswertungen von (Pellegrino et al. 2004) und (McKenna, Norman 2010) mit 15 % des Endenergieverbrauchs des Zementwerks abgeschätzt.

7.2.7.2 Glaserzeugung

In der Glasherstellung werden die Ausgangsstoffe (Sand, Soda, Kalk etc.) in Silos bevorratet. In einem Mischer werden die Ausgangsstoffe im benötigten Verhältnis vermengt und gemeinsam mit wiederverwendetem Altglas der Schmelzwanne zugeführt. Die Schmelzwanne wird in der Regel durch Gasbrenner beheizt. Das Glas wird bei Temperaturen von 1.300 bis 1.500 °C in einer Schmelzwanne aufgeschmolzen. Die heißen Abgase können in Regeneratoren genutzt werden und haben danach noch eine Temperatur von 320 bis 540 °C (Gitzhofer 2007) (Hirzel et al. 2013). Aus der Luftabsaugung an der Schmelzwanne kann Abwärme mit 50 bis 120 °C gewonnen werden. Diese Wärme kann zur Vorwärmung der Ausgangsstoffe eingesetzt werden. Die Abwärmemenge wird nach (McKenna, Norman 2010) mit 15 % bezogen auf den Endenergiebedarf abgeschätzt.

Bei der Herstellung von Glas werden im Wesentlichen folgende Prozessstufen durchlaufen:

1) Gemengebereitung

2) Entnahme der Schmelze

3) Verarbeitung (Formgebung, Entspannungskühlung)

4) Nebenprozesse, wie Schutzgas- und Sauerstoffbereitstellung.

In der Gemengebereitung werden die Rohstoffe Quarzsand, Soda, Kalk, Dolomit, Feldspat sowie abhängig von der Produktanwendung bis zu einem Anteil von über 90 % Altglas entsprechend bearbeitet. Anschließend wird das Gemenge mittels der 500 bis 550 °C heißen Abgase aus dem Schmelzaggregat auf bis zu 450 °C vorgewärmt, bevor es dem Schmelzaggregat zugeführt wird. Das Herstellen einer Glasschmelze erfolgt in kontinuierlich arbeitenden Glasschmelzwannen, in der die eingebrachten Gemenge bei etwa 1.650 °C in die Schmelze übergeht (FFE 1999).

Abwärmenutzung in einer Glasfabrik

Am Beispiel der Glasfabrik in Achern werden die Möglichkeiten und Potentiale der Abwärmenutzung bei der Glasherstellung aufgezeigt.

Die Glasschmelze erfolgt in zwei Wannen (nachfolgend Wanne A und Wanne B), die mit schwerem Heizöl betrieben werden. Die installierten Feuerungsleistungen betragen etwa 10,6 MW_{th} (Wanne A) bzw. 20 MW_{th} (Wanne B). Beide Wannen können alternativ auch mit Erdgas beheizt werden, Wanne A verfügt darüber hinaus noch über eine elektrische Zusatzbeheizung. Die Wärmeversorgung erfolgt über Brenner, die ohne Zwischenschaltung von Kesseln den heißen Abluftstrom in das Schmelzgut einblasen. Die Rauchgase der Wannen A und B werden kurz vor der Rauchgasreinigungsstufe vermischt und gelangen mit einer Temperatur von 270 °C zunächst in den Elektrofilter und dann in den Kamin. Die Mindestbetriebstemperatur des Elektrofilters liegt bei 180 °C, die auch im Falle einer Abwärmenutzung einzuhalten sind. Der Aufbau der Anlage mit integrierter Abwärmeauskopplung ist in Bild 7.11 dargestellt.

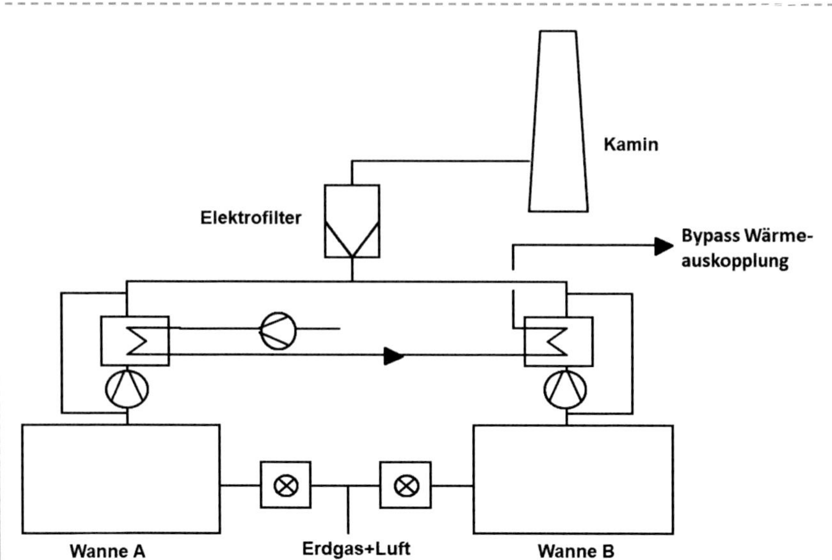

Bild 7.11: Schematische Darstellung der Abwärmeauskopplung aus einer Glasfabrik mit zwei Schmelzwannen (Blesl et al. 2011)

Bei einer Wärmeentnahme am Ausgang der Wanne A bei 295 °C können ca. 0,5 MWh_{th}/h entnommen werden. Wegen des dann geringeren Temperaturniveaus des Abgasstroms von etwa 220 °C verringern sich die Leitungsverluste in diesem Fall auf ca. 0,3 MWh_{th}/h. Das Rauchgas aus Wanne A tritt in diesem Fall mit einer Temperatur von 180 °C in den Mischer ein.

Die Schmelzwanne B mit einer Feuerungsleistung von 20 MW_{th} wird mit einer Luftzahl von ca. 1,3 betrieben und gibt pro Stunde 27.000 mN^3/h Rauchgas bei ca. 355 °C, entsprechend 3,5 MW_{th}, ab. Ein Teil der im Schmelzprozess anfallenden Abwärme wird bereits in der Wanne in einem nachgeschalteten Regenerator genutzt und steht nicht zur Verfügung. Die Leitungsverluste betragen etwa 0,6 MWhth/h, womit das Rauchgas aktuell mit ca. 300 °C in den Mischer geht. Bei einer Entnahme direkt nach der Wanne lassen sich 1,4 MWh_{th}/h Wärme ausnutzen, wodurch die Rauchgastemperatur nach der Entnahmestelle auf 225 °C sinkt und den Mischer mit 190 °C erreicht. Bei einer Wärmeentnahme reduzieren sich die Leitungsverluste durch Konvektion und Wärmestrahlung auf 0,4 MWh_{th}/h.

Die anfallende Abwärmemenge aus beiden Wannen ergibt sich damit zu insgesamt etwa 1,9 MWh_{th}/h oder, bei den zugrunde gelegten 7.500 Volllaststunden pro Jahr, zu 14.477 MWh_{th}/a (Blesl et al. 2011).

Bei einem geschätzten Gesamtwärmebedarf des Betriebs von 229,5 GWh_{th}/a macht diese nutzbare Abwärmemenge etwa 6,3 % des Bedarfs aus. In der Glasfabrik sind ca. 230 Mitarbeiter beschäftigt. Der mitarbeiterspezifische Wärmebedarf liegt somit bei 998 MWh_{th}/a pro Mitarbeiter. Tabelle 7.9 gibt die Abschätzung des mitarbeiterspezifischen Wärmebedarfs anhand von Produktionsdaten und Literaturwerten für vier weitere Glasfabriken wieder.

Tabelle 7.9: Abschätzung des mitarbeiterspezifischen Wärmebedarfs von Glasfabriken

	Produktionsmenge [t/d]	**Wärmebedarf (geschätzt) [GWh_{th}/a]**	**Mitarbeiterzahl [–]**	**Mitarbeiter spez. Wärmebedarf [MWh_{th}/ Mitarbeiter a]**
Glaswerk Piesau	170	69	350	197
Glaswerk Tettau Alexanderhütte	205	83	420	198
Glasfabrik Steinbach am Wald	600	244	432	564
Glasfabrik Großbreitenbach	300	122	182	669

7.2.7.3 Branntkalkerzeugung

Branntkalk ist ein Grundstoff der Bauindustrie und wird als Beimischung zu Zement, Mörtel und Putzen verwendet. Die Herstellung ähnelt der von Zement. Das Rohgestein wird in einem Brecher zerkleinert und in einer Mühle zermahlen. In der Mühle wird der Kalkstein mit dem Abgasstrom des Produktionsprozesses getrocknet. In Schacht- oder Mehrkammeröfen wird der Kalk dann bei 900 °C (weichgebrannter Kalk) bis 1.400 °C (hartgebrannter Kalk) gebrannt. In einem Kühler wird die im Branntkalk gespeicherte Wärme genutzt, um die Verbrennungsgase der Öfen vorzuheizen. Extern nutzbare Abwärme kann bei 100 bis 230 °C aus dem Abgasstrom, der die Mühle verlässt, gewonnen werden. Ferner wird angenommen, dass 10 % der eingesetzten Endenergie als extern nutzbare Abwärme verfügbar sind (McKenna, Norman 2010).

In Tabelle 7.10 sind die durchschnittlichen spezifischen nutzbaren Abwärmen und Anteil der Abwärme nach Anwendung des Industriesektors Verarbeitung von Steinen und Erden in Deutschland nach Industriezweig zusammengefasst. Hierbei weist die Zementindustrie das höchste Potential hinsichtlich des Produktionswertes und die Glasindustrie hinsichtlich der Produktionsmenge aus. Die nutzbare Abwärme fällt hierbei in den Industriezweigen der Verarbeitung von Steinen und Erden vor allem im Bereich der Prozessabwärme an.

Tabelle 7.10: Spezifische extern nutzbare Abwärme und Anteile der Abwärmequelle nach Anwendung in der Verarbeitung von Steinen und Erden

Industrie-zweig	spez. extern nutzbare Abwärme in [GJ/1.000€]	spez. extern nutzbare Abwärme in [GJ/t]	Klima-anlage [%]	Prozess-kühlung [%]	Druckluft-erzeugung [%]	Prozess-abwärme [%]
Glas	1,34	1,39	4	0	11	84
Zement	5,92	0,38	1	0	2	97
Kalk	2,25	0,27	3	0	7	90
[1]) Produktionswert; [2]) Produktionsmenge						

Die entsprechende abgeschätzte Aufteilung der nutzbaren Abwärmepotentiale nach Temperaturniveau ist in Tabelle 7.11 zusammengestellt. Es ist zu erkennen, dass das Temperaturniveau der Abwärme, die bei der Glas- und Zementherstellung entsteht, z. B. zur Stromerzeugung mittels ORC-Anlagen geeignet ist. Dies gilt insbesondere vor dem Hintergrund, dass Zement- und Glasfabriken eher in Distanz zu Siedlungen stehen und damit eine Nutzung zur Bereitstellung von Wärme im Gebäudebereich oft nicht wirtschaftlich ist.

Tabelle 7.11: Anteile des nutzbaren Abwärmepotentials in [%] nach Temperaturniveaus in der Verarbeitung von Steinen und Erden

Industrie-zweig	20 – 40 °C	40 – 60 °C	60 – 80 °C	80 – 100 °C	100 – 120 °C	120 – 140 °C	140 – 160 °C	160 – 180 °C	180 – 200 °C	>200 °C
Glas	5	9	7	3	3	2	1	0	0	70
Zement	3	5	4	3	5	8	11	12	12	36
Kalk	3	13	13	12	13	12	11	9	6	9

7.2.7.4 Keramikerzeugnisse

Das Herstellen von keramischen Erzeugnissen erfordert das Durchlaufen der Arbeitsschritte Rohmaterialaufbereitung, Formgebung, Trocknung und Brennen.

Aus der Sicht der Abwärmenutzung ist insbesondere der Teilprozess Brennen interessant. Das konventionelle Brennen besteht aus einem Glühbrand bei 800 – 1.000 °C und einem Glattbrand bei 1.370 – 1.420 °C. Während nach dem Glühbrand das Produkt zur Aufnahme der Glasur noch saugfähig ist, ist nach dem Glattbrand durch das Glattschmelzen der Glasur das Erzeugnis wasserdicht. Die Verweildauer der Erzeugnisse in den Brennöfen beträgt bei dieser Brenntechnologie ca. 40 Stunden .

Brennen ist ein energieintensiver Prozess, dessen spezifischer Energieeinsatz bei über 6.400 kWh/t liegt. Dabei werden nur 13 – 14 % dieser Energiemenge benötigt, um die gewünschten chemisch-physikalischen Umwandlungen im Produkt zu bewirken und die Brenntemperatur zu erreichen. Mit 54 – 62 % machen die Abgas- und Ausfahrverluste die größten Verlustposten aus (FFE 1999). Im Prinzip sollen vor allem die Abgasverluste durch entsprechende Wärmetauscher nutzbar gemacht werden und z. B. über Mobile Wärmekonzepte zur Gebäudewärmeversorgung beitragen.

7.2.8 Metallerzeugung

Bei der Metallerzeugung kann zwischen Prozessen Eisenerzeugung und denen der Nichteisenmetalle wie z. B. die der Buntmetalle (Kupfer, Blei, Zink, Zinn u. a.) unterschieden werden. Trotz der Tatsache, dass die Eisen- und Stahlerzeugung zu den Prozessen gehört, bei denen Hochtemperaturabwärme anfällt, wird diese in Kapitel 7.2.8.1 behandelt.

7.2.8.1 Eisen- und Stahlproduktion

In der Eisen- und Stahlproduktion wird unterschieden zwischen der Hochofen- und der Elektrostahlroute. Im Hochofenverfahren wird Eisenerz bei Temperaturen von 1.800 bis 2.200 °C aufgeschmolzen und reduziert. Eisenerz und Koks werden gegebenenfalls unter Zugabe von Schrott und weiteren Zuschlägen (z. B. Kalk und Quarzsand) vermischt und in den Hochofen gegeben. Diese Ausgangsstoffe wandern sukzessive im Hochofen nach unten und durchlaufen mehrere Zonen. Das Gichtgas aus dem Hochofenprozess durchströmt den Ofen in entgegengesetzter Richtung. Somit wird die Wärme des Gichtgases zur Vorwärmung der Ausgangsstoffe genutzt. In der Trocknungszone werden die Ausgangsstoffe bei ca. 200 °C getrocknet und vorgewärmt. In der Reduktionszone wird das Eisenoxid durch Kohlenstoffmonoxid und Kohlenstoff reduziert. Die Temperatur liegt in dieser Zone bei 400 bis 900 °C, sodass das Eisen noch fest ist. In der Kohlungszone bildet sich bei 900 °C bis 1.200 °C ein Eisen-Kohlenstoff-Gemisch. In der Schmelzzone verbrennt der Koks mit eingeblasener Luft (Wind) oder reinem Sauerstoff. Durch die Reaktionswärme steigt die Temperatur auf bis zu 2.200 °C, sodass das Eisen-Kohlenstoff-Gemisch aufschmilzt. Die übrigen Eisenverbindungen werden reduziert. Das flüssige Roheisen mit einem Kohlenstoffgehalt von 3 bis 4 % sammelt sich am Boden des Hochofens und wird periodisch abgeführt. Die ebenfalls entstehende Schlacke wird getrennt abgeführt. Das im Hochofenprozess entstehende Gichtgas verlässt den Hochofen mit einer Temperatur von 150 bis 200 °C. Diese Abwärme kann extern genutzt werden. Weitere Abwärme kann aus der Kühlung des Hochofens bei 40 bis 80 °C und aus dem Sinterkühler bei 200 bis 300 °C gewonnen werden (Hirzel et al. 2013). Diese Abwärmeströme werden nach (Pellegrino et al. 2004) (McBrien et al. 2016) (Matsuda et al. 2012) mit 15 % der eingesetzten Endenergie abgeschätzt. Aus dem Roheisen wird durch weitere Reduktion auf weniger als 2,06 % Kohlenstoffanteil Stahl hergestellt. Am gebräuchlichsten ist das Linz-Donawitz-Verfahren in dem über eine Lanze Sauerstoff in die Schmelze geblasen wird. Dadurch werden Eisenverbindungen weiter reduziert.

Im Elektrostahlverfahren wird recycelter Stahlschrott mit Zuschlagstoffen im Lichtbogenofen aufgeschmolzen. Aus den Zuschlagstoffen und Oxiden von Legierungsstoffen bildet sich eine Schlackeschicht, die auf der Stahlschmelze schwimmt und diese vor der Oxidation schützt. Extern nutzbare Abwärme kann aus der Abluft des Lichtbogenofens bei 60 bis 180 °C zurückgewonnen werden. Eine weitere Abwärmequelle ist die Kühlung des Lichtbogenofens bei 40 bis 80 °C. Basierend auf (Morand, Schödel 2014) wird angenommen, dass auf diese Weise 22 % der eingesetzten Endenergie als Abwärme extern genutzt werden kann.

Die Verarbeitung des Stahls erfolgt im Walzwerk. Hier wird der Stahl in die gewünschte Form gebracht. Um den Stahl formbar zu machen oder zu halten, werden Stoßöfen eingesetzt. Auch hier kann extern nutzbare Abwärme aus der Abluft des Ofens (bis 300 °C) und aus dessen Kühlung gewonnen werden. Nach Ausschöpfung der internen Wärmerückgewinnungsmöglichkeiten (z. B. Abhitzekessel) können noch 15 % der eingesetzten Endenergie als Abwärme extern genutzt werden (Morand, Schödel 2014).

Beispiel: Abwärmenutzung am Beispiel eines Stahlwerkes

Die Möglichkeiten einer Nutzung von Abwärme aus der Stahlproduktion wird am Beispiel des Badischen Stahlwerkes (BSW) in Kehl diskutiert. Die BSW sind in verkehrsgünstiger Lage im Hafengebiet von Kehl angesiedelt und beschäftigen knapp 750 Mitarbeiter. Kerngeschäft des Unternehmens ist das Recycling von Altmetall, welches durch das Elektroschmelzverfahren zu neuen Produkten umgeschmolzen wird. Die Jahresproduktion beträgt etwa zwei Millionen Tonnen, hauptsächlich Baustahl und Walzdraht.

In der Umwelterklärung von 2010 (BSW 2010) gibt das Unternehmen den spezifischen Energieverbrauch mit 835 kWh_{th} pro Tonne Fertigproduktion an. Somit können der jährliche Wärmebedarf zu ca. 1.670 GWh_{th}/a und der mitarbeiterspezifische Wärmebedarf zu ca. 2.227 MWh_{th}/a abgeschätzt werden. Aus den Stoßöfen 1 und 2 der BSW werden je ca. 38.000 kg/h Abgase mit einer Temperatur von ca. 530 bis 540 °C direkt in die Kamine geführt. Diese bei der BSW im Prozess nicht mehr nutzbare Abwärme von insgesamt etwa 8 MW_{th} kann mithilfe der Wärmetauschertechnik ausgekoppelt werden. Bei einer Betriebszeit von 7.500 Bh/a können so etwa 60 GWh_{th}/a Abwärme ausgekoppelt und nutzbar gemacht werden. Die nutzbare Abwärme macht in diesem Fall etwa 3,6 % des gesamten Energieverbrauchs des Betriebs aus. Mitarbeiterspezifisch ergibt sich für die genannten Rahmenbedingungen ein jährliches Abwärmeaufkommen von 80 $MWh_{th}/(\text{Mitarbeiter} \times a)$.

7.2.8.2 Kupferproduktion

Kupfer ist wegen seiner hohen elektrischen Leitfähigkeit für die Elektroindustrie von großer Bedeutung. Etwa 80 % der weltweiten Primärkupfererzeugung werden aus sulfidischen Erzen gewonnen. Kupfererz wird am Ort des Abbaus gemahlen und in einem Floating-Prozess aufkonzentriert (25 – 35 % Kupfergehalt). Danach wird das Konzentrat zunächst bei 1.200 °C zu Kupferstein (63 – 65 % Kupfergehalt) und weiter in einem Konverter zu sog. Blister (98 % Kupfergehalt) verarbeitet. Die Umwandlung von Blister zu reinem Kupfer erfolgt über die schmelzmetallurgische und elektrolytische Raffination. Zur Anreicherung stehen zwei verschiedene Prozesse zur Verfügung.

Beim traditionellen Badschmelzverfahren wird der im Konzentrat gebundene Schwefel auf Röstöfen teilweise zu SO_2 oxidiert. Die dabei entstehenden Abgase, mit einem Schwefeldioxidgehalt von 35 %, werden in sogenannten Kontaktanlagen zu flüssiger Schwefelsäure verarbeitet. Die dabei entstehende Abwärme wird bisher nur teilweise produktionsintern in Kupferschmelzen genutzt, z. B. für die Trocknung des Kupfererzkonzentrates. Hier bietet sich aber eine externe Abwärmenutzung an, wie sie beispielsweise in Hamburg realisiert wurde.

Beispiel: Abwärme aus der Kupferproduktion speist Fernwärmenetz

Die Firma Aurubis betreibt in Hamburg eine Kupferproduktion. Gemeinsam mit enercity ContractingNord (eCGN) und Vattenfall Wärme Hamburg (VWH) entwickelt sie ein Projekt, um die industrielle Abwärme für das Wärmenetz der HafenCity Ost und das Stadtnetz nutzbar zu machen.

Während der Kupferproduktion aus Erzkonzentraten entsteht rohstoffbedingt Schwefeldioxid, das in einer Kontaktanlage zu flüssiger Schwefelsäure kondensiert wird. Bei diesem exothermen Prozess fällt Abwärme auf niedriger Temperatur an. Durch einen Umbau der 3-strängigen Kontaktanlage erschließt sich ein theor. nutzbares Abwärmepotential von durchschnittlich ca. 60 MW auf einem Temperaturniveau von ca. 90 °C – 100 °C. Da die Leistungsspitzen der Produktionslinien von Aurubis (zwischen ca. 30 MW – 90 MW) sehr schwankend sind, ist ein Wärmespeicher erforderlich, der zum einen die Abwärmespitzen abfängt und zum anderen die verfügbare Leistung verstetigt. Mit diesem Potential können rund 12 Mio. m^3/a Kühlwasser im Produktionsprozess eingespart werden.

Hierfür notwendig ist eine Fernwärmeleitung von der Kontaktanlage der Firma Aurubis zum Einspeisepunkt in das öffentliche Fernwärmenetz. Die Leitung wurde mit einer Leistung von 60 MW_{th} ausgelegt. Für die Einbindung der Abwärme in das Fernwärmenetz, das in Hamburg derzeit noch mit einer Vorlauftemperatur von 130 °C betrieben wird, ist abhängig von der Jahreszeit eine Aufheizung auf eine Vorlauftemperatur von 90 °C – 133 °C erforderlich. Durch die Reduzierung des Einsatzes fossiler Brennstoffe lassen sich theor. bis zu 140.000 t/a CO_2 einsparen.

Im weiteren Verlauf des Badschmelzverfahrens wird das heiße Röstgut nach den Röstöfen dann gemeinsam mit Zuschlagstoffen in Flammöfen aufgeschmolzen. Dabei entstehen Eisensilicatschlacke und Kupfersteinschmelze, die können dann getrennt abgestochen werden.

Im autogenen Schmelzverfahren (Outokumpu-Prozess) wird der Röst- mit dem Schmelzprozess kombiniert. Etwa 50 % des weltweit erzeugten Primärkupfers wird nach diesem Verfahren erzeugt. Autogene Schmelzprozesse haben gegenüber Badschmelzverfahren einen geringeren Energieverbrauch. Zunächst wird in einem zweistufigen exothermen Prozess („Schlackeblasen" und „Kupferblasen") die Kupfersteinschmelze von Eisen und Schwefel befreit. Es entsteht Blister mit einem Kupfergehalt von 98 – 99 % (Rest SO_2).

Der Energiebedarf für die Herstellung von Sekundärkupfer aus Recyclingmaterial beträgt im Vergleich zu Primärkupfer (sulfidischer Herkunft) nur

10 – 30 % bzw. 10–30 GJ pro Tonne Sekundärkupfer. Damit können in Deutschland etwa 40 % des Kupferbedarfs gedeckt werden. Die Recyclingquote liegt mit 80 % bereits relativ hoch und ist durch die Sammelquote begrenzt. Bei den Recyclingmaterialien werden Kupferschrotte mit hoher Reinheit, Altkupfer mit einer Reinheit > 90 %, Verbundmaterialien sowie kupferhaltige Rückstände (bspw. Galavanikschlämme oder -stäube) unterschieden. Je nach Schrottqualität erfolgt ein unterschiedliches Recycling.

Energieeinsparungen bei der Kupferherstellung können zukünftig vor allem durch die Verwendung kontinuierlicher Verfahren erzielt werden. Als kontinuierliches Verfahren ist der kontinuierliche Outokumpu-Prozess aufzuführen, der aus dem Outokumpu-Schwebeschmelzverfahren, dem Flash-Konverter, der Schwefelsäureerzeugung und der ISA-Prozess-Raffinationselektrolyse besteht. Diesem Prozess können praktisch keine Sekundärmaterialien und Schrotte beim Schmelzen und Konvertieren zugesetzt werden. Ein weiteres kontinuierliches Verfahren ist der Mitsubishi-Prozess, der aus dem Mitsubishi-Badschmelzverfahren, der Schwefelsäureerzeugung und der ISA-Prozess-Raffinationselektrolyse besteht.

Der konventionelle Outukumpu-Prozess und der Mitsubishi-Prozess verbrauchen deutlich mehr fossile Rohstoffe als der kontinuierliche Outukumpu-Prozess. Dies liegt daran, dass diese zwei Prozesse deutlich mehr Schrott einschmelzen und deshalb deutlich mehr fossile Rohstoffe benötigen, um die Schmelztemperatur zu erreichen. Der kontinuierliche Outukumpu-Prozess verwendet fast ausschließlich Konzentrat, welches wegen des hohen Schwefelanteils kaum zugeführte Energie braucht. So liegt der kontinuierliche Outukumpu-Prozess mit 4.355 MJ/t Cu deutlich unter dem konventionellen Verfahren mit 6.635 MJ/t Cu und dem Mitsubishi-Verfahren mit 7.023 MJ/t Cu.

7.2.9 Metallverarbeitung

Dieser Wirtschaftszweig umfasst Betriebe mit einer breiten Produktionspalette von Metalltanks und Behältern über Draht- und Rohrerzeugnisse bis hin zum Werkzeugbau und der Herstellung von Waffen und Munition. Dabei finden u. a. folgende Fertigungsverfahren Anwendung (Daun et al. 2003):

- Urformen (Gießen, Sintern)
- Umformen (Biegen, Schmieden, Ziehen, Pressen)
- Trennen (Drehen, Fräsen, Lasertrennen)
- Fügen (Schweißen, Löten)
- Beschichten (Galvanisieren, Pulverbeschichten)
- Stoffeigenschaftsänderung (Härten, Glühen).

Außerdem werden auch in der Industriesparte der Metallerzeugnisse Querschnittstechnologien wie zum Beispiel Drucklufterstellung und elektrische Antriebe angewendet.

Als Abwärmequellen verfügen insbesondere die Abgase aus Verbrennungsprozessen und Hochtemperaturprozessen wie etwa Gießen, Glühen oder Härten über große Nutzungspotentiale. Weitere mögliche Abwärmequellen sind Dampferzeugungsprozesse, Abluft und Abwasser aus Kühl- und Trocknungsprozessen sowie Raumabluft.

Häufig werden in diesen Betrieben Metallteile getrennt, entfettet, wärmeveredelt und teilweise oberflächenbehandelt. Für die Weiterverarbeitung von Teilen nach dem Trennen z. B. durch Laser ist teilweise eine Kälteanwendung notwendig. Häufig werden die Prozesse der Wärmebehandlung und Kälteanwendung in Betrieben unabhängig voneinander durchgeführt, sodass insbesondere die Abwärme der Prozesswärme ohne weitere Nutzung an die Umgebung abgegeben wird. Es gibt jedoch auch Beispiele wie insbesondere durch den Einsatz der Wärmepumpe die interne Nutzung der Abwärme gelingen kann. Das nachfolgende Beispiel zeigt die interne Abwärmenutzung in einem Mischbetrieb der Metallverarbeitung auf.

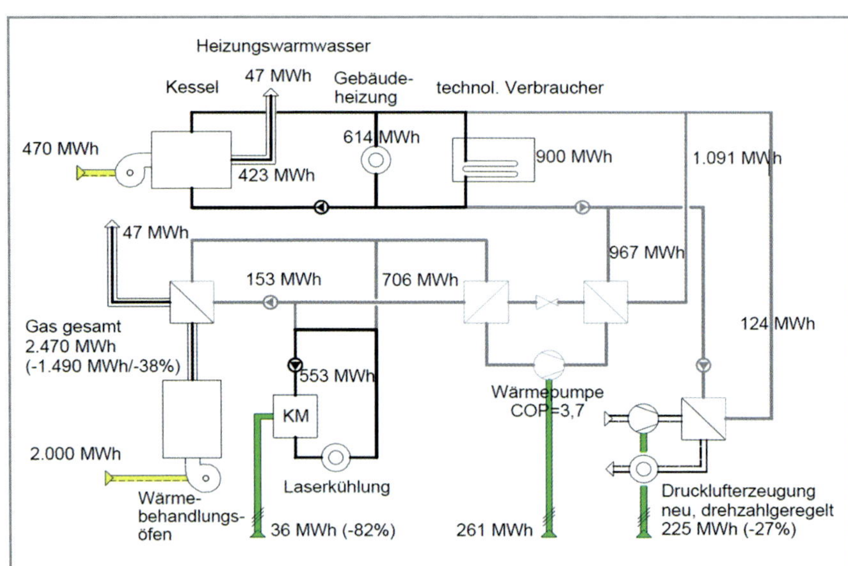

Bild 7.12: Wärme- und Kältebereitstellung in einem Metallverarbeitungsbetrieb im Ausgangszustand (schwarz) und nach dem Umbau (schwarz/grau) (Preuß 2011)

Beispiel: Interne Abwärmenutzung in einem Metall verarbeitenden Betrieb

Die Purkart Systemkomponenten GmbH & Co. KG ist ein Unternehmen zu deren Haupttätigkeitsfeld die Bearbeitung von Blechen, die Beschichtung von Oberflächen und die Montage von Systemkomponenten zählt. Am Produktionsstandort wird von einer Vielzahl an Maschinen Abwärme erzeugt, die über ein Kühlsystem abgeführt werden muss. Um diese Wärme zur Beheizung von Gebäuden und Prozessen nutzbar zu machen, wurde im Jahr 2011 eine Wärmepumpe installiert (Wolf et al. 2014).

Vor der Umstellung der Wärme- und Kälteerzeugung betrug der Endenergiebedarf 3.960 MWh/a Gas und 2.860 MWh/a Strom. 1.960 MWh Gas wurde in zwei 2 MW Kesseln verbrannt, um Raum- und Prozesswärme mit 90 °C bereitzustellen (vgl. Bild 7.12). Die Prozesswärme versorgte die Entfettung und die Phosphatierung von Teilen, wobei die Bäder hierfür auf einer Temperatur von maximal 55 °C gehalten werden mussten. Weitere 2.000 MWh Gas wurden in direktbefeuerten Wärmebehandlungsöfen verbraucht. Elektrische Energie wurde sowohl für Maschinenantriebe, Laserschweißanlagen und die Drucklufterzeugung als auch für den Betrieb einer Kompressionskältemaschine zur Laserkühlung verwendet. Auf die Kälteerzeugung entfielen mit 201 MWh ca. 7 % des Stromverbrauchs.

Durch die Einbindung einer Wärmepumpe und die Optimierung der bestehenden Anlage konnte der Gasverbrauch um 38 % auf 2.470 MWh gesenkt werden. Der Stromverbrauch blieb mit nun 2.856 MWh (+ 0,4 %) annähernd gleich. Das neue Anlagenkonzept ist in Bild 7.12 zu sehen. Die heißen Abgase der Wärmebehandlungsöfen werden nun als Wärmequelle für die Wärmepumpe genutzt. Durch diese Maßnahme konnten die Abgasverluste von 200 MWh auf 47 MWh reduziert werden. Als zweite Wärmequelle wurde die Abwärme der Laserschweißanlagen erschlossen. Die Kompressionskälteanlage kommt nur noch dann zum Einsatz, wenn kein Wärmebedarf besteht. So konnte der Energieaufwand für den Betrieb der Kältemaschine um 82 % auf 36 MWh reduziert werden. Insgesamt werden durch die Wärmepumpe 706 MWh Wärme zurückgewonnen.

Bei einem Stromverbrauch von 261 MWh stellt diese mit einem COP von 3,7 967 MWh Wärme bei 65 °C bereit. Die Wärmepumpe hat eine Heizleistung von 274 kW. Sowohl auf der kalten als auch auf der warmen Seite ist die Wärmepumpe mit Pufferspeichern verbunden, die jeweils ein Volumen von 16.000 l haben. Durch die Speicher kann die Wärme- und Kälteversorgung auch ohne Wärmezufuhr bzw. Wärmeabnahme 30 bis 60 Minuten lang aufrechterhalten werden. Neben der Wärmepumpe wurde auch die Drucklufterzeugung als weitere Quelle für die Wärmebereitstellung erschlossen. Hier kann mehr als die Hälfte der eingesetzten elektrischen Energie als Wärme genutzt werden.

Durch ein Monitoring konnte die Betriebsdauer der Wärmepumpe von 5 auf 8 Stunden gesteigert werden. Die Temperatursensibilität der Laserkühlung erforderte mehrere hydraulische Abgleiche, bis ein stabiler Anlagenbetrieb erreicht wurde. Die Investitionen für den Anlagenumbau betrugen 570.000 €. 30 % der Investition wurden mit Mitteln des europäischen Fonds für regionale Entwicklung (EFRE) gefördert. Mit einem angenommenen Anstieg der Energiepreise um 3 % im Jahr amortisiert sich die Anlage nach 6 Jahren. Aufgrund der hohen technischen Lebensdauer von 15 bis 20 Jahren ist eine Rendite von 18 % zu erwarten (Preuß 2011); (SAENA 2012).

Innerhalb der Metallverarbeitung zeichnet sich die Oberflächenveredelung durch eine besonders hohe Energieintensität aus. Betriebe dieser Branche kommen als potentielle Quellen für die externe Nutzung der Abwärme z. B. durch Einspeisung von Abwärme in Wärmenetze infrage. Die Oberflächenveredelung umfasst Prozesse zum Aufbringen von Überzügen auf Werkstücke. Das Ziel ist die Verbesserung der funktionalen (z. B. Korrosionsschutz) oder der dekorativen (z. B. Vergolden) Eigenschaften des Werkstücks. Im Aufbringen von galvanischen Überzügen müssen die Bäder der Galvanik auf Temperatur gehalten werden. Während der Galvanisierung müssen die Becken dazu gekühlt werden. Weiterhin sind auch die eingesetzten Gleichrichter zu kühlen. Auch bei thermischen Beschichtungsverfahren können überwiegend die Prozesskühlung und die Drucklufterzeugung als Abwärmequellen erschlossen werden.

Als Abwärmequellen verfügen insbesondere die Abgase aus Verbrennungsprozessen und Hochtemperaturprozessen wie etwa Gießen, Glühen oder Härten über große Nutzungspotentiale. Beispielsweise entstehen in Galvanikbetrieben prozessbedingt hohe Schadstoffemissionen. Ein stetiger Luftaustausch ist zur Einhaltung von gesundheitlich unbedenklichen Luftgrenzwerten unerlässlich. Auch wenn bereits Maßnahmen z. B. Abdeckung der Bäder oder Gestellträger der zu galvanisierenden Güter durchgeführt werden, muss für einen stetigen Luftaustausch gesorgt werden. Hierbei erfolgt häufig der Luftaustausch noch ohne Wärmerückgewinnung. Der Einbau eines Wärmeübertragers zur Rückgewinnung der Abluftwärme wirkt sich insbesondere in den Wintermonaten energetisch vorteilig aus. Da die Abluft von Galvanikbetrieben korrosive Stoffe enthält, die bei Abkühlung der Luft auskondensieren können, ist auf die Wahl eines geeigneten Wärmeübertragermaterials zu achten.

Das nachfolgende Beispiel erläutert die Umsetzung dieser Maßnahme der Abluftwärmerückgewinnung bei der Thoma Metallveredelung GmbH, einem Galvanikbetrieb.

Beispiel: Abluftwärmerückgewinnung in einem Galvanikbetrieb

Bei einer Abluftmenge von 30.000 m^3/h, einer durchschnittlichen Ablufttemperatur von 18,5 °C und einer relativen Abluftfeuchte von 90 % hat der Wärmeübertrager eine Leistung von 83,3 kWth. Die Wärmerückgewinnungsanlage besteht aus Wärmeübertrager, Tropfenabscheider, Abreinigungseinrichtung und einem zusätzlichen Heizregister. Hinzu kommen Montage und Verrohrung. Eine detaillierte Kostenaufgliederung ist in Tabelle 7.12 aufgeführt. Bezüglich der Verrohrung werden 20 m Rohrnetz inklusive aller Armaturen, Wärmedämmung und Anschlüsse angesetzt. Die Amortisationszeit dieser Maßnahme betrug 6,4 Jahre (Hensler et al. 2003).

Tabelle 7.12: Kosten für die Abluftrückgewinnung in einem Galvanikbetrieb

Kostenart	Investition [€]	Nutzungsdauer [a]
Wärmeübertrager mit Gehäuse	15.700	15
Tropfenabscheider	4.060	15
Abreinigungseinrichtung	2.320	15
Verrohrung und Montage	22.000	15
Zusätzliches Heizregister inklusive Montage	29.000	20
Quelle: eigene Darstellung und Berechnung nach (Hensler et al. 2003)		

Weitere mögliche Abwärmequellen sind Dampferzeugungsprozesse, Abluft und Abwasser aus Kühl- und Trocknungsprozessen sowie Raumabluft.

7.3 Typische Prozesse oder Querschnittsprozesse

Neben den bei der Produktion von Produkten branchenspezifisch entstehenden verfahrensbedingten Abwärmemengen gibt es eine Vielzahl von sogenannten Querschnittsprozessen, die nicht überwiegend in einer Branche eingesetzt werden, sondern branchenübergreifend vorkommen. Im Folgenden werden die Querschnittsprozesse mit Abwärmepotential näher betrachtet und mögliche Optionen der Abwärmenutzung aufgezeigt.

7.3.1 Druckluftanlagen

In fast jeder Produktionsstätte wird Druckluft genutzt. Die Einsatzgebiete reichen von der Werkstückreinigung über die Versorgung pneumatischer Regelungen und Antriebe bis hin zur Förderung verschiedener Medien. Die zur Druckluftversorgung aufgewandten Energien sind in den meisten Fällen beträchtlich. Die Kosten dafür machen mitunter bis zu 20 % der betrieblichen Energiekosten aus. Ein hoher Anteil des Druckluft-Energieverbrauchs am elektrischen Gesamtenergieverbrauch eines Unternehmens ist ein wichtiger Hinweis auf mögliche ungenutzte Einsparpotentiale. Ein hoher anteiliger Druckluft-Energieverbrauch liegt in der Regel in dem Einsatz von Druckluftwerkzeugen und -motoren, Verpackungsmaschinen, Spritzgussmaschinen, Textilmaschinen, pneumatische Förderanlagen oder Zerstäuber und Düsen.

Bei der Drucklufterzeugung wird ein Großteil der eingesetzten elektrischen Energie in thermische Energie umgewandelt. Rund 94 %, bei trockenlaufenden Kompressoren bis zu 96 % (EnEffAH 2012), der eingesetzten Energie lassen sich theoretisch zurückgewinnen. Hinsichtlich des Temperaturniveaus der Abwärme können bis zu 100 °C erreicht werden (Bierbaum, Hütter 2004). Jedoch führen Wassertemperaturen von über 70 °C zu höheren Energie- und Wartungsbedarf der Kompressoren. Zudem können bei erhöhten Rücklauftemperaturen (oft ca. 70 °C) nicht mehr die möglichen 96 % der Kompressor-Leistungsaufnahme als Wärme zurückgewonnen werden. Das Temperaturniveau grenzt dabei die möglichen Einsatzgebiete der anfallenden Wärme ein.

Am sinnvollsten ist es, die Kompressorabwärme für kontinuierlich ablaufende Produktionsprozesse zu nutzen. Unternehmen, die sich hierfür eignen, sind insbesondere im Bereich der Chemie- und Nahrungsmittelindustrie, die Produkte oder Vorprodukte temperieren müssen, zu finden. Als Alternative empfiehlt sich die Wärmenutzung für die Raumbeheizung oder die Warmwasserbereitung.

In der Regel kommen drei Methoden für die Abwärmerückgewinnung aus Kompressoren infrage – Warmluft-, Plattenwärmeübertrager- und Röhrenwärmeübertrager-Abwärmenutzung (Sicherheitswärmeübertrager).

7.3.1.1 Warmluft–Abwärmenutzung

Die bei der Luftverdichtung entstehende Wärme kann in Form von Warmluft direkt zur Beheizung der Räume, zur Vorwärmung der Brennerluft oder in anderen Prozessen verwendet werden. Voraussetzung dafür ist ein luftgekühlter Kompressor. Die Kühlungsluft der Kompressoren kann durch wärmegedämmte Luftkanäle in zu beheizende Räume geleitet werden. Da große Druck- und Wärmeverluste innerhalb der Luftkanäle unvermeidlich sind, lässt sich diese

Methode zumeist nur zur Beheizung nahegelegener Nachbarräume einsetzen. Der Kühlluftstrom passiert den Kompressor, erwärmt sich auf 40–60 °C und wird vom Abluftventilator in den Abluftkanal gesaugt. Im Sommer wird die Abluft ins Freie geleitet. Ein Luft-Wasser-Wärmeübertrager kann in die Kanäle eingebaut und dadurch Wasser auf bis zu 40 °C erwärmt werden (Bierbaum, Hütter 2004).

Bei diesem Verfahren gibt es zwischen den Hauptbauarten, fluidgekühlten und trocken verdichtenden Schraubenkompressoren, so gut wie keine Unterschiede. Beide geben an ihren Nachkühlern bis zu 96 % der zugeführten Energie über die erwärmte Kühlluft wieder ab; deren Temperatur liegt etwa 20 K über der ursprünglichen Kühllufttemperatur.

Einen zusätzlichen Kostenvorteil bieten primär luftgekühlte Anlagen: Luftkühlung ist um etwa 60 % kostengünstiger als Wasserkühlung. Heute stehen Schraubenkompressoren mit bis zu 355 kW luftgekühlt zur Verfügung. Auch wenn sie nicht ganzjährig genutzt werden kann, lohnt sich diese Art der Wärmerückgewinnung: Die Investition für die Warmluftführung ist relativ niedrig und amortisiert sich in der Regel schon innerhalb eines Jahres.

7.3.1.2 Plattenwärmeübertrager–Abwärmenutzung

Bei Schraubenkompressoren mit Öleinspritzung wird mit etwa 72 % der größte Teil der Abwärme durch Öl abgeführt. Für diese Kompressoren werden Plattenwärmeübertrager eingesetzt, um die Abwärme aus dem Öl zurückzugewinnen. Die Abwärme in Form von Schmieröl kann zur Erwärmung von Heiz- oder Brauchwasser im Betrieb eingesetzt werden, wobei das Wasser bis auf 70 °C erwärmt werden kann (Bierbaum, Hütter 2004).

Fluidgekühlte Schraubenkompressoren mit Wärmetauscher und einem zweiten Mediumskreislauf zum Erwärmen von Wasser auf bis zu 70 °C sind schon lange erhältlich. Dabei ist es gleich, ob primär mit Luft oder Wasser gekühlt wird. Zwischen Vor- und Rücklauf besteht eine Temperaturdifferenz von 20 bis 25 K. Ein Überschreiten dieser Werte hat steigenden Energie- und Wartungsbedarf zur Folge. Der Vorteil fluidgekühlter Kompressoren ist, dass sowohl primär luft- als auch wassergekühlte Versionen mit Systemen zur Wassererwärmung ausgestattet werden können. Bei den luftgekühlten Anlagen kommt noch der Kostenvorteil von ca. 30 % für die Kühlung hinzu.

Trocken verdichtende Schraubenkompressoren eignen sich im Gegensatz zu den fluidgekühlten nur in primär wassergekühlter Ausführung zum Erwärmen von Wasser. Dafür ist ein direkter Eingriff in den Mediumskreislauf erforderlich. So lassen sich beiden Verdichtungsstufen je rund 45 % der rückgewinnbaren Wärme entnehmen, etwa 6 % stehen zusätzlich über den Ölkreislauf zur

Verfügung – insgesamt also 96 %. Bei einer Temperaturdifferenz von etwa 30 K zwischen Vor- und Rücklauf kann das Kühlwasser wie bei den fluidgekühlten Versionen auf Temperaturen von bis zu 70 °C erwärmt werden. Auf die Effizienz der Drucklufterzeugung hat das keinen Einfluss. Allerdings ist meist noch ein zweiter Nachkühler erforderlich, um die Drucklufttemperatur an die Erfordernisse der nachgeschalteten Aufbereitung anzupassen. Mit einem Druckverlust von etwa 0,6 % beeinträchtigt er die Energieeffizienz aber kaum.

7.3.1.3 Röhrenwärmeübertrager–Abwärmenutzung (Sicherheitswärmeübertrager)

Sicherheitswärmeübertrager werden verwendet, um Brauchwarmwasser durch Abwärmenutzung bereitzustellen. Das Prinzip des Systems ist ähnlich wie die Plattenwärmeübertrager-Abwärmenutzung. Der Unterschied besteht darin, dass sich zwischen dem Heißölkreislauf und dem zu erwärmenden Wasser ein zusätzlicher Kreislauf mit Sperrflüssigkeit befindet. Dadurch wird das Wasser mit Trinkwasserqualität vom Heißölkreislauf getrennt. So ist eine Verschmutzung des Trinkwassers ausgeschlossen. Wegen einer zusätzlichen Wärmeübertragung kann das Wasser nur bis auf 55 °C erwärmt werden (Bierbaum, Hütter 2004).

7.3.1.4 Mögliche Einsparpotentiale und Investitionen für die Nutzung der Abwärme von Druckluftanlagen

Die technischen Energieeinsparpotentiale der Abwärmenutzung hängen nicht nur von der Abwärmequelle, sondern ebenso von den Einsatzmöglichkeiten der rückgewonnenen Wärme auf der Verbrauchsseite ab. Daher sind für die Berechnung der technischen Energieeinsparpotentiale mehrere Faktoren zu berücksichtigen. Dies sind beispielsweise die eingesetzte Technik zur Abwärmenutzung, die Temperaturniveaus von Abwärmequelle und -senke, der nachgefragte Wärmebedarf usw. In Betrieben des produzierenden Gewerbes sind meist mehrere Abwärmequellen mit unterschiedlichen Temperaturniveaus zu finden und gleichzeitig sind auf der Abnehmerseite auch mehrere Wärmesenken vorhanden. Zu Beheizungszwecken lässt sich maximal etwa 40 % der anfallenden Kompressorwärme aus dem Druckluftsystem zurückgewinnen, da die Heizwärme nur innerhalb der Heizperiode benötigt wird (Pohl et al. 2012). Der Einsatz von Abwärme zur Warmwassererzeugung oder als Prozesswärme ist dagegen nicht von der Jahreszeit abhängig und kann daher ganzjährig erfolgen. In jedem Fall sollte vor der Installation einer Wärmerückgewinnungsanlage eine Wärmebedarfsbetrachtung in dem Bereich gemacht werden, in dem die Anlage zum Einsatz kommen soll. Diese Betrachtung kann dann mit den durchschnittlichen Laufzeiten des Kompressors verglichen werden. Aus diesem Vergleich wird ersichtlich, ob die Rückgewinnung den Wärmebedarf allein decken kann, oder ob ein zweites Wärmeerzeugungssystem notwendig ist.

Je länger die Betriebsdauer des Kompressors ist, desto eher ist die Nutzung der Abwärme wirtschaftlich, da sie kontinuierlich und in ausreichender Menge zur Verfügung steht. Neben der Ausnutzung der Kompressoren ist auch die Größe der Schrauben- und Kolbenkompressoren bzw. die Leistung des Kompressorverbundsystems entscheidend für die Wirtschaftlichkeit der Abwärmenutzung. Die nutzbare Energie steigt mit der installierten Kompressorleistung. Die Investitionen für eine Wärmerückgewinnungsanlage hängen stark von den baulichen Gegebenheiten am Aufstellungsort ab. Diese sind zusätzlich zu berücksichtigen, da dies die Amortisationszeit der Anlage erheblich beeinflussen kann. Erfolgt eine Abwärmegewinnung mit Plattenwärmeübertragern, so kann in der Regel 72,0 % der verfügbaren Kompressorabwärme zurückgewonnen werden. In Abhängigkeit der Kompressorleistung ergeben sich für die Abwärmerückgewinnung die in Tabelle 7.13 zusammengestellte Kostenstrukturen. u. a., insbesondere im Fall von Druckluftanlagen mit einer Leistung über 30 kW ergibt sich in der Regel eine kostengünstige Wärmerückgewinnung.

Allgemein gilt, dass die Installation der Abwärmenutzung nur für größere gekapselte (schallgedämpfte) Kompressoren empfehlenswert ist, da in diesem Fall genügend verwertbare Abwärme zur Verfügung steht. Um die Übertragung von Schallemissionen zu vermeiden, sind nicht gekapselte Kompressoren (z. B. die meisten Kolbenkompressoren) durch die Installation einer angepassten Schalldämmhaube nachträglich für die Nutzung der Abwärme umzubauen. Im Fall der Raumwärmebereitstellung aus Abwärme wird der erwärmte Kühlluftstrom der Kompressorstation durch Kanäle in die zu beheizenden Räume gebracht. Der Kühlluftstrom strömt hierbei über den Kompressor und den Antriebsmotor und nimmt dabei die Abwärme auf, die mithilfe eines Ventilators in einen Abluftkanal gesaugt wird. Dabei erwärmt sich der Kühlluftstrom im Allgemeinen auf +50° bis +60 °C.

Tabelle 7.13: Investitionen für Plattenwärmeübertrager in Abhängigkeit der Anschlussleistung des Kompressors

Leistung [kW]	Einsparung [€]	Investition [€]	Spez. Investition [€/kW]	Amortisation [a]
7,5	405	1800	240	4,4
15	810	2100	140	2,6
22	1188	2400	109	2,0
30	1620	2700	90	1,7
37	1998	3050	82	1,5
45	2430	3400	76	1,4
55	2970	3750	68	1,3

7.3.2 Raumlufttechnische Anlagen

Raumlufttechnische Anlagen sind vor allem in Nichtwohngebäuden anzutreffen. Im Gegensatz zu den Heizungsanlagen unterliegt die Definition und Abgrenzung von raumlufttechnischen (RLT)-Anlagen einer höheren Komplexität. Kernaufgabe von RLT-Anlagen ist die Abfuhr verbrauchter Luft und die Zufuhr von frischer Luft. Sie können jedoch weitere Aufgaben erfüllen. Neben der Sicherstellung eines bestimmten Luftaustausches regeln einige RLT-Anlagen gleichzeitig die Temperatur und Feuchtigkeit der Raumluft (dena 2010).

Die Raumlufttechnik wird nach DIN 1946 in RLT-Anlagen und freie Lüftungssysteme aufgegliedert. Eine weitere Unterteilung der RLT-Anlagen erfolgt in Anlagen mit und ohne Lüftungsfunktion. Umluftanlagen dienen zur reinen Umwälzung von Raumluft und besitzen damit keine Lüftungsfunktion. Bei RLT-Anlagen mit Lüftungsfunktion besteht ein Austausch mit der Außenluft. Sie können nach ihrem Luftaustausch in reine Zuluftanlagen, reine Abluftanlagen und kombinierte Zu- und Abluftanlagen unterteilt werden. Weiterhin können Lüftungsanlagen von Teilklimaanlagen und Klimaanlagen abgegrenzt werden. Lüftungsanlagen haben keinen Einfluss auf die Temperatur oder weitere Parameter wie die Luftfeuchte, sie dienen lediglich der Zu- und Abfuhr der Luft. Klimaanlagen dagegen sind in der Lage, die Luft zu heizen, kühlen, entfeuchten und befeuchten. Teilklimaanlagen erfüllen einige dieser Funktionen (dena 2010).

Klimaanlagen lassen sich in Abhängigkeit ihres Aufstellungsortes in zentrale und dezentrale Anlagen unterteilen. Bei der erstgenannten Variante erfolgt die Konditionierung der Luft in einem zentralen Zu- und Abluftgerät. Die Verteilung der aufbereiteten Luft wird durch Luftkanäle realisiert. Bei Split- oder Multisplit-Geräten befinden sich die Einheiten zur Luftförderung und Temperierung direkt im zu kühlenden Raum, während der Kompressor und der Verflüssiger außerhalb des Gebäudes installiert sind (Wenzel 2014).

Entsprechend der oben genannten Abgrenzungen definiert DIN EN 13053 ein zentrales raumluft-technisches Gerät als eine „mit einem Gehäuse versehene fabrikgefertigte Einheit bestehend aus Baueinheiten, die einen oder mehrere Ventilatoren und andere erforderliche Komponenten enthält, um eine oder mehrere der folgenden Funktionen auszuführen: Umwälzung, Filterung, Erwärmung, Kühlung, Wärmerückgewinnung, Befeuchtung, Entfeuchtung und Mischung von Luft“ (DIN 2012). Kernstück der RLT-Anlagen ist der Ventilator. Je nach Lüftungstyp sind ein oder mehrere Ventilatoren zum Ansaugen der Außenluft und zur Absaugung der verbrauchten Raumluft vorhanden. Es lassen sich die drei Bauformen – Axial-, Radial- und Querstromgebläse – unterscheiden. Bei Axialgebläsen erfolgt der Luftein- und -austritt in Richtung der Rotationsachse. Dadurch können hohe Volumenströme bei geringen Druckunterschieden effizient bereitgestellt werden. Radialgebläse saugen die Luft ebenfalls in axialer Richtung an, blasen diese aber radial wieder aus. In der Bauform mit rückwärts gekrümmten Schaufeln werden diese als Hochleistungsventilatoren bezeichnet. Querstromgebläse zeichnen sich durch walzenförmige Laufräder mit relativ kleinem Durchmesser aus. Aufgrund des geringen Wartungsbedarfs werden sie häufig in dezentralen Anwendungen wie Lüftungstruhen und Klimageräten eingesetzt. Zum Antrieb der Ventilatoren kommen je nach Leistungsklasse Asynchron-, Drehstrom- oder elektronisch kommutierte (EC) Motoren zum Einsatz (Wenzel 2014).

RLT-Anlagen mit Wärmerückgewinnung (WRG) sind heute Stand der Technik. Hierbei wird eine Wärme- oder Kälterückgewinnung durch einen Wärmetauscher realisiert, der für die Vorwärmung der Frischluft sorgt, und damit Abwärme vermeidet. Das Temperaturniveau der Abwärme, die als Wärmequelle dient, entspricht der abgeführten Raumlufttemperatur, die Temperatur der Zuluft (Wärmesenke) der der Außenlufttemperatur.

RLT-Anlagen, die bis zum Jahr 2005 installiert wurden, nutzten zu 27,5 % die WRG bei einem durchschnittlichen Wärmerückgewinnungsgrad von 57 %. Mit der Energieeinsparverordnung (EnEV) 2007 wurde begonnen, raumlufttechnische Anlagen bei der Beurteilung der Gebäudeenergieeffizienz zu berücksichtigen. Durch Einführung der Referenzgebäudemethodik wurde bewertet, dass Nichtwohngebäude je nach Nutzung deutlich höhere Luftwechsel als Wohngebäude aufweisen können. Dadurch kann in hoch technisierten Gebäuden die Lüftungstechnik sogar ausschlaggebend für die Gesamtenergieeffizienz des Gebäudes sein. Die EnEV-Novellierung 2009 und 2014 verschärfte dann das energetische Anforderungsniveau für alle Gebäude insbesondere auch in Hinsicht der Referenzmerkmale von RLT-Anlagen, die eine Wärmerückgewinnung mit Rückwärmzahl 0,60 und dann 0,7 aufweisen müssen. Die seit 2014 am Markt verfügbaren RLT-Anlagen erfüllen die entsprechenden Anforderungen der EnEV, trotz dessen gibt es in einer Vielzahl von Bestands-Nichtwohngebäuden RTL-Anlagen ohne bzw. schlechter WRG.

Im folgenden Beispiel wird das Potential der Abwärmenutzung durch Integration einer Wärmerückgewinnung, d.h. Abwärmenutzung, in eine RLT-Anlage eines Verwaltungsgebäudes aufgezeigt.

Beispiel: Abwärmenutzung durch Integration von Wärmetauschern in eine RLT-Anlage eines Verwaltungsgebäudes (Baujahr 1995)

Bei dem Verwaltungsgebäude handelt es sich um ein „Standard-Bürogebäude" (Knissel 1999) das nach der Wärmeschutzverordnung 1995 errichtet wurde. Es ist ein 5-stöckiges Gebäude im Massivbau. Die Geschosshöhe beträgt 3,3 m. Der Keller ist unbeheizt. Es existieren 80 Büros mit jeweils den Innenabmessungen 7,5 m $\times$ 4 m $\times$ 3 m und einer Nettogrundfläche (NGF) von 30 m². Nebenräume wie Garderobe, WC, Teeküchen usw. sind in einem zentralen Kernbereich und an den Stirnseiten angeordnet.

Das Verwaltungsgebäude verfügt nicht über einen Wärmetauscher zur Wärme- und Kälterückgewinnung (Knissel 1999). Durch die Installation eines zentralen Wärmetauschers in der RLT-Anlage können die Lüftungswärmeverluste erheblich reduziert werden. Wärmetauscher existieren in unterschiedlichen Bauformen und arbeiten nach unterschiedlichen Funktionsprinzipien. Eine Einteilung kann in regenerative und rekuperative Systeme erfolgen. Bei Ersteren wird Wärme indirekt, also über eine Speichermasse bzw. ein Zwischenmedium, von der Abluft an die Zuluft übertragen, der Speicher wird dabei thermisch „regeneriert". Eine Stoffübertragung ist möglich. Bei rekuperativen Systemen wird die Wärme durch eine feste Trennwand (aus Metall, Kunststoff oder Glas) direkt (d.h. ohne Speicher) vom Abluft- auf den Zuluftstrom übertragen; durch die räumliche Trennung ist eine Stoffübertragung nicht möglich. Rekuperative Systeme können im Kreuzstrom oder Gegenstrom betrieben werden (Wonneberger 2008). Unterschiedliche Typen von Wärmeübertragern in RLT-Anlagen sind Plattenwärmetauscher, Röhrenwärmeaustauscher, Rotationswärmeaustauscher und Kreislaufverbundsysteme. Im Folgenden sind wesentliche Kennzahlen zur energetischen Beurteilung der Wärmerückgewinnung (WRG) aufgeführt (DIN 2012).

$$\mu_e = \eta_t \cdot (1 - \frac{1}{\varepsilon}) \tag{7.1}$$

$$\eta_t = \frac{t_{Zuluft} - t_{Außenluft}}{t_{Abluft} - t_{Außenluft}} \tag{7.2}$$

$$\varepsilon = \frac{\dot{Q}_{WRG}}{P_{el}} \tag{7.3}$$

Entsprechend der Energieeffizienz können unterschiedliche Wärmerückgewinnungsklassen nach (DIN 2012) unterschieden werden. Die nach EnEV bei Ersatz oder Nachrüstung ab einem bestimmten Luftvolumenstrom verpflichtende Klasse H3 zeichnet sich durch eine Energieeffizienz ≥ 55 % aus (DIN 2012).

Im vorliegenden Anwendungsfall wird unter der Maßnahme die Installation eines Kreuzstrom-Plattenwärmetauschers betrachtet, durch den im Heizbetrieb die Wärme der Abluft an die Zuluft übertragen wird und im Kühlbetrieb die Kälte rückgewonnen wird. Die Rückwärmzahl beträgt 0,7. Durch die Installation des Wärmetauschers kommt es jedoch zu erhöhten Druckverlusten. Die Ventilatorleistung für Zu- und Abluft im Referenzsystem beträgt 3,2 kW und 2 kW. Die Druckverluste beim Referenzsystem betragen 530 Pa im Zuluftstrang und 300 Pa im Abluftstrang. Durch den Einbau der WRG in der RLT-Anlage werden die Druckverluste in Zu- und Abluftstrang jeweils um 100 Pa erhöht (Shi 2015). Der Leistungsbedarf des Zuluftventilators nach der Installation der WRG ergibt sich zu 3,8 kW, der des Abluftventilators zu 2,7 kW. Es werden neue, hocheffiziente EC-Ventilatoren eingesetzt. Der Stromverbrauch resultiert unter Berücksichtigung einer Volllaststundenzahl von 2.850 h/a (Shi 2015). Bei der zusätzlichen Installation des Sprühbefeuchters kommt es zu einem weiteren Druckverlust von 50 Pa im Abluftstrom im Sommer. Die Ventilatorleistung im Abluftstrom steigt damit auf 3,0 kW. Insgesamt wird durch die Maßnahme eine Einsparung beim Gasverbrauch von 19 % und eine Einsparung beim Stromverbrauch von 60 % erreicht. Die Stromeinsparung beim Entfeuchtungskühler beträgt 23,5 % (Shi 2015).

Die Maßnahme umfasst die Installation eines Plattenwärmetauschers in Verbindung mit einer adiabaten Abluftkühlung und einem Ventilatorersatz. Hierbei wird die Abluft in einem Sprühbefeuchter auf eine relative Feuchte von weniger als 100 % befeuchtet, wodurch die Temperatur sinkt. Anschließend passiert die befeuchtete Abluft die WRG und entzieht dem Zuluftstrom Wärme (EA.NRW 2009). Insgesamt wird eine Einsparung von 62 % bezogen auf den Entfeuchtungskühler erzielt (Shi 2015). Die Investitionen der Maßnahmen, die abhängig von einem Luftvolumenstrom von 12.000 m^3/h sind, werden in Tabelle 7.14 zusammengestellt.

Tabelle 7.14: Kenndaten der Wärmerückgewinnung bei RLT-Anlagen

System	Spezifische Investition [€/(m^3/h)]
WRG und KRG	0,6
WRG, KRG und adiabate Abluftkühlung	1,6
Quelle: (Sodec, Makulla 2002), (Recknagel et al. 2015)	

7.3.3 Trocknungsanlagen

Unter Trocknern werden im Allgemeinen Apparate verstanden, die der thermischen Abtrennung von Flüssigkeiten aus feuchten Gütern dienen (Christen 2010). Die Trocknung stellt einen häufig eingesetzten und wichtigen Prozess in der Industrie und der Landwirtschaft dar. Bei der Verarbeitung, Aufbereitung oder Produktion von Feststoffen ist die Trocknung in vielen Fällen ein wesentlicher Prozessschritt. In Deutschland werden etwa 10–15 % ungefähr der industriellen Prozesswärme für Trocknungszwecke eingesetzt. Bedeutende Einsatzbereiche sind die Keramik-, die Papierherstellung, die Holzverarbeitung, die Textilverarbeitung, die Lebensmittelherstellung und die Lackierung. Nachfolgend werden ausgewählte Trocknungsprozesse in der Industrie aufgeführt:

- Bei Trocknungsprozessen, zum Beispiel in der Papier-, Zellstoff- und Textilindustrie, muss die durch Produktionsprozesse zugeführte Flüssigkeit entzogen werden, damit das Endprodukt den geforderten Eigenschaften entspricht.
- Die Trennung von durch Auslaugungsprozessen entstehenden Lösungsmitteln ist etwa bei der Zuckertrocknung notwendig, um eine ausreichende Reinheit zu gewährleisten.
- Bei der Ziegel- und Holztrocknung bedarf es einer kontrollierten Trocknung, sodass der im Ausgangs- oder Zwischenprodukt vorhandene Wassergehalt keine Beschädigungen des Produktes durch unkontrollierten Wasserentzug hervorrufen kann.

- Ein weiterer wichtiger Einsatzbereich der Trocknung ist die Haltbarmachung von Lebensmitteln, wobei durch Flüssigkeitsentzug verschiedene biochemische Umsetzungsvorgänge unterbrochen oder vermieden werden (Beispiel: Teigwaren). Neben der Veränderung von Eigenschaften können durch Wasserentzug ebenso neue und hochwertige Produkte entstehen (Beispiel: Kondensmilch) oder die Anwendbarkeit für den Verbraucher verbessert (Instant-Produkte) und die Handhabung verschiedener Stoffe erleichtert werden (Beispiel: Klärschlamm) (Schmid et al. 2003).

Aus diesem Überblick werden die Vielschichtigkeit und die sich ergebenden Einsatzmöglichkeiten sowie die Notwendigkeit von Trocknern deutlich.

Die Trocknung ist dann besonders aufwendig, wenn Wasser oder Lösungsmittel verdampft werden müssen. Das Temperaturniveau hängt dabei vom jeweiligen Trocknungsprozess ab. In der Lebensmittelindustrie werden beispielsweise Temperaturen von 30 °C bis zu 250 °C benötigt. Der Energieverbrauch beim Verdampfen ist etwa 100-mal höher als bei mechanischen Abtrennungsverfahren. Daher gilt es zumeist als Erstes die Trocknungsanlage, bzw. deren Einsatz an sich zu optimieren.

Für die energetische Optimierung zur Vermeidung von unnötigen Abwärmemengen gelten für Trockneranlagen folgende Regeln:

- **Mechanische Flüssigkeitsabtrennung:** Betreiben Sie mechanische statt thermischer Flüssigkeitsabtrennung. Mechanische Trocknungsverfahren (Zentrifugen, Abquetschbalken, Vakuumabsaugung, Kammerfilterpressen) sollten so weit wie möglich der Verdampfung vorgeschaltet werden.
- **Temperatur und Feuchtigkeit:** Halten Sie die Trocknungsluftmenge so gering wie möglich, vermeiden Sie Übertrocknung.
- **Prozesssteuerung:** Eine möglichst genaue Anpassung an die prozessspezifischen Erfordernisse kann oft sehr viel Energie einsparen (z.B. feuchtigkeitsgeregelte Abluftsteuerung).
- **Dämmung:** Sorgen Sie für Wärmedämmung und Kapselung der Trocknungsaggregate.
- **Direktbeheizung:** Prüfen Sie bei einer Neuanschaffung, ob direkt beheizte Trockner eingesetzt werden können.
- **Alternativen:** Prüfen Sie alternative Trocknungsverfahren (Strahlungstrocknung, Vakuumverdampfung usw.).
- **Wärmerückgewinnung:** Mit Wärmetauschern in der Trocknungsabluft lässt sich ein Teil der Trocknungswärme zurückgewinnen.

Bei Trockneranlagen kann in Abhängigkeit der Art des Trockenvorgangs wie folgt Abwärme zurückgewonnen werden (BLfU 2012):

- Die in Trocknungsabgasen und in dem dabei abgeführten Dampf enthaltene Energie kann mittels Wärmetauscher im Abgaskanal zurückgewonnen werden und beispielsweise zur Vorwärmung der Frischluft wiedereingesetzt werden.
- Im Fall von staub- oder schadstoffbeladenen Abgasen, wie sie beispielsweise in der Keramikindustrie oder bei Lackierprozessen anfallen, ist gegebenenfalls ein Zyklonfilter oder eine Kondensatabführung notwendig.
- Pulverförmige Produkte wie Stärke, Milchpulver, Farbstoffe und verschiedene Mineralsalze wie Natriumcarbonat (Soda) werden zu großen Anteilen in dampfbeheizten Walzen- und Trommeltrocknern getrocknet. Daraus ergibt sich die Möglichkeit mit Brüdenverdichtern zu arbeiten, um Temperaturen bis über 200 °C bereitstellen zu können.
- Trockner, die weitgehend im Frischluftbetrieb arbeiten, sollten durch den Umluftbetrieb ersetzt werden. Als sogenannte Kondensationstrockner können sie, im Vergleich zu Frischlufttrocknern, erhebliche Mengen an Energie einsparen. Die Wasseraufnahmekapazität der Luft wird bei diesem Trocknungsprinzip nicht durch das Anheben des Temperaturniveaus gesteigert, sondern durch das Entfeuchten der Abluft. Dazu wird die Oberflächentemperatur des Verdampfers unter den Taupunkt der feuchten Luft abgesenkt, wodurch ein Teil des Wasserdampfs auskondensiert.

Häufig bietet sich durch die Integration von Wärmepumpen in den Trocknerprozess hohe Effizienzsteigerungspotentiale an. Der Gesamtbedarf industrieller Trocknungsprozesse lässt sich durch den Einsatz von Wärmepumpen um etwa 53 % reduzieren (Wolf 2017).

7.3.4 Kälteanlagen

Anlagen zur Kälteerzeugung werden in den unterschiedlichsten Branchen eingesetzt. Dabei erfüllen diese nach (Heinrich et al. 2014) insbesondere zwei Aufgaben:

1) die Werterhaltung von Nahrungs- und Gebrauchsgütern und
2) die Steigerung der Effektivität von Produktionsprozessen. In der Fachliteratur werden die Begriffe Kälteanlage sowie Kühlanlage synonym verwendet, wobei sich der Oberbegriff Kälteanlage etabliert hat.

Bei Kälteanlagen kann sowohl Abwärme aus dem Kühlkreislauf als auch vom Kältekompressor erschlossen werden. Je nach Dimensionierung der Kälteanlage fällt Abwärme an, welche – abhängig vom Temperaturniveau – zur Warmwasser-Vorwärmung (< 35 °C) oder zur Raumheizung (30–75 °C) genutzt werden kann. Eine Abwärmenutzung kann daher meist nur in Verbindung mit einem Niedertemperatursystem oder alternativ in Kombination mit einer Wärmepumpe (vgl. Kapitel 4.5.2) genutzt werden. Neben dem Temperaturniveau ist die Art der Kompressorkühlung entscheidend. Ähnlich zu Druckluftkompressoren kann die Abwärme der Kältekompressoren erschlossen werden. Bei einem wassergekühlten Kompressor kann die Wärme über einen Wärmetauscher in ein Heizsystem eingespeist werden oder allgemein für Warmwasserkreisläufe erschlossen werden. Für einen luftgekühlten Kompressor bietet sich eine direkte Nutzung der Wärme zur Raumheizung an. Abhängig von der Kälteanlage und dem Kühlsystem können 35–95 % der Abwärme genutzt werden (BFlU 2012). Die Investitionen liegen je nach Anlagengröße bei 90–560 EUR/kW_{th}.

Auch bei Kälteanlagen mit kleiner Leistung kann eine Wärmerückgewinnung sinnvoll sein, wenn das Wärmeangebot und die Wärmeabnahme kontinuierlich, wie z. B. in der Lebensmittelbranche (vgl. auch Kapitel 7.2.1) oder in Hotels, verfügbar sind.

Beispiel: Abwärmenutzung der Kälteanlagen einer Großküche

An der Fachhochschule Südwestfalen sind mehr als 12.000 Studierende eingeschrieben. Davon studieren etwa 3.000 am Campus Soest. Die Mensa des FH Campus in Soest wird über ein Nahwärmenetz mit Wärme versorgt. Die Wärmeverluste von Erzeugung und Verteilung liegen im Jahresmittel bei 30 %. Insbesondere in den Sommermonaten, wenn die Mensa der einzige Wärmeerzeuger ist, steigen die Verluste auf bis zu 80 %. Der Betrieb des Nahwärmenetzes ist in dieser Zeit nicht wirtschaftlich. Durch die Installation einer Wärmepumpenanlage im Jahr 2011 kann sich die Mensa außerhalb der Heizperiode selbst mit Wärme versorgen (Wolf et al. 2014). Damit kann das Nahwärmenetz über die Sommermonate stillgelegt werden.

Als Wärmequellen nutzt die Wärmepumpe einen bisher ungenutzten Abluftstrom und die Abwärme einer kleinen Kälteanlage. Das Wärmerückgewinnungssystem mit integrierter Wärmepumpe ist in Bild 7.13 schematisch dargestellt. Der Abluftstrom hat ein Volumen von 19.300 m^3/h. Er wird durch die Wärmepumpe von 23 °C auf 17 °C abgekühlt. Die entzogene Wärme wird in einen 300 l fassenden Abwärmespeicher geleitet. An diesen ist auch die kleine Kälteanlage angeschlossen. Sie speist kontinuierlich

3,8 kW Abwärme in den Speicher ein. Ist die Wärmepumpe nicht in Betrieb, so kann die Speichertemperatur auf bis zu 50 °C steigen. Während des Wärmepumpenbetriebs beträgt die Rückkühltemperatur der Kälteanlage lediglich noch ca. 20 °C, wodurch sich die Effizienz der Anlage deutlich steigern lässt.

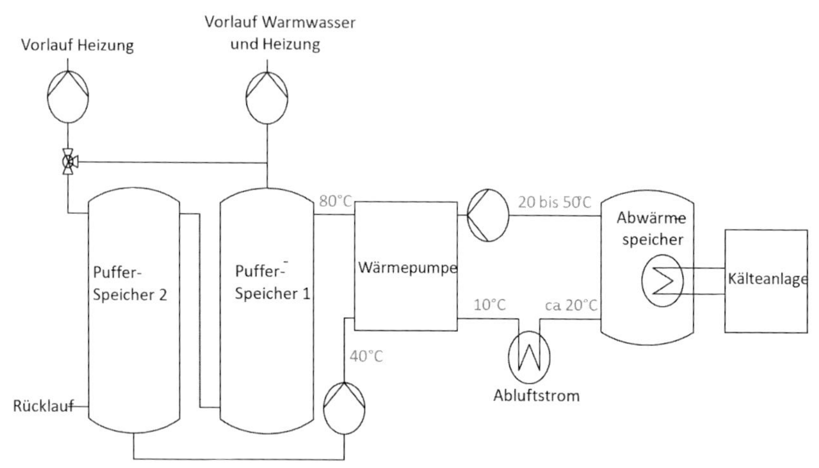

Bild 7.13: Wärmeversorgung der Mensa auf dem Campus in Soest (thermea 2014)

Die Wärmepumpe hat eine Heizleistung von 45 kW. Sie versorgt die Mensa mit Raumwärme und Warmwasser. Während der Heizperiode kann über das Nahwärmenetz zusätzliche Wärme bezogen werden. Die Heizleistung der Wärmepumpe kann über einen Frequenzumformer dem Bedarf angepasst werden. Das Heizungssystem verfügt über zwei Pufferspeicher mit einem Volumen von je 1.500 l. Pufferspeicher 1 wird von der Wärmepumpe auf bis zu 80 °C erwärmt. Aus diesem Pufferspeicher wird die Trinkwasseraufbereitung versorgt. Zudem kann über eine Beimischung die Vorlauftemperatur der Heizung angehoben werden. Pufferspeicher 2 versorgt die Heizung mit Wärme. Die Heizkörper werden mit der Temperaturspreizung 70/55 °C betrieben. Die Fußbodenheizung wird aus der Rücklaufsammelschiene mit 40/30 °C versorgt. Bei zu niedrigen Temperaturen kann aus der Vorlaufschiene wärmeres Wasser beigemischt werden. Durch diese Anlagenverschaltung wird eine größtmögliche Auskühlung des Rücklaufs erreicht.

Die Wärmepumpe kann mit der großen Spreizung von 40 K sehr effizient arbeiten, da CO_2 als Kältemittel verwendet wird. Durch den überkritischen Prozess entsteht ein großer Temperaturgleit auf der Wärmesenkenseite. Durch die hohe Temperaturspreizung kann dieser Effekt optimal genutzt werden. Die Anlage erreicht eine Jahresarbeitszahl von 3,2. Die besten COPs sind in der Übergangszeit, bei laufender Fußbodenheizung, zu verzeichnen. Die Anlage steuert 152 MWh/a zum Heizwärmebedarf der Mensa bei (thermea 2014).

Tabelle 7.15: Datenblatt der Wärmepumpe im Anwendungsbeispiel Mensa auf dem Campus in Soest (Wolf et al. 2014)

Wärmepumpentyp	Elektrische Kompressionswärmepumpe
Heizleistung	45 KW
Art der Wärmequelle	Abluft
Wärmequellentemperatur	21 °C/10 °C
Art der Wärmesenke	Beheizung von Gebäuden über ein Nahwärmenetz
Wärmesenkentemperatur	40 °C/80 °C
COP	3
Kältemittel	R 744 (Kohlendioxid)
Investitionssumme	k. A.
Inbetriebnahme	2011
Amortisationszeit	k. A.
Hersteller	Thermea Energiesysteme GmbH

7.3.5 Abwassernutzung

Unter Abwasser versteht man das verschmutzte Wasser aus häuslicher, landwirtschaftlicher und gewerblicher Nutzung sowie das Niederschlagswasser von Regenfällen. Industrielles Abwasser stellt Wasser dar, welches in Industriebetrieben im Zusammenhang mit den jeweiligen Produktionsprozessen anfällt.

Dabei werden die Menge und die Zusammensetzung durch die Art der verwendeten Rohprodukte und der Verarbeitungsverfahren bestimmt (Mudrack und Kunst 2003).

Abwässer können grob in drei Untergruppen unterteilt werden. Die erste Untergruppe beinhaltet die Abwässer, welche eine hohe organische Belastung aufweisen. Die zweite Untergruppe bezeichnet Abwässer aus der chemischen Industrie und die Abwässer der dritten Untergruppe enthalten überwiegend anorganische Inhaltsstoffe (WSWU 2009).

Das in Deutschland anfallende kommunale und industrielle Abwasser wird in Abwasserbehandlungsanlagen verschiedener Größen gereinigt, die unterschiedlichen Rechtsformen und Zuständigkeiten unterliegen. Gemäß den Landeswassergesetzen sind die Kommunen abwasserbeseitigungspflichtig. Sie erfüllen diese Pflichtaufgabe zumeist durch kommunale Regie- oder Eigenbetriebe, welche dafür sorgen, dass das Abwasser geklärt und entsprechend den gesetzlichen Umweltschutzbestimmungen aufbereitet wird, bevor es in Flüsse oder die Vorfluter entsorgt wird.

Abwasser aus häuslicher Nutzung weist im Winter eine durchschnittliche Temperatur von 10 bis 12 °C und im Sommer etwa eine Temperatur zwischen 17 und 20 °C auf. Die Industrieabwässer haben Temperaturen zwischen 15 und 35 °C, wobei 35 °C als höchste Einleittemperatur gilt. Insgesamt steckt im Abwasser ein enormes Energiepotential. Wenn Abwasser durch den Wärmeentzug um 1 Kelvin abgekühlt wird, kann aus 1 m^3 Abwasser rund 1,5 Kilo wattstunden Wärme gewonnen werden. Dagegen werden in der Abwasserreinigungsanlage aus 1 m^3 Abwasser etwa 0,05 m^3 Klärgas mit einem Energieinhalt von rund 0,3 Kilo wattstunden erzeugt.

Energie aus Abwasser hat das Potential, ca. 14 % des Wärmebedarfs im deutschen Gebäudesektor zu decken. Das Potential der Abwasserwärme liegt bei 101,4 TWh/a. Konservativ geschätzt lassen sich bis 2030 etwa 35 TWh dieses Potentials heben. Gerade in Ballungsgebieten ist das Verhältnis von Angebot und Nachfrage für die Energiegewinnung aus Abwasser besonders günstig. Das Potential der Abwasserwärme ließe sich durch die Einbindung industrieller Abwärme in das Kanalsystem um den Faktor 1,79 erhöhen. Das Kühlpotential von Energie aus Abwasser liegt bei 14 TWh. Die steigende Kälte-Nachfrage macht Abwasserenergie noch attraktiver. Abwasserwärmenutzung kann einen erheblichen Beitrag zum Klimaschutz leisten.

Die Technik zur Energiegewinnung aus Abwasser besteht aus einem Wärmetauscher, der aus dem Abwasser Energie gewinnt, einer Anschlussleitung und einer Wärmepumpe, die die Energie für die Beheizung oder Kühlung von größeren Gebäuden direkt oder indirekt über entsprechende Wärme- bzw.

Kältenetze nutzbar macht. Um Wärme aus Abwässern für die Raumheizung und die Wassererwärmung nutzbar zu machen, ist eine Wärmepumpe erforderlich, die die Energie auf ein höheres Temperaturniveau hebt (vgl. Kapitel 4.4.3). Weil Abwasser im Vergleich zu anderen Wärmequellen (z.B. Luft, Grundwasser) ein höheres Temperaturniveau aufweist, weisen Wärmepumpen eine höhere Jahresarbeitszahl aus.

Der Wärmetauscher erfüllt zwei Funktionen: Er entzieht dem Abwasser Energie, und er trennt das schmutzige Abwasser vom sauberen Heizsystem. Der Wärmetauscher wird entweder in die Sohle eines Abwasserkanals integriert, in einem Bypass parallel zum Kanal angeordnet oder in den Ablauf einer Kläranlage eingebaut. In den beiden ersten Fällen wird Energie aus dem Rohabwasser genutzt; im zweiten Fall wird die Energie aus dem gereinigten Abwasser gewonnen. Die Wärmetauscher können sowohl in bestehende Kanäle eingebaut werden als auch in Kanalabschnitte, die erneuert oder saniert werden müssen.

Bei Abwasserströmen von > 15 m³ pro Tag kann eine Abwasserwärmerückgewinnung erwogen werden. Aufgrund des geringen Temperaturniveaus der Abwässer < 35 °C (Temperaturgrenze für die Einleitung in öffentliche Kanalsysteme) kann die Wärme kaum direkt genutzt werden. Der Wärmeentzug des Abwassers erfolgt mittels Wärmepumpe sowie spezielle Wärmeübertrager, die die meist hohe Schmutzfrachten tolerieren können. Besonders interessant ist die Wärmerückgewinnung dort, wo Abwässer ohnehin gekühlt werden müssen, bevor sie in die Kanalisation oder einen Vorfluter eingeleitet werden dürfen. In diesem Fall entsteht aus dem Einsatz einer Abwasserwärmerückgewinnung Doppelnutzen mit hohem wirtschaftlichem Potential.

Um Abwärme aus einem Kanal zu gewinnen, ist das Einverständnis der Betreiber von Kläranlage und Kanalisation erforderlich. Der Grund liegt darin, dass sich Abwasser beim Wärmeentzug abkühlt und dadurch der Betrieb der Abwasserreinigungsanlage beeinflusst werden kann. Vor Erteilung einer Bewilligung wird dieser Sachverhalt geprüft. Selbstverständlich dürfen auch Betrieb, Unterhalt und Reinigung des Kanalabschnittes nicht tangiert werden, weshalb der Einbau des Wärmetauschers frühzeitig mit dem Kanalbetreiber abgesprochen werden muss.

Hinsichtlich der Nutzung von Abwärme aus Kanälen wurden bisher ca. 100 Anlagen in der Schweiz und an einzelnen Standorten in Deutschland erprobt. Die abgegebene Wärmeleistung hängt stark davon ab, ob die Gewinnung der Abwärme aus den Rohabwässern im Leitungskanal zu der Kläranlage (Leistungen von bis 1000 kW) oder aus dem gereinigten Abwasser nach der Abwasserreinigungsanlage (Leistungen bis 10 MW) erfolgt.

7.3.5.1 Innerbetriebliche Nutzung

Eine rein innerbetriebliche Verwertung der Abwärme von Abwässern reicht von dem Einsatz als Heizungsenergie bis zu den vielfältigen Möglichkeiten bei der Verwertung in Arbeitsprozessen. Solche Prozesse sind zum Beispiel die Trocknung, die Vorwärmung von Arbeitsmitteln oder eine direkte Rückführung in die Arbeitsprozesse wie z. B. die Beheizung von Waschlaugen. Ob die Abwärme für einzelne Arbeitsprozesse genutzt werden kann, hängt von den Anforderungen der Arbeitsprozesse ab. Die Nutzungsmöglichkeiten sind sehr vielfältig und natürlich branchenspezifisch. Hierzu zählen:

- Innerbetrieblich oder extern über Energieverbund
- Gebäudeheizung und -kühlung
- Einsatz in Arbeitsprozessen (z. B. Trocknung)
- Abwasserverdunstung, Abwasserverdampfung
- Einsatz in Arbeitsprozessen (z. B. Vorwärmung)
- Nutzung der Abwasserwärme zur Abwasseraufbereitung.

Ein Beispiel der innerbetrieblichen Nutzung von Abwässern wurde in Kapitel 7.2.1 im Fall der Brauerei erläutert.

7.3.5.2 Innerbetriebliche und externe Nutzung der Abwasserwärme

Bestehen innerbetrieblich keine ausreichenden Möglichkeiten, die gesamte rückgewonnene Abwärme zu nutzen, kann in einer Mischform ein Teil der Energie innerbetrieblich genutzt werden, soweit dies wirtschaftlich sinnvoll ist, und der restliche Teil einer externen Verwertung überlassen werden. In einfachen Fällen kann dies die Wärmeabgabe an einen Nachbarbetrieb bedeuten oder die Einspeisung in einen Wärmeverbund, z. B. in einem Industriepark. Beispiele für Abwasserwärmenutzung ergeben sich bei der Produktion von Kartonagen oder der Flaschenspülung (Bayrisches Landesamt für Umwelt 2012).

Beispiel: Abwasserwärmenutzung bei der Produktion von Kartonagen

Zur Nutzung von Wärme aus dem Prozessabwasser wurde bei der Fa. Schumacher Packaging in Schwarzenberg ein sog. „E-Plate-Wärmeübertrager" eingebaut. Es fallen 65 m^3/h Abwasser mit einer Temperatur von 55 °C an, was eine Kühlung auf 30 °C vor der Ableitung notwendig macht. Gleichzeitig werden dem Prozess 55 m^3 Frischwasser pro Stunde mit einer Temperatur von 12 °C zugeführt. Für die Vorwärmung des Frischwassers wurde ein WÜ mit einer Leistung von 1 MW_{th} eingebaut. Durch den Einsatz des Wärmeübertragers vermindert sich der Erdgasverbrauch um 40 %. Die Investition in die Abwasserwärmerückgewinnung amortisierte sich nach rd. einem Jahr (DAS Environmental Expert GmbH 2015).

Die externe Verwertung der Abwärme aus den Abwässern bietet sich dann an, wenn intern keine Möglichkeit für die Eigennutzung besteht oder die gewinnbare Abwasserwärme nach technischen und wirtschaftlichen Bedingungen eine externe Nutzung favorisiert. Möglichkeiten der rein externen Verwertung können sich z. B. in Nachbarbetrieben anbieten oder eine Abgabe an Gemeinden, z. B. für Gebäudeheizung, Schwimmbäder. Abwärme ist Energie, die vermarktet werden muss. Ist ein Betrieb gezwungen, das Abwasser vor der Einleitung in einen Kanal oder ein Fließgewässer abzukühlen, um bestimmte Einleitungsanforderungen zu erfüllen, kann es aus rein wirtschaftlichen Gründen interessant sein, eine Abwasserwärmerückgewinnung zu betreiben.

Abwasserenergieanlagen kommen für neue und für bestehende Gebäude infrage. Jedoch bieten Neubauten auf noch nicht bebauten Arealen den Vorteil, dass beispielsweise die Integration der Wärmepumpe in die Heizzentrale und der Leitungsbau einfacher und kostengünstiger sind. Bestehende Gebäude liegen dagegen häufig innerhalb von Siedlungsgebieten, wo sich eher geeignete Abwasserkanäle befinden. Eine Nutzung von Abwasserenergie wird in beiden Fällen durch folgende Voraussetzungen begünstigt (BWP 2009):

- **Hohe Heizleistung:** Interessant wird der Einsatz von Abwasserwärmepumpen bei Einzelgebäuden oder Gruppen von Gebäuden mit einem Leistungsbedarf für die statische Wärmeabgabe (Radiatoren, Fußbodenheizung, Bauteilkonditionierung) von mindestens 100 kW, was dem Bedarf von rund 20 Wohneinheiten entspricht.
- **Nähe zum Kanal:** Je näher ein Gebäude zum Abwasserkanal liegt, desto kostengünstiger lässt sich die Wärmegewinnung realisieren. Je nach Größe des Energiebedarfs sind Distanzen bis zu mehreren Hundert Metern möglich. Die größten realisierten Abwasserheizungen erstrecken sich sogar über Kilometer.
- **Bebauungsdichte:** Je höher die Bebauungsdichte eines Areals ist, desto wirtschaftlicher lässt sich ein Nahwärmenetz mit Abwasserwärme betreiben.
- **Systemtemperaturen:** Je tiefer die Temperaturen der Energienutzung liegen, desto effizienter arbeiten Wärmepumpen. Besonders gute Voraussetzungen für die Energienutzung aus Abwasser bieten deshalb Neubauten mit Niedertemperatur-Heizsystemen (Fußbodenheizung, Bauteilkonditionierung). Für

industrielle Prozesse, die hohe Temperaturen erfordern, sind Abwasserheizungen dagegen nicht geeignet.

- **Ganzjähriger Wärmebedarf:** Vorteilhaft für die Abwasserenergienutzung ist ein möglichst ganzjähriger Wärmebedarf, der lange Betriebszeiten der Wärmepumpe ermöglicht (Raumheizung und Warmwasser).
- **Ersatz bestehender Heizungsanlagen:** Muss die Energiezentrale eines bestehenden Gebäudes ohnehin saniert werden, ergeben sich für die Umstellung auf eine Abwasserheizung interessante Kostensynergien.
- **Option Klimakälte:** Im Sommer kann Kanalabwasser auch zum Kühlen genutzt werden. Die Wärmepumpe wird in diesem Fall als Kältemaschine betrieben. Dadurch lässt sich die Investition besser ausnutzen.

Beispiel: Abwasserwärmenutzung aus hausinterner Wärmerückgewinnung zur Wärmeversorgung einer Wohnsiedlung

Die hausinterne Energierückgewinnung aus Abwasser ist für Gebäude (z. B. Hotels, Schwimmbäder, Krankenhäuser u. a.) geeignet, bei denen konstant große Mengen Abwasser anfallen. Bei der Wohnsiedlung Eulachhof handelt es sich um zwei Mehrfamilienhäuser mit insgesamt 132 Wohnungen und 6 Ladenlokalen, die im Jahr 2007 erbaut wurden (BWP 2009). Die Energie, die für die Raumheizung und die Wassererwärmung benötigt wird, wird mehrheitlich vor Ort aus erneuerbaren Energien bereitgestellt. Dies ist möglich dank einer überdurchschnittlichen Wärmedämmung, welche den Heizenergiebedarf gegen null senkt. Die Folge ist, dass der Energiebedarf für die Brauchwarmwassererwärmung höher liegt als der Energiebedarf für die Raumheizung. Ein weiterer zentraler Gedanke des Nullenergie-Konzeptes ist die konsequente Wärmerückgewinnung. Für die Raumheizung wird Energie aus der Abluft, für die Wassererwärmung Energie aus dem häuslichen Abwasser zurückgewonnen. In beiden Fällen erfolgt die Energiebereitstellung für die gesamte Wohnüberbauung zentral mittels Wärmepumpen. Diese erreichen einen Deckungsanteil von etwa 95%. Der Rest der Energie stammt aus dem Fernwärmenetz der städtischen Müllverbrennungsanlage, welche nicht mehr Energie zu liefern braucht, als sie aus dem Hausmüll der Wohnsiedlung zurückgewinnen kann.

Ein wirtschaftlicher Betrieb von Abwasserenergieanlagen stellt nicht nur Anforderungen an die Wärmenutzung, sondern auch an die Wärmequelle – den Abwasserkanal oder die Kläranlage. Für die Energiegewinnung aus Kanälen sind folgende Faktoren entscheidend:

- **Abwassermenge:** Die Energiegewinnung aus Abwasserkanälen erfordert aus technischen und wirtschaftlichen Gründen eine Abwassermenge von mindestens 15 Litern pro Sekunde (Tagesmittelwert bei Trockenwetter).
- **Temperatur des Abwassers:** Eine hohe Temperatur des Abwassers erlaubt eine große Abkühlung und damit einen großen Energieentzug. Günstig sind die Voraussetzungen, wenn die Abwassertemperatur auch im Winter über 10 °C liegt.
- **Durchmesser und Lage des Abwasserkanals:** Die baulichen Maßnahmen zur Wärmeentnahme aus einem Kanal werden erleichtert, wenn der Kanalquerschnitt groß (über 1.000 mm) und die Verlegungstiefe gering ist.
- **Zugänglichkeit des Abwasserkanals:** Ein guter Zugang zum Abwasserkanal (Einstiegsmöglichkeiten) reduziert die Kosten für die Installation und die spätere Wartung des Kanalwärmetauschers.
- **Verbindung zum Objekt:** Der Bau der Verbindungsleitung vom Kanal oder der Kläranlage zur Heizzentrale im Gebäude kann einen wichtigen Kostenpunkt darstellen. Kann für die Leitungsführung eine bestehende Verbindung – beispielsweise ein Seitenkanal – genutzt werden, oder kann die Leitung in unbebautem Terrain verlegt werden, lassen sich die Investitionen gering halten.
- **Alter des Abwasserkanals:** Besonders prüfenswert ist die Nutzung von Abwasserenergie immer dann, wenn ein Kanal saniert werden muss, da im Rahmen des Umbaus Kosten im Bereich der Integration der Plattenwärmetauscher in den Kanal gespart werden können.

Ein Beispiel für die Nutzung der Abwärme aus dem Hauptsammelkanal zur Wärmeversorgung einer Siedlung wird nachfolgend kurz erläutert.

Beispiel: Abwasserwärmenutzung aus dem Hauptsammelkanal zur Wärmeversorgung einer Wohnsiedlung

In der Basler Vorortgemeinde Zwingen werden 31 im Jahr 1999 erstellte und mit Fußbodenheizung ausgestattete Reihenhäuser, mit Energie aus dem Hauptsammelkanal der Kläranlage Laufental versorgt (BWP 2009). Die hierbei eingesetzte Wärmepumpe deckt den größten Teil der Raumheizung ab und erreicht eine Jahresarbeitszahl von 4,4 (nur Raumheizung). Für Leistungsspitzen steht zusätzlich ein Gasheizkessel zur Verfügung. Die Wassererwärmung erfolgt dezentral in den Wohnungen – mittels Elektroboilern und Sonnenkollektoren.

7.4 Abwärmepotentiale im mittleren und niedrigen Temperaturbereich

Das Abwärmepotential in Deutschland wurde in mehreren Studien analysiert und ermittelt. Die Studien unterscheiden sich in den Vorgehensweisen und Annahmen jedoch grundsätzlich. Dies ist zum einen dem geschuldet, dass die Industrie hinsichtlich des Energieverbrauchs und der nutzbaren Abwärmeströme eine hochgradig diversifizierte Struktur aufweist, und zum anderen, dass deren statistische Datenlage hinsichtlich der Charakterisierung der energetischen Verbräuche (z. B. Energieeinsatz und Temperaturniveau) nur unzureichend bzw. nicht erfasst sind. Hierbei wird zumeist nicht zwischen dem Abwärmepotential insgesamt, dem das intern genutzt werden könnte und dem das extern verwertbar ist, unterschieden. Insbesondere aufgrund der statistischen Datenlage beruhen die Potentialermittlungen auf Abschätzungen, Analogieschlüssen und Umfragen, die sich entsprechend zwischen den Studien unterscheiden.

Nachfolgend wird auf die Studien von (Pehnt & Bödeker 2010), (Schnitzer et al. 2013), (Grote et al. 2015) und (Brückner 2016) zusammenfassend eingegangen, um daraus ableitend eine eigene Berechnung durchzuführen, wobei hierbei schwerpunktmäßig auf das extern nutzbare Abwärmepotential eingegangen wird.

7.4.1 Überblick und Zusammenfassung von Abwärmepotentialstudien

In der Studie „Die Nutzung industrieller Abwärme – technisch-wirtschaftliche Potentiale und energiepolitische Umsetzung“ von (Pehnt & Bödeker 2010) werden verschiedene Studien und Literaturquellen miteinander verglichen und darauf aufbauend das Abwärmepotential für die Industrie in Deutschland ermittelt.

Eine der Studien ist die Enova-Studie aus Norwegen (2009). Hierin wurde basierend auf einer Umfrage das Abwärmepotential von 72 Unternehmen erfragt und auf eine Umgebungstemperatur von 0 °C referenziert. Im Rahmen der Studie von (Pehnt & Bödeker 2010) werden die ermittelten Abwärmemengen für Deutschland angepasst, indem von einer durchschnittlichen Umgebungstemperatur von 20 °C ausgegangen wird. Mit den Daten werden die Anteile der Abwärme über 140 °C am Gesamtenergiebedarf der befragten Unternehmen berechnet.

Tabelle 7.16: Anteil der Abwärme über 140 °C am Gesamtenergiebedarf der befragten Unternehmen (angepasst an deutsche Temperaturverhältnisse) (Pehnt & Bödeker 2010)

NACE-Code	Bezeichnung	Abwärme-menge > 40 °C der befragten Unter-nehmen (T_{ref} =0 °C)	Abwärme-menge > 40 °C der befragten Unter-nehmen (T_{ref} = 20 °C)	Gesamt-energie-bedarf der befragten Unter-nehmen	Anteil der Abwärme < 40 °C am Gesamt-energie-bedarf der befragten Unter-nehmen
NACE 23.5	Zement	862 GWh/a	739 GWh/a	1900 GWh/a	39,9 %
NACE 27.1/27.4	Eisen-legierungen	2953 GWh/a	2531 GWh/a	8300 GWh/a	30,5 %
	Übrige Industrie	2702 GWh/a	2316 GWh/a	16200 GWh/a	22,7 %
NACE23/24	Chemie	187 GWh/a	160 GWh/a	2000 GWh/a	8, 6%
	Abfallver-brennung	60 GWh/a	51 GWh/a	1100 GWh/a	4,6 %
NACE 20.2/21.1	Holzver-edlung	193 GWh/a	165 GWh/a	10800 GWh/a	1,5 %
NACE 27.4	Aluminium	65 GWh/a	56 GWh/a	18500 GWh/a	0,2 %
NACE 15-16	Nahrungs-mittel	1 GWh/a	0,9 GWh/a	500 GWh/a	0,2 %

Eine zweite wesentliche Studie der Untersuchung von (Pehnt & Bödeker 2010) ist die vom US-Department of Energy (DOE) veröffentlichte Abwärmepotentialstudie für die US-amerikanische Industrie im Jahre 2004. Zur Ermittlung des Abwärmepotentials vergleicht das DOE den Energieverbrauch einzelner Branchen mit den Wirkungsgraden der typisch eingesetzten Anlagen und Maschinen. Nicht umgewandelte Energien sind als Energieverluste definiert. Daraus abgeleitet wurde das Einsparpotential durch Abwärmenutzung in der chemischen Industrie von 8 %, das der holzverarbeitenden Industrie von etwa 2 % und in Raffinerien 14 % des Endenergieverbrauchs bestimmt.

Pehnt erstellt eine aus der Enova-Studie und DOE resultierendes technisches/wirtschaftliches Abwärmepotential für Deutschland, indem er die prozentualen Anteile auf die Endenergiebilanz für Deutschland der AG Energiebilanzen anwendet. Für Branchen ohne genaue Angaben innerhalb der ausgewerteten Studien, aber mit realistischem Abwärmepotential nimmt er ein Abwärmepotential von 3 % des Endenergiebedarfs der jeweiligen Branche an (vgl. Tabelle 7.17).

Damit ergibt sich nach Tabelle 7.17 ein theoretisches Abwärmepotential von 18 % des gesamten Endenergieverbrauchs in Deutschland. Dieses teilt sich mit 12 %-Punkten am Endenergieverbrauch auf den Temperaturbereich über 140 °C und 6 %-Punkten auf den Temperaturbereich über 60 °C auf.

In Österreich wurde im Jahre 2013 das Abwärmepotential für die fünf größten Branchen in Steiermark von (Schnitzer et al. 2013) abgeschätzt. Die Branchen Papier und Druckindustrie, Eisen und Stahlerzeugung, Steine Erden Glas, Maschinenbau, Lebensmittel decken 80 % des Endenergieverbrauchs in der Steiermark ab. Basierend auf einer schriftlichen Umfrage unter 200 ausgewählten Betrieben wurde das technische Abwärmepotential berechnet. Hierbei wurden sowohl der betriebliche Energieeinsatz pro Jahr, die anfallende Abwärmemenge und deren nach dem heutigen Stand der Technik zur direkten oder indirekten Wärmenutzung berücksichtigt. Daraus abgeleitet wurde das technische Abwärmepotential in Bezug auf den Gesamtenergiebedarf der jeweiligen Branche. Als Ergebnis wurden für die Nahrungsmittelindustrie ein Abwärmeanteil von ca. 6 %, für die Papierindustrie von ca. 20 %, für die Kokerei und Mineralölverarbeitung von ca. 14 % und für die Eisen- und Stahlindustrie von ca. 25 % ermittelt.

(Grote et al. 2015) benutzt für seine Potentialabschätzung Studien aus unterschiedlichen Ländern (z. B. Österreich, Schweiz, Schweden, USA, Türkei, Italien) und fasst das ermittelte Abwärmepotential zusammen.

Tabelle 7.17: Technisches/wirtschaftliches Abwärmepotential für Deutschland nach (Pehnt & Bödeker 2010)

Bezeichnung nach AG Energiebilanzen	Primärenergieverbrauch in [TJ]	Primär- und Sekundärenergieverbrauch in [TJ]	Anteil an Abwärme über 140 °C an Primär- und Sekundärenergie	Abwärme über 140 °C an Primär- und Sekundärenergie in [TJ]
Metallerzeugung	219.021	561.846	30 %	168.544
Grundstoffchemie	205.904	460.104	8 %	36.808
Papiergewerbe	139.814	242.643		
Verarbeitung v. Steinen u. Erde	114.291	221.802	40 %	88.721
Ernährung und Tabak	108.196	204.328		
Sonstige Wirtschaftszweige	92.550	215.970		
Glas und Keramik	63.441	92.501	3 %	2.775
Metallbearbeitung	50.335	114.476	3 %	3.434
NE-Metalle, -Gießereien	40.522	133.674	3 %	4.010
Fahrzeugbau	39.813	131.117	3 %	3.993
Sonstige chemische Industrie	37.878	91.138	3 %	2.734
Maschinenbau	29.610	84.435	3 %	2.533
Gummi- und Kunststoffwaren	20.774	81.298	3 %	2.439
Gewinnung von Steinen und Erden, sonst. Bergbau	5.412	17.777		
Summe	**1.167.562**	**2.653.101**		**316.001**

Für die Berechnung der Potentiale wurden folgende Annahmen bezogen auf das Jahr 2015 getroffen:

1) Die Energiebilanzen der AG Energiebilanzen wird als Ausgangsbasis für die Aufteilung des Endenergieverbrauches auf die unterschiedlichen Energieträger und Branchen genommen.
2) Als gemittelter Anteil an Prozesswärme am Endenergieverbrauch wurde 66,8 % ermittelt.
3) Auf Basis der Studienauswertung wurde der nutzbare Anteil an Abwärme von der Prozesswärme mit 60 % abgeschätzt.
4) Im Weiteren wird angenommen, dass der Wärmeverlustanteil 10 % beträgt, d. h. die effektiv nutzbare Abwärmemenge 90 % beträgt.

Daraus ergibt sich auf eine theoretisch nutzbare Abwärmemenge von 36 % des gesamten Endenergieverbrauchs des Sektors. Die Abschätzung entspricht einem theoretischen Potential, d. h., die technische Machbarkeit und das Temperaturniveau werden nicht berücksichtigt.

(Brückner 2016) stellt für ihre Abwärmepotentialermittlung einen Zusammenhang zwischen Abwärmepotentialen und Emissionswerten der Industrie in Deutschland her. Nach der BundesImmissionsSchutzVerordnung (BImSchV) sind Industriebetriebe mit genehmigungspflichtigen Anlagen verpflichtet, alle vier Jahre eine Emissionserklärung abzugeben. Da es sich bei den genutzten Daten nicht um Werte zum Abwärmeaufkommen handelt, werden diese auf Plausibilität und Verwendbarkeit der einzelnen Datensätze geprüft und ggf. korrigiert, d. h., die Daten zu Abgastemperatur, Volumenstrom und Eingangsenergie werden teil-automatisiert hinsichtlich Plausibilität und Verwertbarkeit geprüft und ggf. korrigiert. Aus der Auswertung hat Brückner für die einzelnen Sektoren Abwärmefaktoren gewonnen, die in Tabelle 7.18 zusammengefasst sind. Der angegebene Abwärmefaktor bezieht sich auf den Brennstoffeinsatz des jeweiligen Sektors.

Die so entwickelte Methode ist bei gegebenen Brennstoffeinsatz auf andere Jahre übertragbar und liefert eine untere Grenze des Abwärmeaufkommens. Für das Jahr 2008 liegt dieses, basierend auf den ausgewerteten Betrieben, bei 127 PJ für Deutschland, wenn die Abwärme bis 35 °C genutzt werden kann. Hierbei wurden Abwärme aus Abwässern, Strahlungswärme oder andere nicht innerbetriebliche Abwärmequellen nicht betrachtet.

Tabelle 7.18: Auswertung von Emissionswerten gewonnen aus Abwärmefaktoren für einzelne Sektoren nach WZ 2008 von (Brückner 2016)

WZ 2008	Sektorbezeichnung	Abwärmefaktor
10	Herstellung von Nahrungs- und Futtermitteln	0,10
11	Getränkeherstellung	0,14
12	Tabakverarbeitung	0,12
13	Herstellung von Textilien	0,29
14	Herstellung von Bekleidung	0,06
15	Herstellung von Leder, Lederwaren und Schuhen	0,2
16	Herstellung von Holz-, Flecht-, Korb- und Korkwaren (ohne Möbel)	0,1
17	Herstellung von Papier, Pappe und Waren daraus	0,09
18	Herstellung von Druckerzeugnissen, Vervielfältigung von Ton-, Bild- und Datenträgern	0,03
20	Herstellung von chemischen Erzeugnissen	0,09
21	Herstellung von pharmazeutischen Erzeugnissen	0,03
22	Herstellung von Gummi- und Kunststoffwaren	0,17
23	Herstellung von Glas und Glaswaren, Keramik, Verarbeitung von Steinen und Erden	0,15
24	Metallerzeugung und -bearbeitung	0,19

WZ 2008	Sektorbezeichnung	Abwärmefaktor
25	Herstellung von Metallerzeugnissen	0,19
26	Herstellung von Datenverarbeitungsgeräten, elektronischen und optischen Erzeugnissen	0,18
27	Herstellung von elektronischen Ausrüstungen	0,31
28	Maschinenbau	0,16
29	Herstellung von Kraftwagen und Kraftwagenteilen	0,12
30	Sonstiger Fahrzeugbau	0,38
31	Herstellung von Möbeln	0,12
32	Herstellung von sonstigen Waren	0,08
33	Reparatur und Installation von Maschinen und Ausrüstung	0,05

7.4.2 Abwärmepotential in der Industrie für die externe Nutzung

Das Ziel dieser Analyse ist die Bewertung der Nutzungsmöglichkeiten von Abwärme insbesondere hinsichtlich deren externen Nutzung, d.h. die innerbetrieblichen Bemühungen energieeffizient zu sein, werden vorausgesetzt. Zur Beantwortung dieser Frage wird ein zweischrittiger Ansatz gewählt. Zunächst wurde anhand einer Literaturrecherche (vgl. auch Kapitel 7.2 und Kapitel 7.4.1) das nutzbare Abwärmepotential in der Industrie abgeschätzt. Im zweiten Schritt wird dieses Abwärmepotential mit den Produktionsmengen oder dem Produktionsvolumen gewichtet und anteilig nach Temperaturniveau differenziert.

Die Industrie weist hinsichtlich des Energieverbrauchs und der nutzbaren Abwärmeströme eine hochgradig diversifizierte Struktur auf. Der Energieverbrauch, die Abwärme und deren Temperaturniveaus sind in starker Weise an den jeweiligen Produktionsprozess gekoppelt. Daher muss die Abschätzung des Abwärmepotentials aufgeschlüsselt nach Produktkategorien erfolgen. Die Systemgrenze der Bewertung ist die Liegenschaft eines Produktionsbetriebs. Die Potentialbetrachtung bilanziert die extern nutzbaren Abwärmeströme. Hierbei werden lediglich Abwärmeströme bilanziert, für die es im Bereich der Liegenschaft keine Verwendungsmöglichkeiten mehr gibt. Damit wird der internen Abwärmenutzung Vorrang erteilt. Die interne Nutzung ist zu präferieren, da diese aufgrund der hohen Gleichzeitigkeit von Abwärmeverfügbarkeit und Wärmebedarf und der großen örtlichen Nähe von Wärmequelle und Wärmesenke in der Regel die volkswirtschaftlich kostenminimierende Option ist.

Zur Abschätzung des extern nutzbaren Abwärmepotentials werden industrielle Energieaudits, Pinch-Analysen, Best Practice Beispiele und aggregierende Studien zur Abwärmeverfügbarkeit in der Industrie ausgewertet. Pinch-Analysen (vgl. Abschnitt 5.3.1) sind für diese Betrachtung besonders wertvoll, da diese eine Aussage über das energetische Optimum des Produktionsprozesses treffen. Die Auswertung dieser Analysen ermöglicht neben der Abschätzung der Abwärmemenge auch die Aufgliederung der Abwärme nach Temperaturniveaus. Diese Aufgliederung ist für die Nutzung der Abwärme in Wärmenetzen von Bedeutung. Auf diese Weise kann differenziert werden, ob die Abwärme direkt in ein Wärmenetz eingespeist werden kann oder ob eine Temperaturanhebung mittels Wärmepumpe notwendig ist. Zudem wird die Abwärme in die Quellkategorien Klima-/Kälteanlagen, Druckluftanlagen und Prozessabwärme eingeteilt. Damit können die Kosten der Wärmequellenerschließung genauer abgeschätzt werden.

Die gewählte Methodik ist in Bild 7.14 schematisch dargestellt. Die Grafik zeigt die genutzten Daten, deren methodische Verarbeitung und die daraus generierten Ergebnisse. Die Auswertung von Literaturdaten und des Datenbestands führt zu branchenbezogenen Kennzahlen zur extern nutzbaren Abwärmemenge, zur Temperatur und zur Quellenkategorie wie sie in Kapitel 7.2 für die verschiedenen Branchen der Industrie beschrieben sind.

Um diese Kennzahlen übertragbar zu machen, werden sie auf das Produktionsvolumen oder den Produktionswert der hergestellten Waren bezogen. Zwischen der Abwärmeverfügbarkeit und Produktmenge besteht unter den statistisch erfassten Größen die ausgeprägteste Korrelation. Sind keine Daten zur Produktmenge vorhanden, so werden die Abwärmekennzahlen auf den Produktionswert bezogen. Daraus folgen mengenspezifische Abwärmekennzahlen, die auf die statistischen Daten der eurostat PRODCOM Datenbank (Eurostat 2019) oder von Destatis (destatis 2019) angewendet werden, um die extern nutzbaren Abwärmepotentiale für Deutschland abzuschätzen. Ein analoges Vorgehen kann für die anderen europäischen Länder vorgenommen werden.

Im Kapitel 7.2 werden die spezifischen Kennzahlen für unterschiedliche Branchen der Industrie sowohl bezogen auf Produktionswert als auch auf Produktionsmenge genannt (vgl. beispielsweise Tabelle 7.1 für die Nahrungsmittelindustrie). Für die Mehrzahl der betrachteten Branchen wird die Abwärmekennzahl bezogen auf den Produktionswert verwendet. Ist dieser nicht angegeben (gekennzeichnet mit k. A.), so wird die Produktionsmenge verwendet. Das Entscheidungskriterium für die Verwendung der Kennzahl ist die Datenverfügbarkeit in der PRODCOM Datenbank. Bei der Abschätzung des Potentials für die extern nutzbare Abwärme wird durch den branchenspezifischen Ansatz, bei einer Übertragung der Zahlen auf andere Länder, die Industriestruktur des jeweiligen Landes berücksichtigt. Hierbei wird jedoch die Annahme getroffen, dass die Produktionsprozesse in den betrachteten Ländern hinreichend ähnlich sind.

Für die Aufteilung der Abwärmepotentiale nach Temperaturniveau wird das Gesamtpotential einer Branche mit den in Kapitel 7.2 aufgelisteten Anteil der nutzbaren Abwärmepotentiale in [%] nach Temperaturniveaus (vgl. beispielsweise Tabelle 7.2 für die Nahrungsmittel- und Getränkeindustrie) multipliziert. Damit kann dann neben der Gesamtsumme des externen nutzbaren Abwärmepotentials über alle Branchen auch eine Aussage getroffen werden, wie viel Abwärmepotential mit einem gewissen Temperaturniveau oder in einem gewissen Temperaturbereich zur Verfügung steht.

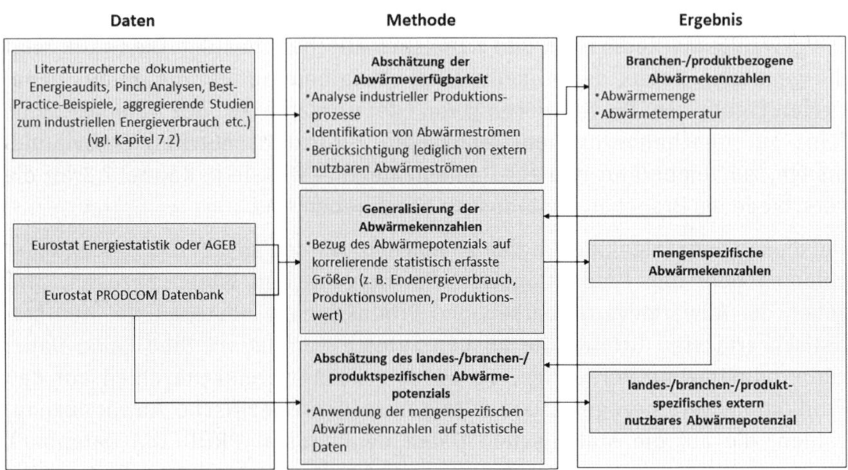

Bild 7.14: Methodik zur Abschätzung des extern nutzbaren Abwärmepotentials

Wird die Methodik auf Deutschland angewendet, so ergibt sich damit für den Industriesektor von Deutschland und das Jahr 2015 die in Bild 7.15 dargestellte Verteilung der nutzbaren Abwärme nach Temperaturniveau und Branche. Das extern nutzbare Abwärmepotential beträgt hierbei ca. 301 PJ. Davon sind 196,7 PJ oder ca. 65 % vom Gesamtpotential an Abwärme bis zu einem Temperaturniveau von 120 °C verfügbar. Hinsichtlich der Branchen bzw. Güter ist die mögliche nutzbare Abwärmemenge korreliert mit dem Endenergieverbrauch in den jeweiligen Branchen, d. h., dass tendenziell die Branchen mit einem hohen Endenergieverbrauch auch entsprechend hohe Abwärmepotentiale aufweisen. Entsprechend ergibt sich das größte externe nutzbare Abwärmepotential von ca. 82 PJ im Bereich der Eisen-/Stahlherstellung. Gefolgt von den Produkten der chemischen Industrie mit 44 PJ, der Nahrungsmittelbranche mit 36 PJ, der Papier- und Pappe-Herstellung mit 32 PJ und der Mineralölverarbeitung mit 30 PJ.

Wird das Abwärmepotential nach Anwendung aufgeteilt, so ergibt sich die in Bild 7.16 dargestellte Aufteilung. Das größte Abwärmepotential von 228 PJ ergibt sich aufgrund von Prozessen der Prozesswärmeerzeugung. Die Abwärme aus Prozessen der Klimakälte beträgt rund 23,5 PJ, gefolgt von der Abwärme der Prozesskälte mit 18,1 PJ. Auf die Abwärme von Druckluftanlagen entfallen zusätzlich noch 15,6 PJ. Entsprechend kann die gesamte Abwärme der Klimakälte nur mittels Wärmepumpen genutzt werden. Im Bereich der Abwärme bis 60° ergibt sich damit ein nutzbares Abwärmepotential mit Wärmepumpen von 112 PJ. Da hiervon 50 % der Abwärme aus den Bereichen Druckluft- und Kälteanwendungen stammen, wird ersichtlich wie wichtig die Abwärmenutzung bei diesen Querschnittstechnologien ist. Im Bereich der LowEX-Fernwärmenetze (60–80 °C) ergibt sich eine direkte Einspeisemenge von 31 PJ. Bzgl. der direkten Einspeisung der Abwärme in derzeit herkömmliche oder klassische Fernwärmenetze im Temperaturbereich von 80 °C bis 140 °C könnten 63 PJ direkt eingespeist werden. Über 140 °C steht ein Abwärmepotential von rund 78 PJ zur Verfügung.

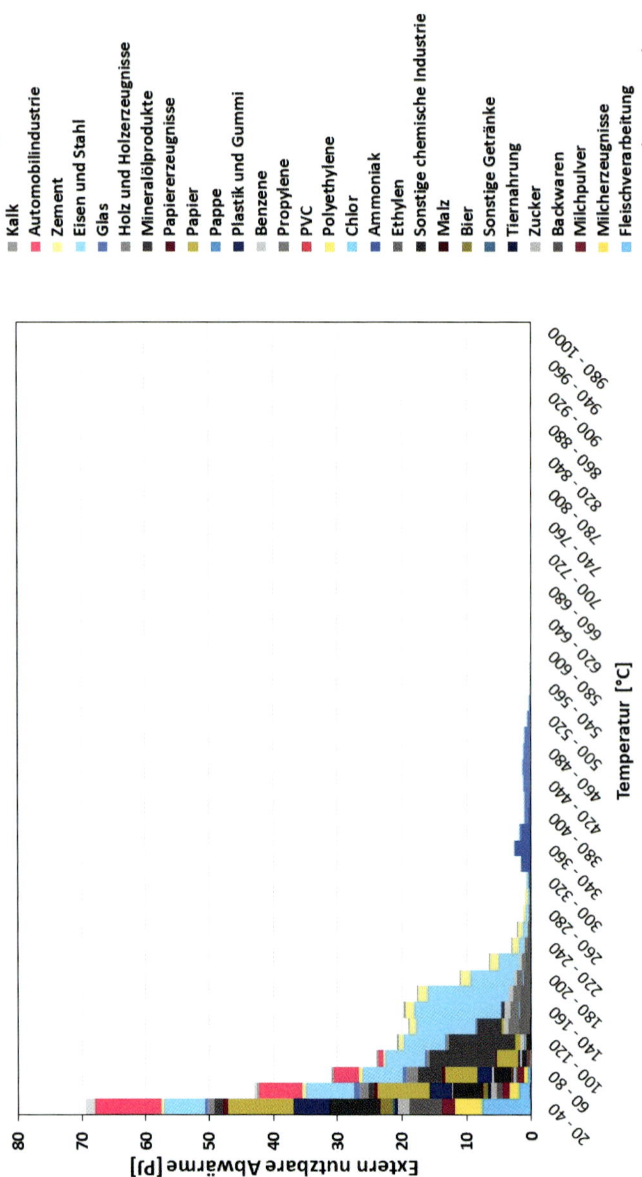

Bild 7.15: Verfügbare externe nutzbare Abwärme nach Branche und Temperaturniveau in Deutschland 2015

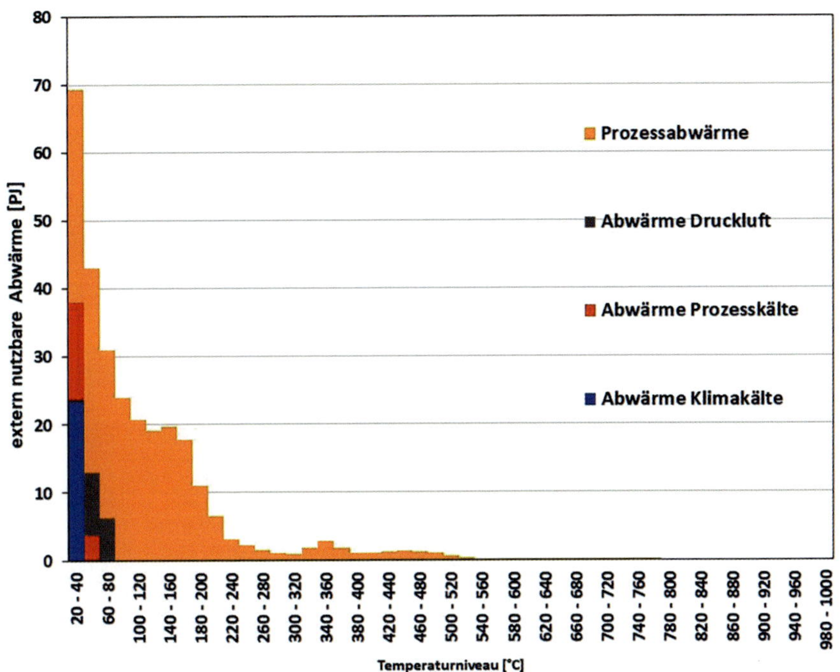

Bild 7.16: Verfügbare extern nutzbare Abwärme nach Anwendung und Temperaturniveau in Deutschland 2015

8 Innovation

Die unterschiedlichsten Arten der Wärmenutzung und der Bereitstellung von Wärme sind seit Jahrtausenden etabliert und haben einen wichtigen Beitrag zur wirtschaftlichen Entwicklung der Menschheit beigetragen. Auch wenn sich an den Grundsätzen der Wärmeübertragung und den Wärmeübertragungsmechanismen nichts verändert hat, so sind dennoch Fortschritte und Entwicklungen zu verzeichnen. In der Praxis kommt es neben der grundsätzlichen Machbarkeit insbesondere auch auf die Umsetzung an, denn diese ist aufgrund begrenzter Ressourcen nicht immer sinnvoll oder realisierbar. Die Ressourcenknappheit wird dabei stets durch die monetäre Bewertung repräsentiert, entsprechend kann mithilfe der Wirtschaftlichkeitsbetrachtung über die Möglichkeiten und Grenzen der Wärmenutzung entschieden werden. In das Ergebnis einer Wirtschaftlichkeitsrechnung gehen dabei sowohl die thermodynamischen Grundlagen (unveränderbar) sowie weitere veränderliche Kostenfaktoren, beispielsweise für Material, Arbeit und Energie, für geografische und zeitliche Aspekte (Entfernung, Verfügbarkeit) oder wirtschaftliche Parameter (Inflation, Zinssätze, Risikobewertung) ein.

Als Innovation bezeichnet man dabei Neuerungen, die mit einem Wandel im technischen, sozialen oder wirtschaftlichen Bereich einhergehen. Der Begriff Innovation wurde durch den österreichischen Wirtschaftswissenschaftler Josef Schumpeter geprägt (Schumpeter, 1961), der mit diesem Begriff die Wandlung und Neukombination der Produktionsfaktoren hin zu einem neuen Ergebnis beschrieben hat. Dabei kann Innovation sowohl aus Perspektive der Welt oder eines Unternehmens oder Individuums betrachtet werden. Innovation müssen zudem nicht nur neuartig sein, sondern es muss auch ein Bedarf für diese Neuerung vorhanden sein.

Meist werden Innovationen in drei Hauptkategorien eingeteilt:

- Produkt- oder Service-Innovationen
- Verfahrens- oder Prozess-Innovationen
- Methodische Innovationen
  - Geschäftsmodelle
  - Führung und Organisation.

Innovationen entstehen häufig durch Forschung und Entwicklung. Die Ergebnisse der Forschung und Entwicklung spiegeln sich häufig in der Patentierung der Ergebnisse wider. Mithilfe von Patenten lassen sich die Investitionen in Forschung und Entwicklung sichern und in einen Mehrwert verwandeln. Patente können deshalb als geeigneter Indikator für die Weiterentwicklung in einzelnen Technologiefeldern betrachtet werden, insbesondere auch deshalb, da die Qualität der Innovation extern im Rahmen des Antragsprozesses durch das Patentamt validiert wird.

Im Folgenden wird deshalb ein kurzer Überblick über die Patentaktivitäten im Bereich Wärmeübertrager gegeben, bevor auf einzelne Aspekte der Technik und auf aktuelle Forschungsprojekte eingegangen wird.

8.1 Patente

Für die Analyse von Patenten gilt es in einem ersten Schritt die relevanten Patentklassen für Wärmeübertrager zu identifizieren. Allerdings verbleiben stets Unsicherheiten, da vielfach Innovationen im Bereich der Materialien und der mechanischen Fertigung nicht der Patentklasse der Wärmeübertrager zugeordnet werden. Meist liefert die Analyse der entsprechenden Patentklassen jedoch einen guten Einblick in die relevanten Bereiche, die Länder mit großen Aktivitäten und die Bedeutung insgesamt.

Um eine einheitliche Zuordnung zu ermöglichen, gibt es die umfangreiche Internationale Patent Klassifikation (IPC). Diese Klassifikation ist sehr fein untergliedert und enthält für Wärmeübertrager die beiden folgenden Hauptklassifikationen:

- F28D

  Heat exchange apparatus, not provided for in another subclass, in which the heat exchange media do not come into direct contact

- F28F

  Details of heat exchange or heat transfer apparatus, of general application

Beide Patentklassen haben eine weitere Detaillierung (IPC, 2020). Eine überarbeitete Klassifikation trat am 1. 1. 2020 in Kraft. Für die Analyse der Patentanmeldungen wurde die Patentdatenbank des Europäischen Patentamtes Espacenet genutzt, die unter der Webadresse *https://worldwide.espacenet.com* kostenlos genutzt werden kann. Mithilfe der Datenbank wurde für die beiden Patentklassen F28F und F28D die Anzahl der jährlichen Patentveröffentlichungen ausgewertet (siehe Bild 8.1). Zu erkennen ist ein kontinuierlicher Anstieg der Veröffentlichungen mit einer sprunghaften Zunahme der Veröffentlichungen in den letzten drei Jahren.

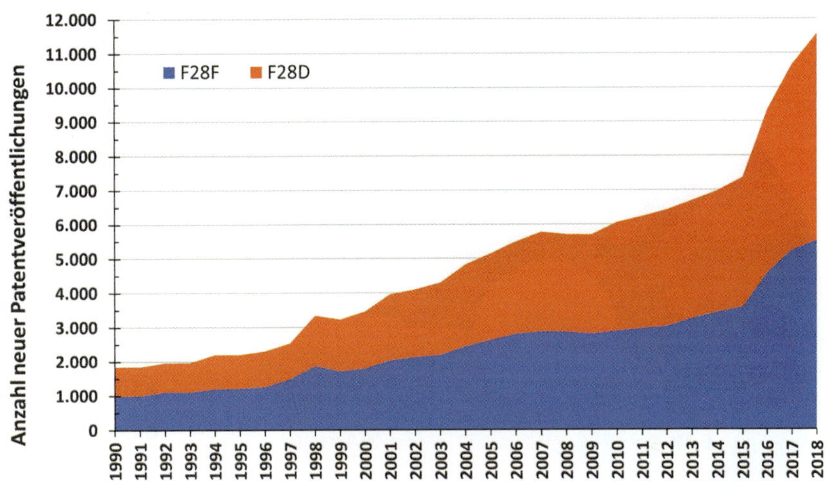

Bild 8.1: Anzahl neuer Patentanmeldungen nach Patentklasse

Neben der Anzahl der Patente können die Anmeldungen auch nach dem Herkunftsland der Erfinder ausgewertet werden. Typischerweise werden viele Patente aus Ländern angemeldet, in denen umsatzstarke Unternehmen ansässig sind. Bild 8.2 zeigt die Aufteilung der Anmeldungen nach den wesentlichen Herkunftsländern der Erfinder. Mehr als 50 Prozent aller veröffentlichten Patente hatten demnach einen Erfinder aus den Vereinigten Staaten von Amerika, Deutschland oder Japan. Während die USA und Japan den Anteil von erfolgreichen Patentanmeldungen zwischen 1990 und 2018 halten konnten, sank der Anteil von Deutschland an den Veröffentlichungen kontinuierlich von 30 auf 13,2 %. Die Länder Korea, Taiwan und China, die im Jahr 1990 praktisch noch keine Rolle bei den Patenten in dieser Gruppe spielten, konnten demgegenüber ihre Anteile deutlich ausweiten. So entfielen auf Korea 8,4%, Taiwan 2,8 % und auf China 3,9 % der Patentveröffentlichungen.

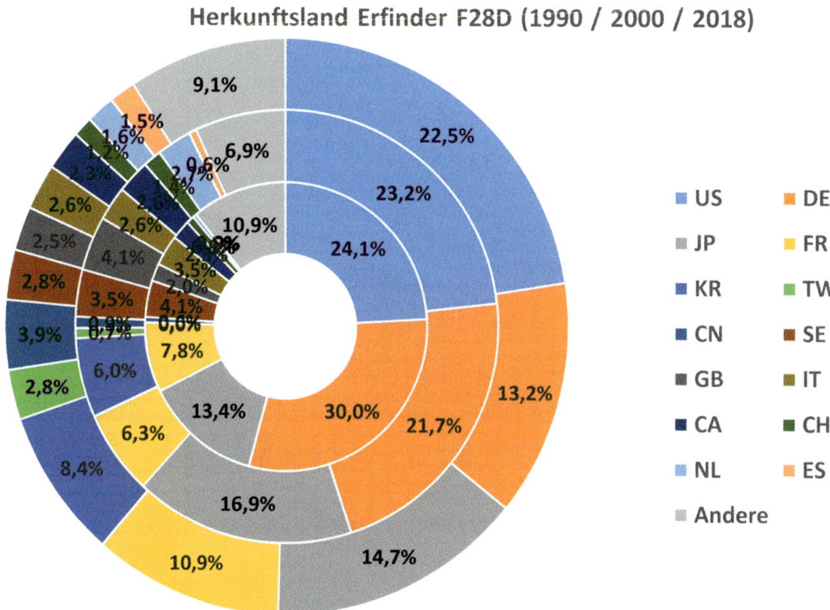

Bild 8.2: Herkunftsland der Erfinder von Patentveröffentlichungen in der Klasse F28D in den Jahren 1990 (innen), 2000 (Mitte) und 2018 (außen) (Quelle Europäisches Patentamt, eigene Auswertung und Darstellung)

Analysiert man zudem die Liste der Unternehmen mit den meisten Patentveröffentlichungen, so müsste sich zum einen die Länderverteilung in den Anmeldeunternehmen widerspiegeln und zudem kann ggf. anhand der Unternehmen eine Zuordnung zu den Einsatzbereichen der Wärmeübertrager vorgenommen werden. Tabelle 8.1 führt die 20 Unternehmen mit den meisten Patentveröffentlichungen in der Patentklasse F28D auf. Erwartungsgemäß tauchen in dieser Liste insbesondere Unternehmen aus den USA (2), Japan (9), und Deutschland (5) auf, wobei zu berücksichtigen ist, dass es sich bei Nippon Denso und Denso Corp. als auch bei Behr GmbH & Co. KG und Behr GmbH & Co. jeweils um die gleichen Konzerne handelt.

Tabelle 8.1: Die 20 Unternehmen mit den meisten Patentveröffentlichungen in der Patentklasse F28D (Quelle: Espacenet, eigene Auswertung)

Unternehmen	Anzahl veröffentlichte Patente	Anwendungsfelder	Land
Denso Corp.	1102	Automobil	JP
Behr GmbH & Co. KG	795	Automobil	DE
Mitsubishi Electric Corp.	677	Lüftung-Klima	JP
Valeo Systemes Thermiques	656	Automobil	FR
Matsushita Electric Ind Co Ltd	574	Lüftung-Klima	JP
Modine Mfg Co	571	Automobil/ Lüftung-Klima	US
Hitachi Ltd.	535	Lüftung-Klima	JP
Asia Vital Components	459	Elektronik	CN
Foxconn Tech Co Ltd.	411	Elektronik	CN
Mahle Int GmbH	377	Automobil	DE
Mitsubishi Heavy Ind Ltd.	360	Industrie	JP
Showa Aluminium	354	Industrie	JP
Gen Electric	345	Kraftwerke/ Lüftung-Klima	US
Furukawa Electric Co Ltd.	342	Lüftung-Klima	JP
Behr GmbH & Co.	322	Automobil	DE
Linde AG	325	Industrie	DE
Daikin Ind Ltd.	315	Lüftung-Klima	JP
LG Elektronics Inc	311	Lüftung-Klima/ Elektronik	KR
Siemens AG	298	Kraftwerke	DE
Nippon Denso	296	Automobil	JP

Ordnet man die Patentveröffentlichungen den Tätigkeitsfeldern der 20 Unternehmen mit den meisten Veröffentlichungen zu, so entfallen 41 % der Veröffentlichungen auf den Sektor Automobil und 34 auf den Sektor Lüftung und Klima, vgl. Bild 8.3. Auf den Bereich der Industrie entfielen demgegenüber nur 11 % der Veröffentlichungen.

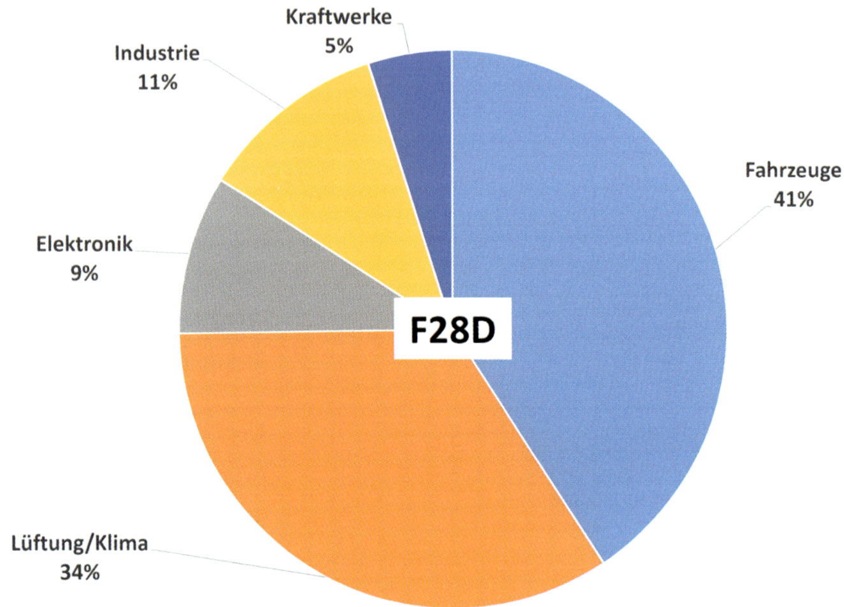

Bild 8.3: Patentveröffentlichungen in der Klasse F28D nach Anwendungsfeldern (Quelle Espacenet, eigene Auswertung)

Insbesondere in den Märkten mit großen Stückzahlen gleichartiger Wärmeübertrager werden durch die Unternehmen Patente angemeldet. Im Bereich der Industrie, in dem meist kleine Stückzahlen mit großer technischer Vielfalt individuell angepasst werden, erscheint es deutlich weniger attraktiv Patente anzumelden, insbesondere auch wegen der Kosten für die Patentierung.

Die Patentklasse F28D für Wärmeübertrager ist in 12 Patentunterklassen unterteilt. Die prozentuale Verteilung der Patentveröffentlichungen auf die Patentunterklassen zeigt Bild 8.4. Die meisten Veröffentlichungen entfallen auf die Unterklassen D1 (20%), D7 (19%), D15 (14%) und D20 (11%). Die Unterklasse D21 ist dabei unspezifisch und umfasst als Veröffentlichungen, die nicht einer anderen Untergruppe zugeordnet wurden. Die Klasse D1 umfasst dabei die Wärmeübertrager, die auf einer Seite eine große Menge Medium aufweisen, beispielsweise Fahrzeugkühler, D7 die klassischen Rohrwärmeübertrager mit einen Fluid auf der Innen- und einem auf der Außenseite (Hinweis: Plattenwärmeübertrager in Unterklasse D9), D15 Wärmeübertrager mit einem geschlossenen Zwischenkreis, wie sie typisch für Lüftungs- und Klimasysteme sind und D20 die regenerativen Wärmeübertrager mit fester Speichermasse (Hinweis: Rotationswärmeübertrager in Unterklasse D11).

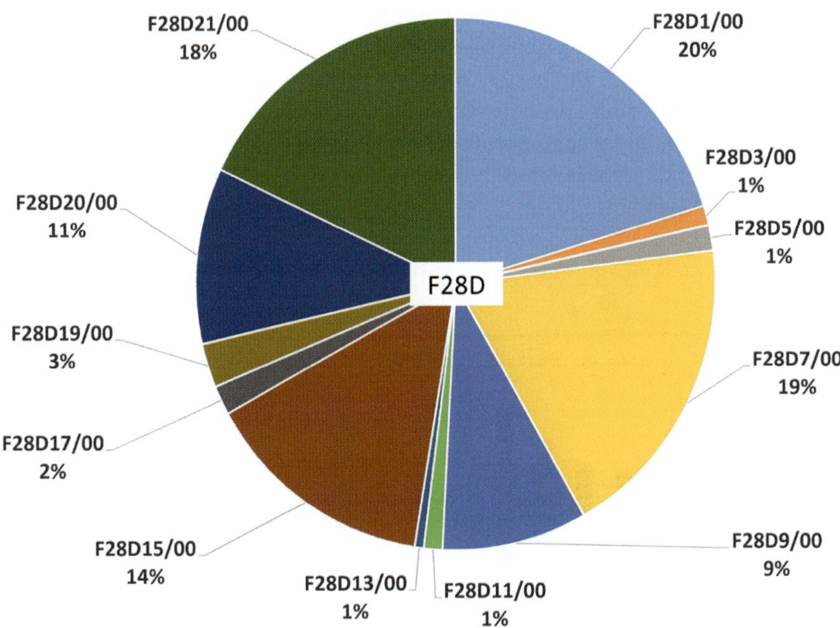

Bild 8.4: Anteil der Veröffentlichungen in den Unterklassen von F28D (Quelle: Espacenet, eigene Auswertung)

Damit deckt sich die Aufteilung nach Patentunterklassen mit der vorherigen Analyse, dass ein Großteil der Patentaktivitäten auf die Massenmärkte Automobil und Lüftung und Klima entfallen.

8.2 Produktion und Außenhandel mit Wärmeübertragern

Wärmeübertrager sind Produkte, die in einer großen Stückzahl für eine Vielzahl von Anwendungen hergestellt werden. Die Europäische Statistikbehörde Eurostat stellt für eine große Vielzahl von Produkten statistische Angaben zur Produktion, zum Export und zum Import von Gütern zur Verfügung. Diese Daten werden in der Prodcom Datenbank unter der Schlüsselnummer 28251130 – Wärmeaustauscher gelistet. Ausgewertet wurden die Daten für die Jahre 2000 bis 2018.

In Bild 8.5 ist die Anzahl der in der Europäischen Union produzierten Wärmeübertrager für die wesentlichen Herstellländer dargestellt. Derzeit werden in der EU jährlich ca. 4,5 Milliarden Wärmeübertrager jährlich produziert. Deutlich zu erkennen, ist der sprunghafte Rückgang der Produktion nach der Finanzkrise Ende 2008. Die vier Hauptproduktionsländer in der Europäischen Union sind Deutschland, Frankreich, Italien und Schweden, auf die mehr als 85 % der Gesamtproduktion entfallen.

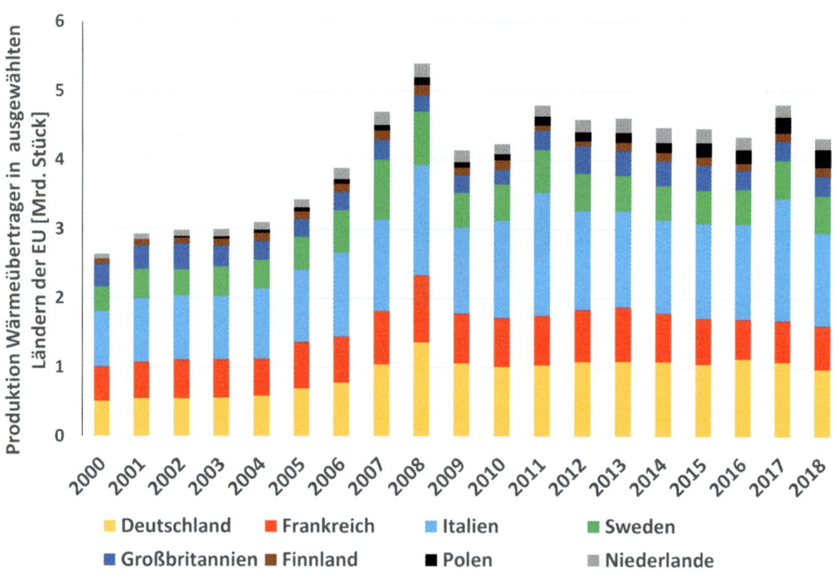

Bild 8.5: Produktion von Wärmeübertragern in ausgewählten Ländern der EU (Quelle Eurostat Prodcom Datenbank, eigene Auswertung und Darstellung)

Für den wichtigen Markt Deutschland zeigt Bild 8.6 die Produktionszahlen, Export und Import von Wärmeübertragern. Als Summe von Produktion und Import abzüglich des Exports ergibt sich die Anzahl der in Deutschland abgesetzten Wärmeübertrager. Auch für Deutschland ist der massive Einbruch der Produktion im Zusammenhang mit der Finanzkrise zu erkennen. Die Produktion ist zudem deutlich größer als der Bedarf in Deutschland, d. h. ein großer Teil der in Deutschland gefertigten Produkte wird exportiert. In Deutschland werden jährlich ca. 600–800 Millionen Wärmeübertrager abgesetzt.

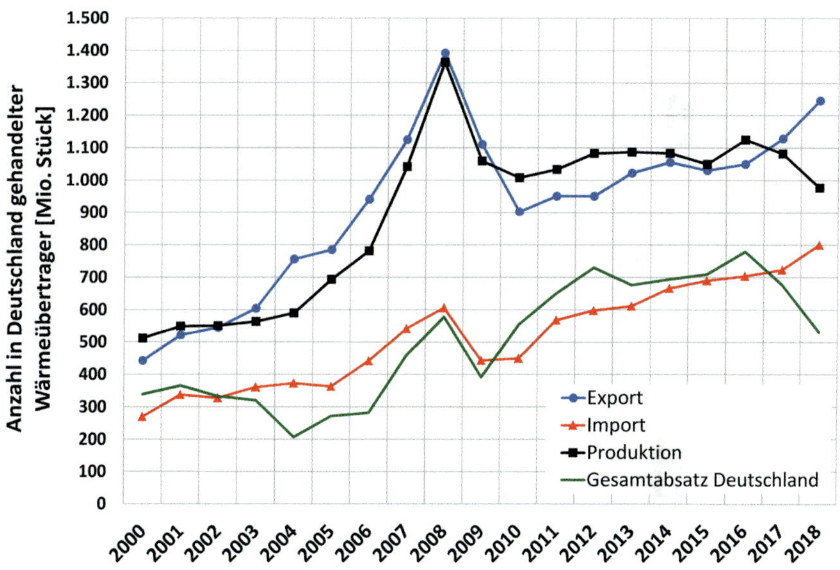

Bild 8.6: Produktion, Export und Import von Wärmeübertragern in Deutschland (Quelle: Eurostat Prodocom Datenbank, eigene Auswertung und Darstellung)

In den Jahren 2016 bis 2018 ging die Produktion von Wärmeübertragern in Deutschland erneut deutlich zurück bei gleichzeitig steigenden Exportzahlen. Auffällig ist der deutliche Rückgang des Absatzes in Deutschland, obwohl man eigentlich aufgrund der Energiewende und den Förderprogrammen für die Abwärmenutzung eher eine Steigerung der Nachfrage nach Wärmeübertragern erwarten würde.

Ergänzend kann man die Preisentwicklung für einen durchschnittlichen Wärmeübertrager anhand der Angaben des Statistischen Bundesamtes ermitteln.

Im Güterverzeichnis für die Produktionsstatistiken (GP2019) sind in der Abteilung 28 Maschinen die in Tabelle 8.2 zusammengefassten Meldenummern angegeben:

Tabelle 8.2: Meldenummern für Wärmeaustauscher

Meldenummer	Bezeichnung
2825 11 302	Wärmeaustauscher für lufttechnische Anlagen
2825 11 303	Wärmeaustauscher für die chemische und verwandte Industrie
2825 11 303	Wärmeaustauscher für die Nahrungs- und Getränkeindustrie
2825 11 303	Wärmeaustauscher für andere Industrie

Die Entwicklung der Durchschnittspreise für Wärmeübertrager nach Anwendungsfall sind in Bild 8.7 dargestellt. Deutlich erkennt man die überdurchschnittlich hohen Preise für Wärmeübertrager für die chemische Industrie und verwandte Industrien. Zu beachten ist, dass diese auf der rechten Achse dargestellt sind. Sie lagen in den letzten zehn Jahren zwischen 20.000 und 30.000 Euro pro Wärmeübertrager und damit mehr als zehnmal so hoch wie die Durchschnittspreise für die drei übrigen Kategorien (linke Achse), was neben der Größe auch auf die besonderen Anforderungen an die Korrosionsfestigkeit, die Temperaturen und Betriebsdrücke zurückzuführen sein dürfte. Auffällig ist der starke Preisanstieg im Bereich der Nahrungs- und Getränkeindustrie. Relativ konstant blieb der Durchschnittspreis für Wärmeübertrager in den Bereichen lufttechnische Anlagen und Wärmeübertrager für andere Industrien, aufgrund der allgemeinen Inflation entsprechend ein Rückgang der Preise, was auf einen hohen Wettbewerbsdruck in diesen Segmenten schließen lässt.

Insgesamt produzieren in Deutschland lediglich rund 100 Unternehmen Wärmeübertrager. Da die Gesamtzahl der Unternehmen in den letzten Jahren nahezu konstant geblieben ist (vgl. Bild 8.8), können die deutlichen Preisänderungen nur durch Änderungen im Hinblick auf Importe und Exporte erklärt werden.

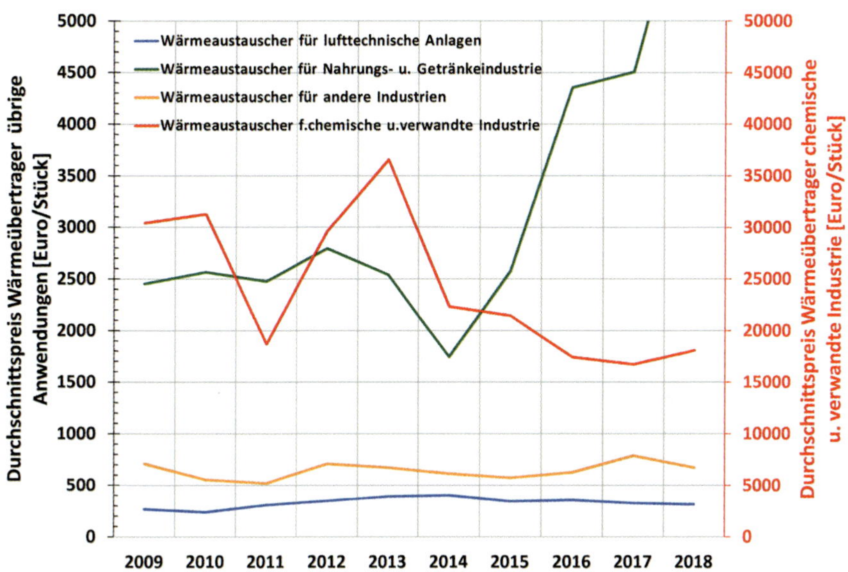

Bild 8.7: Durchschnittspreise für Wärmeübertrager nach Anwendungsbereich (Quelle: Statistisches Bundesamt, eigene Auswertung und Darstellung)

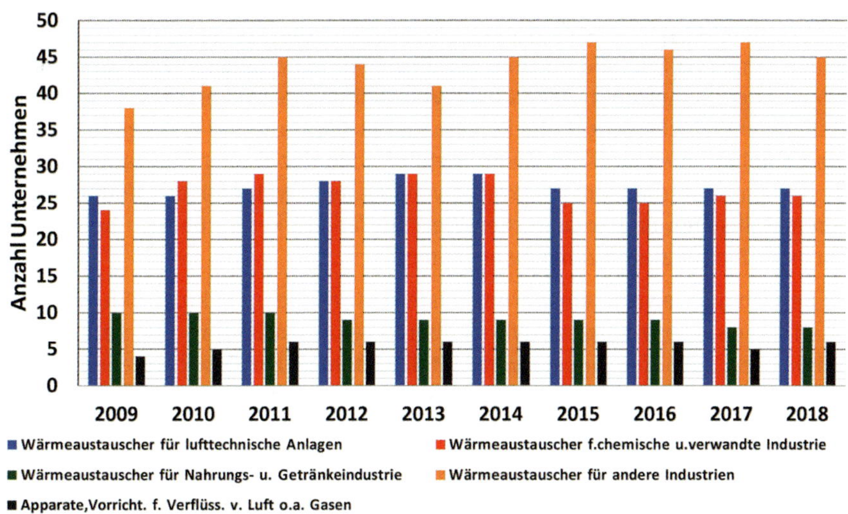

Bild 8.8: Anzahl Hersteller von Wärmeübertragern in Deutschland (Quelle: Statistisches Bundesamt, eigene Auswertung und Darstellung)

Insbesondere die Zunahme von Patentveröffentlichungen von koreanischen, taiwanesischen und chinesischen Unternehmen (vgl. Bild 8.2) und damit die Marktrelevanz der Akteure dürften hier einen maßgeblichen Einfluss gehabt haben.

8.3 Neue Materialien

Die Kosten von Wärmeübertragern werden zu einem erheblichen Teil durch die Materialkosten für den Wärmeübertrager bestimmt. Neue Materialien für die Herstellung von Wärmeübertragern müssten demnach entweder günstiger sein als die typischerweise verwendeten Materialien Aluminium, Kupfer bzw. Stahl oder sonstige Alleinstellungsmerkmale aufweisen.

Im Bereich der neuen Materialien sind hier insbesondere kohlefaserverstärkte Kunststoffe (CFK) zu nennen, mit denen leichte und stabile Wärmeübertrager hergestellt werden können. Zudem kann auch die besondere Eigenschaft der richtungsabhängigen Wärmeleitfähigkeit effizienzsteigernd genutzt werden. Auch Grafit gewinnt als Material für Wärmeübertrager, insbesondere im Bereich aggressiver Medien und hoher Temperaturen, zunehmend an Bedeutung. In der Verbindung mit der Ausbildung von Kohlenstoffnanoröhren lässt sich zudem eine hohe Wärmeleitfähigkeit des Materials erreichen.

Große Bedeutung dürfte in der Zukunft auch dem intelligenten Verbund mehreren Materialien in einem Wärmeübertrager, insbesondere von metallischen mit nichtmetallischen Werkstoffen, zukommen. Die Kombination von Materialien ermöglicht es, die Vorteile der einzelnen Materialien gezielt zu nutzen, erhöht aber die Anforderungen an die Verarbeitung der Materialien bei der Herstellung und erschwert ggf. die Reinigung und Reparatur der Wärmeübertrager. Die Kombinationen Kunststoff und Metall finden dabei eher Anwendungen im Niedertemperaturbereich mit korrosiven Medien, während die Kombination von metallischen und keramischen Werkstoffen stärker im Bereich hoher und höchster Temperaturen zum Einsatz kommt.

Im Bereich der Gewichtseinsparung leisten insbesondere Mikrostrukturwärmeübertrager sowie Drahtgitter-Wärmeübertrager einen Beitrag zum Fortschritt. Möglich ist auch der Einsatz von Metallschäumen zur Gewichtsreduzierung, wobei ein Einsatz aufgrund der hohen Kosten für die Metallschäume meist noch auf Sonderanwendungen beschränkt ist.

Fortschritte im Bereich der Wärmeübertrager sind entsprechend häufig von der Entwicklung bzw. Weiterentwicklung von Material abhängig. Der Treiber für diese Entwicklung entsteht aber meist aus der Anwendung, entsprechend werden Patente im Bereich der Materialentwicklung meist nicht unter den Patentklassen für Wärmeübertrager angemeldet.

8.4 Neue Fertigungsverfahren

Neue Materialien erfordern meist auch neue Fertigungsverfahren. Insbesondere die erheblichen Fortschritte im Bereich der additiven Fertigung haben dazu geführt, dass der 3-D-Druck von Wärmeübertragern in die ersten Anwendungsfelder vorgedrungen ist. Die wichtigsten Verfahren zur Herstellung von Objekten im 3-D-Druck, häufig auch als additive Fertigung bezeichnet, unterscheiden sich je nach eingesetzten Materialien. Grundsätzlich werden bei den additiven Fertigungsverfahren die Objekte Schicht für Schicht erzeugt, sodass dreidimensionale Objekte entstehen. Für Objekte aus Metallen eignen sich insbesondere das Elektronenstrahlschmelzen (engl. Selective Electron Beam Melting, SEBM) und das Laserstrahlschmelzen (engl. Selective Laser Melting, SLM oder auch Laser Beam Melting = LBM). Für Polymerwerkstoffe und Keramik ist insbesondere das Lasersintern geeignet (engl. Selective Laser Sintering, SLS), das auch bei Metallen zur Anwendung kommt. Für die Verarbeitung von Carbon und Grafit-Materialien aber auch für keramische Materialien kommt auch das 3-D-Binder Jetting zum Einsatz, auf das die Bezeichnung 3-D-Druck zurückzuführen ist. Beim Binder Jetting wird pulverförmiges Ausgangsmaterial an ausgewählten Stellen mit einem Binder verklebt, um ein Werkstück zu erzeugen. Inzwischen sind die Verfahren auch in der Normung beschrieben (VDI 3405, 2014).

Nach der Entwicklung Anfang der 1990er-Jahre erfolgte der Einsatz des 3-D-Drucks zuerst für die Herstellung von Modellen und Prototypen. Mit der Weiterentwicklung der Technologien kam der Einsatz zur Herstellung von Werkzeugen und folgend auch der Einsatz zur Herstellung von Teilen und Objekten, die nur in kleiner Stückzahl hergestellt werden, hinzu.

Dies ist insbesondere darauf zurückzuführen, dass die Geschwindigkeiten beim Aufbau der Objekte aber auch die maximalen Abmessungen der herstellbaren Objekte sich kontinuierlich durch den Stand der Technik verbessert. Die Aufbaugeschwindigkeiten haben sich in den letzten 10 Jahren etwa um den Faktor 10 verbessert. Dadurch hat sich auch die Wirtschaftlichkeit für den Einsatz des 3-D-Drucks bei größeren Stückzahlen verbessert.

Für den 3-D-Druck von Wärmeübertragern sind insbesondere metallische Werkstoffe von Bedeutung. Die additiven Fertigungsverfahren für Metallwerkstoffe haben einen so hohen Entwicklungsstand erreicht, dass insbesondere filigrane und komplexe Wärmeübertragungsstrukturen gefertigt werden können. Ein guter Überblick über die Möglichkeiten findet sich in (Scheithauer u.a. 2019). Durch optimierte Geometrien kann die Wärmeübertragung deutlich verbessert werden, wodurch das Verhältnis zwischen den wärmeaustauschenden Flächen und dem Gesamtvolumen des Wärmetauschers deutlich ansteigt. Dies ermöglicht geringeren Bauraum bei gleichen Wärmeleistungen. Beschränkt wird der Einsatz derzeit noch auf kleinere Wärmeübertrager und Wärmeübertrager, die in kleinen Stückzahlen gefertigt werden, da die Kosten derzeit noch über den Kosten klassischer Wärmeübertrager liegen.

Mithilfe des 3-D-Drucks ist auch die Fertigung von Geometrien möglich, die bisher mit klassischen Herstellverfahren nicht möglich waren. Dies gilt u.a. für Wärmeübertrager mit gyroiden Formen (Tirelli 2019). Von Bedeutung ist die Flexibilität bei der Herstellung kleiner Strukturen insbesondere im Bereich der Kühlung von Elektronikkomponenten, die immer größere Leistungsdichten aufweisen und für die eine ausreichende Kühlung eine zunehmende Herausforderung darstellt (Davoud 2018).

Der 3-D-Druck ergänzt in der Produktion die Digitalisierung der Produktion, von der Strömungssimulation zur Optimierung von Geometrien über die CAD Konstruktion der Bauteile hin zum fertigen Produkt. Durch den Einsatz des 3-D-Drucks können gute Oberflächeneigenschaften kombiniert mit optimierten Fluidwegen bei geringem Gewicht und Druckverlust erzeugt werden. Die typischerweise zu beachtenden Restriktionen in Bezug auf die Herstellbarkeit durch die konventionelle Fertigung und Werkzeuge entfallen. Bild 8.9 zeigt exemplarisch die Möglichkeiten für die Herstellung eines Wärmeübertragers im 3-D-Druck. Deutlich zu erkennen, sind die ungleichmäßigen und filigranen Wärmeübertragungsstrukturen.

Bild 8.9: 3-D-gefertigter Wärmeübertrager (Bildquelle: Conflux, 2019, info@conflux-technology.com)

Selbst im Bereich der konventionellen Plattenwärmeübertrager ist das Thema 3-D-Druck von Interesse. Bisher weisen Plattenwärmeübertrager sowohl auf der heißen als auch auf der kalten Seite die gleichen Dimensionen auf. Treffen aber Flüssigkeiten und Gase bzw. verdampfende oder kondensierende Medien auf, so ist die Dichte der Medien auf der warmen und der kalten Seite des Plattenwärmeübertragers jedoch sehr unterschiedlich. Mithilfe von 3-D-Druckverfahren können Plattenwärmeübertrager hergestellt werden, die unterschiedliche Volumina auf den beiden Seiten aufweisen. Deutlich wird dies u. a. auch an aktuellen Patentanmeldungen in diesem Bereich, beispielsweise dem Patent der Firma Linde (WO138997 2016).

Insgesamt dürfte die Entwicklung des 3-D-Drucks für Wärmeübertrager noch am Anfang stehen, da die Kosten 3-D-gedruckter Wärmeübertrager noch deutlich über den konventionellen Fertigungsverfahren liegen. Aufgrund der verfügbaren Baugrößen von 3-D-Druckern beschränkt sich das Einsatzgebiet bisher zudem auf kleinere Wärmeübertragungsflächen, jedoch ist zukünftig mit einer Ausweitung der Anwendungsbereiche zu rechnen, insbesondere da durch den 3-D-Druck neue technische Optionen für die Herstellung von Wärmeübertragern mit effizienten Strukturen zur Wärmeübertragung ermöglicht werden.

9 Ausblick

Die in dieser Publikation dargestellten Technologien und Verfahren zur Verbesserung und Optimierung der Abwärmenutzung und damit auch der Energieeffizienz sind teilweise bereits bewährte technische Verfahren, deren Entwicklung einige Jahrzehnte zurückreicht. Wichtige erste Impulse für die Abwärmenutzung insbesondere in der energieintensiven Industrie reichen historisch weit zurück. In den 1970er- und 1980er-Jahren wurden die Anstrengungen zur Abwärmenutzung insbesondere vor dem Hintergrund der damals aufgetretenen Ölpreiskrisen intensiviert.

Heute stehen die Bemühungen im Bereich der Abwärmenutzung im Zusammenhang mit den weltweiten Anstrengungen für den Klimaschutz. Die hierfür notwendige Reduktion der anthropogen verursachten Klimagasemissionen, von denen insbesondere die CO_2-Emissionen aus der Verbrennung fossiler Brennstoffe im Energiesektor einen großen Anteil darstellen, können – wie in Kapitel 1 bereits dargestellt – prinzipiell durch zwei Hebel erreicht werden: Die Umstellung von fossilen Energieträgern auf CO_2-arme und perspektivisch CO_2-freie Energieträger, die in Deutschland nach Ausschluss der Kernenergie regenerativer Herkunft sind, und die Erhöhung der Energieeffizienz, insbesondere auch der Endenergieeffizienz. Diese zweite Säule der Energiewende stellt speziell im Bereich der Wärme eine wichtige Möglichkeit dar, den Klimaschutz voranzutreiben, was insbesondere auch durch verstärkte Abwärmenutzung im industriellen Bereich zu realisieren sein wird. Dieser Teil stellt ca. 20 % des heutigen Endenergiebedarfs dar (vgl. Kapitel 1) und kann nur durch weiter intensivierte Anstrengungen im Bereich der Abwärmenutzung reduziert werden.

Dies fordern auch entsprechende gesetzgeberische Maßnahmen, wie die Energieeffizienz-Richtlinie der EU (Europäische Union 11.12.2018), die verbindliche Minderungsziele für die Mitgliedsstaaten festlegt. Die Bundesregierung hat die Aktivitäten im Nationalen Allokationsplan Energieeffizienz (NAPE) (Bundesministerium für Wirtschaft und Energie (BMWi) 2014) zusammengefasst und für den Bereich der industriellen Energieeffizienz u. a. im Energiedienstleistungsgesetz (Deutscher Bundestag 17.02.2016) konkretisiert, das z. B. in § 8 EDL-G Unternehmen verpflichtet bzw. fördert, die sich mit Energieeffizienz im Rahmen von Energieaudits auseinandersetzen.

Analoges zeigen auch einschlägige Studien zu Transformationspfaden für die Energiewende auf. Die im Auftrag des BDI angefertigte Studie (Gebert et al. 2018, S. 140) weist im Hinblick auf die in der Industrie zu erreichenden Klimagasreduktionen einen Anteil von 18 Millionen Tonnen CO_2 für das Jahr

2050 aus Energieeffizienzmaßnahmen aus. Das sind rd. 25 % der Emissionsminderungen, die der Industriesektor in dieser Studie zu erbringen hat. Da diese Studie in Abstimmung mit der deutschen Industrie erstellt wurde, ist davon auszugehen, dass sie insbesondere im Hinblick auf den Industriesektor besonders realistisch ist. Es ist folglich zu erwarten, dass Energieeffizienz in der Industrie und damit auch die Abwärmenutzung in den kommenden Jahren weiter zunehmende Bedeutung erhalten wird, wenn die politisch gesteckten Ziele im Klimaschutz erreicht werden sollen.

Da die „großen" Potentiale zur Abwärmenutzung in der energieintensiven und kontinuierlich arbeitenden Prozessindustrie weitgehend gehoben sind, müssen zunehmend die verbliebenen Potentiale insbesondere im mittleren und unteren Temperaturbereich, die ausgehend von der Analyse aber auch in der technischen Umsetzung mit erhöhten Aufwänden verbunden sind, erschlossen werden. Häufig liegen hier auch Batch-Prozesse vor, was die Komplexität weiter erhöht. Auch im Fall von Querschnittsprozessen ist die Erschließung häufig mit erhöhtem Aufwand verbunden: Diesen Prozessen kam in der Vergangenheit, da sie nicht unmittelbar die Produktion beeinflussten, häufig weniger Beachtung zu, sodass hier oft weniger Daten zur Verfügung stehen.

Um diese Herausforderungen zu bewältigen, werden auf Basis der in diesem Buch dargestellten Grundlagen neue Verfahren zu entwickeln sein, die mit hoher Standardisierung im Sinne eines modularen Vorgehens eine kostengünstige Analyse individueller industrieller Wärmeprozesse ermöglichen. Mit zunehmender Bedeutung der Abwärmenutzung, insbesondere auch in Bereichen mit geringeren wirtschaftlichen Potentialen, ist davon auszugehen, dass auch die Technologiehersteller standardisierte und damit kostengünstigere Anlagen für die Abwärmenutzung bereitstellen werden. Nur auf diese Weise wird es möglich sein, die erkannten Effizienzpotentiale in diesen Bereichen auch wirtschaftlich zu heben und damit die gesteckten Klimaschutzziele zu erreichen.

10 Literatur

10.1 Literatur zur Einleitung

Bundesministerium für Wirtschaft und Energie (BMWi) (2018a) Energiedaten: Gesamtausgabe. Stand: Januar 2018. Hg. v. BMWi. Berlin (BMWi Energiedaten). Online verfügbar unter https://www.bmwi.de/Redaktion/DE/Downloads/Energiedaten/energiedaten-gesamt-pdf-grafiken.pdf?_blob=publicationFile&v=30, zuletzt geprüft am 23.02.2018.

Bundesministerium für Wirtschaft und Energie (BMWi) (2018b) Unsere Energiewende: sauber, sicher, bezahlbar. Online verfügbar unter https://www.bmwi.de/Redaktion/DE/Dossier/energiewende.html, zuletzt geprüft am 04.02.2019.

UNF – United Nations Framework Convention on Climate Change (2015) 21st Conference of the Parties (COP21) Paris 2015. Paris. Online verfügbar unter http://unf.int/meetings/paris_nov_2015/meeting/8926.php, zuletzt geprüft am 23.02.2018.

10.2 Literatur zu Grundlagen der Abwärmenutzung

Baehr HD, Stephan K (2016) Wärme- und Stoffübertragung. 9., aktual. Aufl. 2016. Berlin, Heidelberg: Springer Vieweg. SpringerLink: Bücher. ISBN 978-3-662-49676-3.

Baehr HD (2004) Thermodynamik. Grundlagen und technische Anwendungen. 11., erg. und berichtigte Aufl., korrigierter Nachdr. Berlin: Springer. Springer-Lehrbuch. ISBN 3-540-43256-6.

Bine Informationsdienst, Hg. (2000) Vuilleumier-Wärmepumpen [online]. Bonn. Projektinfo. 01/00 [Zugriff am: 17. August 2018]. Verfügbar unter: http://www.bine.info/fileadmin/content/Publikationen/Projekt-Infos/2000/Projekt-Info_01-2000/projekt_0100_internetx.pdf

Böckh P, Wetzel T (2015) Wärmeübertragung. Grundlagen und Praxis. 6., aktualisierte u. erg. Aufl. 2015. Berlin, Heidelberg: Springer Vieweg. SpringerLink : Bücher. ISBN 978-3-662-44476-4.

Carnot S (1824) Réflexions sur la puissance motrice du feu et sur les machines propres a développer cette puissance. Paris: Bachelier.

DIN Deutsches Institut für Normung e.V. DIN EN 247:1997, Wärmeübertrager – Terminologie. Berlin: Beuth.

Edling H (2010) Volkswirtschaftslehre. Schnell erfasst. Berlin, Heidelberg: Springer Berlin Heidelberg. SpringerLink: Bücher. ISBN 978-3-642-14328-1.

Engelkamp P, Sell FP (2011) Einführung in die Volkswirtschaftslehre. Berlin, Heidelberg: Springer Berlin Heidelberg. SpringerLink: Bücher. ISBN 978-3-642-18455-0.

Falk G, Ruppel W (1976) Energie und Entropie. Eine Einführung in die Thermodynamik. Berlin: Springer. Die Physik des Naturwissenschaftlers. ISBN 3-540-07814-2.

Fourier JBJ, Weinstein B (1884) Analytische Theorie der Wärme. Dt. Ausg. Berlin: Springer.

Gröber H, Erk S, Grigull U (1988) Die Grundgesetze der Wärmeübertragung. Reprint d. 3., verb. u. erw. Neudr. d. 3., völlig neubearb. Aufl. Berlin, Göttingen, Heidelberg, Springer, 1963, 2., unveränd. Nachdr. Berlin: Springer. ISBN 3-540-02982-6.

Herwig H, Moschallski A (2014) Wärmeübertragung. Physikalische Grundlagen – Illustrierende Beispiele – Übungsaufgaben mit Musterlösungen. 3., erw. u. überarb. Aufl. Wiesbaden: Springer Vieweg. ISBN 978-3-658-06207-1.

Hufendiek K, Voß A (2014) Skript zur Vorlesung: Grundlagen der Energiewirtschaft und Energiesysteme. Universität Stuttgart. Stuttgart.

Lachmann W (2006) Volkswirtschaftslehre 1. Grundlagen. Fünfte, überarbeitete und erweiterte Auflage. Berlin, Heidelberg: Springer Berlin Heidelberg. SpringerLink: Bücher. ISBN 978-3-540-30088-5.

Nußelt W (1915) Das Grundgesetz des Wärmeüberganges. Gesundh Ing, 38, 477–482, 490–496.

Pfeifer W et al. (1993) Ethymologisches Wörterbuch des Deutschen [online]. digitalisierte und von Wolfgang Pfeiffer überarbeitete Version im digitalen Wörterbuch der deutschen Sprache [Zugriff am: 23. Februar 2018]. Verfügbar unter: https://www.dwds.de/wb/Energie

Piekenbrock D, Hennig A (2013) Einführung in die Volkswirtschaftslehre und Mikroökonomie. 2. aktualisierte und erw. Aufl. Berlin: Springer Gabler. Springer Gabler Lehrbuch. ISBN 978-3-7908-2892-4.

Piekenbrock D (2009) Gabler-Kompakt-Lexikon Volkswirtschaftslehre. 4.200 Begriffe nachschlagen verstehen anwenden. 3., vollständig überarbeitete und erweiterte Auflage. Wiesbaden: Gabler. SpringerLink: Bücher. ISBN 978-3-8349-8774-7.

Planck M, Päsler R (1964) Vorlesungen über Thermodynamik. 11. Aufl., erw. um e. Biographie von Max Planck u. e. Kapitel über einige Grundbegriffe aus der Thermodynamik irreversibler Prozesse. Berlin: deGruyter.

Rant Z (1956) Exergie, ein neues Wort für „technische Arbeitsfähigkeit" [online]. Forsch Ingenieurwes, 22(1), 36–37 [Zugriff am: 20. März 2018]. Verfügbar unter: https://link.springer.com/content/pdf/10.1007%2FBF02592661.pdf

Stephan K, Mayinger F (1990) Einstoffsysteme. 13. Aufl. Berlin: Springer. Thermodynamik. Grundlagen und technische Anwendungen/Karl Stephan; Franz Mayinger; Bd. 1. ISBN 3-540-52262-X.

Wagner W (2015) Wärmeaustauscher. Grundlagen Aufbau und Funktion thermischer Apparate. 5., überarbeitete und erweiterte Auflage. Würzburg: Vogel Business Media. Myilibrary. ISBN 978-3-8343-3361-2.

Warlimont H, Martienssen W (2018) Springer Handbook of Materials Data. 2nd Edition. Cham: Springer. SpringerLink: Bücher. ISBN 978-3-319-69743-7.

Woeckener B (2013) Volkswirtschaftslehre. Eine Einführung. 2., überarb. u. erg. Aufl. 2013. Berlin, Heidelberg: Springer Gabler. SpringerLink: Bücher. ISBN 978-3-642-36129-6.

10.3 Literatur zu Charakteristika von Wärmeströmen

Baehr HD, Kabelac S (2016) Thermodynamik; Grundlagen und technische Anwendungen. Springer Vieweg, Berlin, Heidelberg.

Bergmeier M (2003) The history of waste energy recovery in Germany since 1920. Energy 28:1359–1374. doi:10.1016/S0360-5442(03)00114-2.

Epstein N (1983) Thinking about Heat Transfer Fouling; A 5 × 5 Matrix. Heat Transfer Engineering 4:43–56. doi:10.1080/01457638108939594.

Ishiyama EM, Paterson WR, Wilson DI (2011) The Effect of Fouling on Heat Transfer, Pressure Drop, and Throughput in Refinery Preheat Trains; Optimization of Cleaning Schedules. Heat Transfer Engineering 30:805–814. doi:10.1080/01457630902751486.

Jessen CQ (2011) Stainless steel and corrosion. Damstahl, Skanderborg (Abbildung auf Basis der Daten von Sandvik Corrosion Handbook, S. 325, 1994)

Lebele-Alawa BT, Ohia IO (2011) Influence of Fouling on Heat Exchanger Effectiveness in a Polyethylene Plant. Heat and Power:29–34. doi:10.5923/j.ep.20140402.01.

Li M-J, Tang S-Z, Wang F-l, Zhao Q-X, Tao W-Q (2017) Gas-side fouling, erosion and corrosion of heat exchangers for middle/low temperature waste heat utilization; A review on simulation and experiment. Applied Thermal Engineering 126:737–761. doi:10.1016/j.applthermaleng.2017.07.095.

Moeller E (Hrsg) (2014) Handbuch Konstruktionswerkstoffe; Auswahl, Eigenschaften, Anwendung. Hanser, München.

Schodorf W (2011) Heizungswasser-Aufbereitung: Auf was der Planer achten muss. https://www.ikz.de/nc/detail/news/detail/heizungswasser-aufbereitung-auf-was-der-planer-achten-muss/. Zugegriffen: 09. September 2018.

Szargut J (2005) Exergy Method; Technical and Ecological Applications. WIT Press, Ashurst.

Talbot DEJ, Talbot JDR (2018) Corrosion science and technology. CRC Press Taylor & Francis Group, Boca Raton, London, New York.

Teng KH, Kazi SN, Amiri A, Habali AF, Bakar MA, Chew BT, Al-Shamma'a A, Shaw A, Solangi KH, Khan G (2017) Calcium carbonate fouling on double-pipe heat exchanger with different heat exchanging surfaces. Powder Technology 315:216–226. doi:10.1016/j.powtec.2017.03.057.

VDI-GVC (Hrsg.) (2013) VDI-Wärmeatlas. Springer Vieweg, Berlin.

10.4 Literatur zu Technologien zur Abwärmenutzung

42. BImSchV (2017) Verordnung über Verdunstungskühlanlagen, Kühltürme und Nassabscheider.

Abou Elmaaty TM, Kabeel AE, Mahgoub M (2017) Corrugated plate heat exchanger review. Renewable and Sustainable Energy Reviews 70:852–860. doi:10.1016/j.rser.2016.11.266.

Alva G, Lin Y, Fang G (2018) An overview of thermal energy storage systems. Energy 144:341–378. doi:10.1016/j.energy.2017.12.037.

Austin BT und Sumathy K, (2011) Transcritical carbon dioxide heat pump systems [online]. A review. Renewable and Sustainable Energy Reviews, 15(8), 4013–4029. ISSN 13640321. doi:10.1016/j.rser.2011.07.021.

Bahl C (Hrsg.) (2010) Betonwärmespeicher für Temperaturen bis 400 °C. Österreichische Vereinigung für Beton und Bautechnik.

BfE (2016) Potential of Thermoelectrics for Waste Heat Recovery, Bundesamt für Energie (BfE), Bern.

BINE (2002) Neue Anwendungen der Dampfstrahlkältemaschine. BINE, Karlsruhe.

BINE (2008) Latentwärmespeicher liefert Prozessdampf. FIZ, Karlsruhe.

BINE (2009) Latentwärmespeicher in Gebäuden – Wärme und Kälte kompakt und bedarfsgerecht speichern, FIZ, Karlsruhe.

BINE (2016) Thermoelektrizität; BINE Themeninfo I/2016. BINE Informationsdienst, Karlsruhe.

Brandstätter R (2008) Industrielle Abwärmenutzung; Beispiele und Technologien. Amt der OÖ Landesregierung.

Campana F, Bianchi M, Branchini L, Pascale A de, Peretto A, Baresi M, Fermi A, Rossetti N, Vescovo R (2013) ORC waste heat recovery in European energy intensive industries: Energy and GHG savings. Energy Conversion and Management 76:244–252. doi:10.1016/j.enconman.2013.07.041.

Daschner R, Binder S, Mocker M (2013) Pebble bed regenerator and storage system for high temperature use. Applied Energy, S. 394–401.

DIN 4754 (März 2015) Wärmeübertragungsanlagen mit organischen Wärmeträgern, Berlin.

DIN EN ISO 6743-12 (Juni 1995) Schmierstoffe, Industrieöle und verwandte Erzeugnisse (Klasse L)- Klassifikation, Berlin.

Donnellan P, Cronin K, Byrne E (2015) Recycling waste heat energy using vapour absorption heat transformers: A review. Renewable and Sustainable Energy Reviews 42:1290–1304. doi:10.1016/j.rser.2014.11.002.

Dreißigacker V (2014) Direkt durchströmte Feststoffwärmespeicher: thermomechanische Untersuchungen von Schüttungen für die großtechnische Speicherung von Hochtemperaturwärme. Dr. Hut, München.

Eder A, Liebl J, Brück R, Maus W (2015) Der Thermoelektrische Generator zur Reduktion der CO_2 Emissionen- Rekuperation der Energieverluste im Abgassystem. https://www.emitec.com/fileadmin/user_upload/Bibliothek/Vortraege/100115_TEG_Paper_ok.pdf.

Eder W, Moser F, Kögl B (1979) Die Wärmepumpe in der Verfahrenstechnik. Wien: Springer Wien. ISBN 370912252X.

Elisan S, Stosic N, Kovacevic A, Buljubasic I (2013) Improvement of Energy Efficiency of Coal-fired Steam Boilers by Optimizing Working Parameters of Regenerative Air Preheater. Researches and Applications in Mechanical Engineering, Heft 1, S. 30–32.

Energie und Management (2012) Marktübersicht ORC Module. www.energie-und-management.de/fileadmin/ftp/2012-ORC-Module.pdf.

Fleckl T, Hartl M, Helminger F, Kontomaris K, Pfaffl F (21. Oktober 2015) Performance testing of a lab-scale high temperature heat pump with HFO-1336mzz-Z as the working fluid. Nürnberg. European Heat Pump Symposium 2015.

Forschungsinitiative Energiespeicher (2016) Haushaltsgeräte speichern Wärme. https://forschung-energiespeicher.info/waerme-speichern/projektliste/projekt-einzelansicht/108/Haushaltsgeraete_speichern_Waerme/.

Frank A, Kirn H (1984): Anwendung der Wärmepumpe in Industrie, Gewerbe und Landwirtschaft. [1. Aufl.]. Karlsruhe: Müller, 1984 (Kälte, Wärme, Klima aktuell/hrsg. von Herbert Kirn; Bd. 7).

Garone S, Toppi T, Guerra M, Motta M (2017) A water-ammonia heat transformer to upgrade low-temperature waste heat. Applied Thermal Engineering 127:748–757. doi:10.1016/j.applthermaleng.2017.08.082.

GEA (2018) Eindampftechnik mit mechanischer Brüdenverdichtung; Technologie und Anwendung. GEA Process Engineering, Ettlingen.

Genssle A, Stephan K (2000) Analysis of the process characteristics of an absorption heat transformer with compact heat exchangers and the mixture TFE–E181. International Journal of Thermal Sciences 39:30–38. doi:10.1016/S1290-0729(00)00197-5.

Gernemann A (2003): Konzeption, Aufbau und energetische Bewertung einer zweistufigen CO_2 – Kälteanlage zur Kältebereitstellung in gewerblichen Normal- und Tiefkühlanlagen (Supermarkt). Essen, Universität Duisburg-Essen. Dissertation. 2003.

GETEC heat & power AG (2018) Einsatz eines Wärmetransformators bei der Ciech Soda Deutschland GmbH & Co KG. http://www.abwaerme-leuchtturm.de/leuchttuerme/getec-heat-power-ag-leuchtturmprojekt/. Zugegriffen: 03. Februar 2019.

Gil A, Medrano M, Martorell I, Lázaro A, Dolado P, Zalba B, Cabeza LF (2010) State of the art on high temperature thermal energy storage for power generation. Part 1—Concepts, materials and modellization. Renewable and Sustainable Energy Reviews 14:31–55. doi:10.1016/j.rser.2009.07.035.

González-Roubaud E, Pérez-Osorio D, Prieto C (2017) Review of commercial thermal energy storage in concentrated solar power plants: Steam vs. molten salts. Renewable and Sustainable Energy Reviews 80:133–148. doi:10.1016/j.rser.2017.05.084.

Gulenoglu C, Akturk F, Aradag S, Sezer Uzol N, Kakac S (2014) Experimental comparison of performances of three different plates for gasketed plate heat exchangers. International Journal of Thermal Sciences 75:249–256. doi:10.1016/j.ijthermalsci.2013.06.012.

He Z, Zhao Z, Zhang X, Feng H (2010) Thermodynamic properties of new heat pump working pairs: 1,3-Dimethylimidazolium dimethylphosphate and water, ethanol and methanol. In: Fluid Phase Equilibria 298 (2010), Nr. 1, S. 83–91.

Henning HM, Urbaneck T, Morgenstern A, Núñez, T, Wiemken E, Thümmler E, Ulig U (2009): Kühlen und Klimatisieren mit Wärme. BINE-Informationspaket. Berlin: Solarpraxis 2009.

Hofmann R, Zauner C, Dusek S, Hengstenberger F (22.06.2017) Dampfspeicher; Europäische Patentanmeldung, EP 3 260 803 A1.

Horuz I, Kurt B (2010) Absorption heat transformers and an industrial application. Renewable Energy 35:2175–2181. doi:10.1016/j.renene.2010.02.025.

Hu B, Di Wu, Wang RZ (2018) Water vapor compression and its various applications. Renewable and Sustainable Energy Reviews 98:92–107. doi:10.1016/j.rser.2018.08.050.

Jakiel C, Zunft S, Nowi A (2007) Adiabatic compressed air energy storage plants for efficient peak load power supply from wind energy: the European project AA-CAES. International Journal of Energy Technology and Policy 5:296–306.

Jin S, Hrnjak P (2017) Effect of end plates on heat transfer of plate heat exchanger. International Journal of Heat and Mass Transfer 108:740–748. doi:10.1016/j.ijheatmasstransfer.2016.11.106.

Kaibe H, Kajihara T, Fujimoto S, et.al. (2011) Recovery of Plant Waste Heat by a Thermoelectric Generating System. https://home.komatsu/en/company/tech-innovation/report/pdf/164-E-05.pdf.

Kazemi A, Hosseini M, Mehrabani-Zeinabad A, Faizi V (2016) Evaluation of different vapor recompression distillation configurations based on energy requirements and associated costs. Applied Thermal Engineering 94:305–313. doi:10.1016/j.applthermaleng.2015.10.042.

Khammas, A (o.J.) Buch der Synergie Teil C Energiespeicher; Thermische Energiespeicherung. http://www.buch-der-synergie.de/c_neu_html/c_10_07_e_speichern_thermisch.htm. Zugegriffen: 06. Februar 2019.

Khorshidi J, Heidari S (2016) Design and Construction of a Spiral Heat Exchanger. ACES 06:201–208. doi:10.4236/aces.2016.62021.

Kim S, Kim YJ, Joshi YK, Fedorov AG, Kohl PA (2012) Absorption Heat Pump/Refrigeration System Utilizing Ionic Liquid and Hydrofluorocarbon Refrigerants. In: Journal of Electronic Packaging 134 (2012), Nr. 3

Kleinke H (2010) New bulk Materials for Thermoelectric Power Generation: Clathrates and Complex Antimonides †. Chem. Mater. 22:604–611. doi:10.1021/cm901591d.

Kobe Steel LTD., The Tokyo Electric Power Co. Inc., CHUBU Electric Power Co. Inc. und Kansai electric Power Co. Inc (2011). Overview of Steam Glow Heat Pump. Nagoya (Japan).

Kryllowicz W, Kantyka K, Szewczyk W, Pelczyński P (2018) Technical problems with compression units in mechanical vapour recompression systems. E3S Web Conf. 70:3006. doi:10.1051/e3sconf/20187003006.

Kurem E, Horuz I (2001) A comparison between ammonia-water and water-lithium bromide solutions in absorption heat transformers. International Communications in Heat and Mass Transfer 28:427–438. doi:10.1016/S0735-1933(01)00247-0.

Lai NA, Wendland M, Fischer J (2011) Working fluids for high-temperature organic Rankine cycles. Energy 36:199–211. doi:10.1016/j.energy.2010.10.051.

Laing D, Zunft S (2015) Using concrete and other solid storage media in thermal energy storage (TES) systems Advances in Thermal Energy Storage Systems. Elsevier, S 65–86.

Larminat P de, (17. März 2015) A High Temperature Heat Pump Using Water Vapor as Working Fluid. Brüssel. Atmosphere.

LfU (2001) Niedertemperaturverstromung von Abwärme mittels einer ORC-Anlage im Zementwerk Lenkfurt der Heidelberger Zement AG, Augsburg.

Matser P, van Dijk M, Lodder RM, Schaap W (2008) Apparatus and method for cooling a space in a data center by means of recirculation air. https://register.epo.org/espacenet/regviewer?AP=07115828&CY=EP&LG=en&DB=REG. Zugegriffen: 03. Januar 2019.

Medrano M, Gil A, Martorell I, Potau X, Cabeza LF (2010) State of the art on high-temperature thermal energy storage for power generation. Part 2 – Case studies. Renewable and Sustainable Energy Reviews 14:56–72. doi:10.1016/j.rser.2009.07.036.

Miró L, Gasia J, Cabeza LF (2016) Thermal energy storage (TES) for industrial waste heat (IWH) recovery: A review. Applied Energy 179:284–301. doi:10.1016/j.apenergy.2016.06.147.

Oertel D (Februar 2008) Energiespeicher – Stand und Perspektiven; Sachstandsbericht zum Monitoring „Nachhaltige Energieversorgung". Büro für Technikfolgen-Abschätzung beim Deutschen Bundestag. http://edok01.tib.uni-hannover.de/edoks/e01fn17/893676985.pdf.

Palacios Berche R, Gonzales Palomino R, Nebra SA (2009) Thermoeconomic Analysis of a Single and Double-Effect LiBr/H2O Absorption Refrigeration System. In: International Journal of Thermodynamics 12 (2009), Nr. 2, S. 89–96.

Parham K, Khamooshi M, Tematio DBK, Yari M, Atikol U (2014) Absorption heat transformers – A comprehensive review. Renewable and Sustainable Energy Reviews 34:430–452. doi:10.1016/j.rser.2014.03.036.

Power RB (1994) Steam jet ejectors for the process industries. McGraw-Hill, New York.

Puchta M, Dabrowski T (2017) Technologiebericht 3.3a Energiespeicher (elektrisch und elektro-chemisch), Wuppertal, Karlsruhe, Saarbrücken.

Reissner F (2015) Development of a Novel High Temperature Heat Pump System. Dissertation. Erlangen.

Richtlinie 2014/68/EU. Harmonisierung der Rechtsvorschriften der Mitgliedstaaten über die Bereitstellung von Druckgeräten auf dem Markt, 15. Mai 2014; Druckgeräterichtlinie.

Rundel P, Meyer B, Meiller M, Meyer I, Daschner R u. a. (2013) Speicher für die Energiewende. Studie für das Bayrische Staatsministerium für Wirtschaft, Infrastruktur, Verkehr und Technologie.

Sächsische Energieagentur (2016) Technologien der Abwärmenutzung. www.saena.de/download/Broschueren/BU_Technologien_der_Abwaermenutzung.pdf. Zugegriffen: 02. Oktober 2017.

Saleh B, Koglbauer G, Wendland M, Fischer J (2007) Working fluids for low-temperature organic Rankine cycles. Energy 32:1210–1221. doi:10.1016/j.energy.2006.07.001.

Salzgeber K, Prenninger P, Grytsiv A, Rogl P, Bauer E (2010) Skutterudites: Thermoelectric Materials for Automotive Applications? Journal of Elec Materi 39:2074–2078. doi:10.1007/s11664-009-1005-y.

Schäfer W, Negele W (2018): Absorptionskältemaschinen – Anwendungsbeispiele, KI Kälte-, Luft- und Klimatechnik, Juli/August 2008.

Schodorf W (2011) Heizungswasser-Aufbereitung: Auf was der Planer achten muss. https://www.ikz.de/nc/detail/news/detail/heizungswasser-aufbereitung-auf-was-der-planer-achten-muss/. Zugegriffen: 09. September 2018.

Seitz A, Zunft S, Hoyer-Click C (2017) Technologiebericht 3.3b Energiespeicher (thermisch), Wuppertal, Karlsruhe, Saarbrücken.

Singh S, Sørensen K, Simonsen AS, Condra TJ (2017) Implications of fin profiles on overall performance and weight reduction of a fin and tube heat exchanger. Applied Thermal Engineering 115:962–976. doi:10.1016/j.applthermaleng.2017.01.043.

Spindler K (2019) T,ξ-Diagramm für Ammoniak-Wasser-Gemische. Institut für Gebäudeenergetik, Thermotechnik und Energiespeicherung. https://www.igte.uni-stuttgart.de/en/research/work-group/wukt/ammoniak-wasser/

Stephan K, Schmitt M, Hebecker D, Bergmann T (1997) Dynamics of a heat transformer working with the mixture NaOH-H2O. International Journal of Refrigeration 20:483–495. doi:10.1016/S0140-7007(97)00047-9.

Sterner M, Stadler I (Hrsg.) (2017) Energiespeicher – Bedarf, Technologien, Integration. Springer Vieweg, Berlin.

Stiewe C, Müller E (2014) Anwendungspotential thermoelektrischer Generatoren in stationären Systemen – Chancen für NRW. Ministerium für Innovation, Wissenschaft, Forschung des Landes Nordrhein-Westfalen, Düsseldorf.

Sujatha I, Venkatarathnam G (2017) Performance of a vapour absorption heat transformer operating with ionic liquids and ammonia. Energy 141:924–936. doi:10.1016/j.energy.2017.10.002.

Thekdi A, Nimbalkar SU (2015) Industrial Waste Heat Recovery – Potential Applications, Available Technologies and Crosscutting R&D Opportunities. Oak Ridge National Laboratory (ORNL), Oak Ridge, Tennessee, USA.

VDI 3033 (Juli 1995) Wärmeübertragungsanlagen mit organischen Wärmeträgern, Berlin.

VDI 3803 Blatt 5 (April 2013) Raumlufttechnik, Geräteanforderungen, Wärmerückgewinnungssysteme (VDI-Lüftungsregeln), Düsseldorf.

VDI-GVC (Hrsg.) (2013) VDI-Wärmeatlas; Mit 320 Tabellen. Springer Vieweg, Berlin.

Vélez F, Segovia JJ, Martín MC, Antolín G, Chejne F, Quijano A (2012) A technical, economical and market review of organic Rankine cycles for the conversion of low-grade heat for power generation. Renewable and Sustainable Energy Reviews 16:4175–4189. doi:10.1016/j.rser.2012.03.022.

Verordnung (EU) Nr. 327/2011 Festlegung von Anforderungen an die umweltgerechte Gestaltung von Ventilatoren, die durch Motoren mit einer elektrischen Eingangsleistung zwischen 125 W und 500 kW angetrieben werden.

Wolf S (2017) Integration von Wärmepumpen in industrielle Produktionssysteme – Potentiale und Instrumente zur Potentialerschließung, Forschungsbericht 133, Institut für Energiewirtschaft und Rationelle Energieanwendung, Stuttgart, 2017.

Wolf S, Fahl U, Blesl, M, Voß, A, Jakobs, R (2014) Analyse des Potentials von Industriewärmepumpen in Deutschland. Forschungsbericht. FKZ 0327514A. Stuttgart.

Wolf S, Flatau R, Radgen P, Blesl M (2017) Systematische Anwendung von Großwärmepumpen in der Schweizer Industrie. http://www.bfe.admin.ch/php/modules/publikationen/stream.php?extlang=de&name=de_68836720.pdf&endung=Systematische%20Anwendung%20von%20Grossw%E4rmepumpen%20in%20der%20Schweizer%20Industrie. Bundesamt für Energie. Zugegriffen: 08. April 2018.

Yazawa K, Shakouri A, Hendricks TJ (2017) Thermoelectric heat recovery from glass melt processes. Energy 118:1035–1043. doi:10.1016/j.energy.2016.10.136.

Zeeshan M, Nath S, Bhanja D (2017) Numerical study to predict optimal configuration of fin and tube compact heat exchanger with various tube shapes and spatial arrangements. Energy Conversion and Management 148:737–752. doi:10.1016/j.enconman.2017.06.011.

Zogg M (2008) Geschichte der Wärmepumpe, Bundesamt für Energie (BfE), Bern.

10.5 Literatur zu Methoden zur Identifikation und Optimierung

Bejan A, Tsatsaronis, G, Moran, M (1996) Thermal design and optimization. New York: John Wiley. ISBN 0-471-58467-3.

Biegler LT, Grossmann IE (2004) Retrospective on optimization [online]. Computers & Chemical Engineering, 28(8), 1169-1192. ISSN 00981354. Verfügbar unter: doi:10.1016/j.compchemeng.2003.11.003.

Gundersen T (2013) Heat Integration: Targets and Heat Exchanger Network Design. In: J.J. KLEMEŠ, Hg. Handbook of Process Integration (PI). Minimisation of energy and water use, waste and emissions. Oxford: Woodhead Publ, S. 129-167. ISBN 9780857097255.

Hellwig T (1998) OMNIUM. Ein Verfahren zur Optimierung der Abwärmenutzung in Industriebetrieben. Zugl.: Stuttgart, Univ., Diss., 1998. Stuttgart: Inst. für Energiewirtschaft und Rationelle Energieanwendung. Forschungsbericht/IER. 26.

Heyden E (2016) Kostenoptimale Abwärmerückgewinnung durch integriert-iteratives Systemdesign (KOARiiS): ein Verfahren zur energetisch-ökonomischen Bewertung industrieller Abwärmepotentiale. Zugl.: Stuttgart, Univ., Diss., 2016. Stuttgart: Inst. für Energiewirtschaft und Rationelle Energieanwendung. Forschungsbericht/IER. 125.

Hohmann EC (1971) Optimum Networks for Heat Exchange. PhD Thesis. Los Angeles: University of Southern California.

Kemp IC, Deakin AW (1989) The cascade analysis for energy and process integration of batch processes. part 1: calculation of energy targets; part 2: network design and process scheduling; part 3: a case study. Chemical Engineering Research & Design, 67, 495–525.

Kemp IC (2007) Pinch Analysis and Process Integration: Elsevier.

Klemeš JJ, Kravanja J (2013) Forty years of Heat Integration [online]. Pinch Analysis (PA) and Mathematical Programming (MP). Current Opinion in Chemical Engineering, 2(4), 461–474. ISSN 2211-3398. Verfügbar unter: doi:10.1016/j.coche.2013.10.003.

Klemeš JJ (2013) Overview of Process Integration and Analysis. In: J.J. KLEMEŠ, Hg. Handbook of Process Integration (PI). Minimisation of energy and water use, waste and emissions. Oxford: Woodhead Publ, S. 1–27. ISBN 9780857097255.

Klemeš JJ, Hg. (2013) Handbook of Process Integration (PI). Minimisation of energy and water use, waste and emissions. Oxford: Woodhead Publ. Woodhead publishing series in energy. 61. ISBN 9780857097255.

Krummenacher P, Favrat D (2001) Indirect and Mixed Direct-Indirect Heat Integration of Batch Processes Based on Pinch Analysis. IntJ Applied Thermodynamics, 4(3), 135–143.

Krummenacher P (2002) Contribution to the heat integration of batch processes (with or without heat storage) [online]. Diss. Lausanne [Zugriff am: 23. August 2018]. Verfügbar unter: https://infoscience.epfl.ch/record/32956/files/EPFL_TH2480.pdf.

Kuhn HW (1955) The Hungarian method for the assignment problem [online]. Naval Research Logistics Quarterly, 2(1-2), 83–97. ISSN 00281441. Verfügbar unter: doi:10.1002/nav.3800020109.

Linnhoff B, Hindmarsh E (1983) The pinch design method for heat exchanger networks [online]. Chemical Engineering Science, 38(5), 745–763. ISSN 00092509. Verfügbar unter: doi:10.1016/0009-2509(83)80185-7.

Linnhoff B, Flower JR (1978) Synthesis of heat exchanger networks [online]. I. Systematic generation of energy optimal networks. AIChE Journal, 24(4), 633–642. ISSN 0001-1541. Verfügbar unter: doi:10.1002/aic.690240411.

Linnhoff B, Ahmad S (1990) Cost optimum heat exchanger networks—1. Minimum energy and capital using simple models for capital cost [online]. Computers & Chemical Engineering, 14(7), 729–750. ISSN 00981354. Verfügbar unter: doi:10.1016/0098-1354(90)87083-2.

Linnhoff B, Turner JA (1981) Heat-recovery networks: new insights yield big savings. Chemical Engineering, 88, 56–70.

Linnhoff B, Ashton GJ, Obeng EDA (1988) Process Integration of Batch Processes. IChemE Symposium Series, 109, 221–237.

Majozi T (2013) Heat Integration in Batch Prozesses. In: Klemeš JJ, Hg. Handbook of Process Integration (PI). Minimisation of energy and water use, waste and emissions. Oxford: Woodhead Publ, S. 310–349. ISBN 9780857097255.

Obeng EDA, Ashton GJ (1988) On Pinch Technology based procedures for the design of batch processes. Chemical Engineering Research & Design, 66, 255–259.

Roosen P, Groß B (1996) Optimization strategies and their application to heat exchanger network synthesis [online]. Chemical Engineering & Technology, 19(2), 185–191. ISSN 0930-7516. Verfügbar unter: doi:10.1002/ceat.270190212.

Townsend DW, Linnhoff B (1983a) Heat and power networks in process design. Part I [online]. Criteria for placement of heat engines and heat pumps in process networks. AIChE Journal, 29(5), 742–748. ISSN 0001-1541. Verfügbar unter: doi:10.1002/aic.690290508.

Townsend DW, Linnhoff B (1983b) Heat and power networks in process design. Part II [online]. Design procedure for equipment selection and process matching. AIChE Journal, 29(5), 748–771. ISSN 0001-1541. Verfügbar unter: doi:10.1002/aic.690290509.

Townsend DW, Linnhoff B, (1984) Surface area targets for heat exchanger networks. In: ICHEME, Hg. 11th Annual REsearch Meeting, zitiert nach (Linnhoff und Ahmad 1990).

Tsatsaronis G, Cziesla F (2002) Thermoeconomics. In: R.A. MEYERS, Hg. Encyklopedia of physical science and technology. 3. Auflage. San Diego, Calif.: Academc Pr., S. 659–680. ISBN 0-12-227410-5.

Tsatsaronis G, Pisa J (1994) Exergoeconomic evaluation and optimization of energy systems — application to the CGAM problem [online]. Energy, 19(3), 287–321. ISSN 03605442. Verfügbar unter: doi:10.1016/0360-5442(94)90113-9.

Tsatsaronis G, Winhold M (1985) Exergoeconomic analysis and evaluation of energy-conversion plants—I. A new general methodology [online]. Energy, 10(1), 69–80. ISSN 03605442. Verfügbar unter: doi:10.1016/0360-5442(85)90020-9

Tsatsaronis G, Morosuk T (2012a) Advanced thermodynamic (exergetic) analysis [online]. Journal of Physics: Conference Series, 395, 12160. ISSN 1742-6588. Verfügbar unter: doi:10.1088/1742-6596/395/1/012160.

Tsatsaronis G, Morosuk T (2012b) Understanding and improving energy conversion systems with the aid of exergy-based methods [online]. International Journal of Exergy, 11(4), 518. ISSN 1742-8297. Verfügbar unter: doi:10.1504/IJEX.2012.050261.

Tsatsaronis G (1993) Thermoeconomic analysis and optimization of energy systems [online]. Progress in Energy and Combustion Science, 19(3), 227–257. ISSN 03601285. Verfügbar unter: doi:10.1016/0360-1285(93)90016-8

Umeda T, Itoh J und Shiroko K (1978) Heat Exchange System Synthesis. Chem. Eng.Progr., 73(7), 70–76.

Umeda T, Niida K, Shiroko K (1979) A thermodynamic approach to heat integration in distillation systems [online]. AIChE Journal, 25(3), 423–429. ISSN 0001-1541. Verfügbar unter: doi:10.1002/aic.690250306.

Varbanov PS (2013) Basic Process Integration Terminology. In: J.J. KLEMEŠ, Hg. Handbook of Process Integration (PI). Minimisation of energy and water use, waste and emissions. Oxford: Woodhead Publ, S. 28–78. ISBN 9780857097255.

Voß A (1999) Skript zur Vorlesung Energiesysteme II. Institut für Energiewirtschaft und Rationelle Energieanwendung (IER), Universität Stuttgart. Stuttgart.

Wang G, Wang YP, Smith R (1995) Time Pinch Analysis. Transactions of IChemE – Chemical Engineering Research & Design, 73a, 905–914.

10.6 Literatur zu Integration von Anlagen

Blesl M, Ohl M, Fahl U (2011) Ganzheitliche Bewertung innovativer mobiler thermischer Energiespeicherkonzepte für Baden-Württemberg, Forschungsvorhaben „Programm Lebensgrundlage Umwelt und ihre Sicherung (BWPLUS)" im Auftrag des Landes Baden-Württemberg, Förderkennzeichen: BWK 27003, Schlussbericht, Oktober 2011.

David A, Mathiesen BV, Averfalk H, Werner S, L und H: Heat Roadmap Europe. Large-Scale Electric Heat Pumps in District Heating Systems. Energies 10 (2017) 4, S. 578.

Fernwärmeschiene Rhein-Ruhr. Wärme aus der Region für die Region, Fernwärmeschiene Rhein-Ruhr GmbH, Essen 2016.

Mehling H (2005) Improvement of Mobile Latent Heat Storages. ZAE Bayern. Garching.

Mrasek V (2006): Heiße Fracht in der Thermoskanne. Spiegel Online vom 26.04.2006. http://www.spiegel.de/wissenschaft/mensch/0,1518,412298,00.html

Soroka B (2015) Application Note: Industrial Heat Pumps. Leonardo Energy (Hrsg.).

Storch G, Hauer A (2005) Feasibility Study for Mobile Sorption Storage in Industrial Applications. ZAE Bayern. Garching.

Umsicht (2003) Jahresbericht 2003. Fraunhofer Institut UMSICHT. Oberhausen.

Wolf S (2017) Integration von Wärmepumpen in industrielle Produktionssysteme – Potentiale und Instrumente zur Potentialerschließung; Forschungsberichtsband 133; Institut für Energiewirtschaft und Rationelle Energieanwendung der Universität Stuttgart, Stuttgart.

10.7 Literatur zu Potentiale in Deutschland

AGEB (2016); Anwendungsbilanzen für die Endenergiesektoren in Deutschland in den Jahren 2013 und 2015. Hg. v. AG Energiebilanzen e. V., Berlin.

Andersson E, Franck P, Anders A, Berntsson T (2013) Pinch analysis at Preem LYR; Department of Energy and Environment; Chalmers University of Technology Göteborg, Sweden. http://publications.lib.chalmers.se/records/fulltext/193621/193621.pdf.

Ardagh Glass GmbH (2013) Eine neue Form der Abwärmenutzung in der Glasindustrie – „Frozen Cullet“. Ardagh Glass GmbH (Hrsg.). Nienburg a. d. Weser.

Arnold O, Brühlmeier H (2010) Gesamtenergieanalyse mit der Pinch-Methode-Energie und Produktionskostensenkung. Chur.

Axén E (2010) Opportunities for improved heat integration in average Scandinavian kraftliner mills: A pinch analysis of a model mill. Göteborg.

Azevedo P, Durão B: Re-desing of the dairy industry for sustainable milk processing. 2015.

Bayerisches Landesamt für Umweltschutz BLfU (Hrsg.) (2001) Niedertemperaturverstromung mittels einer ORC – Anlage im Werk Lengfurt der Heidelberger Zement AG. BfU. Augsburg.

Bayerisches Landesamt für Umweltschutz BLfU (Hrsg.) (2011) Abwärmenutzung im Betrieb BfU. Augsburg.

Bierbaum U, Hütter J (2004) Druckluft Kompendium. 6. Aufl. Darmstadt.

Blesl M, Ohl M, Fahl U (2011) Ganzheitliche Bewertung innovativer mobiler thermischer Energiespeicherkonzepte für Baden-Württemberg auf Basis branchen- und betriebsspezifischer Wärmebedarfsstrukturen, Endbericht BWPLUS, Förderkennzeichen BWE 2703, Stuttgart, 2011.

Blesl M, Kessler A (2018) Energieeffizienz in der Industrie, ISBN 978-3-642-36513-3, Springer Verlag, 2. Auflage, Berlin Heidelberg.

Brauindustrie (2009) DBU-Förderprojekt: Energieeinsparung in Mälzereien. Kurz Berichtet. Nr. 12, S. 7.

Brauwelt (2010) Energieeinsparung in Mälzereien, 1-2, S. 9–10.

Brückner S (2016): Industrielle Abwärme in Deutschland. Dissertation an der TU München, München.

Brunner F, Morand R (2008) Gesamtenergieanalyse mit der Pinch-Methode: Perlen Papier AG. Schlussbericht. Ittigen.

Boldyryev S, Mikulčić H, Mohorović Z, Vujanović, M, Krajačić G, Duić N (2016) The improved heat integration of cement production under limited process conditions: A case study for Croatia. In: Applied Thermal Engineering 105, S. 839–848.

Badische Stahlwerke GmbH (BSW): Umwelterklärung 2010. BSW. Kehl 2010.

Bundesverband Wärmepumpen e.V.: Heizen und Kühlen mit Abwasser – Ratgeber für Bauträger und Kommunen. München 2009.

Christen, D.: Praxiswissen der chemischen Verfahrenstechnik: Handbuch für Chemiker und Verfahrensingenieure. 2., bearb. und erg. Aufl. Berlin, Heidelberg: Springer, 2010.

Daun T, Schön R, Pasquale U et. al. (2003): Rationelle Energienutzung in der Metallindustrie. Wiesbaden.

Deutsche Energie-Agentur (dena) (2010) Ratgeber: Lufttechnik für Industrie und Gewerbe. Berlin.

Deutsches Institut für Normung (DIN) (2012) Lüftung von Gebäuden – Zentrale raumlufttechnische Geräte – Leistungskenndaten für Geräte, Komponenten und Baueinheiten. Deutsches Institut für Normung (DIN): DIN EN 13053. Berlin, Februar 2012.

Destatis (2019) Produzierendes Gewerbe, Produktion des Verarbeitenden Gewerbes sowie des Bergbaus und der Gewinnung von Steinen und Erden, Fachserie 4, Reihe 3.1, 2019.

Eichlseder H: Grundlagen und Technologien des Ottomotors. Wien, New York, NY, [Heidelberg]: Springer, 2008.

Energieagentur NRW (EA.NRW): Adiabate Kühlung – „Kühlen ohne Strom“. URL: http://www.energieagentur.nrw.de/virtuell/downloads/adiabate_kuehlung.pdf.

EnEffAH (2012) Energieeffizienz in der Produktion im Bereich Antriebs- und Handhabungstechnik. Grundlagen und Maßnahmen. EnEffAH (Hrsg.). 2012.

Eriksson L, Hermansson S (2010) Pinch analysis of Billerud Karlsborg, a partly integrated pulp and paper mill. Chalmers University of Technology, Sweden, Göteborg.

Eurostat (2019) Produktion von Waren (PRODCOM); https://ec.europa.eu/eurostat/de/web/prodcom, 2019

Forschungsstelle für Energiewirtschaft (FFE) (1999) Ermittlung von Energiekennzahlen für Anlagen, Herstellungsverfahren und Erzeugnisse. FFE, München.

GlobalMalt GmbH & Co. KG (2017) URL: http://www.globalmalt.de/, 2013.

Gitzhofer K (2007) BVT-Festlegung in ausgewählten industriellen Bereichen als Beitrag zur Erfüllung der Klimaschutzziele und weiterer Immissionsschutzrechtlicher Anforderungen: Teilvorhaben 02: Erarbeitung eines deutschen Beitrages zur Revision des BVT Merkblattes für die Glas- und Mineralfaserindustrie. Umweltbundesamt (UBA) (Hrsg.).

Grote L, Hoffmann, P Tänzer G (2015) Abwärmenutzung – Potentiale, Hemmnisse und Umsetzungsvorschläge; Institut für ZukunftsEnergieSysteme izes; Saarbrücken.

Gunnarsson A, Magnusson C (2011) Pinch analysis of Nynas refinery. Göteborg, 2011.

Hagenbruch D (2015) Zentral abgeführte chemische Abluft. Köln, 2015.

Heinrich C, Wittig S, Albring P, Richter L, Safarik M, Böhm U, Hantsch A (2014) Nachhaltige Kälteversorgung in Deutschland an den Beispielen Gebäudeklimatisierung und Industrie. Institut für Luft- und Kältetechnik Dresden gGmbH. Bundesministerium für Umwelt, Naturschutz, Bau und Reaktorsicherheit (Hrsg.). Dessau-Roßlau, 2014. (Forschungskennzahl 3710 41 115).

Hensler G, Hochhuber J, Hasler J, Kreisel R, Seßler B, Beyer K, Lips G, Thoma-Böck A, Koch R (2003) Effiziente Energienutzung in der Galvanikindustrie. Bayerisches Landesamt für Umweltschutz (LfU) (Hrsg.). Augsburg.

Hermansson S, Eriksson L (2010) Pinch analysis of Billerud Karlsborg, a partly integrated pulp and paper mill. Chalmers University of Technology, Department of Energy and Environment. Master's Thesis. Göteborg.

Hirzel S, Sontag B, Rohde C (2013) Industrielle Abwärmenutzung. Fraunhofer Institut für System- und Innovationsforschung (ISI) (Hrsg.). Karlsruhe.

HPP/iets Annex 35/13 Members (2014) Application of Industrial Heat Pumps: IEA Industrial Energy-related Systems and Technologies Annex 13, IEA Heat Pump Programme Annex 35. Final Report. Hannover.

Hürner – Funken GmbH (2011) Kompetenz in Kunststoff. Mücke-Atzenhain.

Jung H, Hutter A, Öller H-J (2008) Entwicklungslinien für die Wärmeintegration in Papierfabriken zur Reduzierung des spezifischen Energiebedarfs bei gleichzeitiger Steigerung der Produktivität und Einhaltung der Abwasser-Temperatur-Grenzwerte. Papiertechnische Stiftung (PTS) (Hrsg.). München.

Knissel J (1999) Energieeffiziente Büro- und Verwaltungsgebäude: Hinweise zur primärenergetischen und wirtschaftlichen Optimierung. 1. Aufl. Darmstadt: Institut Wohnen und Umwelt (IWU).

Matsuda K, Tanaka S, Endou M, Iiyoshi T (2012) Energy saving study on a large steel plant by total site based pinch technology. In: Applied Thermal Engineering 43 (2012), S. 14–19.

McBrien M, Serrenho AC, Allwood JM (2016) Potential for energy savings by heat recovery in an integrated steel supply chain. In: Applied Thermal Engineering 103 (2016), S. 592–606.

McKenna RC, Norman JB (2010) Spatial modelling of industrial heat loads and recovery potentials in the UK. In: Energy Policy 38 (2010), Nr. 10, S. 5878–5891.

Mian A, Bendig M, Piazzesi G, Manente G, Lazzaretto A, Maréchal F: Energy Integration in the cement industry, Bd. 32. In: Proceedings of the 23rd European Symposium on Computer Aided Process Engineering, 2013, S. 349–354.

Mirzakhani MA, Tahouni N, Panjeshahi MH (2017) Energy benchmarking of cement industry, based on Process Integration concepts. In: Energy 130 (2017), S. 382–391.

Morand R, Brunner F (2008) Energie- und Produktionskostensenkung in der LATI. Zürich, 2008.

Moran R, Schödel R (2014) Gesamtenergieanalyse mit der Pinch-Methode: Projekt Nr. 313 235 000. Zürich, 2014.

Mönch D: Verbesserung der Energieeffizienz in der Mälzerei. In: Brauwelt (2011), 1–2, S. 1556–1558.

Mönch D: Reduktion des Energieverbrauchs und der energiebedingten CO_2-Emissionen bei der Herstellung von Malz durch den Einsatz einer Großwärmepumpe in Verbindung mit einem Blockheizkraftwerk: Demonstrationsvorhaben. Abschlussbericht. Hamburg, 2012.

Mudrack K, Kunst S: Biologie der Abwasserreinigung, Spektrum akademischer Verlag, Heidelberg, Berlin, 2003.

Pellegrino JL, Margolis N, Justiniano M, Miller M, Thedki A: Energy Use Loss and Opportunities Analysis: U.S. Manufacturing & Mining. U.S. Department of Energy (DOE) (Hrsg.). Washington D.C., 2004.

Pehnt M, Bödeker J: Die Nutzung industrieller Abwärme – technisch wirtschaftliche Potentiale und energiepolitische Umsetzung. ifeu – Institut für Energie- und Umweltforschung Heidelberg, Karlsruhe, 2010.

Preuß A (Hrsg.): Einsatz einer Wärmepumpe in einem metallverarbeitenden Betrieb zur Nutzung technologischer Wärme. 3. Energietechnisches Symposium – Innovative Lösungen beim Einsatz erneuerbarer Energien in Nichtwohngebäuden, 03. 03. 2011. Zittau, 2011.

Pohl C, Schevalje C, Hesselbach J: Grüne Druckluft durch Wärmerückgewinnung. In: Zeitschrift für Wirtschaftlichen Fabrikbetrieb 10 (2012), Nr. 107, S. 736–740.

Recknagel H, Sprenger E, Albers K-J: Taschenbuch für Heizung + Klimatechnik 2015/2016. 77. Aufl. München: Oldenburg Industrieverlag München, 2015.

Sächsische Energieagentur GmbH (SANEA): Technologien der Abwärmenutzung. Dresden, 2012.

Schmidt M, Spieth H, Bauer J, Haubach C: Prozessabwärme aus der Raffinerie für die Fernwärmeversorgung in Karlsruhe. In: 100 Betriebe für Ressourceneffizienz: Springer, 2017, S. 254–257.

Schmid C, Brakhage A, Radgen P, Layer G, Arndt U, Carter J, Duschl A, Lilleike J, Nebelung O: Möglichkeiten, Potentiale, Hemmnisse und Instrumente zur Senkung des Energieverbrauchs branchenübergreifender Techniken in den Bereichen Industrie und Kleinverbrauch. Fraunhofer-Institut für Systemtechnik und Innovationsforschung ISI; Forschungsstelle für Energiewirtschaft e. V. (FfE). Karlsruhe/München, 2003.

Schnitzer H, Schmied J, Titz M, Jägerhuber P, Enzi C, Filzwieder P: Abwärmekataster Steiermark, Endbericht Projekt des Landes Steiermark. Technische Universität Graz, 2013.

Shi W: Wirtschaftliche Energieeinsparpotentiale in der Raumwärmebereitstellung industrieller Gebäude. Universität Stuttgart, Institut für Energiewirtschaft und Rationelle Energieanwendung. Masterarbeit. Stuttgart, 2015.

Sodec F, Makulla D: Hochleistungswärme- und Kälterückgewinnung. In: Technik am Bau, Nr. 4, S. 69–77, 2002.

thermea. Energiesysteme GmbH: thermeco2 Projekt Mensa Fachhochschule Soest. 2014.

Weiterbildendes Studium Wasser und Umwelt (WSWU). Industrieabwasserbehandlung: Rechtliche Grundlagen, Verfahrenstechnik, Abwasserbehandlung ausgewählter Industriebranchen, produktionsintegrierter Umweltschutz. 2. Auflage. Universitätsverlag Weimar, 2009.

Wenzel P: Lastverschiebung bei Kälte- und Lüftungsanlagen in Industrie und Gewerbe, Handel, Dienstleistungen in Deutschland – Analyse von Potential, zeitlicher Verfügbarkeit und Kosten. Universität Stuttgart, Institut für Energiewirtschaft und Rationelle Energieanwendung. Masterarbeit. Stuttgart, 2014.

Wolf S, Fahl U, Blesl M, Voß A: Analyse des Potentials von Industriewärmepumpen in Deutschland; Forschungsbericht Institut für Energiewirtschaft und Rationelle Energieanwendung (IER) Universität Stuttgart, Stuttgart 2014.

Wollrab A: Organische Chemie. Berlin, Heidelberg: Springer-Verlag Berlin Heidelberg, 2009 (Springer-Lehrbuch).

Wonneberger W: Energieeinsparung in der Klimatechnik: Wärmerückgewinnung – Kälterückgewinnung – Feuchterückgewinnung – Nachtkühlung – Multifunktionale Nutzungskonzepte. In: Fach. Journal (2008).

10.8 Literatur zu Innovation

Davoud JD, Wits WW (2018) The utilization of selective laser melting technology on heat transfer devices for thermal energy conversion applications: A review. Renewable and Sustainable Energy Reviews Nr. 91, S. 420–442.

IPC International Patent Classification (2020) Section F Mechanical engineering; Lighting, Heating, Weapons, Blasting.

Scheithauer U, Kordaß R u.a. (2018): Potentials and Challenges of Additive Manufacturing Technologies for Heat Exchanger. http://dx.doi.org/10.5772/intechopen.80010, besucht 05. 01. 2020.

Schumpeter JA: (1961) Konjunkturzyklen. Eine theoretische, historische und statistische Analyse des kapitalistischen Prozesses. Bd. I, Göttingen.

Tirelli A (2019) Advantages of 3D-printing heat exchangers. Heat Exchanger World, September, S. 46–48, KCI Publishing, Zutphen, The Netherlands.

VDI 3405 (2014) Additive Fertigungsverfahren – Grundlagen, Begriffe, Verfahrensbeschreibungen. VDI Richtlinie, VDI Verlag, Düsseldorf.

WO138997 (2016) 3D-gedrucktes Heizflächenelement für Plattenwärmeübertrager. Patent, Dietrich, J., Linde AG, München, Deutschland.

10.9 Literatur zu Ausblick

Bundesministerium für Wirtschaft und Energie (BMWi) (Hg.) (2014): Mehr aus Energie machen – Nationaler Aktionsplan für Energieeffizienz. Berlin. Online verfügbar unter https://www.bmwi.de/Redaktion/DE/Publikationen/Energie/nationaler-aktionsplan-energieeffizienz-nape.pdf?_blob=publicationFile&v=6, zuletzt geprüft am 19. 08. 2019.

Deutscher Bundestag (17. 02. 2016): Gesetz über Energiedienstleistungen und andere Energieeffizienzmaßnahmen. EDL-G, S. 1–9. Online verfügbar unter https://www.gesetze-im-internet.de/edl-g/EDL-G.pdf, zuletzt geprüft am 19. 08. 2019.

Europäische Union (11. 12. 2018): Richtline 2018/2002 des europäischen Parlaments und des Rates zur Änderung der Richtlinie 2012/27/EU zur Energieeffizienz. EED L328, S. 210–230. Online verfügbar unter https://eur-lex.europa.eu/legal-content/DE/TXT/PDF/?uri=CELEX:32018L2002&from=EN, zuletzt geprüft am 19. 08. 2019.

Gebert P, Herhold P, Burchardt J, Schönberger S, Rechenmacher F, Kirchner A et al. (2018): Klimapfade für Deutschland. Studie für den BDI. Hg. v.

The Boston Conculting Group und Prognos AG. Bundesverband der deutschen Industrie (BDI). Online verfügbar unter https://bdi.eu/publikation/news/klimapfade-fuer-deutschland/, zuletzt geprüft am 19.08.2019.